高等学校教材

武汉理工大学研究生教材建设基金资助出版

湖北省矿物资源加工与环境重点实验室开放基金资助出版

ERDAS 遥感图像处理与分析

主　编　詹云军

副主编　袁艳斌　黄解军　崔　巍

电子工业出版社

Publishing House of Electronics Industry

北京·BEIJING

内 容 简 介

本书根据作者多年的遥感应用实践和遥感课程教学经验编写而成，系统地介绍了遥感数据处理软件 ERDAS IMAGINE 的基本模块与基本操作（包括数据输入/输出、AOI 编辑、数据格式转换、图像裁剪、图像镶嵌）、遥感图像的投影变换与几何校正、遥感图像增强处理、遥感图像融合处理、高光谱数据处理、无人机遥感测量、遥感图像分类、矢量数据编辑、遥感解译与制图等内容。

本书将遥感数据处理理论方法和遥感数据处理应用实践相结合，可作为遥感科学与技术、地理信息科学、测绘工程、城乡规划、地理学等专业的本科实验教材，也可以作为地图学、环境科学、环境生态学、地理信息系统、遥感信息科学等专业的研究生以及相关研究人员、应用工程技术人员的参考用书。

未经许可，不得以任何方式复制或抄袭本书之部分或全部内容。

版权所有，侵权必究。

图书在版编目（CIP）数据

ERDAS 遥感图像处理与分析 / 詹云军主编. —北京：电子工业出版社，2016.11
ISBN 978-7-121-30260-2

Ⅰ.①E… Ⅱ.①詹… Ⅲ.①遥感图像—数字图象处理—应用软件 Ⅳ.①TP751.1

中国版本图书馆 CIP 数据核字（2016）第 263970 号

策划编辑：袁　玺
责任编辑：郝黎明　　特约编辑：张燕虹
印　　刷：北京盛通商印快线网络科技有限公司
装　　订：北京盛通商印快线网络科技有限公司
出版发行：电子工业出版社
　　　　　北京市海淀区万寿路 173 信箱　邮编　100036
开　　本：787×1 092　1/16　印张：19　字数：486 千字
版　　次：2016 年 11 月第 1 版
印　　次：2020 年 8 月第 4 次印刷
定　　价：42.00 元

前　言

在众多的遥感图像处理软件中，ERDAS IMAGINE 以其强大的综合功能得到众多遥感用户的青睐，越来越多的地学类专业的高校师生和遥感信息工程技术人员成为 ERDAS IMAGINE 的应用者。

ERDAS IMAGINE 软件在 2010 年后有了较大的改版，为了方便广大 ERDAS 软件的学习者学习，我们根据多年遥感应用研究和 ERDAS 软件应用经验，在北京望神州科技有限公司的支持下，编写了《ERDAS 遥感图像处理与分析》。本书以 ERDAS IMAGINE 2015 版为基础，将遥感图像处理理论和 ERDAS 软件操作相结合，并编入 ERDAS 的一些最新功能。本书可作为遥感科学与技术、地理信息科学、测绘工程、城乡规划、地理学等专业的本科实验教材，也可以作为地图学、环境科学、环境生态学、地理信息系统、遥感信息科学等专业的研究生以及相关研究人员、应用工程技术人员的参考用书。

本书共 10 章，系统地介绍了 ERDAS 软件的基本操作、遥感图像校正和增强处理、高光谱与无人机数据处理、遥感专题制图等。第 1 章介绍遥感数据的概念、形式与特征、遥感辐射与波谱、成像原理，主要以遥感数据处理做理论铺垫；第 2 章介绍遥感数据处理软件 ERDAS IMAGINE 的基本模块和基本操作，内容包括数据输入/输出、AOI 编辑、数据格式转换、图像裁剪、图像镶嵌等；第 3 章介绍遥感图像的投影变换与几何校正，内容包括重新定义投影信息、遥感图像的投影变换、几何校正的步骤与方法、多项式几何校正等；第 4 章介绍遥感图像增强处理，内容较多，包括辐射增强处理、空间域增强处理、频率域增强处理、彩色增强处理、光谱增强处理、代数运算等；第 5 章介绍遥感图像融合处理，内容包括主成分变换融合、HIS 融合、HPF 融合、小波变换融合；第 6 章介绍高光谱数据处理，内容包括基础高光谱分析和高级高光谱分析；第 7 章介绍无人机遥感测量，内容包括无人机图像数据处理、空中三角测量、提取 DEM、正射校正和图像镶嵌；第 8 章介绍遥感图像分类，内容包括监督分类、非监督分类、面向对象的分类和分类后处理等；第 9 章介绍矢量数据编辑，内容包括矢量菜单、矢量图层基本操作、创建与编辑矢量图层、注记的创建与编辑、建立拓扑关系、矢量图层的管理、表格数据管理、Shapefile 文件操作等；第 10 章介绍遥感解译与制图，内容包括目视解译与计算机解译、地图编制等。

本书由武汉理工大学的詹云军担任主编，由袁艳斌、黄解军、崔巍担任副主编。第 1 章由袁艳斌、邓安鑫编写，第 2 章～第 6 章由詹云军、邓安鑫、余晨、朱捷缘编写，第 7 章由詹云军、代腾达编写，第 8 章由詹云军、孟婷婷、朱捷缘编写，第 9 章由黄解军、朱捷缘编写，第 10 章由崔巍、余晨编写。全书由詹云军主持编写和统稿、校对。此外，代腾达和孟婷婷对书中实验进行了检查和测试，在此一并致以诚挚的谢意。

感谢武汉理工大学研究生教材建设基金和湖北省矿物资源加工与环境重点实验室开放基金对本书编写出版的资助。

在本书的编写过程中也得到北京望神州科技有限公司李影经理和覃梦丽工程师的支持和帮助，在此致以衷心的感谢。

本书所用的数据基本上都是 ERDAS IMAGINE 软件所带的 example 中的数据（无人机数据和面向对象的数据除外）。

本书在编写的过程中反复验证实验，数易其稿，但由于编者水平所限，书中难免出现缺点和错误，恳请读者批评指正。

编　者

目 录

••••••••

第1章

遥感及遥感数据

• • • • • • • •

本章的主要内容：

◆ 遥感数据的概念、形式、特征
◆ 电磁辐射和地物波谱

遥感，顾名思义，就是遥远地感知；广义理解，泛指一切无接触的远距离探测，包括对电磁场、力场、机械波（声波、地震波）等的探测，但作为一门学科的定义缺乏严格性。国际摄影测量与遥感协会（ISPRS）对遥感的定义是：从非接触成像或其他传感器系统，通过记录、量测、分析和表达，获取地球及其环境以及其他物体和过程的可靠信息的工艺、科学和技术。狭义的遥感是指根据电磁波的理论，应用各种传感仪器对远距离目标所辐射和反射的电磁波信息，进行收集、处理，并最后成像，从而对地面各种景物进行探测和识别的一种综合技术。

遥感技术能动态地、周期地获取地表信息，遥感技术能够以低廉的价格快速提供各种遥感数字图像。遥感数字图像可以作为 GIS 数据库中的重要数据源，从中可以获取不同的专题数据，更新 GIS 数据库中的地学专题图。遥感技术广泛用于军事侦察、导弹预警、军事测绘、海洋监视和气象观测等。在民用方面，遥感技术广泛用于地球资源普查、植被分类、土地利用规划、农作物病虫害和作物产量调查、环境污染监测、海洋研制、地震监测等方面。遥感按常用的电磁谱段不同分为可见光遥感、红外遥感、多谱段遥感、紫外遥感和微波遥感。

（1）可见光遥感：应用比较广泛的一种遥感方式。对波长为 0.4～0.7μm 的可见光的遥感一般采用感光胶片（图像遥感）或光电探测器作为感测元件。可见光摄影遥感具有较高的地面分辨率，但只能在晴朗的白昼使用。

（2）红外遥感：又分为近红外或摄影红外遥感，波长为 0.7～1.5μm，用感光胶片直接感测；中红外遥感，波长为 1.5～5.5μm；远红外遥感，波长为 5.5～1000μm。中、远红外遥感通常用于遥感物体的辐射，具有昼夜工作的能力。常用的红外遥感器是光学机械扫描仪。

（3）多谱段遥感：利用几个不同的谱段同时对同一地物（或地区）进行遥感，从而获得与各谱段相对应的各种信息。将不同谱段的遥感信息加以组合，可以获取更多的有关物体的信息，有利于识别和解译。常用的多谱段遥感器有多谱段相机和多光谱扫描仪。

（4）紫外遥感：对波长 0.3～0.4μm 的紫外光的主要遥感方法是紫外摄影。

（5）微波遥感：对波长 1～1000mm 的电磁波（即微波）的遥感。微波遥感具有昼夜工作能力，但空间分辨率低。雷达是典型的主动微波系统，常采用合成孔径雷达作为微波遥感器。

1.1　遥感数据的概念、形式、特征

1.1.1　遥感数据的概念和格式

遥感数据就是记录了遥感器所获取的地物电磁辐射信息的数值。这些辐射信息包括辐射亮度或辐射功率、波长、偏振、相位以及与具体探测单元相联系的时间和位置，但并不是每种遥感器的数据都包括这些信息。可以形式化地把遥感数据定义为这样一个数据集合：

$$RD_s=\{L,\ \lambda,\ P_0,\ P_h,\ t,\ x,\ y\}$$

式中，L，λ，P_0，P_h，t，x，y 分别表示辐射亮度或辐射功率、波长、偏振、相位、时间和位置，RD_s 表示具体传感器 S 的数据。

遥感数据的格式是指数据在存储介质上的逻辑组织形式，目前作为保存和交换用的记录介质主要是光盘和磁带。遥感数据的格式大体上可以分为以下几类。

（1）工业标准格式：如 EOSAT、LGSOWGCCRS、LGSOWG SPIM、CEOS、HDF 等。

（2）商用遥感软件的遥感图像格式：如 EARDAS 的*.img、PCI 的*.pix、ERMAPPER 的*.ers 等。

（3）通用图像文件格式：GeoTIFF、TIFF、JPEG 等。

各种文件格式的数据内容及其组织方式有所不同，但一般包含对遥感数据的说明性信息（如坐标范围、空间分辨率、波段数目、投影类型等）和遥感数据本身两大部分。不同文件格式之间可以通过文件转换程序进行转换。

1.1.2　遥感数字图像

遥感数字图像是以数字形式记录的二维遥感信息，即其内容是通过遥感手段获得的，通常是地物不同波段的电磁波谱信息，如图 1-1 和图 1-2 所示。其中的像素值称为亮度值（或称为灰度值、DN 值）。常用的遥感图像如下所示：

Landsat/MSS、Landsat/TM、Landsat/ETM+、NOAA/AVHRR、SPOT/HRV、HRVIR、HRG、HRS、IKONOS、QuickBird、OrbView。

图 1-1　遥感图像

图 1-2　遥感图像（图 1-1 显示的图像）的数字表示（只显示部分）

1.1.3 遥感数据的特征

遥感平台和传感器系统的技术参数决定了遥感数据的特征，可以归纳为三个方面的特征，即几何特征、物理特征和时间特征。这三个方面的表现参数为空间分辨率、光谱分辨率、辐射分辨率和时间分辨率。

1. 空间分辨率

空间分辨率是指传感器所能分辨的最小目标的测量值，或是传感器瞬时视场（Instantaneous Field of View）成像的地面面积，或是每个像素所表示的地面的直线尺寸。它们均反映对两个非常靠近的目标物的识别、区分能力，有时也称分辨力或解像力。一般有以下三种表示方法。

（1）像元（pixel）：指单个采样点所对应的地面面积大小，单位为 m 或者 km。像元是扫描图像的基本单元，是成像过程中或用计算机处理时的基本采样点，由亮度值表示。

（2）瞬时视场（IFOV）：指遥感器内单个探测元件的受光角度或观测视野，单位为毫弧度（mrad）。IFOV 越小，最小分辨单元越小，空间分辨率越高。IFOV 取决于遥感光学系统和探测器的大小，一个瞬时视场内的信息表示一个像元。

2. 光谱分辨率

光谱分辨率是指传感器在接收目标辐射的波谱时能分辨的最小波长间隔。间隔越小，分辨率越高。传感器选择的通道数、每个通道的中心波长和带宽这三个因素共同决定光谱分辨率。

3. 辐射分辨率

辐射分辨率是指对光谱信号强弱的敏感程度、区分能力，即探测器的灵敏度——传感器感测元件在接收光谱信号时能分辨的最小辐射度差，或指对两个不同辐射源的辐射量的分辨能力。每一波段传感器接收辐射数据，记录数据的比特位数决定了对辐射数据的量化分级。例如，以 8 比特位数记录的数据，每个像元的数字值（DN）的取值范围可为 0～255（2^8=256）。显然，记录数据采用的比特位数越高，传感器获取数据的辐射精度就越高。

4. 时间分辨率

时间分辨率指对同一地点进行遥感采样的时间间隔，即采样的时间频率，也称采访周期。时间分辨率对动态监测尤为重要，因天气预报、灾害监测等需要短周期的时间分辨率，故常以"小时"为单位；植物作物的长势估测需要以"旬"或"日"为单位；城市扩展、河道变迁、土地利用变化等多以"年"为单位。总之，根据不同的遥感目的，采用不同的时间分辨率。

1.2　电磁辐射和地物波谱

遥感是利用各种物体辐射不同波长电磁波信息的特性，通过探测目标的电磁波信息，获取目标信息，进行远距离物体识别的技术。地表目标反射、发射的电磁辐射能，经与大气、地表相互作用后，被各种传感器所接收并记录下来，成为解释目标性质和现象的原始信息。

1.2.1　电磁辐射与电磁波谱

由电磁振源产生的电磁波脱离波源而传播，这个过程或现象成为电磁波的辐射，简称电磁辐射。现代科学技术已证明，γ射线、X射线、紫外线、可见光、红外线、微波、无线电波、低频电波等都是电磁波，只是频率或波长不同而已。任何物体都是辐射源，不仅能够吸收其他物体对它的辐射，也能够向外辐射。因此，对辐射源的认识不仅限于太阳、炉子等发光、发热的物体。能够发出紫外辐射、X射线、微波辐射等的物体也是辐射源。电磁波传递就是电磁能量的传递，电磁辐射的微观机理是带电粒子的加速运动。

当电磁辐射的能量入射到地物表面上，将会出现三种过程：（1）一部分入射能量被地物反射；（2）一部分入射能量被地物吸收，成为地物本身内能或部分再发射出来；（3）一部分入射能量被地物透射。如果一个物体对于任何波长的电磁辐射都全部吸收，则这个物体是绝对黑体。物体的温度不同或入射电磁波的波长不同，都会导致不同的吸收和反射，而绝对黑体则是吸收率$\alpha(\lambda, T) \equiv 1$，反射率$\rho(\lambda, T) \equiv 0$，与物体的温度或电磁波波长无关。

按电磁波在真空中传播的波长或频率，递增或递减排列，则构成了电磁波谱。由于各频段电磁波的产生方法和探测手段颇为不同，特征和应用又有明显差异，故分频段命名，以示区别。目前，遥感应用的主要波段是紫外线、可见光、红外线、微波，星级空间遥感（观测宇宙学）中还要用到 γ 和 X 射线等。在真空状态下，频率 f 与波长 λ 之积等于光速 c。电磁波谱区段的界限是渐变的，一般按产生电磁波的方法或测量电磁波的方法来划分。

1.2.2　地球辐射与地物波谱

对地遥感以地球为探测对象，因此有必要了解地球的电磁辐射环境和特点。地球辐射环境中有两个最重要的辐射源，即地球本身和太阳。太阳是一个近似于黑体的巨大辐射源，不仅地球的能量的绝大部分来自于太阳辐射，它也是太阳系中的主要光源和热源。太阳光谱是连续光谱，可见光波段辐射最强且最稳定。太阳辐射光谱通过大气后，各波段受大气的影响不一，到达地面后，总辐射被大气的吸收等作用衰减了许多。

太阳辐射近似于温度为 6000K 的黑体辐射，而地球辐射则接近于温度为 300K 的黑体辐射。太阳辐射途经地球大气时，被大气的气体分子、气溶胶和云所散射、反射和吸收，之后约有 50% 到达地球表面。到达地表的太阳辐射的大部分，尤其是长波辐射，被地球所吸收，被地球吸收的辐射使地表增温。按照维恩位移定律，小于 300K 的地表主要以长波辐射形式向外空间辐射而降温。当两者平衡后，地球温度就保持不变的状态，这个温度称为地球的平衡温度，为 255K。但地球表面实际平均温度为 288K，是由地球大气的温室效应所引起的。

太阳辐射主要集中在可见光和近红外波段。可见光和近红外辐射入射到地表后，一部分能量被地表吸收或以光化学反应等形式转换为地球的能量，另一部分则被地表反射出去。太阳的长波辐射主要被地表和大气吸收，以热能的形式使地表和大气增温（其中有一部分消耗于物态转换所需潜热），然后地表和大气又主要以热辐射（长波）的形式向外辐射。地球在可见光和近红外的短波发射辐射可以忽略。所以，地球无论作为太阳辐射的二次辐射还是自身作为初次辐射源，其发射辐射都以长波为主。在反射和发射之间的过渡区间，既有对太阳辐射的反射，又有自身的热辐射。

地面辐射测量的重点是地物分谱辐射量的测量及地物波普的测量，它是遥感的重要基础工作。物体的辐射量（包括发射和反射）是波长 λ、热力学温度 T 以及物体本身性质等多种因素的函数，我们把地物的辐射能量随波长变化而变化的函数关系称为地物波谱。不同的地物有不同的波谱。地物除了自身的发射辐射外，还要有对太阳辐射的反射、吸收和投射，相应地，地物波谱分为发射波谱、反射波谱、吸收光谱和透射波谱，一般用发射率 $\varepsilon(\lambda)$、反射率 $\rho(\lambda)$、吸收率 $\alpha(\lambda)$、投射率 $\tau(\lambda)$ 来表示。由于遥感器一般是在地物的上方接收辐射，因而一般讨论地物的发射波谱和反射波谱。以波长为横坐标，以发射率或反射率为纵坐标做波谱的关系曲线，称为地物波谱曲线，如图 1-3 所示。一般来说，同类地物有相同或相似的波谱特征，不同地物有不同的波谱特征。类别差异越大，比如植被和水，

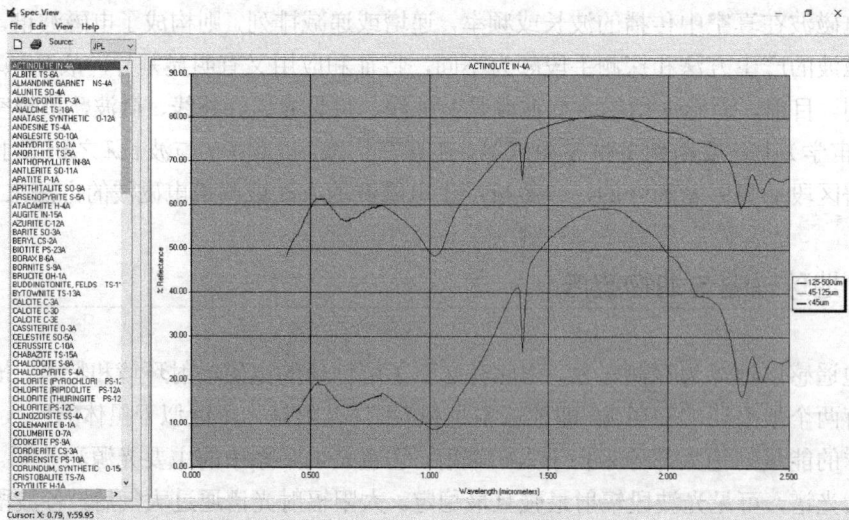

图 1-3　地物波谱曲线

波谱特征的差异也越大；类别差异越小，比如针叶林与阔叶林，波谱特征的差别也越小。但由于环境因素和随机因素的影响，如湿度、温度、光照等，同一类地物也可能会呈现不同的波谱，称为同物异谱，而不同的地物也可能出现相同或相近的波谱，称为异物同谱现象。地物波谱的测量对于遥感是十分重要的，人们希望通过大量的地物波谱实测，寻找地物波谱规律，并建立波谱数据库供大家使用。

1.2.3 大气对辐射传输的影响

从遥感探测对象的角度来看，大气对辐射的影响产生两个方面的作用：一是以地表物体为探测对象，因携带地物信息的地面辐射穿过地球大气层后将发生改变，大气对其有不利影响，需要进行大气纠正；二是以大气本身为探测对象，因大气对辐射的吸收、反射、散射和发射作用，直接携带了大气的信息，对其进行测量和分析，可用于监测大气温度、压力、成分等参数的空间分布，此时的大气辐射特性正是要加以利用的，称为大气遥感。

大气对遥感产生影响的效应有吸收、散射、折射和湍流四大类。在多数情况下，吸收和散射是最主要的效应。

1．大气吸收

太阳辐射穿过大气层时，大气分子对电磁波的某些波段有吸收作用。吸收作用使辐射能量转变为分子的内能，从而引起这些波段太阳辐射强度的衰减，甚至某些波段的电磁波完全不能通过大气，形成电磁波的某些缺失带。

2．大气散射

辐射在传播过程中遇到小微粒而使传播方向改变，并向各个方向散开，称为散射，散射使原传播方向的辐射强度减弱，而增加向其他各方向的辐射。

3．大气折射

电磁波穿过大气层时，除发生吸收和散射外，还会出现传播方向的改变，即发生折射。大气的折射率和大气密度相关，密度越大，折射率越大。折射改变了太阳辐射的方向，并不改变太阳辐射的强度。因此，就辐射强度而言，太阳辐射经过大气传输后，主要是反射、吸收和散射的共同影响衰减了辐射强度，剩余部分为透过的部分，基于此，通常把电磁波通过大气层时较少地被反射、吸收和散射的，透过率较高的波段称为大气窗口。大气窗口的光谱段主要有紫外、可见光、近红外波段、中红外波段、远红外波段、微波波段。

习题与练习

1．遥感图像的特点是什么？
2．影响遥感图像质量的因素有哪些？

第2章

ERDAS 遥感处理软件简介

●●●●●●●●

本章的主要内容：

◆ ERDAS 软件概述

◆ ERDAS 软件功能模块

◆ ERDAS 可视化界面

◆ 数据输入/输出

◆ AOI 编辑

◆ 数据格式转换

◆ 图像裁剪

◆ 图像镶嵌

2.1　ERDAS 软件概述

ERDAS IMAGINE 是由美国 ERDAS 公司开发的遥感图像处理系统软件。它以其先进的图像处理技术，友好、灵活的用户界面和操作方式，面向广阔应用领域的产品模块，服务于不同层次用户的模型开发工具以及高度的 RS/GIS（遥感图像处理和地理信息系统）集成功能，为遥感及相关应用领域的用户提供了内容丰富而功能强大的图像处理工具，代表了遥感图像处理系统的发展趋势。该软件功能强大，是在该行业中应用最广泛的一款软件。ERDAS IMAGINE 软件具有如下特点。

1．功能全面

ERDAS IMAGINE 是容易使用的、以遥感图像处理为主要目标的软件系列工具。不管使用者的处理图像经验或专业背景如何，通过它，都能从图像中提取重要的信息。ERDAS IMAGINE 提供大量的工具，支持对各种遥感数据源，包括航空、航天、全色、多光谱、高光谱、雷达、激光雷达等图像的处理。呈现方式从打印地图到 3D 模型，ERDAS IMAGINE

针对遥感图像及图像处理需求，为使用者提供一个全面的解决方案。它简化了操作，工作流化生产线，在保证精度的前提下，节省了大量的时间、金钱和资源。

2．3S 集成

ERDAS IMAGINE 是业界唯一一个 3S 集成的企业级遥感图像处理系统，主要应用方向侧重于遥感图像处理，同时与地理信息系统紧密结合，并且具有与全球定位系统集成的功能。与 GIS 结合体现在：与 ArcGIS 软件系列直接集成主要表现在数据格式的无缝兼容上，ERDAS IMAGINE 可以直接读取、查询、检索 ArcGIS 的 Coverage、GRID、Shaplefile、SDE 矢量数据，并可以直接编辑 Coverage、Shaplefile 数据；全面支持 ArcGIS 9.2 及以前版本的 Geodatabase；ERDAS IMAGINE 可以作为 ArcSDE 客户端，读取关系数据库里的矢量与图像数据；通过 ArcIMS 可发布.img 格式的图像；可实现矢量/栅格数据间的转换。同时，ERDAS IMAGINE 可以从 GPS 设备中直接获取实时信息。

3．面向企业化

ERDAS IMAGINE 9 版本以上引入面向企业的图像处理的理念，它提供的三个模块都具有面向企业的处理能力。它们分别是 IMAGINE Essentials、IMAGINE Enterprise Loader 和 IMAGINE Enterprise Editor。其中，IMAGINE Essentials 提供对数据库的只读访问，访问数据库中的栅格和矢量数据，全面支持 ERSI 的 ArcSDE 及 Spatial Oracle10g 管理的海量数据，同时 IMAGINE Essentials 可以作为某些服务器的客户端访问并下载它们提供的数据，例如 IWS、LIM、OGC Web Services 等。另外，它配备了 IMAGINE Enterprise Loader 和 IMAGINE Enterprise Editor 两个扩展模块，分别用于向 Oracle Spatial 中导入空间数据，编辑和创建 Oracle Spatial 格式的矢量数据。

4．无缝集成

ERDAS IMAGINE 简化了分类、正射、镶嵌、重投影、分类、图像解译、图形化建模、智能化信息提取和变化检测等图像处理功能，同时与不断更新的多种 GIS 数据格式很好地集成，包括 ESRI Geodatabase 和 Oracle 10g。直观的 ERDAS IMAGINE 界面按流程化的工作模式设计，节省了工作时间，强大的算法和数据处理功能在后台完成工作，使操作者能集中精力进行数据分析。在 IMAGINE Geospatial Light Table （GLT）中进行了地理关联的窗口具有快速显示并对多个数据集进行操作的能力，大大节省了需要手工关联多个不同来源数据的时间。除了功能、数据的无缝集成外，ERDAS IMAGINE 能很好地与数据库（关系数据库通过 ArcSDE，Oracle Spatial）、图像发布与管理系统（IWS、LIM）及基于 OGC 标准的 Web Service 等系统无缝兼容。

5．工程一体化

ERDAS IMAGINE 通过将遥感、遥感应用、图像处理、摄影测量、雷达数据处理、地理信息系统和三维可视化等技术结合在一个系统中，实现地学工程一体化结合；不需要做任何格式和系统的转换就可以建立和实现整个地学相关工程。它呈现完整的工业流程，为用户提供计算速度更快、精度更高、数据处理量更大、面向工程化的新一代遥感图像处理与摄影测量解决方案。

2.2 ERDAS 软件功能模块

ERDAS IMAGINE 是以模拟化的方式提供给用户的，用户可以根据自己的应用要求、资金情况合理地选择不同功能模块及其组合，对系统进行剪裁，充分利用软硬件资源，并最大限度地满足用户的专业应用要求。ERDAS IMAGINE 对于系统的扩展功能采用开放的体系结构，以 IMAGINE Essentials、IMAGINE Advantage、IMAGINE Professional 的形式为用户提供了低、中、高 3 种级别产品架构，并有丰富的扩展模块供用户选择，使产品模块的组合具有极大的灵活性。

（1）IMAGINE Essential 基本版

IMAGINE Essential 是一个具有制图和可视化核心功能的图像工具软件。借助 IMAGINE Essential 可以完成二维/三维显示、数据输入、排序与管理、地图配准、专题制图以及简单的分析；可以集成使用多种数据类型，并在保持相同的易于使用和易于裁剪的界面下升级到其他的 ERDAS 产品。

（2）IMAGINE Advantage 增强版

IMAGINE Advantage 是建立在 IMAGIE Essential 级的基础上，增加了更丰富的栅格图像 GIS 分析和单张航片下正射校正等强大功能的软件。IMAGINE Advantage 为用户提供了灵活可靠的用于栅格分析、正射校正、地形编辑及图像拼接的工具。

（3）IMAGINE Professional 专业版

IMAGINE Professional 面向从事复杂分析、需要最新和最全面处理工具、经验丰富的专业用户。IMAGINE Professional 在 Advantage 的基础上包括了更全面的图像分析、雷达分析和高级分类工具，其提供的地理空间数据模型是分析地理数据的特有功能。IMAGINE Professional 用户拥有一个构建和执行图像分类的专家系统、密度分割、空间建模工具、高光谱分析工具、子像元分类器等，构成了一个完整的遥感图像分析处理系统。

ERDAS IMAGINE 的功能体系如图 2-1 所示。

此外，ERDAS IMAGINE 提供了丰富的功能扩展模块供用户选择，使产品模块的组合具有极大的灵活性，最大限度地满足用户的要求。遥感研究和应用的用户可以根据自己的要求、资金情况选择不同的软件级别。ERDAS 软件由如下功能模块组成。

（1）IMAGINE AutoSync 图像自动配准模块

IMAGINE AutoSync 提供的图像自动匹配工具可使具有各种不同技术水平的用户都能够方便地完成专业的配准工作，包括图像边缘匹配和地理参考图像配准功能，即实现纠正图像间的相互自动配准，或者原始图像到已纠正图像间的快速配准。

（2）IMAGINE EasyTrace 智能矢量化模块

IMAGINE EasyTrace 提供了高效的要素矢量半自动提取工具，提高了整个矢量要素提取过程的效率，最大限度地减少了用户单击鼠标的次数，极大地加快了数字化工作进程。

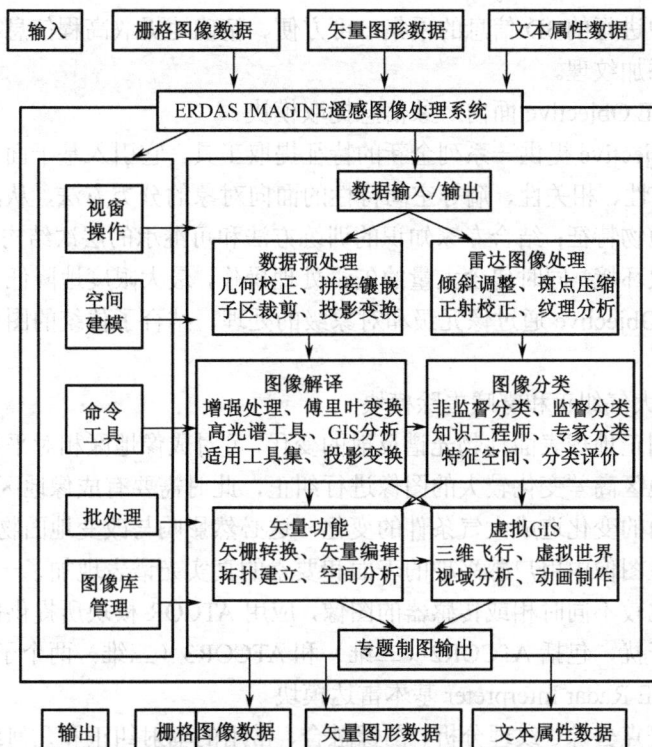

图 2-1　ERDAS IMAGINE 的功能体系

（3）IMAGINE DeltaCue 智能变化检测模块

IMAGINE DeltaCue 以面向对象的工作流程来管理数据预处理、变化检测、变化滤波、变化结果查看以及解译这些过程。标准的自动预处理过程、一系列强大的变化算法以及灵活的工具使得 DeltaCue 能满足用户的各种特殊的变化检测要求。此外，它提供了一系列方便的处理程序，用于大范围图像的变化分析。同时，定位于定点监测的可视化工具提供了详细的分析能力和简洁的客户化变化浏览界面，以保证用户能输出各种格式精确的变化结果到 GIS 和其他数据库中。

（4）IMAGINE Vector 矢量数据处理模块

ERDAS IMAGINE 除了支持内置的矢量数据外，还提供专业的矢量处理和分析模块：IMAGINE Vector。它们由 ESRI 和 ERDAS 两个公司合作开发，能够导入和导出矢量数据，建立、显示、编辑和查询 ArcInfo 的 Coverage 和 ArcView Shape 矢量数据，完成拓扑关系的生成和修改及矢量和光栅图像的双向转换等，能够读取 SDE 数据。

（5）IMAGINE Virtual GIS 三维可视化与分析模块

IMAGINE Virtual GIS（虚拟 GIS）是强大的容易使用的三维可视化分析工具，它超越了简单的三维显示或者建立简单的飞行穿行观察（fly-through）。它使用户能在真实的模拟地理信息环境中进行交互处理，既能增强或查询叠加在三维表面上图像的像元值及相关属性，还能可视化、风格化（stylize）和查询地图矢量层的属性信息。

（6）IMAGINE Stereo Analyst 立体分析模块

在立体环境中进行的 3D 信息的采集，可方便、精确地提取高程信息、高度信息，为三维建筑物自动添加纹理。

（7）IMAGINE Objective 面向对象信息提取模块

IMAGINE Objective 提供一系列全新的特征提取工具。它引入基于面积、周长等几何特性、纹理、正交性、相关性、熵等空间特性的面向对象的分类方法，从高分辨率遥感图像中提取相应的地物特征；结合专家知识的训练方法和可继承的层次结构，提供真正地面向对象的特征提取环境；同时包含大量的矢量处理操作，最大限度地降低了矢量的后处理操作。IMAGINE Objective 通过像元级和对象级的处理，结合了传统的图像处理方式和计算机视觉。

（8）ATCOR 大气纠正和雾曦去除模块

该模块用于纠正地球表面地物光谱反射的变化，可对成像地区相对平坦的图像进行纠正，也可对成像地区高差变化较大的图像进行纠正，此时需要有成像地区的 DEM。由于气象和太阳高度角的变化造成大气条件的变化，这必然影响与改变地面物质的光谱反射。这种改变使得卫星图像中用户感兴趣的表面和要素的真实光谱表现加了一个层光罩，从而阻止了用户直接比较不同时相或传感器的图像，应用 ATCOR 模块所提供的大气校正功能就可以去除这些干扰，包括 ATCOR2（二维）和 ATCOR3（三维）两个子模块。

（9）IMAGINE Radar Interpreter 基本雷达模块

该模块包括斑点去除、纹理分析、图像融合、常用的辐射纠正和几何纠正功能用于增强 SAR 图像。IMAGINE Radar Interpreter 功能与数据源无关，即用户可以分析任何来源的 SAR 图像。

（10）IMAGINE OrthoRadar 雷达正射纠正模块

IMAGINE OrthoRadar 根据卫星轨道和图像信息参数重建 SAR 传感器模型、SAR 利用传感器模型和 DEM 数据，对 SAR 图像进行精确的编码纠正或正射纠正。IMAGINE OrthoRadar 纠正的结果精度是相当高的，剔除了雷达数据内在的扭曲，可与其他数据源联合使用。它非常便于对 GCPs、DEM 和地图投影进行处理，并且支持现有商业雷达图像，如 ERS1/2、RadarSat1/2、TerraSAR、COSMOSkyMed、EnviSAT、PALSAR 等。

（11）IMAGINE StereoSAR DEM 雷达立体像对 DEM 提取模块

对 SAR 立体像对进行相关处理，然后创建 DEM。该功能获得 RADARSAT International 的认可。

（12）IMAGINE SAR Interferometry 干涉雷达处理模块

IMAGINE SAR Interferometry 是最新版本的新增模块，集成了 IMAGINE 高级干涉雷达处理能力。即使是雷达数据处理的初学者，也可以通过这个模块快速生成高质量的 DEM，进行雷达数据和地面变形的厘米级变化检测。IMAGINE SAR Interferometry 包括了 InSAR DEM 提取、Coherence Change Detection（CCD）变化检测、Differential Interferometric SAR （D-InSAR）处理几部分功能；支持现有商业雷达图像，如 ERS1/2、RadarSat1/2、TerraSAR、COSMOSkyMed、EnviSAT、PALSAR 等。

（13）IMAGINE LIDAR Analyst 激光雷达信息提取模块

该模块处理 LIDAR 数据，利用 LIDAR 数据自动提取 2D 和 3D 地理空间要素。它是自动提取地形、建筑物、树木和森林等要素的工具，也是自动提取建筑物高度、面积、周长、屋顶类型、树冠宽度、树木胸径等属性信息工具，是对提取结果进行优化的工具。

（14）IMAGINE Enterprise Loader 企业级数据加载模块

IMAGINE Enterprise Loader 允许用户将矢量和栅格数据导入 Oracle Spatial 10g 或以上版本的数据库系统中，以使得终端用户能最大限制地使用和访问数据。图像能够作为单独的地理栅格导入或 IMAGINE Enterprise Loader 能够在相关联的 ERDAS IMAGINE 中自动把多光谱图像融合为一个地理栅格数据来使用。一旦数据导入数据库，所有 ERDAS IMAGINE 和 LPS 都能访问、浏览和分析数据。

（15）IMAGINE Enterprise Editor 企业级数据编辑模块

IMAGINE Enterprise Editor 集成了完整的 Oracle 技术组件，为基于 Web 或直接连接到 Oracle Spatial 的用户提供了一个全面强大和基于标准的 Oracle Spatial 编辑的解决方案。该模块支持通过网络环境更新 Oracle Spatial 中的几何实体、拓扑关系以及属性数据，同时支持基于网络的环境，在企业内对图像进行访问和管理。IMAGINE Enterprise Editor Web 客户端支持 Oracle GeoRaster 数据。

2.3　ERDAS 可视化界面

ERDAS IMAGINE 2011 中的可视化界面与 ERDAS IMAGINE 9.2 的差别比较大，而与 ERDAS IMAGINE 2010 的界面比较类似；ERDAS IMAGINE 2013 的界面又有一些改动；ERDAS IMAGINE 2015 与 ERDAS IMAGINE 2013 基本类似，而且对其进行了美化。本节主要介绍的是显示栅格图像、矢量图形、注记文件、AOI 等数据层的主要窗口——视窗（Viewer），每次启动 ERDAS IMAGINE 时，系统都会弹出一个界面（如图 2-2 所示）。

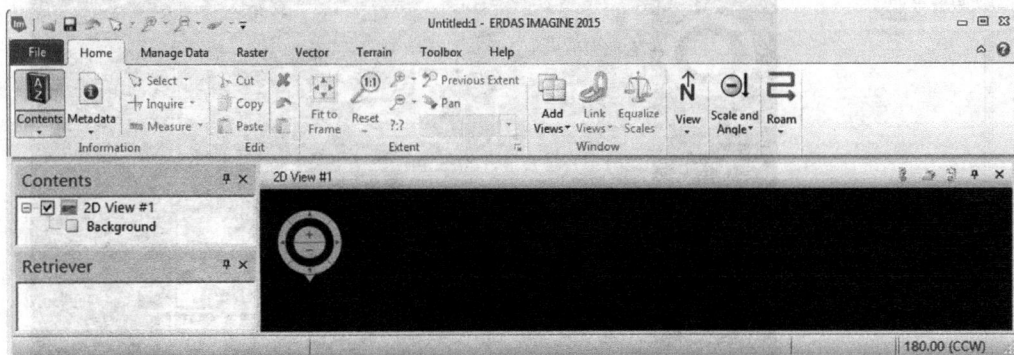

图 2-2　ERDAS IMAGINE 界面（未打开图像之前）

在 ERDAS IMAGINE 面板默认设置下主要包括左侧最上方的快捷访问工具栏，其下方的功能区，显示窗（Window）、内容视窗（Contents）、检索视窗（Retriever），以及最下方的状态条。状态条中包含投影、海拔、旋转方向等信息。

另外，用户在操作过程中也可以随时打开新的视窗。操作过程如下：在 ERDAS 功能区的 File 标签下选择 New 选项，并在之后出现的三个子选项（地图视窗、2D 视窗、3D 视窗）中选择需要的显示窗（如图 2-3 所示）。或者单击 Home 标签下的 Add Views 工具，并选择需要的视窗类型。

为了表述方便，在本书后面的介绍中，主要使用 2D 视窗。如图 2-4 所示，当视窗处于系统默认状态时，视窗的各个组分都出现在视窗中，用户可以重新设置各个组成部分的出现、位置和是否固定。

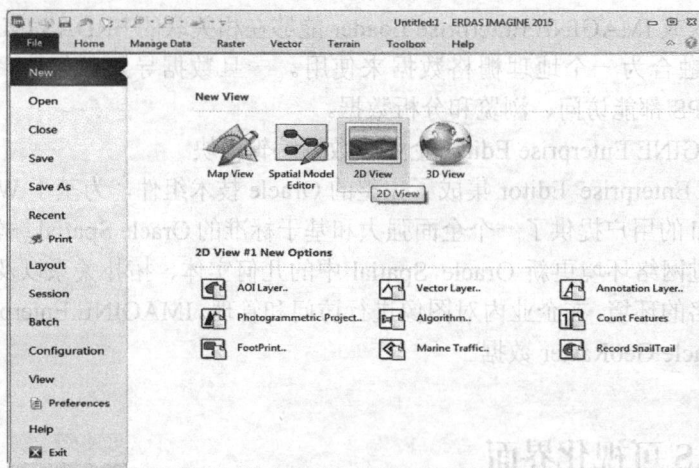

图 2-3　新建视窗

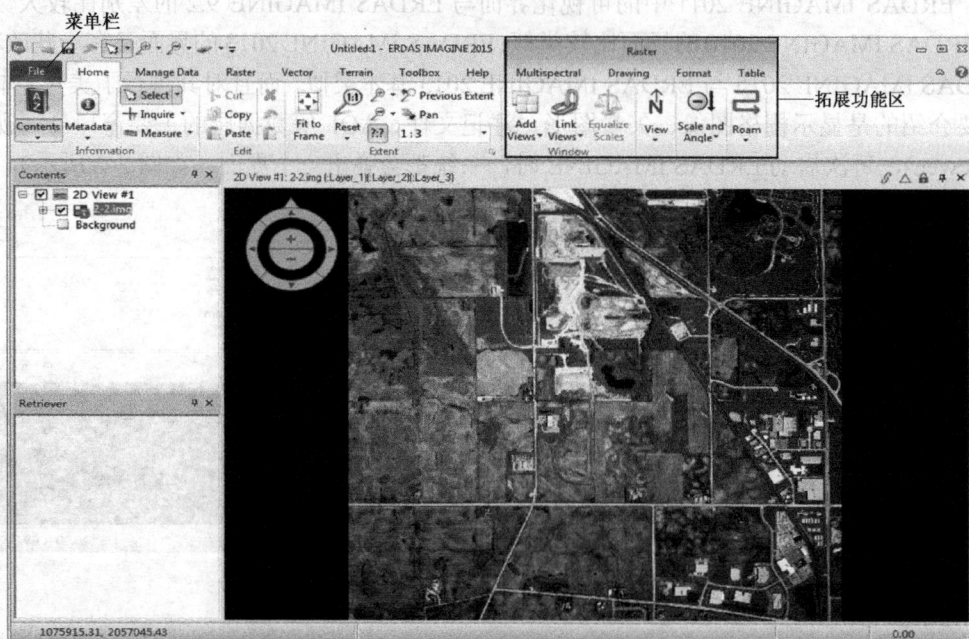

图 2-4　打开图像后的界面

2.3.1　视窗菜单与功能

如图 2-4 所示，视窗菜单栏中共有 8 个菜单，各菜单对应的功能如表 2-1 所示。

表 2-1　视窗菜单与功能

菜单	功能
File	文件操作
Home	主页操作
Manage Data	数据管理操作
Raster	栅格操作
Vector	矢量操作
Terrain	地形操作
Toolbox	工具箱操作
Help	联机帮助

另外，ERDAS 2015 还会根据用户在视窗中打开的文件类型而增加新的功能。比如图 2-4 中标注的拓展功能区，就是根据打开的栅格图层而自动生成的，其中包括多光谱功能（Multispectral）、绘图功能（Drawing）、格式功能（Format）、表格功能（Table）。常见拓展功能区的类型及拓展功能如表 2-2 所示。

表 2-2　常见拓展功能区的类型及拓展功能

类　　　型	拓展功能
AOI 图层	绘图功能、格式功能
栅格图层	多光谱功能、绘图功能、格式功能、表格功能
矢量图层	绘图功能、格式功能、表格功能
注记图层	绘图功能、格式功能、表格功能
地形模型图层	无

这些拓展功能可以让用户更加方便、快捷地进行操作，可以大大提升用户的工作效率。另外，鼠标悬停在功能区里任何一个图标上都会显示该图标的用法，以方便初学者进行操作。

在实际操作中，栅格工具的使用频率最高。在加载了栅格图像之后，Raster 菜单下便会出现如表 2-2 所示的四个功能区，如图 2-5 所示。

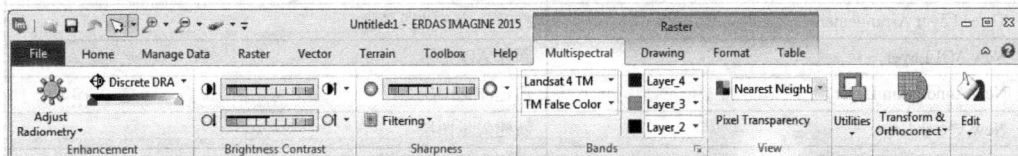

图 2-5　栅格功能区多光谱工具

其中，绘图功能（Drawing）、格式功能（Format）、表格功能（Table）与其他格式相差不大，唯有多光谱功能区（Multispectral）是栅格数据独有的。在此功能区下，又被分成以下 8 个功能模块。

（1）增强工具（Enhancement）：包括基本的对比度设置，例如直方图补偿、断点设置，以及离散动态范围调整等其他工具。

（2）亮度与对比度设置（Brightness Contrast）：可以对图像的亮度与对比度进行调整，可以通过按钮一级一级地调整，也可以通过滑轮直接调整到需要的状态。

（3）锐化工具（Sharpness）：同亮度与对比度设置类似，ERDAS 2015 也可以直接对锐度进行设置，并且还可以直接运用预定义的模板对图像进行边缘探测或边缘增强处理，十分方便。

（4）波段设置（Bands）：可以针对传感器与色彩合成方式进行选择，也可以自行选择通过各个通道的波段。

（5）视窗设置（View）：包含两个工具，一是重采样选项，可以选择最邻近像元法或者双线性内插法，等等。二是可以选择像素的透明与否，以便在叠加显示时方便观察。

（6）常用工具（Utilities）：此模块具有四大功能，包括剪切和掩码工具、光谱剖面工具、矢量计算工具、金字塔计算与统计工具。

（7）转换与校正工具（Transform & Orthocorrect）：可以利用此工具对图像进重新投影或者对视窗中的图像进行校正并检查精确度。

（8）编辑工具（Edit）：其中包含填充、偏移、插值等常用工具。

2.3.2 快捷菜单功能

只要在显示窗口中右击，就会弹出快捷菜单。快捷菜单中共有 25 项命令，各命令对应的功能如表 2-3 所示。

表 2-3 快捷菜单命令

菜单命令	功能
Open Raster Layer	打开栅格图层
Open Vector Layer	打开矢量图层
Open AOI Layer	打开 AOI 图层
Open Annotation Layer	打开注记图层
Open TerraModel Layer	打开地形模型数据
Three Layer Arrangement	打开一个 3 波段图像
New AOI Layer	新建 AOI 图层
New Annotation Layer	新建注记图层
New Vector Layer	新建矢量图层
Create 3D view from content	以当前的 2D 视图中的所有内容创建 3D 视图
Start imagine drape with content	基于当前内容的以 DEM 为基础的三维图像显示
Blend	混合显示工具
Swipe	卷帘显示工具

（续表）

菜单命令	功能
Flicker	闪烁显示工具
Clear view	清除视窗中的内容
Close Top Layer	关闭顶层图层
Fit to Frame	按照视窗大小显示图像
Fit View to Data Extent	按照数据范围设置视窗大小
Zoom	缩放显示工具
Drive Other 2D Views	将其他 2D 视图中心平移到当前视图的右键处
Inquire	开启屏幕光标查询功能
Inquire Box	开启方框区域查询功能
Background Color	设置背景颜色
Resampling Method	设置重采样方式
Scroll Bars	设置视窗滑动条显示与否

2.4　数据输入/输出

ERDAS IMAGINE 的数据输入/输出（Import/Export）功能允许用户输入多种格式的数据供 IMAGINE 使用，同时可以将 IMAGINE 的文件转换成多种数据格式。目前，IMAGINE 2015 中可以输入的数据格式达 170 余种，可以输出的数据格式也有 60 余种，几乎包括了常见与常用的栅格和矢量的数据格式。具体的输入/输出格式均罗列于 IMAGINE 数据输入/输出对话框中。

数据输入/输出的一般操作过程如下：启动 ERDAS 2015 后，单击 Manage Data 标签下的 Import Data/Export Data 图标（如图 2-6 所示），即可弹出数据输入/输出对话框。现在以如图 2-7 所示的数据输入对话框为例，在此对话框中，用户通常只需要设定以下参数。

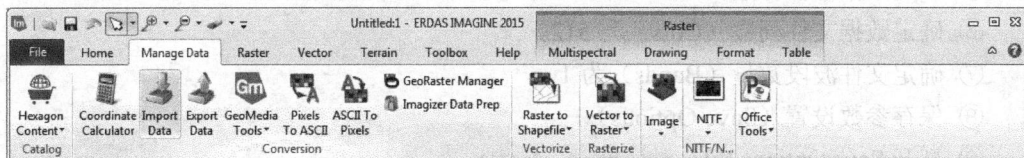

图 2-6　Import Data/Export Data 图标

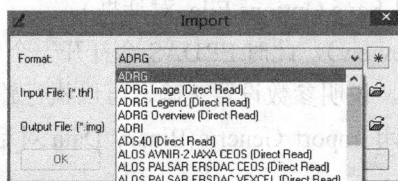

图 2-7　数据输入对话框

（1）在 Format 下拉列表框中选择数据的格式。

（2）确定输入数据的文件（Input File:*.* ）。

（3）确定输出数据的文件（Output File:*.* ）。

2.4.1 单波段二进制图像数据输入

用户从遥感卫星地面站购置的 TM 图像数据或者其他图像数据，往往是经过转换以后的单波段普通二进制数据文件，外加一个说明头文件。对于这种数据，必须按照 Generic Binary 格式来输入，而不能按照 TM 图像或者 SPOT 图像来输入。下面详细介绍单波段二进制图像数据的输入过程。

在处理单波段数据的时候，首先要将各波段数据（Band Data）依次输入，转化为 ERDAS IMAGINE 的 IMG 文件。

（1）在如图 2-7 所示的数据输入对话框的 Format 一栏中选择普通二进制（Generic Binary）。

（2）确定输入文件路径和文件名（Input File）。

注：example 文件夹中并没有对应的单波段图像，需要使用其他数据。

（3）确定输出文件路径和文件名（Output File）。

（4）单击 OK 按钮（关闭输入对话框）。此时，ERDAS 2015 会自动弹出 Import Generic Binary Data 对话框，如图 2-8 所示。

（5）在 Import Generic Binary Data 对话框中定义以下参数：

① 确定数据格式（Data Format）为 BIL。

② 确定数据类型（Data Type）为 Unsigned 8 Bit。

③ 确定图像记录长度（Image Record Length）为 0。

④ 确定头文件字节数（Line Header Bytes）为 0。

⑤ 确定数据文件行数（Rows）为 512。

⑥ 确定数据文件列数（Cols）为 512。

⑦ 确定文件波段数量（Bands）为 1。

⑧ 保存参数设置（Save Options）。

⑨ 打开 Save Options File 对话框。

⑩ 定义参数文件名（Filename）为*.gen。

⑪ 单击 OK 按钮（退出 Save Options File 对话框）。

（6）预览图像效果（Preview），此时 ERDAS 会打开一个窗口显示输入图像。

（7）如果预览图像正确，说明参数设置正确，可以执行输入操作。

（8）单击 OK 按钮（关闭 Import Generic Binary Data 对话框）。此时，会出现数据转换进程条（如图 2-9 所示）。

（9）单击 OK 按钮（关闭状态条，完成数据输入）。

重复上述部分过程，依次将多个波段数据全部输入，转化为 IMG 文件。

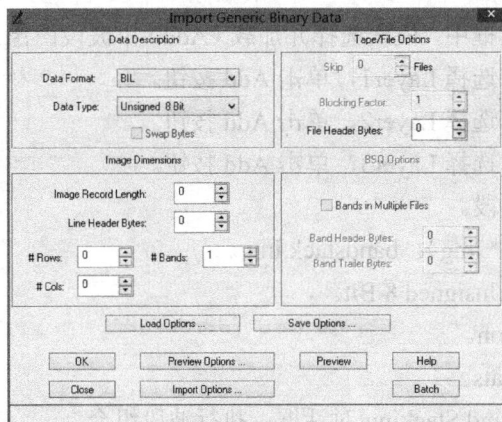

图 2-8　Import Generic Binary Data 对话框　　　　图 2-9　数据转换进程条

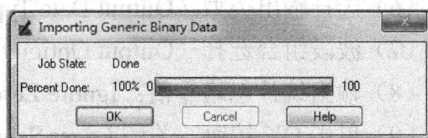

2.4.2　组合多波段数据

　　上面的数据输入只是将单波段的普通二进制数据文件转化成 ERDAS 系统自己的单波段 IMG 文件，而在实际工作中，对遥感图像的处理和分析都是针对多波段图像进行的，所以还需要将若干单波段图像文件（Layer Stack）成一个多波段图像文件，具体过程如下。

　　在 ERDAS 图标面板中单击 Raster 标签下的 Spectral→Layer Stack 选项（如图 2-10 所示），打开 Layer Selection and Stacking 对话框（如图 2-11 所示）。

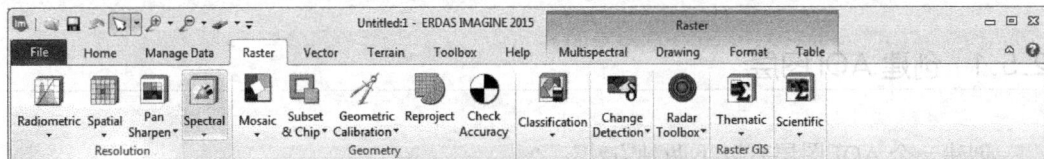

图 2-10　Spectral→Layer Stack 选项

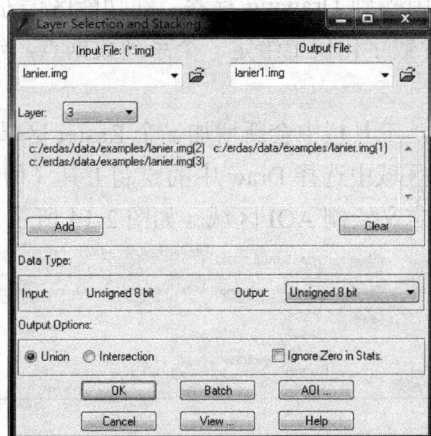

图 2-11　Layer Selection and Stacking 对话框

接着，在 Layer Selection and Stacking 对话框中，依次选择并加载（Add）单波段图像。

（1）输入单波段文件（Input File:*.img）：选择 Layer1，单击 Add 按钮。

（2）输入单波段文件（Input File:*.img）：选择 Layer2，单击 Add 按钮。

（3）输入单波段文件（Input File:*.img）：选择 Layer3，单击 Add 按钮。

（4）重复上述步骤，直到导入所有所需波段。

（5）定义输出的多波段文件（Output File:*.img）：bandstack.img。

（6）选择输出类型（Output Data Type）：Unsigned 8 Bit。

（7）波段组合选择（Output Option）：Union。

（8）输出统计忽略零值：Ignore Zero in Stats。

（9）单击 OK 按钮，关闭 Layer Selection and Stacking 对话框，执行波段组合。

2.5　AOI 编辑

AOI 是用户感兴趣区域（Area Of Interest）的缩写。当确定了一个 AOI 后，可以使相关的 ERDAS IMAGINE 命令处理操作针对 AOI 内的像元进行；ERDAS 2015 中的 AOI 区域可以保存成一个文件，便于在以后的多种场合调用，AOI 区域经常应用于图像分类模板（Signature）文件的定义。需要说明的是，一个视窗只能打开一个 AOI 图层，但是一个 AOI 图层中可以包含若干个 AOI 区域。

2.5.1　创建 AOI 图层

创建一个 AOI 图层有以下两种方法。

（1）选择绘制工具。在打开了任何一个栅格或者矢量的图层后，在工具栏的新增的 Raster（或者 Vector）区域中找到 Drawing 标签。在功能区偏左处选择需要绘制的形状，再使用鼠标在屏幕视窗或者数字化仪上给定一个系列数据点，组成 AOI 区域。具体步骤如下：

① 输入一个栅格图像，工具栏中会新增加一个 Raster 区域（如图 2-12 所示）。

② 在新增加的 Raster 区域中选择 Draw 中的绘制工具（如图 2-13 所示）。

③ 在打开的图像中自定义绘制 AOI 区域（如图 2-14 所示）。

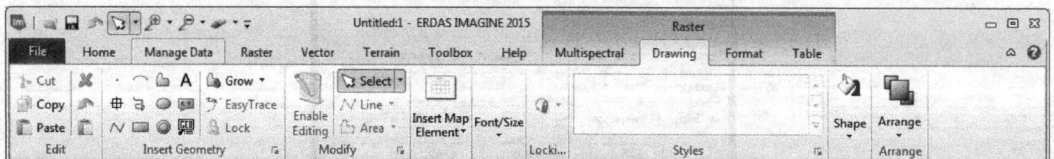

图 2-12　新增 Raster 区域

图 2-13　Draw 绘制工具

图 2-14　自定义绘制 AOI 区域

（2）以给定的种子点作为中心，按照所定义的 AOI 种子特征进行区域增长，自动产生任意边形的 AOI 区域。其操作方法仍是在 Drawing 标签下选择 Grow 工具，再在视窗中单击选取种子点，ERDAS 2015 便会自动生成 AOI 区域。具体步骤如下：

① 在新增的 Draw 标签中选择 Grow 工具（如图 2-15 所示）。

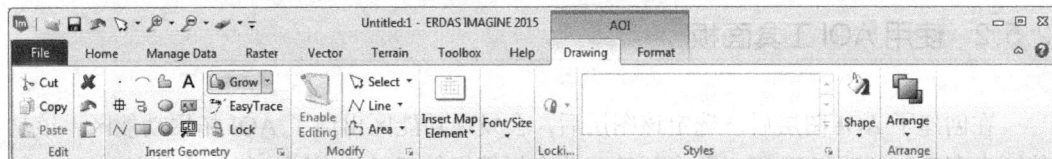

图 2-15　选择 Grow 工具

② 选择 Grow 工具下的 Growing Properties 进行属性设置（如图 2-16 所示）。

③ 选择 Grow 工具下的 Grow 进行种子点选取，自动绘制 AOI 区域（如图 2-17 所示）。

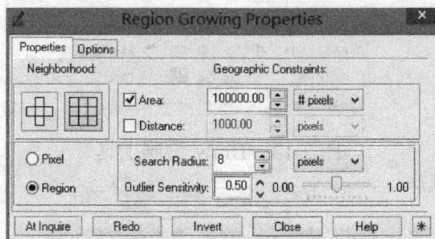

图 2-16 Growing Properties 属性设置

图 2-17 种子点选取

2.5.2 使用 AOI 工具面板

在创建了 AOI 图层后，选定该图层后，会发现功能区出现了 AOI 拓展功能区。该功能区内有 Drawing 和 Format 两个标签。两个标签下的工具都大同小异，主要是对 AOI 的绘制方面的工具，包括绘制新的 AOI 区域、AOI 区域的填充颜色（Area Fill）、文字的字体和大小（Font/Size）等。另外，这两个标签下还提供了一些工具用于加快绘制 AOI 区域的速度与提高准确度。例如，之前提到的 Grow 工具就可以依靠种子点自动生成 AOI 区域。EasyTrace 工具的作用是打开捕捉功能，在捕捉功能下，光标会自动捕捉边界线、中心线等特殊位置。这个工具可以使 AOI 范围确定得更加准确。还有 Lock 工具，单击此工具之后，光标会被锁定在当前功能，即可以连续执行同种类型的操作，熟练运用这个工具可以较大地提高效率。

（1）AOI 区域填充：选择 Draw 面板下的 Area Fill 工具（如图 2-18 所示）→双击打开 Color Chooser 对话框，进行颜色设置（如图 2-19 所示）→单击 OK 按钮，查看 AOI 区域颜色设置（如图 2-20 所示）。

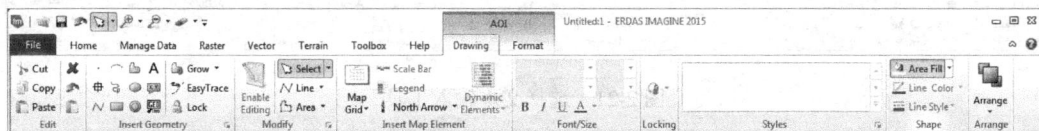

图 2-18　选择 Area Fill 工具

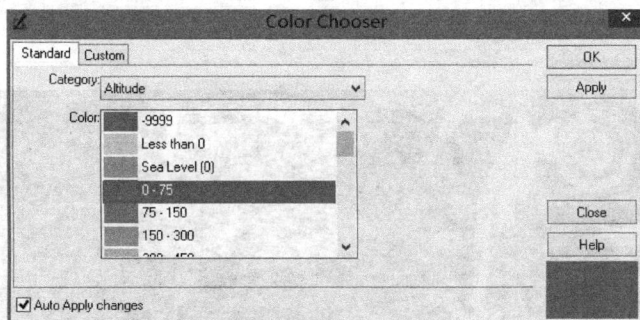

图 2-19　打开 Color Chooser 对话框

图 2-20　设置结果

（2）文本字体设置：选择 Draw 面板中的 A 进行文本输入（如图 2-21 所示）→在图像区域进行文本输入（如图 2-22 所示）→选择输入文本，在 Draw 区域选择字体大小和颜色进行属性设置（如图 2-23 所示）。

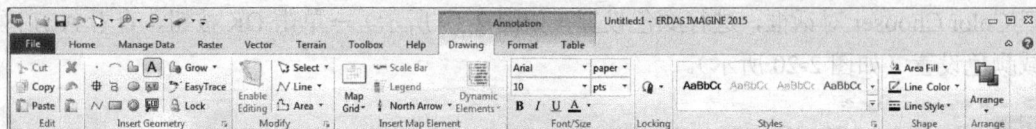

图 2-21　选择文本输入工具

图 2-22　输入文本

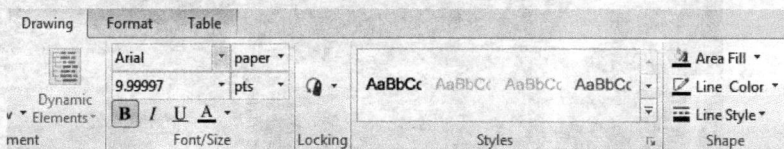

图 2-23　文本属性设置

（3）EasyTrace 工具：选择 Format 面板下的 EasyTrace 工具（如图 2-24 所示）→打开 EasyTrace 对话框进行属性设置（如图 2-25 所示）→辅助绘制 AOI 区域（如图 2-26 所示）。

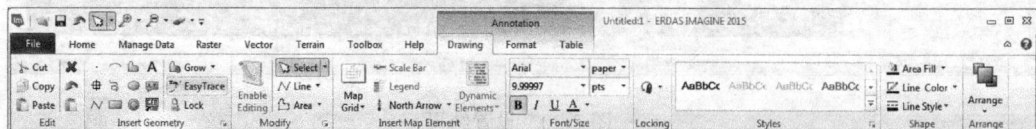

图 2-24　选择 EasyTrace 工具

图 2-25 EasyTrace 属性设置

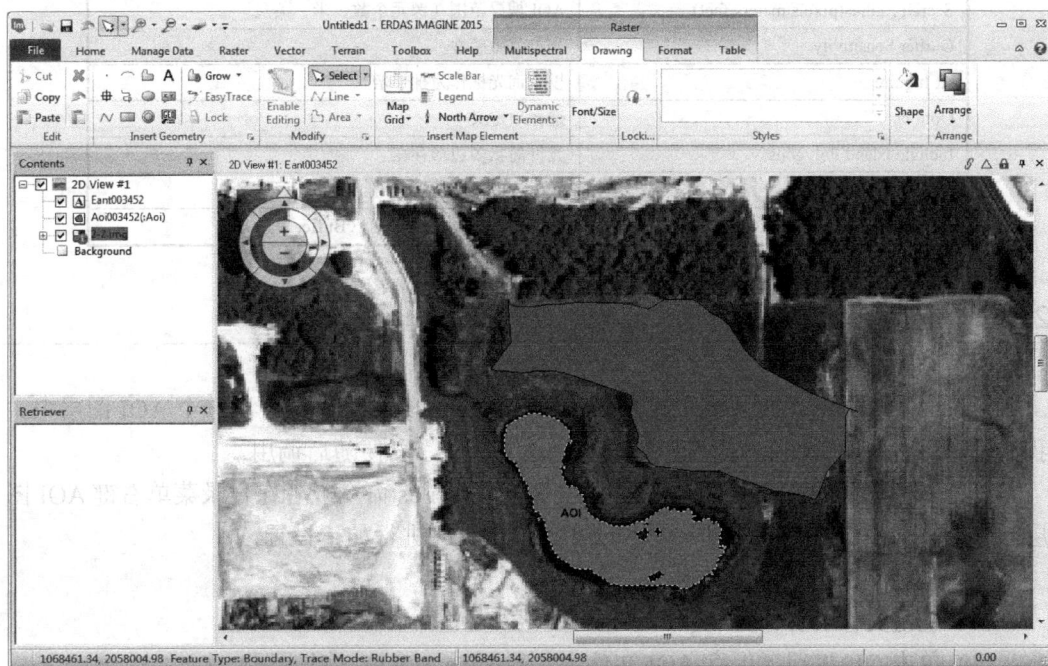

图 2-26 辅助绘制 AOI 区域

2.5.3 定义 AOI 种子特征

在 ERDAS 根据种子点自动创建 AOI 区域的时候，预先定义 AOI 种子特征是十分必要的。

具体操作如下：单击 Drawing 标签下 Grow 工具的下拉选项，并选择 Growing Properties 选项，此时会弹出 Region Growing Properties 对话框（如图 2-16 所示），其中各项参数的具体含义如表 2-4 所示。实际操作中，根据需要设置好相关参数后，关闭（Close）对话框，之前的设置便会应用到之后的 AOI 创建中。

表 2-4　Region Growing Properties 对话框中各参数含义

参数	含义
Neighborhood	种子增长模式
4 Neighborhood Mode	4 个相邻像元增长模式
8 Neighborhood Mode	8 个相邻像元增长模式
Geographic Constraints	种子增长的地理约束
Area(pixels/hectares/acres/sq.miles)	面积约束（像元个数、公顷、英亩、平方公里）
Distance(pixels/meters/feet)	距离约束（像元个数、米、英尺）
Pixel	以选定种子点自动增长
Spectral Euclidean Distance	光谱欧式距离
Region	在选定范围内增长
Search Radius(pixels/meters/feet)	AOI 搜寻范围（像元个数、米、英尺）
Outlier Sensitivity	离群值敏感性
At Inquire	以查询光标作为种子增长
Options	选择项定义
Include Island Polygons	允许岛状多边形存在
Update Region Mean	重新计算 AOI 区域均值
Buffer Region Boundary	对 AOI 区域进行缓冲区（Buffer）分析

2.5.4　保存 AOI 种子特征

无论应用哪种方式在视窗中建立了多少个 AOI 区域，总是位于同一个 AOI 图层中。我们可以将所有的 AOI 区域保存在一个 AOI 文件中，以便随后调用。

在 File 标签下的 Save as 选项后面选择 AOI Layer as 命令或者在目录菜单右键 AOI 图层，打开 Save AOI as：对话框（如图 2-27 所示），并进行如下设置：

（1）确定文件路径：Desktop。

（2）确定文件名称：example.aoi。

（3）单击 OK 按钮（保存 AOI 文件，关闭 Save AOI as：对话框）。

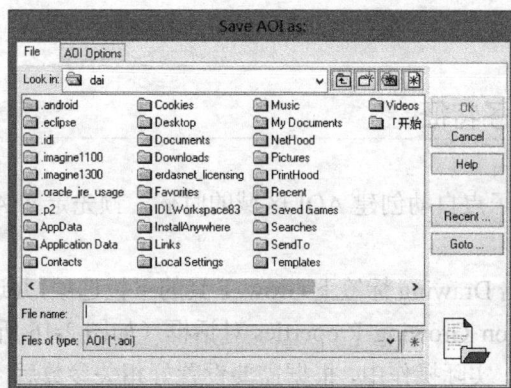

图 2-27　Save AOI as：对话框

2.6　数据格式转换

在实际应用中收集到的或现有的数据并不一定能满足要求,可能是因为处理软件不支持现有的数据格式,此时需要进行数据格式的转化,将其转化成能够输入的格式数据。数据转换是用一种系统的数据文件格式读出所需数据,再按另一系统的文件格式将数据写入文件。但从根本上讲,系统之间的数据格式转换是系统数据模型之间的转换。两个系统能否进行数据转换以及转换的效果如何,从根本上取决于两个模型之间的关系。

ERDAS IMAGINE 的数据转换功能允许用户输入多种格式的数据供 IMAGINE 使用,同时可以将 IMAGINE 的文件转换成多种数据格式。目前,IMAGINE 支持 GeoTIFF、JPEG、MrSID、JPEG2000、NITF、BigTIFF、IMAGINE.img、Shapefile、Arc Coverage 等 70 多种数据格式的输入,可以输入的数据格式 30 多种,几乎包括常用或常见的栅格数据和矢量数据格式。

ERDAS IMAGINE 系统已经内含了 ArcInfo Coverage 矢量数据模型,可以不经转换地读取、查询、检索其 Coverage、GRID、SHAPEFILE、SDE 矢量数据,并可以直接编辑 Coverage、SHAPEFILE 数据。若 ERDAS IMAGINE 再加上扩展功能,则还可实现 GIS 的建立拓扑关系、图形拼接、专题分类图与矢量二者相互转换,节省了工作流程中令人头疼、费时费力的数据转换工作,解决了信息丢失问题,可大大提高工作效率,使遥感定量化分析更完善。

2.6.1　数据格式转换的目的和原理

空间数据是 GIS 的操作对象,是现实世界经过模型抽象的实质性内容。它是指用来表示空间实体的位置、形状、大小及其分布特征诸多方面信息的数据,是一种用点、线、面以及实体等基本空间数据结构来表示人们赖以生存的自然世界的数据。

随着各行各业数字化进程的不断推进,各类地理信息系统软件在不同领域的应用日益广泛,空间数据作为其他信息数据的载体与框架,与各行各业、种类多样的专题数据相结合,形成了生机盎然、蓬勃发展的地理信息产业。

然而,获取数据的手段复杂多样,这就会形成多种格式的原始数据。同时,由于 GIS 的使用范围涉及多学科和多部门,各部门在开发地理信息系统时往往根据本部门的特定情况采用不同的数据建模方法,选用不同的 GIS 软件,采用不同的空间数据格式,地理信息作为公共基础信息广泛发布与应用,必须进行空间数据格式的转换。

以遥感数据为例。遥感数据文件的格式有多种,大体上可分为以下几类。

（1）工业标准格式:如 EOSAT、LGSOWGCCRS、LGSOWG SPIM、CEOS、HDF、HDF-EOS 等。

（2）商业遥感软件的遥感图像格式:如 ERDAS 的*.img、PCI 的*.pix、ERMAPPER 的*.ers 等。

（3）通用图像文件格式:如 GeoTiff、TIFF、JPEG 等。

各种文件格式的数据内容及组织方式有所不同，但一般包括对遥感数据的说明性信息（如坐标范围、空间分辨率、波段数目、投影类型等）和遥感数据本身两大部分。不同文件格式之间可以通过文件转换模块来进行转换。ERDAS IMAGINE 中有数据格式转换的功能模块来对文件格式进行转换。

2.6.2 数据格式转换的功能模块和操作流程

ERDAS IMAGINE 软件的输入/输出（Import/Export）模块，允许输入和输出多种格式的数据（如表 2-5 所示），由此模块可完成数据格式的转换。

表 2-5　ERDAS 常用输入/输出数据格式

数据输入格式	数据输出格式
ArcInfo Coverage E00	ArcInfo Coverage E00
ArcInfo GRID E00	ArcInfo GRID E00
ERDAS GIS	ERDAS GIS
ERDAS LAN	ERDAS LAN
Shape File	Shape File
DXF	DXF
DGN	DGN
IGDS	IGDS
Generic Binary	Generic Binary
Geo TIFF	Geo TIFF
TIFF	TIFF
JPG	JPG
USGS DEM	USGS DEM
GRID	GRID
GRASS	GRASS
TIGER	TIGER
MSS Landsat	DFAD
TM Landsat	DLG
Landsat-7 HDF	DOQ
SPOT	PCX
AVHRR	SDTS
RANDARSAT	VPF

在 ERDAS IMAGINE 菜单栏中选择 Manage Data→Import Data 工具栏允许用户输入并转换多种文件类型到 ERDAS IMAGINE 平台中使用（如图 2-28 所示），同时 Export Data 工具栏允许用户将 ERDAS IMAGINE 的标准文件格式（.img）输出为其他所需格式。

导入图像时，例如，将 TIFF 格式图像转换为.img 图像，具体的操作步骤如下：

（1）选择 Manage Data→Import Data，弹出导入对话框。

（2）在格式栏中选择 TIFF 文件格式，单击 Input File 栏右侧的 📁 图标选择路径，选择文件 lanier.img。在 Output File 栏中选择输出路径，编辑文件名，默认格式为.img。

　　导出.img 图像为其他格式图像时，例如 LAN（Erdas 7.x）文件，具体的操作步骤如下：

　　（1）选择 Manage Data→Export Data 工具栏，弹出数据导出对话框（如图 2-29 所示）。

　　（2）在 Format 栏中选择 LAN（Erdas 7.x）文件类型，单击 Input File 栏右侧的🖏 图标选择路径，选择文件 lanier.img。在 Output File 栏中选择输出路径，编辑文件名，默认格式为.lan（如图 2-30 所示），此时可以对导出格式进行设定。

图 2-29　数据导出对话框

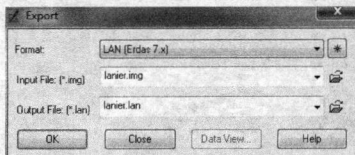

图 2-28　ERDAS 转换格式工具栏

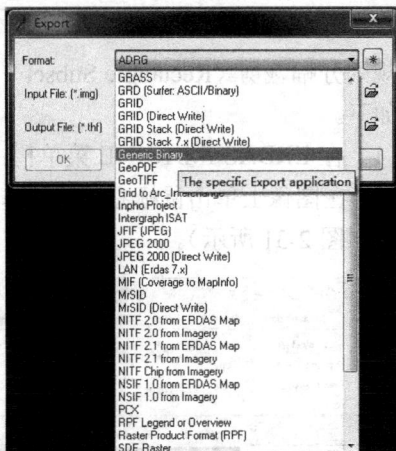

图 2-30　数据格式转换导出

　　在如此多种遥感数据格式存在的情况下，ERDAS IMAGINE 自带的数据格式转换功能可对不同格式的遥感图像更方便地进行操作和处理。同时，也更有利于与其他遥感软件的操作进行衔接和拓展。

2.7　图像裁剪

　　在进行遥感图像处理工作的时候，如果工作区域较小，只需用一幅遥感图像中的某一部分就可以覆盖该工作区，则需要进行遥感图像裁剪处理。在应用中也往往需要根据实际工作区范围界线来裁剪图像，如行政区域界线、流域分水岭界线等；也可能因为数据量太大、冗余数据太多需要进行图像的裁剪，精简数据提高效率；同时，如果用户只关心工作区域之内的数据，而不需要工作区域之外的图像，同样需要按照工作区域边界进行图像裁剪。此外，有时候可能需要对整个工作区域的遥感图像按照标准分幅进行分块裁剪。于是，就出现规则裁剪、任意多边形裁剪，以及分块裁剪等类型。

在实际工作中，经常需要根据研究工作范围对图像进行裁剪（Subset Image），根据 ERDAS 实现图像裁剪的过程，可以将图像分幅裁剪分为两种：规则分幅裁剪、不规则分幅裁剪。

2.7.1 规则分幅裁剪

规则分幅裁剪（Rectangle Subset）是指裁剪图像的边界范围是一个矩形，具体的操作步骤如下。

（1）在 ERDAS IMAGINE 菜单栏中，选择 图标，打开\examples\lanier.img 图像。

（2）在图像上单击鼠标右键，在弹出的选项框中选择 Inquire Box，并选择需要裁剪的区域（如图 2-31 所示）。

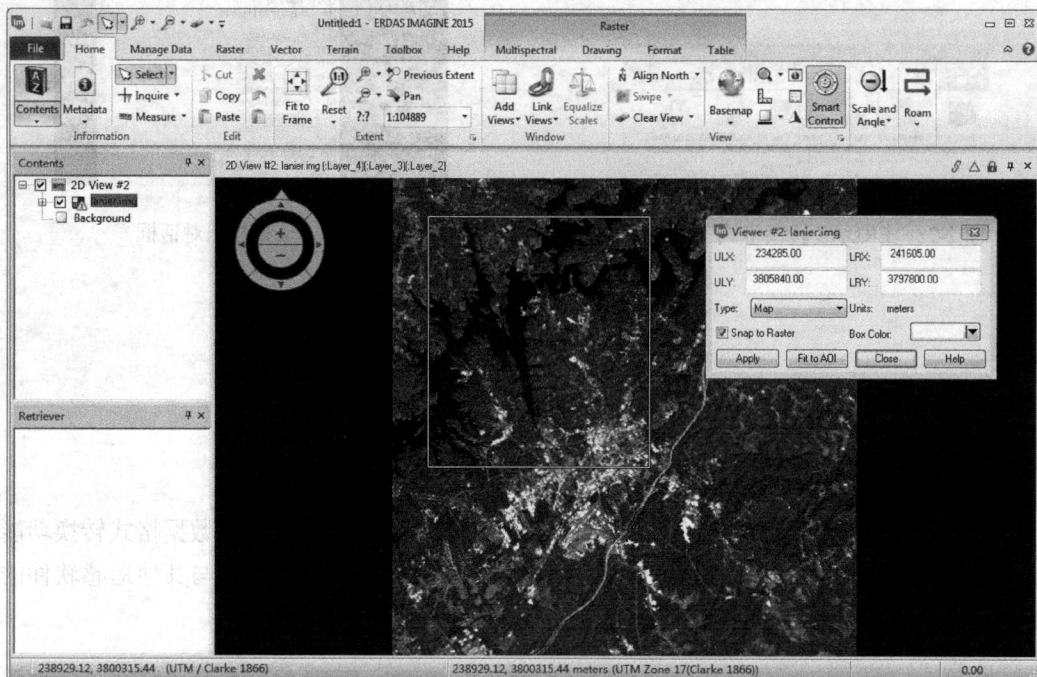

图 2-31 选取裁剪区域示意图

（3）选择 Raster→Subset & Chip→Create Subset Image，打开 Subset 对话框（如图 2-32 所示），并设置参数。

（4）输入文件名称（Input File）：/examples/lanier.img。

（5）输出文件名称（Output File）：result.img。

（6）坐标类型（Coordinate Type）：Map。

（7）裁剪范围（Subset Definition）：输入 ULX、ULY、LRX、LRY（意思是输入左上角和右下角的 X、Y 坐标值，如果选择的是 Four Corners 单选按钮，则需要输入 4 个定点的坐标）。因为前面已经选择了用 Inquire Box 裁剪区域，所以选择 From Inquire Box 可以直接确定裁剪范围。

（8）输出数据类型（Output Data Type）：Unsigned 8 bit。

（9）输出文件类型（Output Layer Type）：Continuous。

（10）输出统计忽略零值：Ignore Zero in Output Stats。

（11）输出像元波段（Select Layers）：1:7（表示选择1~7 这 7 个波段）。

（12）单击 OK 按钮（关闭 Subset 对话框，执行图像裁剪）。

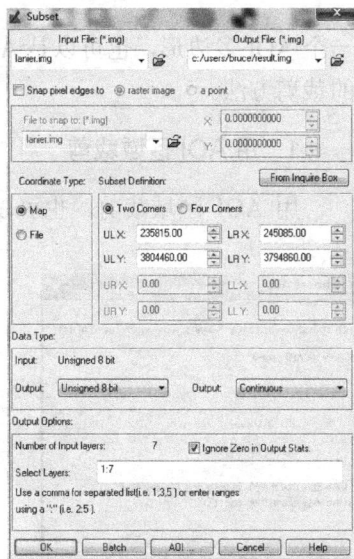

图 2-32　Subset 对话框

原图与裁剪之后的对比图如图 2-33 所示。

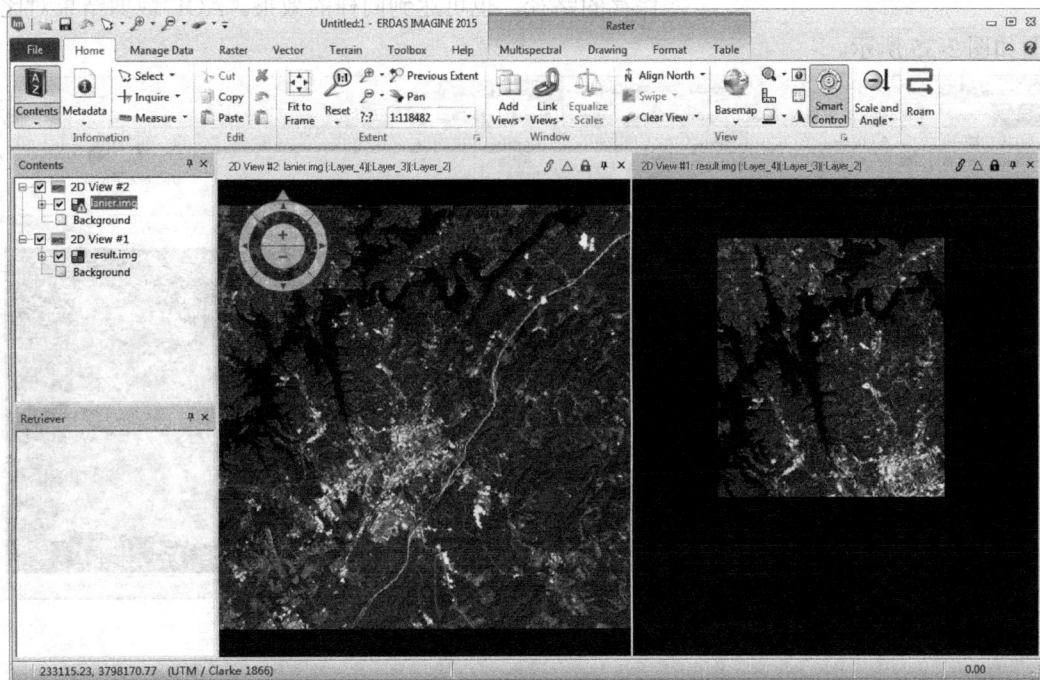

图 2-33　裁剪前后对比图

2.7.2　不规则分幅裁剪

不规则分幅裁剪（Polygon Subset）是指裁剪图像的边界范围是任意多边形，无法通过顶点坐标确定裁剪位置，而必须事先生成一个完整的闭合多边形区域。这个区域可以是一个 AOI 多边形，也可以是 ArcGIS 的一个 Polygon Coverage，根据不同的区域选择不同的裁剪方法。

1. 用 AOI 区域裁剪

用 AOI 区域裁剪，也可以使用规则裁剪类似的方法。首先在加载了原图像之后选择 Drawing→ 🖊 ，绘制想要的 AOI 区域。绘制完成后双击鼠标右键结束。然后选择 Raster→Subset ＆ Chip→Create Subset Image，基本设置与之前类似，但在设置完参数之后单击 AOI 控件打开 Choose AOI 对话框（如图 2-34 所示）中的 Viewer 单选按钮，然后单击 OK 按钮完成设置，进行裁剪。

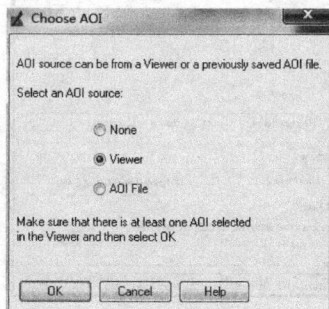

需要注意的是，为了在 Choose AOI 对话框中选择 Viewer 不出错，必须在前面绘制 AOI 文件时保留 AOI 文件在视窗之内。如果不想让该文件显示在视窗之中，可以先保存 AOI 文件，在 Choose AOI 对话框中选择 AOI File 并输入保存的路径，也可达到同样的效果。AOI 裁剪结果对比图如图 2-35 所示。

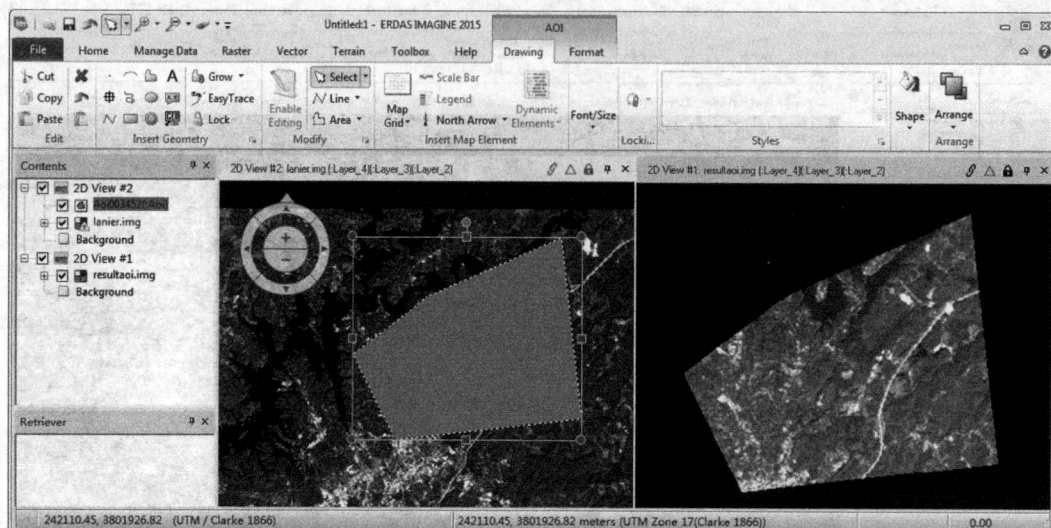

图 2-34　Choose AOI 对话框

图 2-35　AOI 裁剪结果对比图

2. 用 ArcGIS 的多边形裁剪

如果按照行政区划边界或自然区划边界进行图像的分幅裁剪，往往是首先利用 ArcInfo 或 ERDAS 的 Vector 模块绘制精确的边界多边形，然后以 ArcInfo 的 Polygon 为边界条件进行图像裁剪。对于这种情况，需要调用 ERDAS 的其他模块的功能分以下两步完成。

（1）需要将其转换成栅格图像。选择 Vector→Vector to Raster，设置好参数之后单击 OK 按钮完成转换。

（2）通过掩膜算法实现图像不规则裁剪。图像掩膜是按照一幅图像所确定的区域及区域编码，采用掩膜的方法从相应的另一幅图像中进行选择，产生一幅或若干幅输出图像。具体方法是，在 ERDAS IMAGINE 菜单栏中选择 Raster→Subset & Chip→Mask 选项，打开 Mask 对话框并设置参数（如图 2-36 所示）。

① 输入需裁剪的图像文件名称。

② 输入掩膜文件名称。

③ 单击 Setup Recode 设置裁剪区域内 New Value 为 1，区域外取 0 值。

④ 确定掩膜区域做交集运算为 Intersection。

⑤ 确定输出图像文件名称。

⑥ 确定输出数据类型为 Unsigned 8 bit。

⑦ 输出统计忽略零值，即选中 Ignore Zero in Output Stats。

⑧ 单击 OK 按钮，关闭 Mask 对话框，执行掩膜运算。

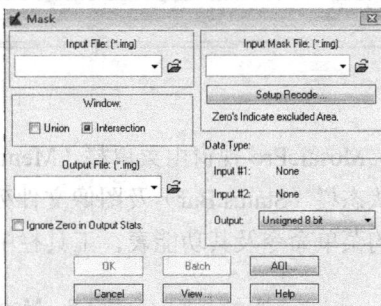

图 2-36　Mask 对话框

2.8　图像镶嵌

如果工作区域较大需要用两幅或者多幅遥感图像才能覆盖，就需要进行遥感图像镶嵌处理。遥感图像镶嵌的要求为：首先需要根据专业要求挑选合适的遥感数据，尽可能选择成像时间和成像条件相近的遥感图像；要求相邻图像的色调一致；镶嵌遥感图像之前要进行几何校正，必须全部包括地图的投影信息。要镶嵌的遥感图像的像元大小和投影类型可以不同，但是必须具有相同的波段数。

在进行遥感图像镶嵌时，不同图像的亮度存在差异，尤其当两幅相邻图像季节相差较大时，更为严重。特别是在两幅图像的对接处，这种差异有时还比较明显。为了消除两幅图像在拼接时的差异，有必要进行重叠区亮度的调整。确定重叠区亮度的常用方法有三种。一是把两幅图像对应像元的平均值作为重叠区像元点的亮度值；二是把两幅图像中最大的亮度值作为重叠区像元点的亮度值；三是取两幅图像对应像元亮度值的线性加权和作为重叠区像元点的亮度值。对于第三种方法，为了使镶嵌效果更好，应尽可能使重叠部分最大。

图像镶嵌（Mosaic Image）是将具有地理参考的若干相邻图像合并成一幅新的图像。输入图像必须经过几何校正处理或者进行校正标定。虽然所有的输入图像可以具有不同的像元大小，但是必须具有相同的波段数。在进行图像拼接时，需要确定一幅标准图像用来作为输出拼接图像的基准，决定拼接图像的对比度匹配、输出图像的地图投影、像元大小及数据类型。

启动图像拼接工具，选择 Raster→Mosaic→MosaicPro 选项，打开如图 2-37 所示的MosaicPro（高级图像镶嵌）视窗。

图 2-37　MosaicPro 视窗

MosaicPro 视窗由菜单栏（Menu Bar）、工具栏（Tool Bar）、图形窗口（Graphic View）和状态栏（Status Bar）及图像文件列表窗口（Image Lists）等几个部分组成，其中菜单栏中的菜单命令及其功能表、工具栏中的图标及其功能如表 2-6、表 2-7 所示。

表 2-6　MosaicPro 视窗菜单命令及其功能表

命令	功能
File:	文件操作：
New	打开新的 MosaicPro 视窗
Open	打开图像镶嵌工程文件（*.mop 或*.mos）
Save	保存图像镶嵌工程文件（*.mop）
Save As	重新保存图像镶嵌工程文件
Load Seam Polygons	导入镶嵌线多边形文件（.shp 式）
Save Seam Polygons	存储镶嵌线多边形文件（.shp 式）
Load Reference Seam Polygons	导入具有地理参考的镶嵌线多边形文件
Annotation	将镶嵌图像轮廓保存为注记文件
Save to Script	将拼接工程各参数存为脚本文件
Close	关闭当前图像镶嵌工具
Edit:	编辑操作：
Add Image	向图像镶嵌视窗加载映像
Delete Image(s)	删除图像镶嵌工程中的图像
Sort Image	图像文件根据地理相似性或相互重叠度进行分类的开关
Color Corrections	设置镶嵌图像的色彩校正参数
Set Overlap Function	设置镶嵌图像重叠区域数据处理方式
Seams Polygon	镶嵌线多边形文件
Undo Seams Polygon	撤销镶嵌线多边形文件
Output Options	设置输出图像参数
Show Image Lists	是否显示图像文件列表开关
View:	窗口视图：
Show Active Areas	显示激活区域
Show Seam Polygons	显示镶嵌线
Show Rasters	显示栅格图像
Show Outputs	显示输出区域边界线

（续表）

命令	功能
Show Reference Seam Polygons	显示具有地理参考的镶嵌线
Set Selected to Visible	显示所选择的图像
Set Reference Seam Polygon Color	设置镶嵌线的颜色
Set Maximum Number of Rasters to Display	设置显示图像的最大数目
Process:	**处理操作：**
Run Mosaic	执行图像镶嵌处理
Preview Mosaic for Window	图像镶嵌效果预览
Delete the Preview Mosaic Window	关闭图像镶嵌效果预览
Help:	**联机帮助：**
Help for Mosaic Tool	关于图像镶嵌的联机帮助

表 2-7　MosaicPro 视窗工具栏图标及其功能表

	图标命令	功能
	Open New Mosaic Window	打开一个新的镶嵌窗口
	Open	打开图像镶嵌工程文件
	Save	存储当前图像镶嵌工程文件
	Add Images	向图像镶嵌视窗加载图像
	Display Active Area Boundaries	显示激活区域边界线
	Display the Seam Polygons	显示镶嵌线
	Display Raster Images	显示栅格图像
	Display Output Area Boundaries	显示输出区域边界线
	Show/Hide Image Lists	显示/隐藏图像文件列表
	Make Only Selected Images Visible	只显示选择的图像
	Automatically Generate Seamlines for Intersections	自动产生镶嵌线
	Edit Seams Polygon	编辑镶嵌线
	Delete Seamlines for Intersections	删除镶嵌线
	Used to Select Inputimages	选择一个输入的图像
	Used to Select a Box From Mosaic Preview	从镶嵌预览图中选择一个区域
	Reset Canvas to Fit Display	改变图面尺寸以适合展示
	Scale Viewer to Fit Selected Objects	改变图面比例以适应选择对象
	Zoom Image IN by 2	2 倍放大图像窗口

图标命令		功能
	Zoom Image OUT by 2	2 倍缩小图像窗口
	Roam the Canvas	影响窗口漫游
	Display Image Resample Option Dialog	展示图像重采样选项对话框
	Display Color Correction Options Dialog	展示图像色彩校正选项对话框
	Set Overlap Function	设置镶嵌图像重叠区域
	Set Output Options Dialog	设置输出图像选项对话框
	Run the Mosaic Process to Disk	运行图像镶嵌过程至桌面
	Send Selected Image(s) to Top	将选中的图像放置顶端
	Send Selected Image(s) Up One	将选中的图像向上移
	Send Selected Image(s) to Bottom	将选中的图像放置底端
	Send Selected Image(s) Down One	将选中的图像向下移
	Reverse Order of Selected Images(s)	翻转选中的图像的顺序

在 MosaicPro 视窗下进行拼接处理需要以下 9 步。

（1）加载需要镶嵌的图像

在 MosaicPro 视窗菜单栏中，选择 Edit→Add Images 打开 Add Images 对话框（如图 2-38 所示）。或者选择快捷工具 也能取得相同的效果。

在对话框中选择 examples 文件夹下的 wasia1_mss.img。

不要单击 OK 按钮，切换到 Image Area Options 选项卡（如图 2-39 所示）。

图 2-38　Add Images 对话框

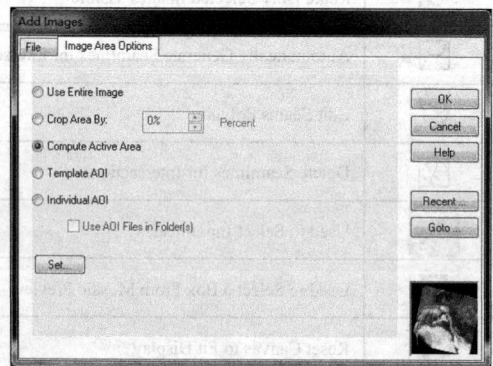

图 2-39　Image Area Options 选项卡

选择 Compute Active Area（计算有效图像范围），然后单击 Set 按钮，打开 Active Area Options 对话框（如图 2-40 所示），设置参数。

单击 OK 按钮计算有效图像范围，再单击 Add Image 对话框的 OK 按钮完成图像的加载。

用同样的步骤加载 wasia_2mss.img 图像，加载后的视窗如图 2-41 所示。

单击 View→Show Raster 或单击工具栏中的 图 图 2-40　Active Area Options 对话框
标，然后在 MosaicPro 视窗底部的属性栏中将 Vis.属性勾选即可使图像显示在窗口中，如图 2-42 所示。

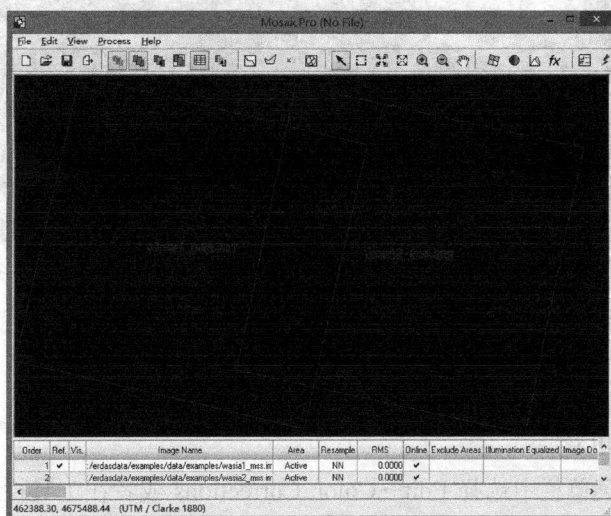

图 2-41　加载图像后的视窗

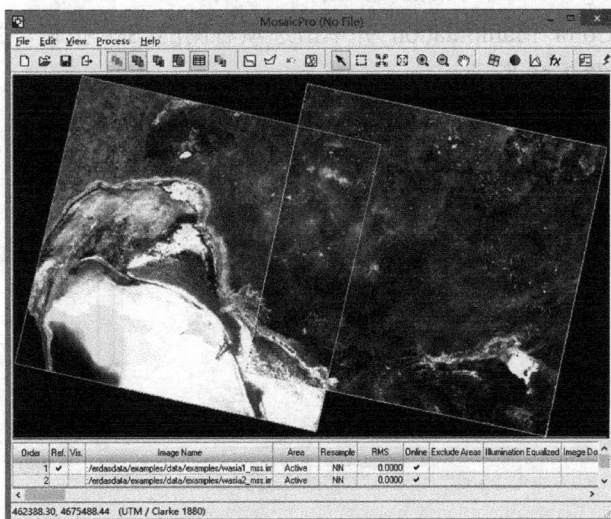

图 2-42　显示图像视窗

（2）绘制和编辑镶嵌多边形

在 Mosaic 工具栏中单击 ⬠ 图标，在 Seamline Generation Option 对话框中选择 Most Nadir Seamline，单击 OK 按钮。可以单击 ⬠ 图标，绘制和编辑镶嵌多边形，如图 2-43 所示。

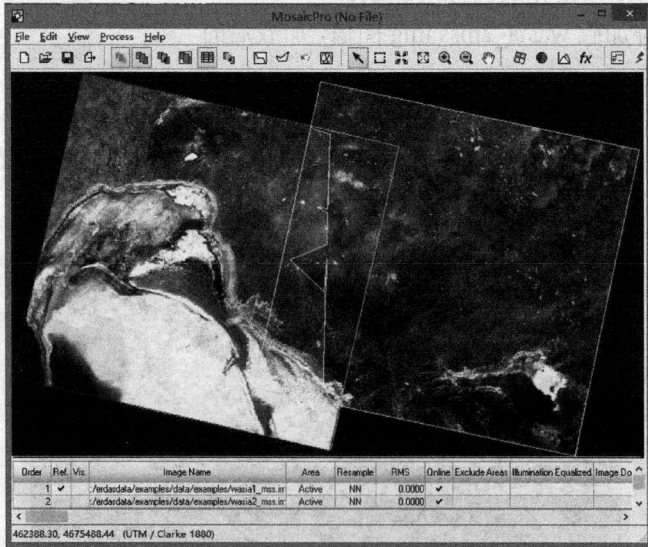

图 2-43　编辑后的展示图

（3）调整图像色彩

在 MosaicPro 菜单栏中选择 Edit→Color Corrections 或者在工具栏中选择 ⬠ 图标，可打开 Color Corrections 对话框。选择 Use Color Balancing，单击选项右侧的 Set 按钮，打开 Set Color Balancing Method 对话框（如图 2-44 所示）。

选择 Manual Color Manipulation 并单击选项右侧的 Set 按钮，打开 Mosaic Color Balancing 窗口（如图 2-45 所示）。

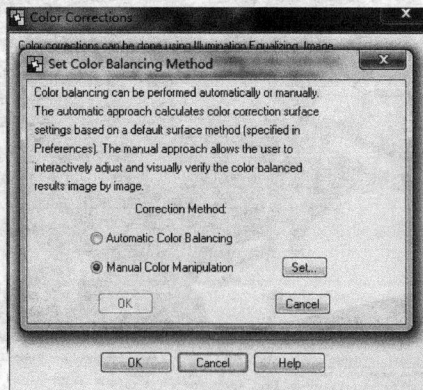

图 2-44　Set Color Balancing Method 对话框

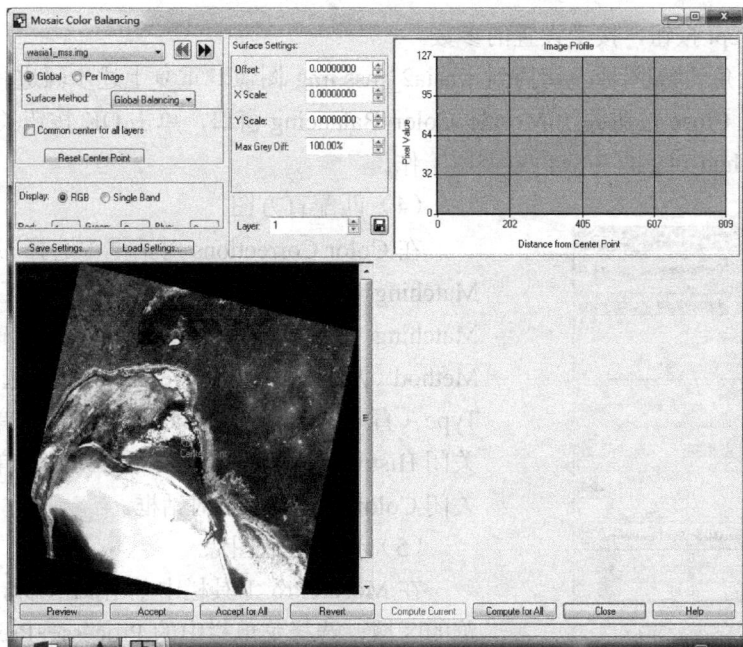

图 2-45　Mosaic Color Balancing 窗口

单击左上角的 Reset Center Point 按钮，选择 Per Image，在 Surface Method 选项中选择 Linear 方法，然后单击底部的 Compute Current 按钮，单击 Preview 按钮进行预览（如图 2-46 所示）。

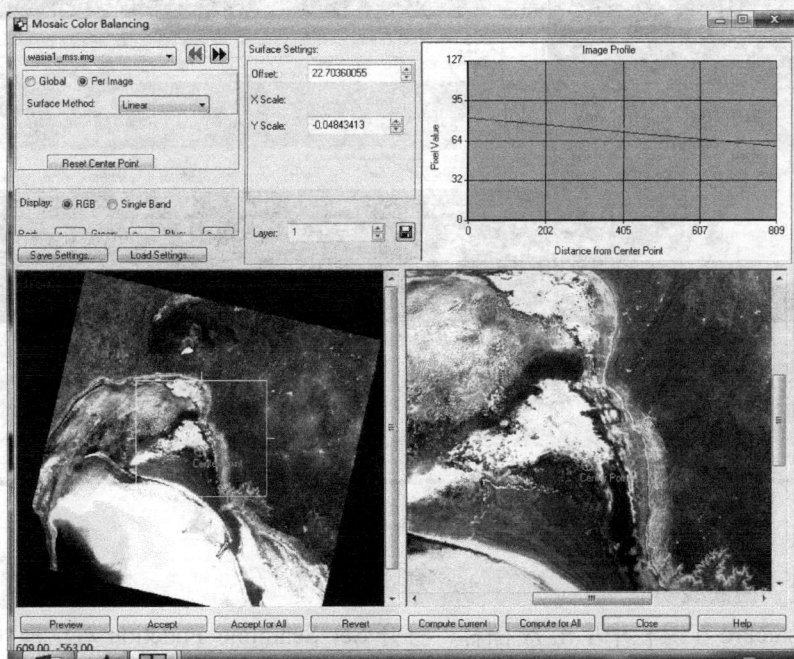

图 2-46　图像色彩调整预览

单击 Accept 按钮，接受设置的参数。

单击左上角的 ▶▶ 图标，切换到 wasia2_mss.img 图像，重复上述步骤进行色彩调整。调整之后单击 Close 按钮关闭 Mosaic Color Balancing 窗口，单击 OK 按钮关闭 Set Color Balancing Method 对话框完成色彩调整工作。

（4）匹配直方图

在 Color Corrections 对话框中选择 Use Histogram Matching，单击选项右侧的 Set 按钮，打开 Histogram Matching 对话框（如图 2-47 所示）。选择 Matching Method（匹配方法）为 Overlap Areas；选择 Histogram Type（直方图类型）为 Band by Band；单击 OK 按钮关闭 Histogram Matching 对话框，接着单击 OK 按钮关闭 Color Corrections 对话框。

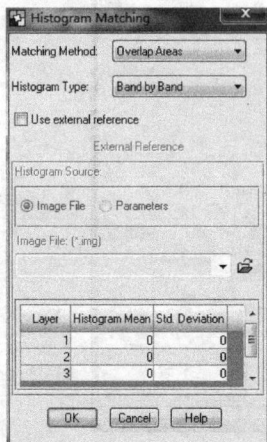

（5）预览镶嵌图像

在 MosaicPro 工具栏中单击 ▦ 图标，选择需要预览的区域，选择菜单栏中的 Process→Preview Mosaic for Window。当任务达到 100%时，即可看到预览图（如图 2-48 所示）。预览结束后，选择 Process→Delete the Preview Mosaic Window 删除预览区域。

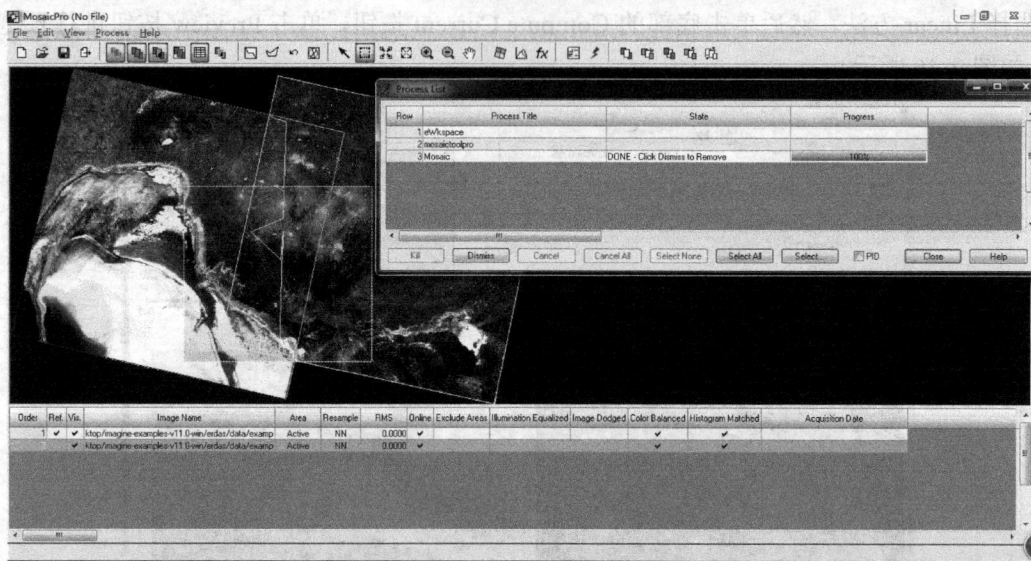

图 2-47　Histogram Matching 对话框

图 2-48　预览镶嵌图像

（6）设置镶嵌线功能

在 MosaicPro 工具栏中单击 *fx* 图标，打开 Set Seamline Function 对话框（如图 2-49 所示）。选择 No Smoothing（不进行平滑处理）选项，选中 Feathering（羽化）选项并设置 Distance 为 5.000000，这个距离单位是地图单位（Map Units）。单击 OK 按钮完成设置工作并关闭 Set Seamline Function 对话框。

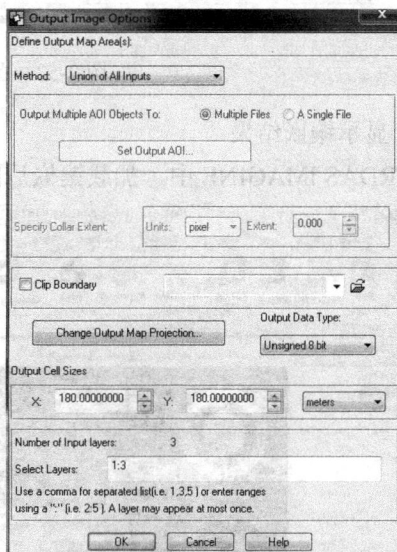

（7）定义输出图像

在 MosaicPro 工具栏中单击 ［图标，打开 Output Image Options 对话框（如图 2-50 所示），选择 Define Output Map Area(s)（定义地图区域输出）的方法为 Union of All Inputs，单击 OK 按钮完成定义。

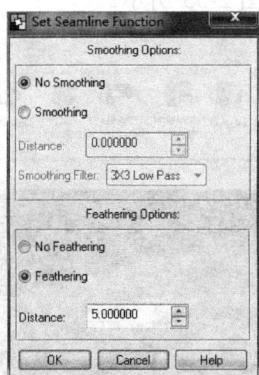

图 2-49　Set Seamline Function 对话框　　　　　图 2-50　Output Image Options 对话框

（8）运行镶嵌功能

在 MosaicPro 视窗菜单栏中选择 Process→Run Mosaic，打开 Output File Name 对话框，设置好 File Name 和路径，切换到 Output Options 选项卡（如图 2-51 所示），设置参数。

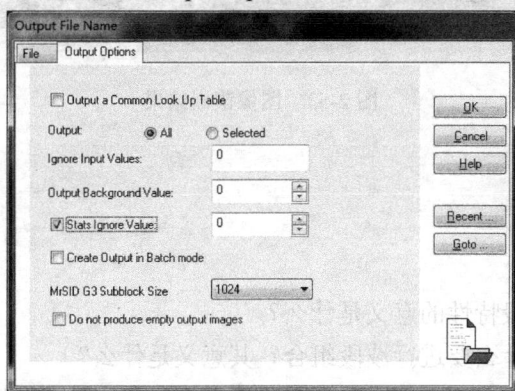

图 2-51　Output File Name 对话框

单击 OK 按钮，完成图像镶嵌，进度条如图 2-52 所示。

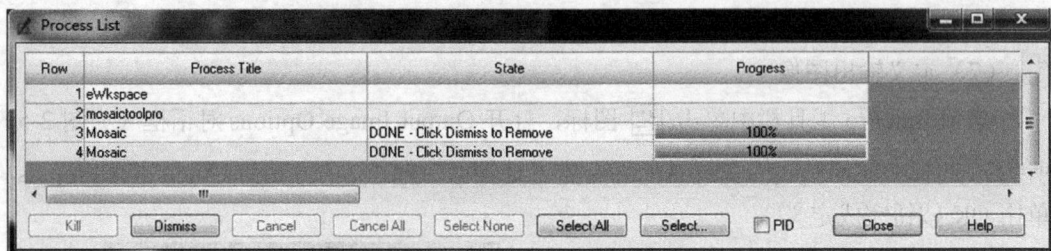

图 2-52　图像镶嵌进度条

（9）显示镶嵌结果

在 ERDAS IMAGINE 中，加载镶嵌后的图像，结果如图 2-53 所示。

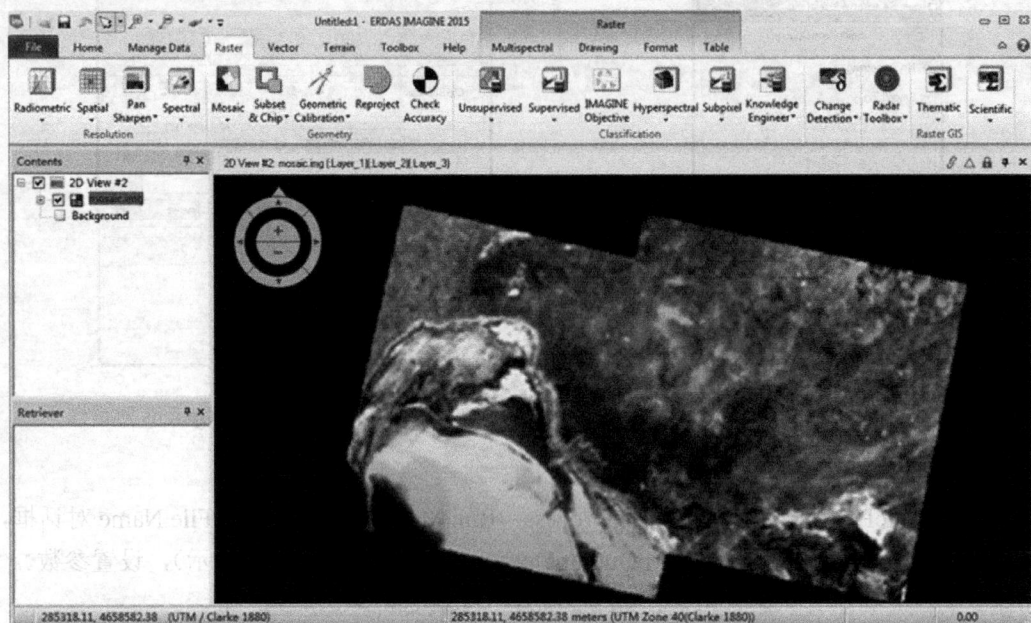

图 2-53　图像镶嵌结果

习题与练习

1．遥感图像多波段特性的意义是什么？

2．遥感应用中为什么要进行波段组合？其意义是什么？

3．为什么同一地物在不同波段组合会形成不同的色彩效果？以 TM 图像为例进行实验分析。

4．为什么波段组合顺序不同会造成不同色彩显示效果？以 TM 图像为例进行实验分析。

5．用 Microsoft 自带截图工具从 Google Earth 上截取不同时间的相邻并有一定重复的两图像，并转换为.img 格式图像。

6．选择两幅有部分重叠图做镶嵌处理。

7．什么是遥感图像镶嵌？镶嵌遥感图像的意义是什么？

8．镶嵌遥感图像时对需要镶嵌的图像有什么要求？

9．镶嵌遥感图像时，如果两幅图像的亮度差异较大则应做何处理？

10．请以某一行政界线为裁剪线裁剪一幅图像。

第 3 章

遥感图像的投影变换与几何校正

•••••••••

本章的主要内容：

◆ 遥感图像的投影变换

◆ 遥感图像的几何校正

遥感数据作为空间数据，具有空间地理位置的概念，不同来源的遥感数据都会采用相应的投影方式和坐标系统。在应用遥感图像之前，必须明确其投影和地理坐标系。另外，地物经过遥感成像，由于各种因素的影响，像素的几何位置相对于对应地物的真实位置可能会产生偏离，造成几何误差，消除几何误差的过程就称为遥感图像校正，也称为几何校正（Geometric Correction）。在空间分析中，多源的遥感图像必须具有相同的投影与坐标系统，因此，遥感图像的几何处理是遥感信息处理过程中的一个重要环节。随着遥感技术的发展，来自不同空间分辨率、不同光谱分辨率和不同时相的多源遥感数据，形成了空间对地观测的图像金字塔。在许多遥感图像处理中，需要对这些多源数据进行比较和分析，如进行图像融合、混合像元分解、变化检测、统计模式识别、三维重构和地图修正等，都要求多源图像间必须保证在几何上是相互配准的。

3.1　遥感图像的投影变换

一个地物在不同的图像上，位置一致，才可以进行融合处理、图像镶嵌、动态变化监测。对于同一地区的不同时间的遥感图像，不能把它们归纳到同一个坐标系中去，图像中还存在变形，对这样的图像是不能进行融合、镶嵌和比较的，因此几何校正前必须先进行遥感图像的投影变换操作。投影转换的目的就是把图像转换到所需要的投影方式下，比如有一幅图像是兰伯特投影，但我国使用的是高斯克里格投影方式，这时就需要把图像转换成高斯克里格投影。在具有多幅图像的情况下，当每幅图像的投影都不一样时，就无法对图像做叠加的相关处理，也无法拼接，需要以其中一幅图像的投影作为标准，把其他所有图像都转换到这一投影下。本小节所用数据为 seattle.img。

ERDAS IMAGINE 2015 中提供的常用投影转换方法有：多项式近似拟合变换（Polynomial Approximation）和严格按照投影模型的变换（Rigorous Transformation）。

3.1.1　重新定义投影信息

定义投影信息是指在某些情况下，我们获取的数据投影信息不正确或者被损坏甚至没有投影信息，需要我们重新定义投影。

（1）如果是数据投影信息不正确或者被损坏的情形，就需要首先删除投影信息。打开需要纠正的图像 lanier.img，单击 File→Open→Raster Layer 或在 Viewer 中单击右键→Open Raster Layer，在菜单栏中选择 Home→Metadata→View/Edit Image Metadata 标签，打开 Image Metadata 窗口（如图 3-1 所示），可以看到图像的投影信息。单击 Edit 菜单下的 Delete Map Model，在弹出的确认对话框（如图 3-2 所示）中单击 Yes 按钮，即可删除投影信息。

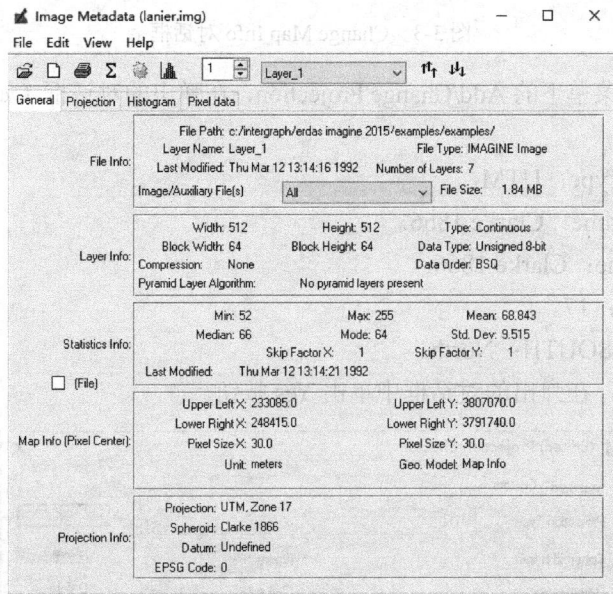

图 3-1　Image Metadata 窗口

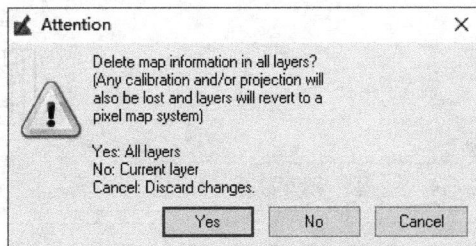

图 3-2　投影信息删除确认对话框

（2）单击 Edit 菜单下的 Change Map Model，在弹出的对话框（如图 3-3 所示）中定义如下参数。

① 左上角 X 坐标：233085.0，左上角 Y 坐标：3807070.0。

② 像元大小：30，30。

③ 投影类型：UTM。

④ 单位：Meters。

在弹出的确认对话框中单击 Yes 按钮。

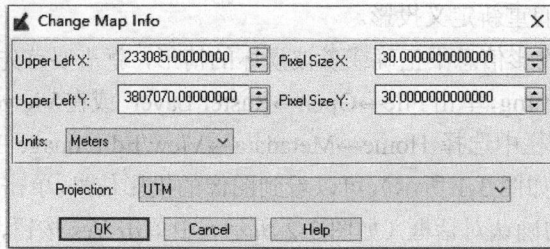

图 3-3　Change Map Info 对话框

（3）单击 Edit 菜单下的 Add/Change Projection，在弹出的对话框（如图 3-4 所示）中定义如下参数。

① Projection Type：UTM。

② Spheroid Name：Clarke 1866。

③ Datum Name：Clarke 1866。

④ UTM Zone：17。

⑤ NORTH or SOUTH：North。

单击 OK 按钮，在弹出的对话框中单击 Yes 按钮。

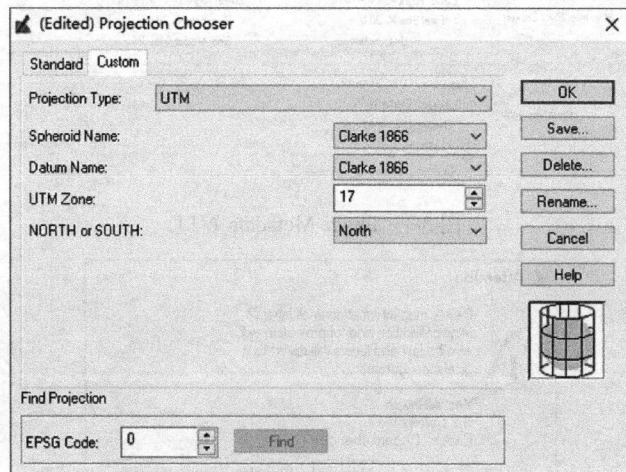

图 3-4　（Edited）Projection Chooser 对话框

完成了投影信息定义，便可以重新打开一次数据，查看它的 ImagInfo，可以看到修改好的投影信息。

3.1.2　遥感图像的投影变换

遥感应用时为了统一投影方式往往需要转换图像投影，从某一种投影模型变换到另一种投影模型，即投影变换。具体操作如下：

（1）在 ERDAS IMAGINE 2015 中选择 Raster→Reproject→Reproject Images，打开 Reproject Images 对话框，如图 3-5 所示。

（2）定义输入图像文件（Input File）为 seattle.img。

（3）定义输出文件（Output File）为 reproject.img。

（4）定义输出图像投影类型（Output Projection）：包括投影类型和投影参数。

（5）定义投影类型（Categories）：UTM Clarke 1866 North。

（6）定义投影参数（Projection）：UTM Zone 50（Range 114E-120E）。

（7）定义输出图像单位（Units）：Meters。

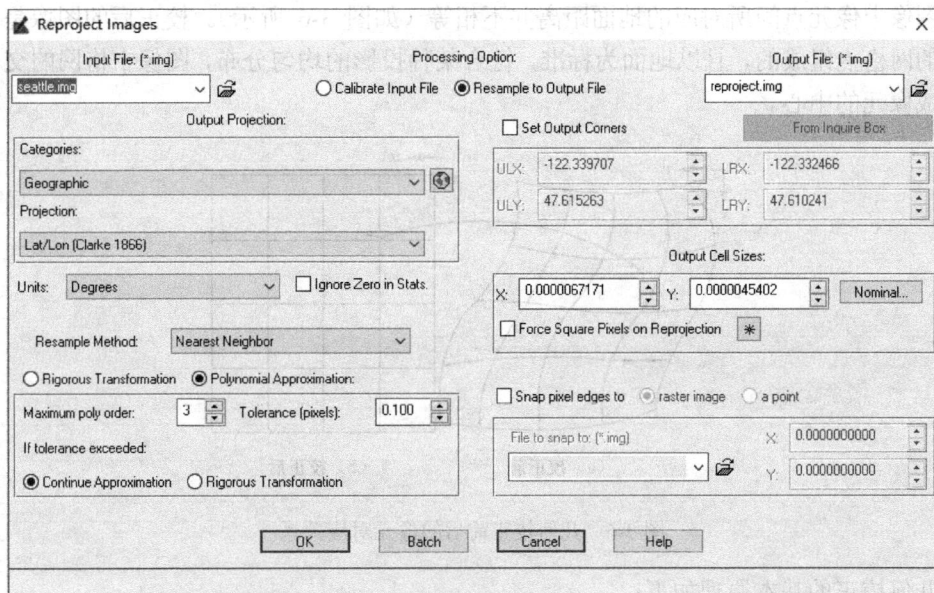

图 3-5　设置投影变换参数

（8）确定输出统计默认零值：Ignore Zero in Stats。

（9）定义输出像元大小（Output Cell Sizes）：X 为 0.5，Y 为 0.5。

（10）选择重采样方法（Resample Method）：Nearest Neighbor。

（11）定义转换方法：Polynomial Approximation（应用多项式近似拟合实现变换）。

（12）多项式最大次方（Maximum poly order）：3。

（13）定义像元误差（Tolerance pixels）：0.1。

（14）单击 OK 按钮，执行投影变换。

3.2 遥感图像的几何校正

卫星遥感图像几何校正是指将图像投影到某一选定的参考坐标系下并消除原始图像存在的几何变形，产生一幅符合某种地图投影或者图形表达要求的新图像的过程。主要分为两步：一是像素坐标的转换，即将图像坐标转换为地图投影坐标或者地面坐标；二是对坐标转换后的像素灰度值进行重采样。本小节所用数据为 tmAtlanta.img。

3.2.1 几何校正的基本原理与步骤

校正前的图像看起来是由行列整齐的等间距像元点组成的，但实际上由于某种几何畸变，图像中像元点间所对应的地面距离并不相等（如图 3-6 所示）。校正后的图像是由等间距的网格点组成的，且以地面为标准，符合某种投影的均匀分布，图像中格网的交点可以看成像元的中心。

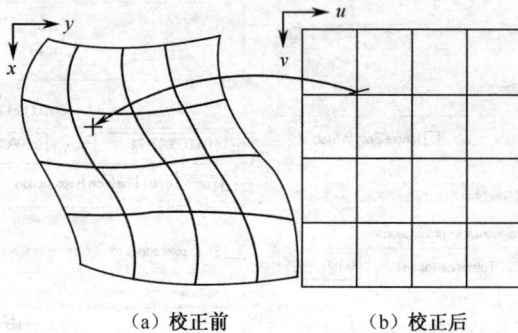

（a）校正前　　　　　　（b）校正后

图 3-6　几何校正前后的像元对应关系

几何校正的基本原理如下：

（1）找到一种数学关系，建立变换前图像坐标 (x, y) 与变换后图像坐标 (u, v) 的关系，通过每一个变换后图像的中心位置（u 代表行数，v 代表列数，均为整数）计算出变换前对应的图像坐标点 (x, y)。整数 (u, v) 一般不在原图像像元的中心。计算校正后图像中每一点所对应原图中的位置 (x, y)。计算时按逐行逐点计算，每行结束后进入下一行计算，直到全图结束。

（2）计算每一点的亮度值。由于计算后的 (x, y) 多数不在原图的像元中心处，因此必须重新计算新位置的亮度。

几何校正的操作流程主要有两个环节：

（1）像素坐标的变换——解决位置问题。

（2）灰度重采样——解决亮度问题。

遥感数字图像的几何校正处理操作流程如图 3-7 所示。

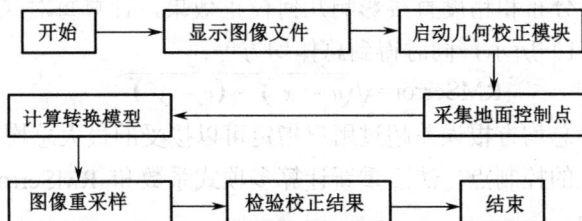

图 3-7　遥感数字图像的几何校正处理操作流程

校正的函数可有多种选择：多项式方法、共线方程方法、随机场内插方法等。其中，多项式方法的应用最为普遍。多项式几何校正的具体过程将在后文中详细介绍。

多项式几何校正的步骤如下。

遥感图像几何校正分为两种：① 针对引起畸变原因而进行的几何粗校正；② 利用控制点进行的几何精校正。几何精校正实质上就是用数学模型来近似描述遥感图像的几何畸变过程，利用畸变的遥感图像与标准地图或图像之间的一些对应点（即控制点数据对）求得这个几何畸变模型，然后利用此模型进行几何畸变的校正，这种校正不考虑引起畸变的原因。具体步骤如下。

（1）选择多项式校正模型。

多项式的阶数一般用一阶、二阶、三阶为宜。一阶多项式可以消除 X、Y 方向的平移，X、Y 方向的比例尺变形，倾斜和旋转变形，可以满足大多数遥感图像的几何校正要求。只有当图像变形严重而校正精度要求很高时，才用高阶多项式校正。

（2）确定地面控制点（Ground Control Points，GCP）。

GCP 就是相应点的图像坐标和地面坐标，用其建立几何校正模型——地面坐标点对。一般来说，地面控制点应选取图像上易分辨且较精细的特征点，这很容易通过目视方法辨别，如道路交叉点、河流弯曲或分叉处、海岸线弯曲处、湖泊边缘、飞机场、城郭边缘等。应多选些特征变化大的地区。对图像边缘部分一定要选取控制点，以避免外推。此外，尽可能满幅均匀选取，对特征实在不明显的大面积区域（如沙漠），可用求其延长线交点的办法来弥补，但应尽可能避免这样做，以免造成人为的误差。

另外，在基于多项式数学模型的校正方法中，多项式的系数是利用 GCPs 建立的方程组来解算的。一个 GCP 可以构成 x 和 y 的各一个多项式方程，因此若多项式的阶数是 n，其系数个数就是 $(n+1)(n+2)/2$，则其 GCP 的个数至少也是 $(n+1)(n+2)/2$，根据误差理论的最小二乘法原理，应尽量多采用一些控制点数据（一般 2 倍于最少 GCP 个数），求出系数的最佳解。

（3）读取地面控制点坐标。

在图像或地图上分别读出各个控制点在图像上的像元坐标（x, y）及其标准地图上的坐标（u, v）。

（4）几何校正的精度分析。

GCPs 的数量、分布和精度直接影响几何校正效果，计算每对 GCPs 的均方根误差 RMSerror，如式（3-1）所示，同时得到总体均方差：

$$RMSerror = \sqrt{(u - x)^2 + (v - y)^2} \tag{3-1}$$

当控制点的实际总均方根误差超过用户指定可以接受的最大总均方根误差时，则需要调整或者删除误差大的控制点，然后重新计算多项式系数和 RMSerror，重复上述步骤，直到满足精度要求为止。

（5）像元灰度重采样。

经多项式变换后的图像，每个像元都有了对应于实际地面或者无几何畸变的图像坐标，此时需要对它们赋予新的灰度值。因为数字图像是客观连续世界或图像的离散化采样，当欲知非采样点上的灰度值时，就需要由采样点（已知像元）内插得到，这个过程称为灰度重采样或者内插，建立新的图像矩阵。插值的基本思想是考虑插值点周围邻域内若干像素对所插之值的加权贡献。

注：常用的重采样方法有三种，即最邻近像元法（neareast neighbor）、双线性内插法（bi-linear）和三次卷积法（cubic convolution），插值原理依次如图 3-8、图 3-9、图 3-10 所示。

① 最邻近像元法：用于采样点最近的像元灰度值作为该像元的值，可视为最邻近像素的权值为 1，其他像素权值为零。

优点：简单易用，计算量小。

缺点：最大可产生半个像元的位置偏移，处理后的图像的亮度具有不连续性，从而影响精确度。

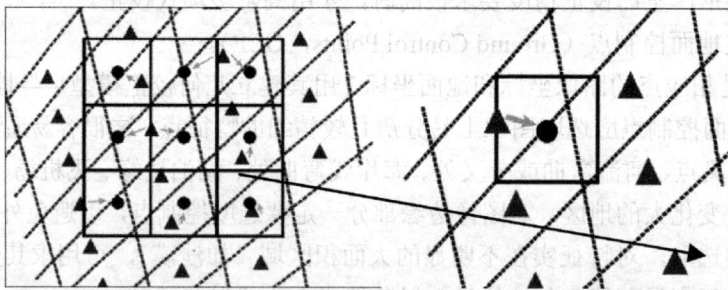

图 3-8　最邻近像元法

② 双线性内插法：用像元点最近的 4 个像元值做内插。

优点：精度明显提高，对亮度不连续现象或线状特征的块状现象有明显改善。

缺点：计算量增加，同时对图像起到平滑作用，从而使对比明显的分界线变模糊。

③ 三次卷积法：用像元点周围的 16 个像元值确定输出的像元值，用三次卷积函数对

内插点进行内插。

优点：校正后图像质量更好，细节表现更清楚。

缺点：计算量大。

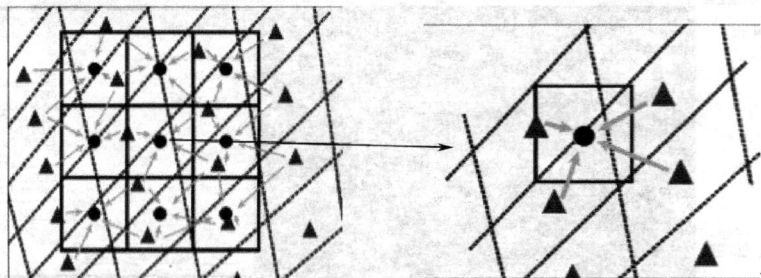

图 3-9　双线性内插法

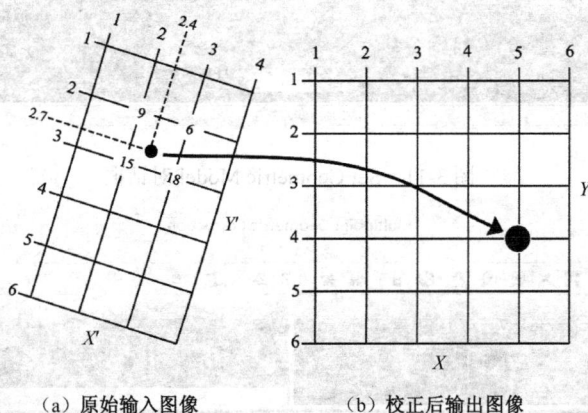

（a）原始输入图像　　　　　（b）校正后输出图像

图 3-10　三次卷积法

3.2.2　多项式几何校正操作

在 ERDAS IMAGINE 2015 上进行遥感图像几何校正的操作如下。

1. 显示图像文件

在 ERDAS IMAGINE 视窗中打开需要校正的图像 tmAtlanta.img。

2. 启动几何校正模块

在 ERDAS IMAGINE 2015 中选择 Multispectral→Control Points→Set Geometric Model，打开 Set Geometric Model 对话框，如图 3-11 所示，在右侧的选项卡里选择多项式几何校正模型 Polynomial，单击 OK 按钮。弹出 Multipoint Geometric Correction 对话框和 GCP Tool Reference Setup 对话框，如图 3-12 所示。

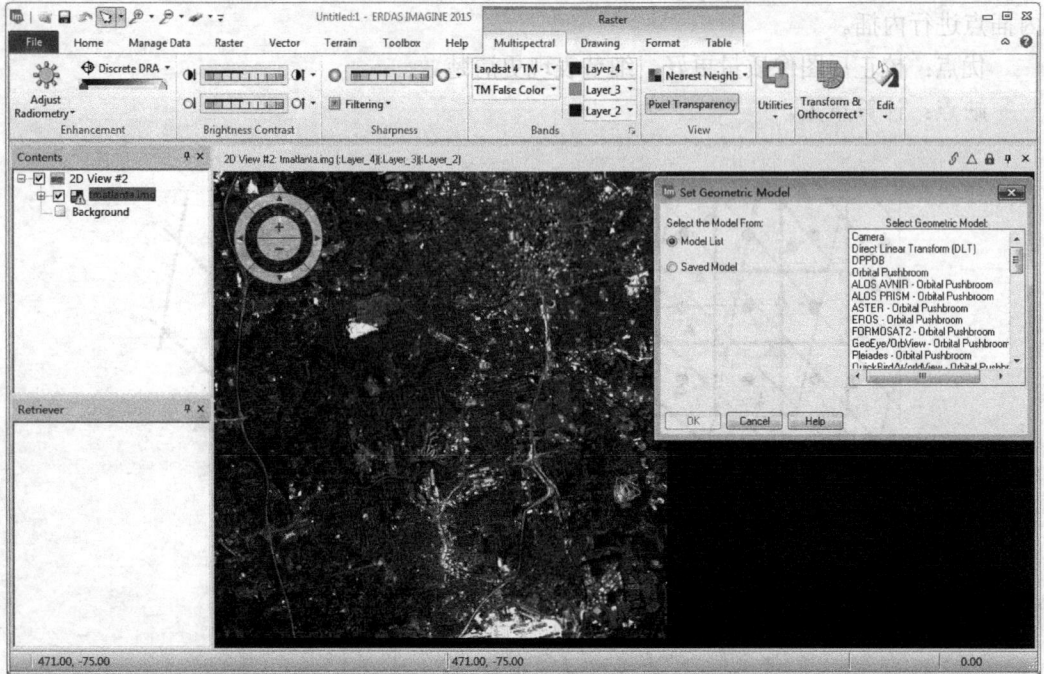

图 3-11　Set Geometric Model 对话框

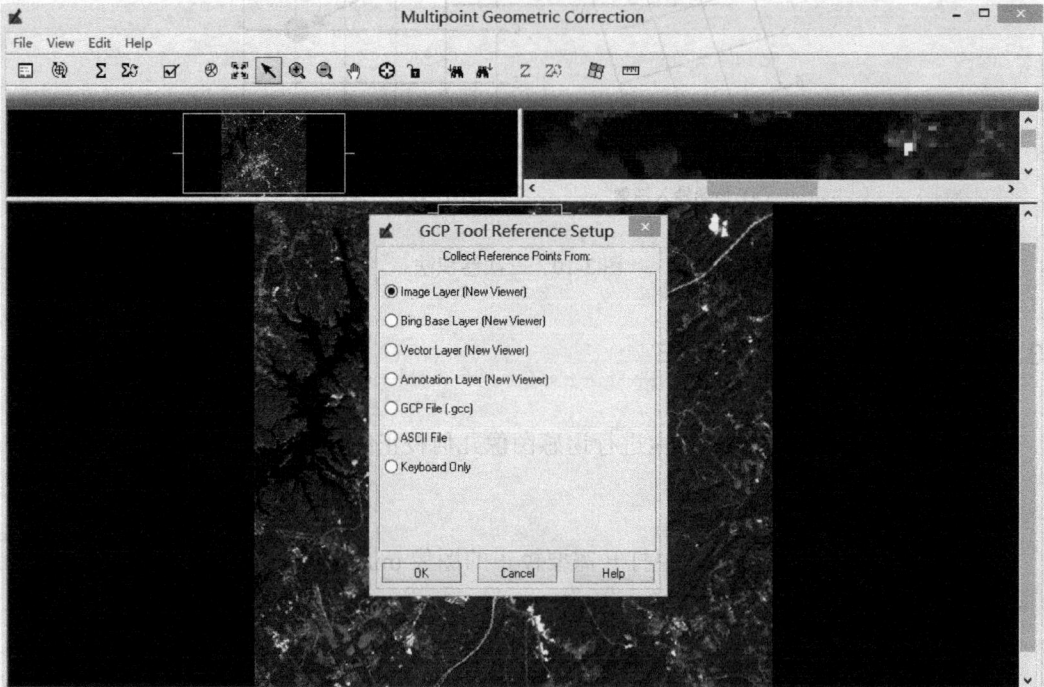

图 3-12　GCP Tool Reference Setup 对话框

Model。在 Set Geometric Model 对话框，如图 3-11 所示，选择例如比较基本的集合校正几何模型 Polynomial，单击 OK 按钮，弹出 Multipoint Geometric Correction 对话框和 GCP Tool Reference Setup 对话框，如图 3-12 所示。

在 GCP Tool Reference Setup 对话框中选择 Image Layer（New Viewer），然后单击 OK 按钮，弹出 Reference Image Layer 对话框，选择 panAtlanta.img 作为参考图像，单击 OK 按钮，弹出 Reference Map Information 对话框，如图 3-13 所示，单击 OK 按钮，弹出 Polynomial Model Properties 对话框，如图 3-14 所示，在 Polynomial Order 后面的文本框中输入 2，单击 Apply 按钮，然后单击 Close 按钮，弹出 Multipoint Geometric Correction 对话框，如图 3-15 所示。

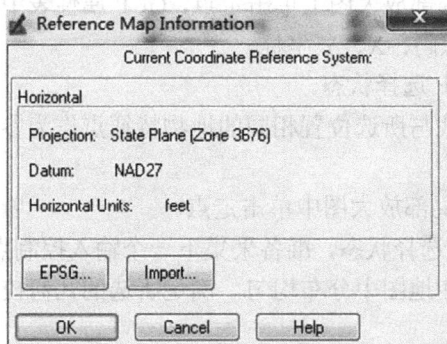

图 3-13　Reference Map Information 对话框　　　　图 3-14　Polynomial Model Properties 对话框

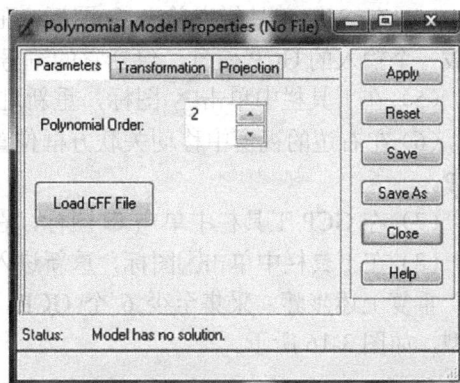

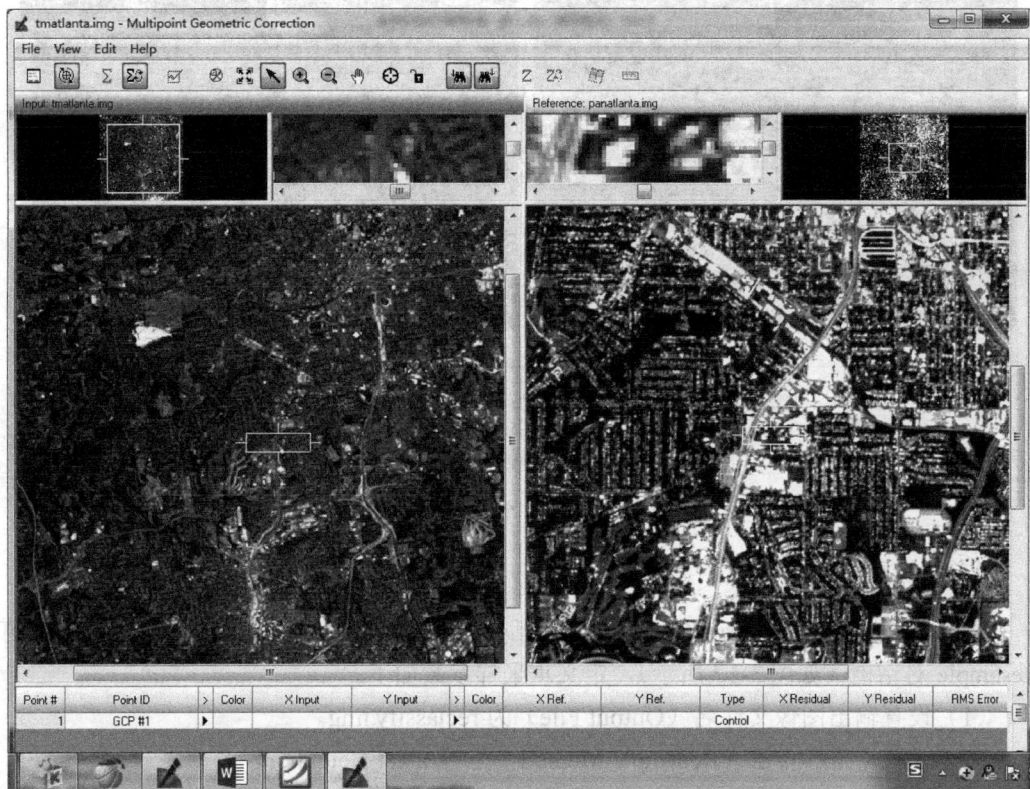

图 3-15　Multipoint Geometric Correction 对话框

3．采集控制点

（1）在 Multipoint Geometric Correction 对话框中单击工具栏中的 ▨ 图标，进入 GCP 选择状态。

（2）在对话框下面的属性表中设置 GCP 的颜色。建议设置显眼的颜色以便查找。

（3）在左边视窗中移动关联方框位置，寻找明显的地物特征点（比如道路交叉点），作为输入 GCP。

（4）在 GCP 工具栏中单击 ✪ 图标，在左边局部放大图上单击定点，GCP 属性表中间生成一个输入的 GCP 信息，包括它的编号、标识码、X、Y 坐标。

（5）在工具栏中单击 ▨ 图标，重新进入 GCP 选择状态。

（6）在右边的视窗中移动关联方框位置，寻找与所选位置相同的地物特征点作为参考 GCP。

（7）在 GCP 工具栏中单击 ✪ 图标，在右边局部放大图中单击定点。

（8）在工具栏中单击 ▨ 图标，重新进入 GCP 选择状态，准备采集下一个输入控制点。

重复上述步骤，采集至少 6 个 GCP，要求在地图中分布均匀，满足所选的几何校正模型，如图 3-16 所示。

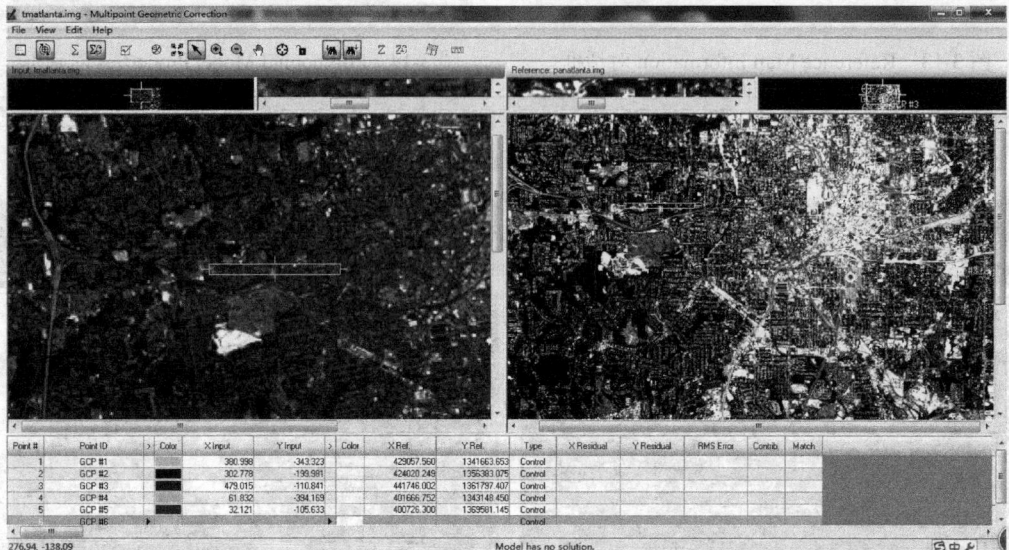

图 3-16　已采集 6 个控制点的对话框

4．图像重采样

在 Multipoint Geometric Correction 对话框的工具栏中单击 Resample 图标 ▨，打开 Resample 对话框（如图 3-17 所示），定义重采样参数如下。

（1）设置输出图像文件名（Output File）为 reclassify.img。

（2）设置重采样方法（Resample Method）为 Nearest Neighbor。

（3）设置输出像元大小（Output Cell Sizes）为 X：30，Y：30。

（4）设置输出统计中忽略零值。

（5）单击 OK 按钮启动重采样进程，并关闭 Resample 对话框。

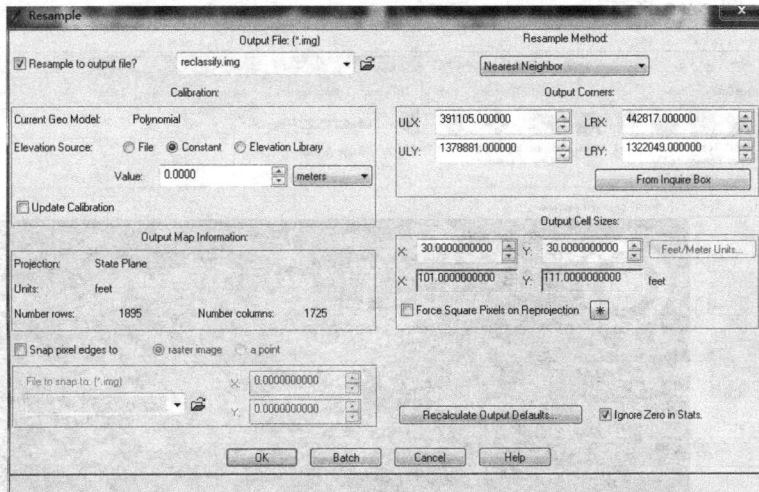

图 3-17　Resample 对话框

5．检验校正结果

在一个视窗中打开两幅图像：一幅是校正后的图像，另一幅是当时的参考图像。进行定性检验的具体过程如下。

（1）在 ERDAS IMAGINE 中选择 File→Open→Raster Options 选项，选择参考图像文件 panAtlanta.img，再次选择 File→Open→Raster Options 选项，选择校正之后的图像 reclassify.img，如图 3-18 所示。

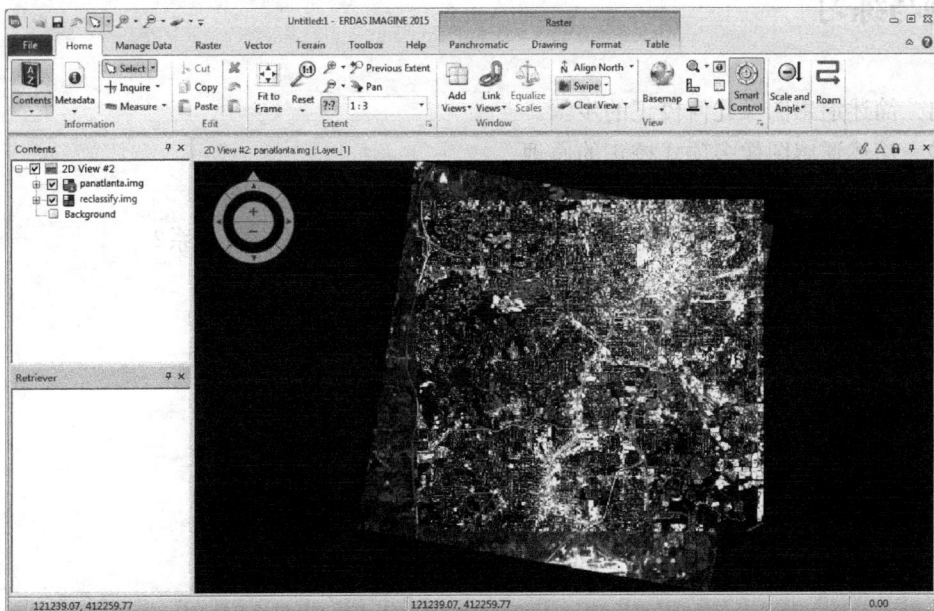

图 3-18　检验校正结果

（2）选择 Home→Swipe，选中 Transition 选项卡下的 Start/Stop 控件，进行自动滑动定性检验，如图 3-19 所示。

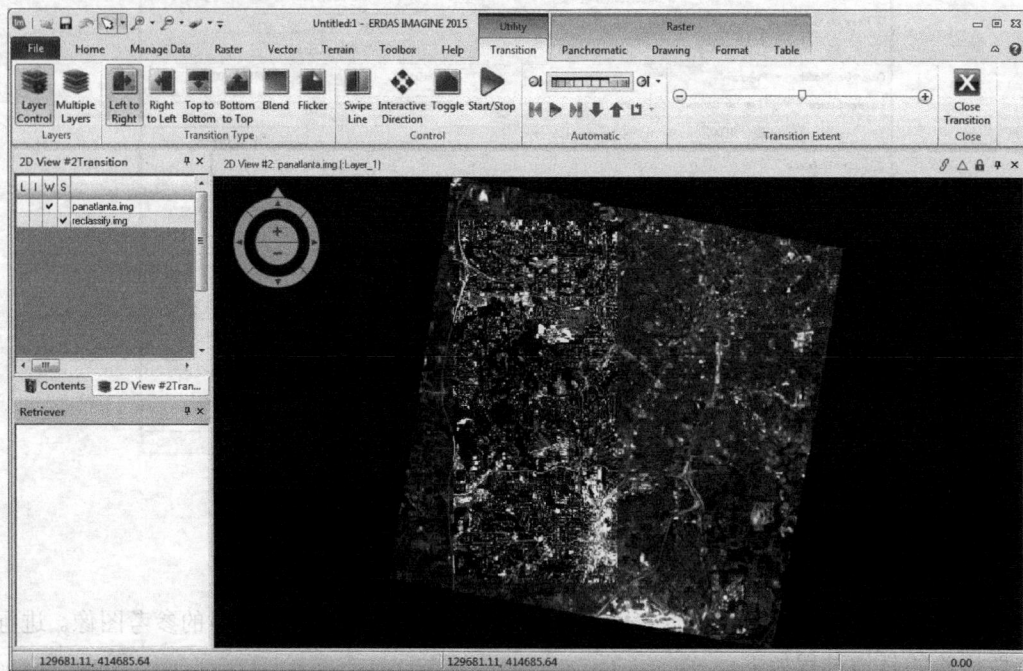

图 3-19　自动滑动定性检验

习题与练习

1．简述遥感图像几何校正的步骤。
2．简述遥感图像多项式校正的原理。
3．在遥感图像多项式校正中，控制点采集的基本原则是什么？
4．在遥感图像多项式校正中，控制点个数与多项式阶数有何关系？
5．何谓遥感图像配准？
6．试验比较几何校正前后图像的差异。

第4章

遥感图像增强处理

· · · · · · · ·

本章的主要内容：

◆ 辐射增强处理

◆ 空间域增强处理

◆ 频率域增强处理

◆ 彩色增强处理

◆ 光谱增强处理

◆ 代数运算

　　遥感图像获取过程中受到大气或气象条件的影响，会产生图像模糊、对比度不够、所需信息不够突出等问题。遥感图像增强是通过对图像进行各种变换，通过调整、变换图像密度或色调，得到具有我们所期望的效果的新图像。这种效果对于遥感图像来说，主要是改变图像的视觉效果和突出图像中感兴趣的信息，增强图像中的有用信息。它可以是一个失真的过程，其目的是针对给定图像的应用场合，有目的地强调图像的整体或局部特性，将原来不清晰的图像变得清晰或强调某些感兴趣的特征，扩大图像中不同物体特征之间的差别，抑制不感兴趣的特征，改善图像质量、丰富信息量，加强图像判读和识别效果，满足某些特殊分析的需要。遥感图像增强处理的内容包括改变图像的灰度等级、提高图像的对比度、消除噪声，平滑图像、突出边缘或线状地物，锐化图像、合成彩色图像等。

　　利用 ERADS IMAGINE 2015 进行遥感图像增强主要由四个模块组成：辐射增强（Radiometric）、空间增强（Spatial）、光谱增强（Spectral）、科学化模块（Scientific），如图 4-1 所示。这些功能模块在执行过程中都需要选择下一层或下下一层工具，然后选择所需处理的遥感图像，定义对话框参数来执行，多数功能都借助模型生成器（Model Maker）建立了图形模型算法，容易调用或编辑。其中，彩色增强处理如彩色变换彩色变换（RGB to HIS）、彩色逆变换（IHS to RGB）、自然彩色变换（Natural Color）等操作是在光谱增强（Spectral）模块下进行的，科学化模块主要用于频率域增强处理中的傅里叶变换和傅里叶逆变换。在此介绍辐射增强处理、空间增强处理、频率域增强处理、彩色增强处理和光谱增强处理的基本操作过程。

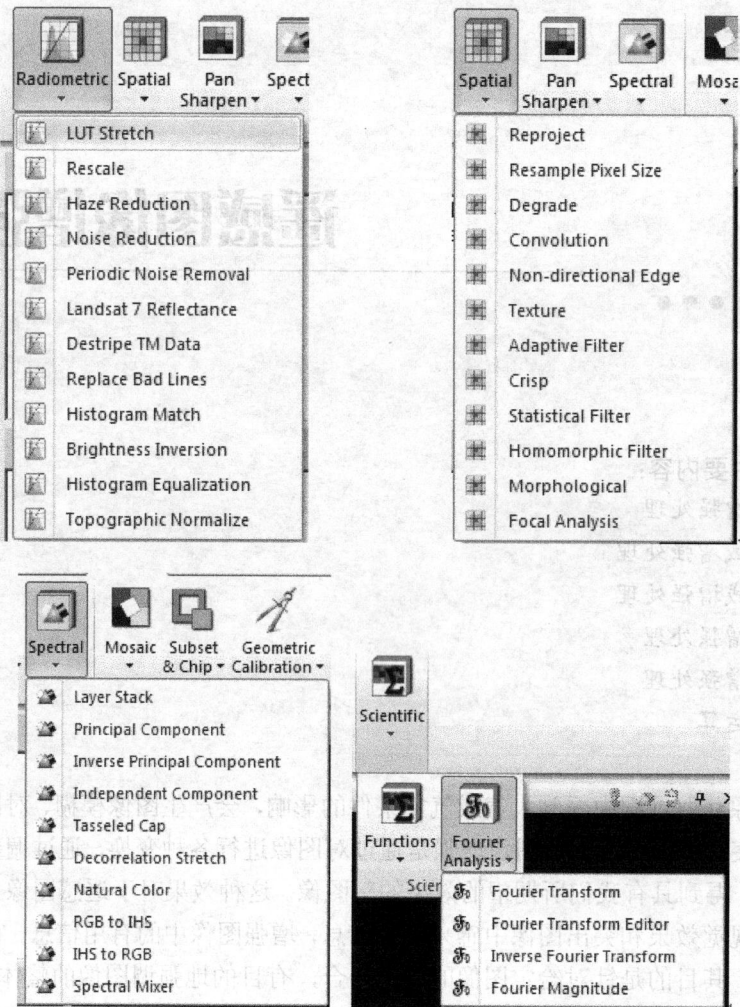

图 4-1 遥感图像增强处理的 4 个模块

4.1 辐射增强处理

进入传感器的辐射强度反映在图像上就是亮度值（灰度值）。辐射强度越大，亮度值越大。辐射增强是一种通过直接改变图像中的像元灰度值的分布形态来改变图像对比度，从而改善图像视觉效果的处理方法，主要以图像的灰度直方图为分析处理的基础。常用的辐射增强方法有线性拉伸、线性压缩、分段线性变化、对数变换、指数变换、直方图均衡化直方图规定化等。

ERDAS IMAGINE 2015 提供了几种辐射增强功能：查找表拉伸（LUT Stretch）、直方图均衡化（Histogram Equalization）、直方图匹配（Histogram Match）、亮度反转（Brightness Inverse）、去霾处理（Haze Reduction）、降噪处理（Noise Reduction）以及去条带处理（Destripe TM Data）等。

4.1.1　查找表拉伸

查找表拉伸（LUT Stretch）是遥感图像对比度拉伸的总和，是通过修改图像查找表（Look up Table）使输出图像值发生变化。根据对查找表的定义，可以实现线性拉伸、分段线性拉伸和非线性拉伸等处理。查找表拉伸属于灰度拉伸的范畴，以像素为单位来改变图像像元的亮度值，改善图像的对比度。并且，这种改变需符合一定的数学规律，即在变换过程中有一个变换函数。如果变换函数是线性的，则这种拉伸就是线性拉伸；若只在一些亮度段进行拉伸，在另一些亮度段进行压缩，则称为分段线性拉伸。若变换函数是非线性的，则为非线性拉伸，常用的有指数函数、对数函数。

菜单中的查找表拉伸功能是由空间模型（LUT_stretch.gmd）支持运行的，用户可以根据自己的需要随时修改查找表（在 LUT Stretch 对话框中单击 View 按钮进入模型生成器窗口，双击查找表进入编辑状态），实现遥感图像的查找表拉伸。本节所用数据为mobbay.img。在 ERDAS IMAGINE 2015 中查找表拉伸的具体操作如下。

（1）选择 Raster→Radiometric→LUT Stretch，打开 LUT Stretch 对话框，设置参数如图 4-2 所示。

（2）确定输入文件（Input File）为 mobbay.img。

（3）定义输出文件（Output File）为 stretch.img。

（4）文件坐标类型（Coordinate Type）为 Map。

（5）处理范围确定（Subset Definition），在 ULX / Y、LRX / Y 微调框中输入需要的数值（默认状态为整个图像范围，可以应用 Inquire Box 定义子区）。

（6）输出数据类型（Output Data Type）为 Unsigned 8 bit。

（7）确定拉伸选择（Stretch Options）为 RGB（多波段图像、红绿蓝）或 Gray Scale（单波段图像）。

（8）单击 View 按钮，打开模型生成器窗口（图略），浏览 Stretch 功能的空间模型。

（9）双击 Custom Table，进入查找表编辑状态（图略），根据需要修改查找表。

（10）单击 OK 按钮（关闭查找表定义对话框，退出查找表编辑状态）。

（11）单击 File→Close All 命令（退出模型生成器窗口）。

（12）单击 OK 按钮（关闭 LUT Stretch 对话框，执行查找表拉伸处理）。处理结果如图 4-3 所示。

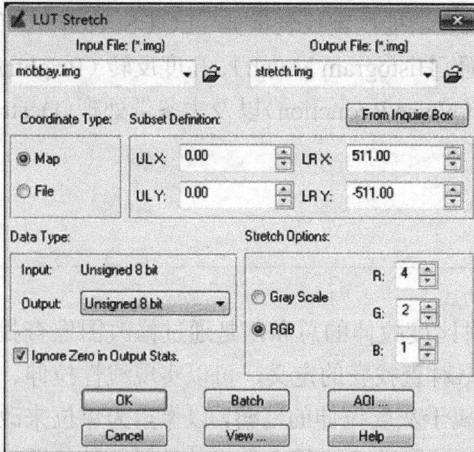

图 4-2　LUT Stretch 对话框

图 4-3　查找表拉伸处理结果

4.1.2　直方图均衡化

直方图均衡化是对原始图像中的像素灰度做某种映射变换，使变换后图像灰度的概率密度是均匀分布的，即变换后图像是一幅灰度级均匀分布的图像。直方图均衡化的实质是对图像进行非线性拉伸，重新分配像元值，使一定灰度范围内像元的数量大致相等，原图像频率小的灰度级被合并，频率高的被拉伸，因此可以使亮度集中的图像得到改善，增强图像上大面积地物与周围地物的反差。直方图均衡化后的每个灰度级的像素频率理论上是相等的，其直方图顶部形态应为直线。本节所用数据为 lanier.img，在 ERDAS 2015 中执行直方图均衡化的操作步骤如下。

（1）选择 Raster→Radiometric→Histogram Equalization，打开 Histogram Equalization 对话框，设置参数如图 4-4 所示。

（2）确定输入文件（Input File）为 lanier.img。

（3）定义输出文件（Output File）为 equalization.img。

（4）文件坐标类型（Coordinate Type）为 Map。

（5）处理范围确定（Subset Definition），在 ULX / Y、LRX / Y 微调框中输入需要的数值（默认状态为整个图像范围，可以应用 Inquire Box 定义子区）。

（6）输出数据分段（Number of Bins）为 256（可以小一些）。

（7）输出数据统计时忽略零值，选中 Ignore Zero in Stats 复选框。

（8）单击 View 按钮，打开模型生成器窗口（图略），浏览 Equalization 功能的空间模型。

（9）单击 File→Close All 命令（退出模型生成器窗口）。

（10）单击 OK 按钮（关闭 Histogram Equalization 对话框，执行直方图均衡化处理）。结果如图 4-5 所示。

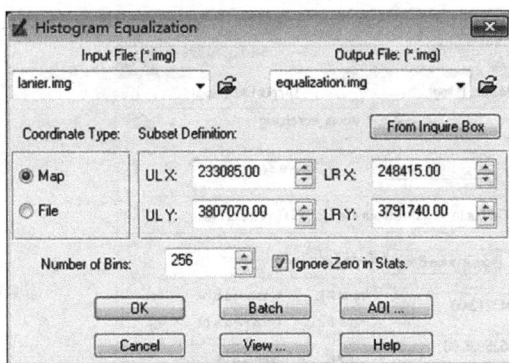

图 4-4 Histogram Equalization 对话框

图 4-5 直方图均衡化处理结果

4.1.3 直方图匹配

直方图匹配是对图像查找表进行数学变换，使一幅图像某个波段的直方图与另一幅图像对应波段类似，或使一幅图像所有波段的直方图与另一幅图像的所有对应波段类似。直方图匹配经常作为相邻图像拼接或者应用多时相遥感图像进行动态变化研究的预处理，通过直方图匹配可以部分消除由于太阳高度角或大气影响造成的相邻图像的效果差异。直方图匹配的原理是对两个直方图都做均衡化，变成归一化的均匀直方图，以此均匀直方图为中介，再对参考图像做均衡化的逆运算。本节所用数据为 wasia1_zmss.img，在 ERDAS 2015 中执行直方图匹配的操作步骤如下。

（1）选择 Raster→Radiometric→Histogram Match，打开 Histogram Matching 对话框，设置参数如图 4-6 所示。

（2）输入匹配文件（Input File）：wasia1_mss.img。

（3）匹配参考文件（Input File to Match）：wasia2_mss.img。

（4）匹配输出文件（Output File）：wasia1_match.img。

（5）选择匹配波段（Band to be Matched）：1。

（6）匹配参考波段（Band to Match to：1。也可以对图像的所有波段进行匹配：Use All Bands For Matching）。

（7）文件坐标类型（Coordinate Type）为 Map。

（8）处理范围确定（Subset Definition），在 ULX / Y、LRX / Y 微调框中输入需要的数值（默认状态为整个图像范围，可以应用 Inquire Box 定义子区）。

（9）输出数据统计时忽略零值，选中 Ignore Zero in Stats 复选框。

（10）输出数据类型（Output Data Type）为 Unsigned 8 bit。

（11）单击 View 按钮，打开模型生成器窗口（图略），浏览 Matching 功能的空间模型。

（12）单击 File→Close All 命令（退出模型生成器窗口）。

（13）单击 OK 按钮（关闭 Histogram Matching 对话框，执行直方图匹配处理），结果如图 4-7 所示。

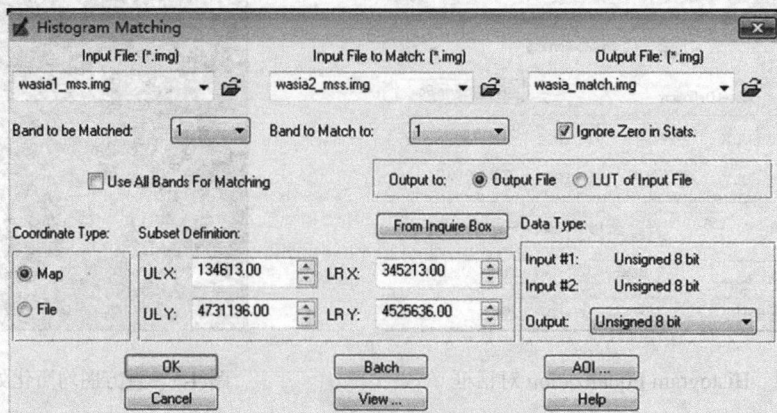

图 4-6　Histogram Matching 对话框

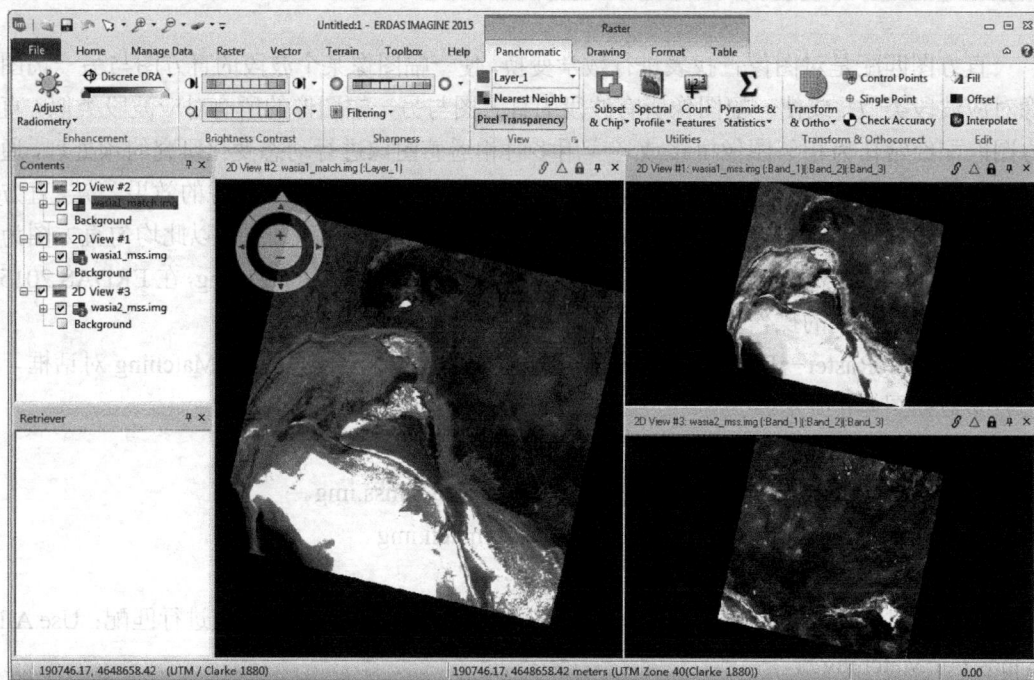

图 4-7　直方图匹配处理结果

4.1.4　亮度反转处理

亮度反转（Brightness Inversion）是对图像亮度范围进行线性和非线性取反，产生一幅与输入图像亮度相反的图像，原来亮的地方变暗，原来暗的地方变亮，它是线性拉伸的特殊情况。亮度反转又包含两个反转算法：一个是条件反转（Inverse），另一个是简单反转（Reverse）。前者强调输入图像中亮度较暗的部分，后者则简单取反。本节所用数据为

loplakebedsig.img，在 ERDAS 2015 中执行亮度反转处理的操作步骤如下。

（1）选择 Raster→Radiometric→Brightness Inversion，打开 Brightness Inversion 对话框，设置参数如图 4-8 所示。

（2）确定输入文件（Input File）为 loplakebedsig357.img。

（3）定义输出文件（Output File）为 inversion.img。

（4）文件坐标类型（Coordinate Type）为 Map。

（5）处理范围确定（Subset Definition），在 ULX / Y、LRX / Y 微调框中输入需要的数值（默认状态为整个图像范围，可以应用 Inquire Box 定义子区）。

（6）输出数据类型（Output Data Type）为 Unsigned 8 bit。

（7）输出数据统计时忽略零值，选中 Ignore Zero in Stats 复选框。

（8）输出变换选择（Output Options）：Inverse 或 Reverse。

（9）单击 View 按钮，打开模型生成器窗口（图略），浏览 Inverse/Reverse 功能的空间模型。

（10）单击 File→Close All 命令（退出模型生成器窗口）。

（11）单击 OK 按钮（关闭 Brightness Inversion 对话框，执行亮度反转处理）。结果如图 4-9 所示。左图是进行亮度反转后的图像，右图是原图。

图 4-8　Brightness Inversion 对话框

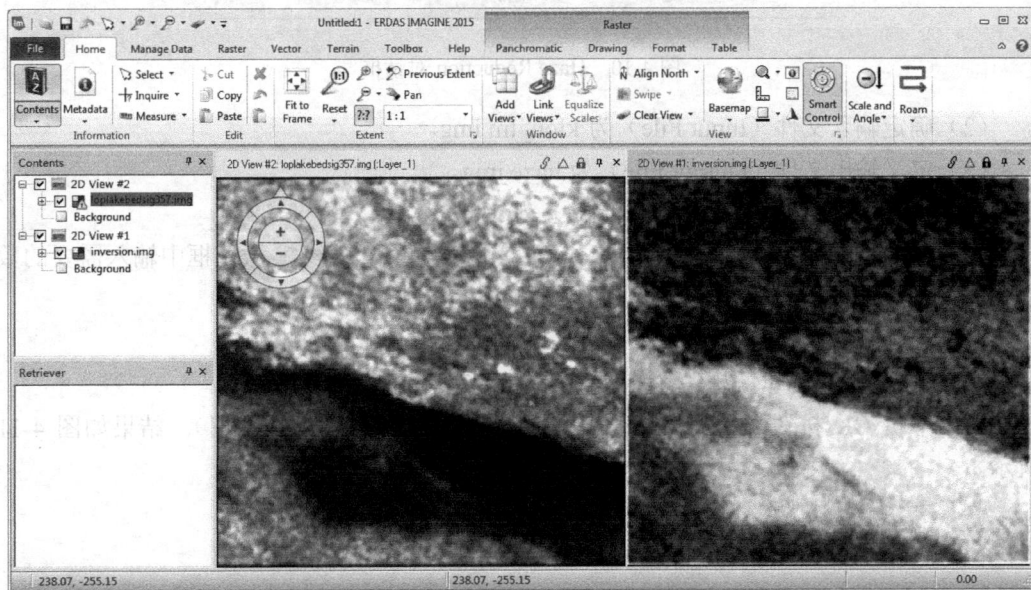

图 4-9　亮度反转处理结果

4.1.5　去霾处理

去霾处理的目的是降低多波段图像或全色图像的模糊度（霾）。对于 Landsat TM 多光谱 6 个波段（除 6 波段外）图像，该方法的实质是基于缨帽变换方法（Tasseled Cap Transformation），首先对图像进行主成分变换，找出与模糊度相关的成分并剔除，然后在进行主成分逆变换回到 RGB 彩色空间，达到去霾的目的。对于三波段合成彩色图像，该方法采用点扩展卷积反转（Inverse Point Spread Convolution）进行处理，并根据情况选择 5×5 或 3×3 的卷积算子分别用于高频模糊度（Hight-haze）或低频模糊度（Low-haze）的去除。本节所用数据为 klon_tm.img，在 ERDAS 2015 中执行去霾处理的操作步骤如下。

（1）选择 Raster→Radiometric→Haze Reduction，打开 Haze Reduction 对话框，设置参数如图 4-10 所示。

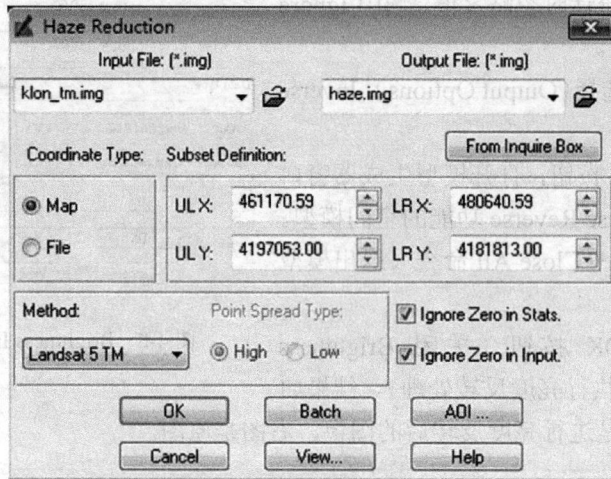

图 4-10　Haze Reduction 对话框

（2）确定输入文件（Input File）为 klon_tm.img。

（3）定义输出文件（Output File）为 haze.img。

（4）文件坐标类型（Coordinate Type）为 Map。

（5）处理范围确定（Subset Definition），在 ULX / Y、LRX / Y 微调框中输入需要的数值（默认状态为整个图像范围，可以应用 Inquire Box 定义子区）。

（6）处理方法选择（Method）：Landsat 5 TM（或 Landsat 4 TM）。

（7）输出数据统计时忽略零值，选中 Ignore Zero in Stats 复选框。

（8）单机 OK 按钮（关闭 Haze Reduction 对话框，执行去霾处理）。结果如图 4-11 所示。

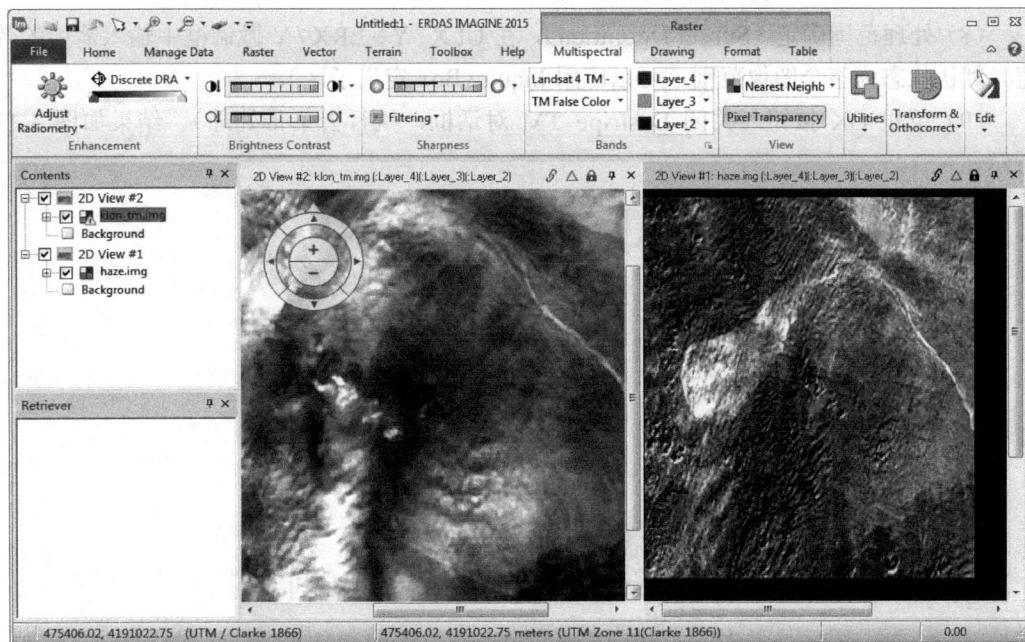

图 4-11　去霾处理结果

4.1.6　去条带处理

由于探测器的某个探测元的故障，引起该探测元件所探测到的辐射比正常探测元件整体高出或降低某个固定的数值，在目视图像时，可见到周期性的亮行或暗行。处理的办法是找出该条带增加或减少的亮度值，然后减去或增加上这个值。有时，条带是亮度放大或缩小了某个倍数，这时也要乘上这个倍数的倒数。

去条带处理（Destripe TM Data）是针对 Landsat TM 的图像扫描特点对其原始数据进行 3 次卷积处理，以达到去除扫描条带之目的。在操作过程中，只有一个关于边缘处理的选择项需要用户定义，其中的两项选择分别为 Reflection（反射）和 Fill（填充）。前者是应用图像边缘灰度值的镜面反射值作为图像边缘以外的像元值，这样可以避免出现晕光（Halo）；而后者则是统一将图像边缘以外的像元以 0 值填充，呈黑色背景。本节所用数据为 tm_striped.img。在 ERDAS 2015 中执行去条带处理的操作步骤如下。

（1）选择 Raster→Radiometric→Destripe TM Data，打开 Destripe TM 对话框，设置参数如图 4-12 所示。

（2）确定输入文件（Input File）为 tm_striped.img。

（3）定义输出文件（Output File）为 destripe.img。

（4）输出数据类型（Output Data Type）为 Unsigned 8 bit。

（5）输出数据统计时忽略零值，选中 Ignore Zero in Stats 复选框。

（6）边缘处理方法（Handle Edges By）：Reflection。

（7）文件坐标类型（Coordinate Type）为 Map。

（8）处理范围确定（Subset Definition），在 ULX / Y、LRX / Y 微调框中输入需要的数值（默认状态为整个图像范围，可以应用 Inquire Box 定义子区）。

（9）单机 OK 按钮（关闭 Destripe TM 对话框，执行去条带处理）。结果如图 4-13 所示。

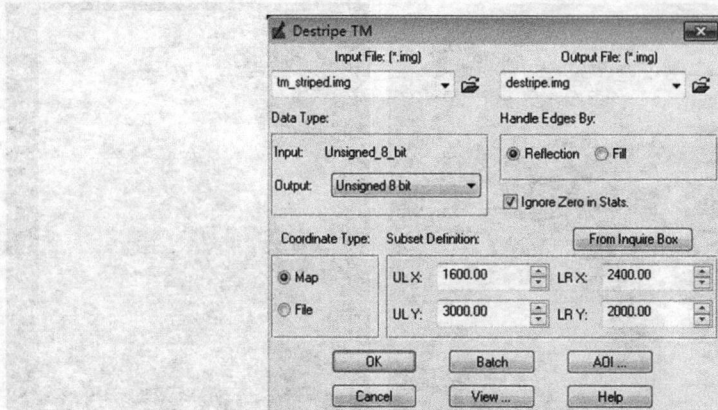

图 4-12　Destripe TM 对话框

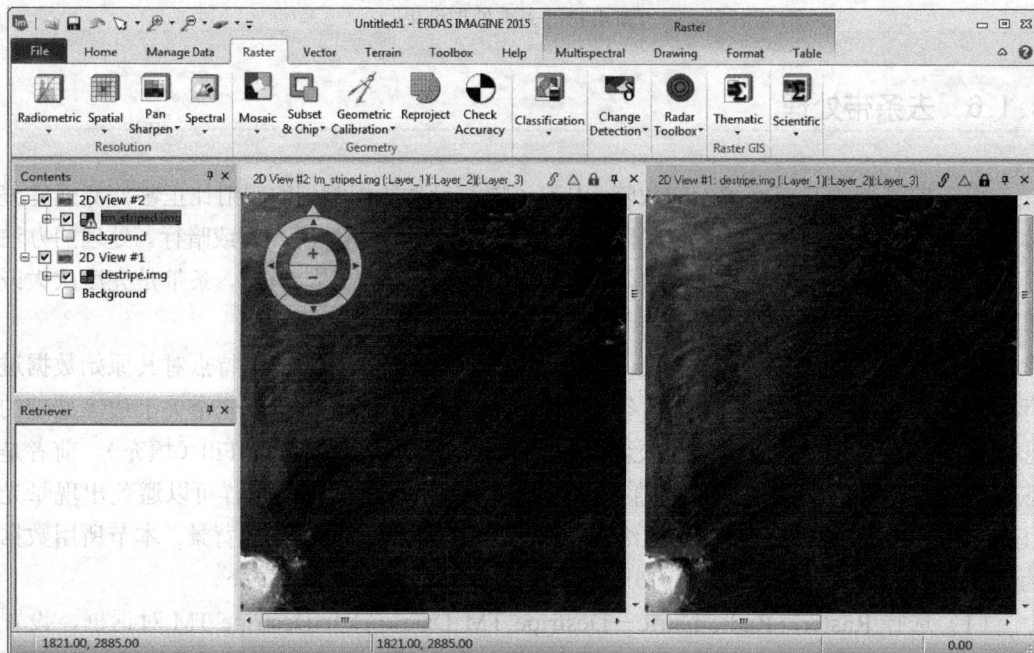

图 4-13　去条带处理结果

4.1.7　降噪处理

降噪处理也是实际应用时常用的处理工具。ERDAS 可利用自适应滤波方法去除图像中的噪声。这种处理方法的优点是在沿着边缘去除噪声的同时，也可以很好地保持住图像的一些微小的细节。

在 ERDAS 2015 中进行降噪处理的步骤如下。

（1）选择 Raster→Radiometric→Noise Reduction 功能，打开 Noise Reduction 对话框，并设置参数如图 4-14 所示。

（2）确定输入文件（Input File）为 dmtm.img。

（3）选择文件输出路径并确定输出文件（Output File）为 noise.img。

（4）文件坐标类型（Coordinate Type）为 Map。

（5）处理范围确定（Subset Definition），在 ULX／Y、LRX／Y 微调框中输入需要的数值（默认状态为整个图像范围，可以应用 Inquire Box 定义子区）。

（6）单机 OK 按钮（关闭 Noise Reduction 对话框，执行降噪处理）。其处理结果如图 4-15 所示。

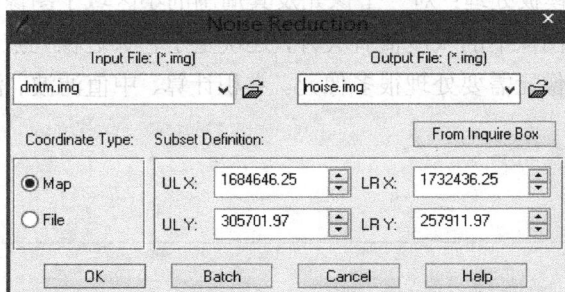

图 4-14　Noise Reduction 对话框

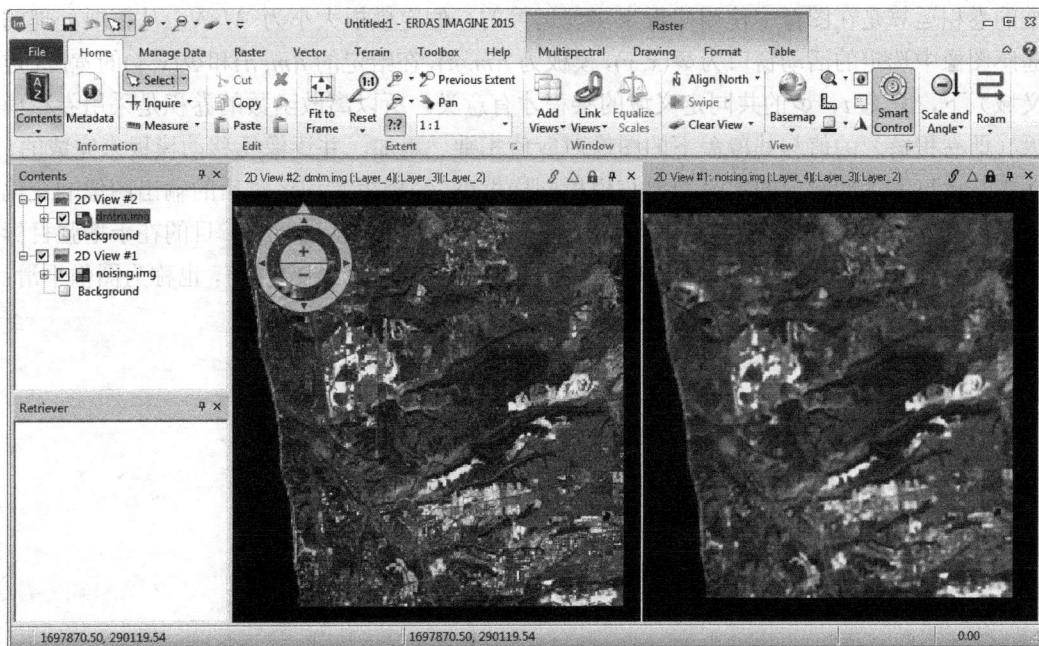

图 4-15　降噪处理原图（左）与降噪处理后图像（右）对比

4.2　空间域增强处理

遥感图像的空间域增强是通过有目的地突出图像中的某些特征,使处理后的图像突出主题信息或抑制非主要信息,从而达到增强的目的。空间域是指图像平面所在的二维平面。空间域增强是在图像空间坐标下的图像变换操作,利用像元本身及其邻域像元的灰度值进行系列运算来实现图像的增强。包括以下两种处理方法。

(1)单点处理:每次对单个像元进行灰度增强的处理,不考虑周围像元的值,把原图像中的每一个像元值按照特定的数学变换模式转换成输出图像中的一个新的灰度值,例如多波段图像处理中的线性扩展、比值、直方图变换等。

(2)邻域处理或模板处理:对一个像元及其周围的小区域子图像进行处理,输出值的大小除与像元点在原图像中的灰度值有关外,还决定于它邻近像元点的灰度值大小,这种技术对于每一个输出像元需要处理很多像元。卷积计算、中值滤波、滑动平均等都属于邻域处理范畴。

4.2.1　卷积处理

卷积是通过选定的卷积函数,又称模板,来改变图像的空间频率特征的处理方法,卷积函数也称系数矩阵或卷积核,实质为一个 $M×N$ 的小图像,它的选定是处理的关键,二维的卷积运算是在图像中使用模板来实现运算的。假定模板大小为 $M×N$,从需要处理的遥感图像中选定的活动窗口为 $\Phi(x,y)$,模板为 $t(m,n)$,在给定的 $t(m,n)$ 和 $\Phi(x,y)$ 的宽度(定义域)下,只有 t、Φ 的共同定义域的乘积才有意义,所以离散函数的卷积是采用卷积模板(即卷积核)的值与其覆盖下的图像对应值相乘、累加,并逐像元移动模板来完成的,即参与运算的活动窗口的定义域要与模板同样大小。经模板卷积运算后的输出图像的变化情况,视模板函数的情况而定。卷积增强是基于点的邻域特征的运算,目的在于增强目标的表面特征。表面特征的增强包括两个相反的内容:一是抑制图像噪声,也称为图像平滑;二是加强图像纹理边缘,称为图像锐化,如图 4-16、图 4-17 所示。

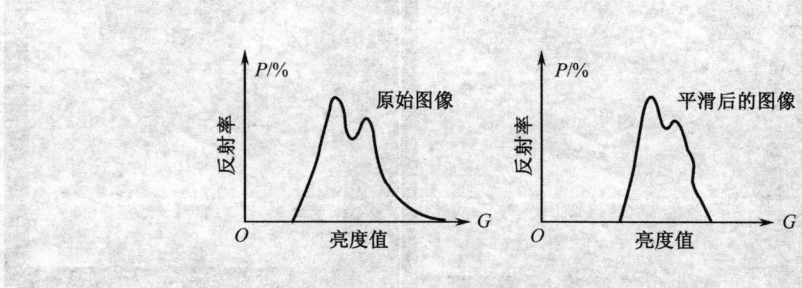

图 4-16　平滑前后的图像直方图

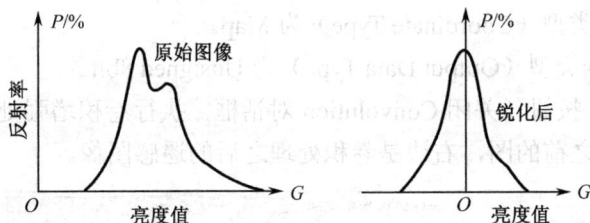

图 4-17　锐化前后的图像直方图

ERDAS IMAGINE 2015 将常用的卷积算子放在一个名为 default.klb 的文件中，分为 3×3、5×5 和 7×7 三组，每组又包括 Edge Detect（边缘检测）、Edge Enhance（边缘增强）、Low Pass（低通滤波）、High Pass（高通滤波）、Horizontal（水平监测）、Vertical（垂直检测）和 Summary（交叉检测）等多种不同的处理方式，同时也可根据需要自定义卷积算子。本节所用数据为 lanier.img，在 ERDAS IMAGINE 2015 中执行卷积增强处理的操作步骤如下。

（1）选择 Raster→Spatial→Convolution，打开 Convolution 对话框，设置参数如图 4-18 所示。

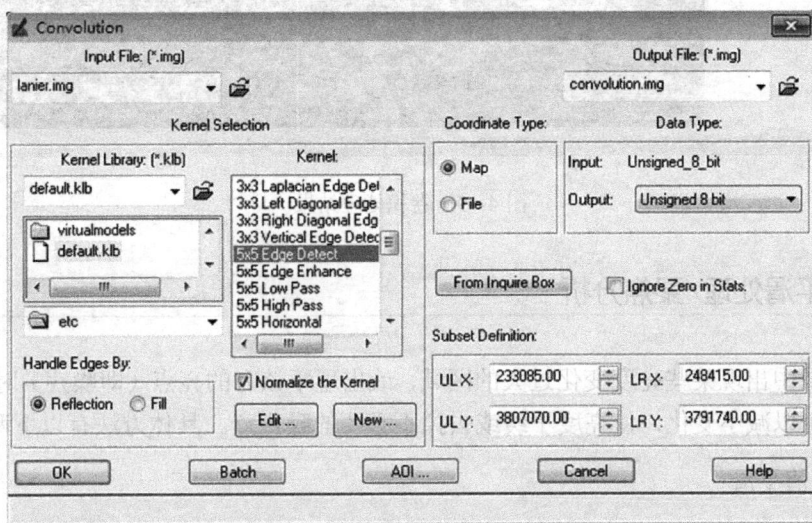

图 4-18　Convolution 对话框

（2）确定输入文件（Input File）为 lanier.img。

（3）定义输出文件（Output File）为 convolution.img。

（4）选择卷积算子（Kernel Selection）。

（5）卷积算子文件（Kernel Library）为 default.klb。

（6）卷积算子类型（Kernel）为 5×5 Edge Detect。

（7）边缘处理方法（Handle Edges By）为 Reflection。

（8）卷积归一化处理，选中 Normalize the Kernel 复选框。

（9）文件坐标类型（Coordinate Type）为 Map。

（10）输出数据类型（Output Data Type）为 Unsigned 8bit。

（11）单击 OK 按钮（关闭 Convolution 对话框，执行卷积增强处理）。结果如图 4-19 所示，左边是处理之前的图，右边是卷积处理之后的遥感图像。

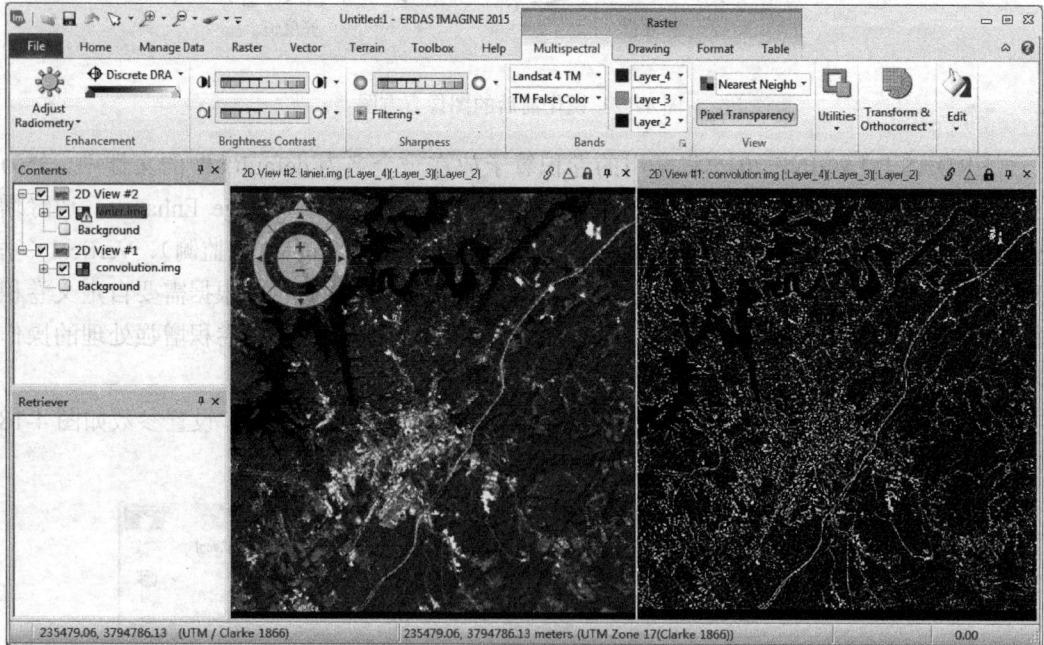

图 4-19　卷积处理结果

4.2.2　平滑处理/聚焦分析

当图像中出现某些亮度变化过大的区域，或出现不该有的亮点（即噪声）时，采用平滑的方法可以减小变化，使亮度平缓或去掉不必要的噪声点。具体方法有以下两种。

1. 均值平滑

将每个像元在以其为中心的区域内取平均值来代替该像元值，以达到去掉锐噪声和平滑图像的目的。区域范围为 $M \times N$，均值公式如下所示：

$$r(i, j) = \frac{1}{MN} \sum_{m=1}^{M} \sum_{n=1}^{N} \Phi(m, n) \tag{4-1}$$

2. 中值滤波

将每个像元在以其为中心的邻域内取中间亮度值来代替该像元值，中间亮度值是将窗口内所有像元按亮度值大小排列所取得的中间值，具体计算方法与模板卷积方法类似，仍采用活动窗口的扫描方法。窗口一般取方形窗口或十字形窗口。

一般来说，在图像亮度为阶梯状变化时，取均值平滑比取中值滤波要明显得多，而对于突出亮点的噪声干扰，从去噪声后对原图的保留程度看取中值要优于平均值，因为均值平滑法有时过于损害图像的细节特征。在 ERDAS 2015 中执行图像平滑处理就是运用聚焦分析功能，本节所用数据为 lanier.img，操作步骤如下。

（1）选择 Raster→Spatial→Focal Analysis，打开 Focal Analysis 对话框，设置参数如图 4-20 所示。

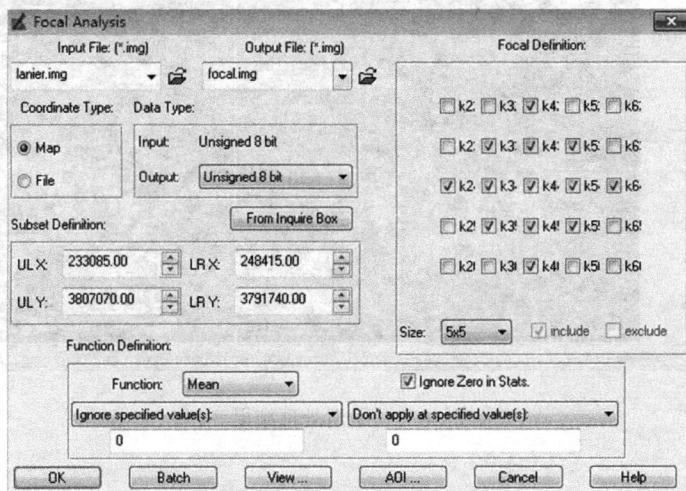

图 4-20　Focal Analysis 对话框

（2）确定输入文件（Input File）为 lanier.img。

（3）定义输出文件（Output File）为 focal.img。

（4）文件坐标类型（Coordinate Type）为 Map。

（5）处理范围确定（Subset Definition），在 ULX/Y、LRX/Y 微调框中输入需要的数值（默认状态为整个图像范围，可以应用 Inquire Box 定义窗口）。

（6）输出数据类型（Output Data Type）为 Unsigned 8bit。

（7）在 Focal Definition 栏下进行勾选，设置活动窗口的大小和形状。

（8）窗口大小（Size）为 5×5（或 3×3 或 7×7）。

（9）窗口默认形状为矩形，可以调整为各种形状（如菱形）。

（10）聚焦函数定义（Function Definition），包括算法和应用范围。

（11）算法（Function）为 Mean（或 Min/Sum/Mean/SD/Median）。

（12）应用范围包括输入图像中参与聚焦运算的数值范围（3 种选择）和输入图像中应用聚焦运算函数的数值范围（3 种选择）。

（13）输出数据统计时忽略零值，选中 Ignore Zero in Stats 复选框。

（14）单击 OK 按钮（关闭 Focal Analysis 对话框，执行聚焦分析）。结果如图 4-21 所示。

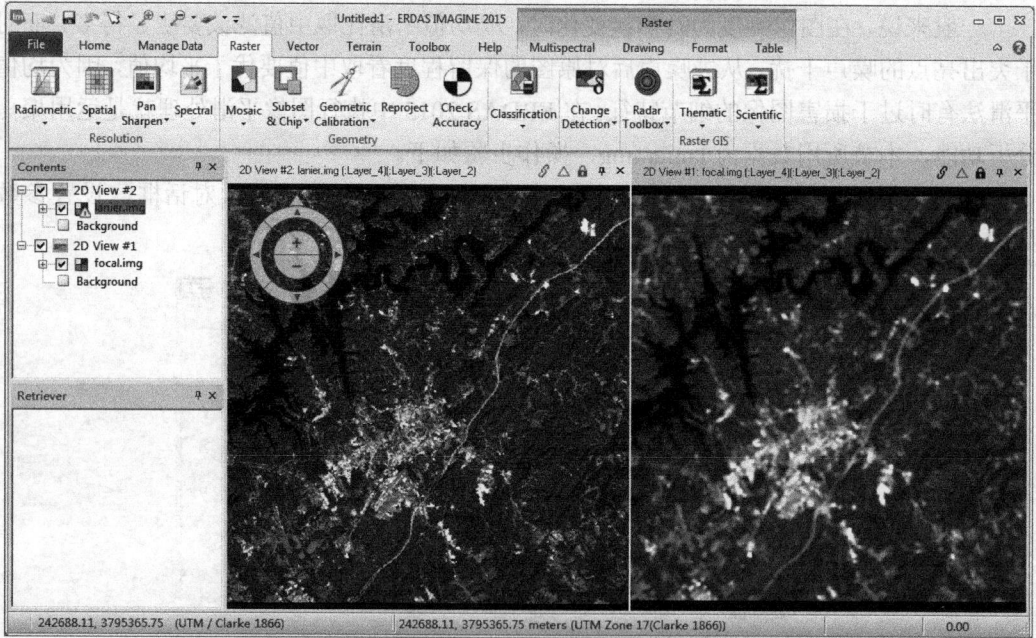

图 4-21　平滑处理结果

4.2.3　锐化增强

为了突出图像的边缘、线状目标或某些亮度变化率大的部分，例如图像中湖泊、河流的边界、山脉和道路等边缘处相邻像元的亮度变化率就很大，灰度急剧变化，可采用锐化方法，相邻像元的亮度变化率也称梯度。有时，可通过锐化直接提取出需要的信息。锐化后的图像已不再具有原遥感图像的特征而成为边缘图像。图像锐化的卷积模板设计是基于对图像的微分处理，对离散的数字图像，微分处理变成差分操作。差分是在两个相邻像素之间进行减法运算。

锐化增强处理（Crisp Enhancement）实质上是通过对图像进行卷积滤波处理，使整景图像的亮度得到增强而不使其专题内容发生变化，从而达到图像增强的目的。根据其底层的处理过程，又可以分为两种方法：一是根据定义的矩阵（Custom Matrix）直接对图像进行卷积处理（空间模型为 Crisp-greyscale.gmd）；二是首先对图像进行主成分变换，并对第一主成分进行卷积滤波，然后再进行主成分逆变换（空间模型为 Crisp-Minmax.gmd）。由于上述变换过程是在底层的空间模型支持下完成的，因此操作比较简单。本节所用数据为panatlant.img，在 ERDAS 2015 中执行锐化增强处理的操作步骤如下。

（1）选择 Raster→Spatial→Crisp，打开 Crisp 对话框，设置参数如图 4-22 所示。

（2）确定输入文件（Input File）为 panatlanta.img。

（3）定义输出文件（Output File）为 crisp.img。

（4）文件坐标类型（Coordinate Type）为 Map。

（5）处理范围确定（Subset Definition），在 ULX/Y、LRX/Y 微调框中输入需要的数值（默认状态为整个图像范围，可以应用 Inquire Box 定义窗口）。

（6）输出数据类型（Output Data Type）为 Float Single。

（7）输出数据统计时忽略零值，选中 Ignore Zero in Stats 复选框。

（8）单击 View 按钮打开模型生成器窗口，浏览 Crisp 功能的空间模型。

（9）单击 File→Close All 命令，退出模型生成器窗口。

（10）单击 OK 按钮（关闭 Crisp 对话框，执行锐化增强处理）。处理结果如图 4-23 所示。

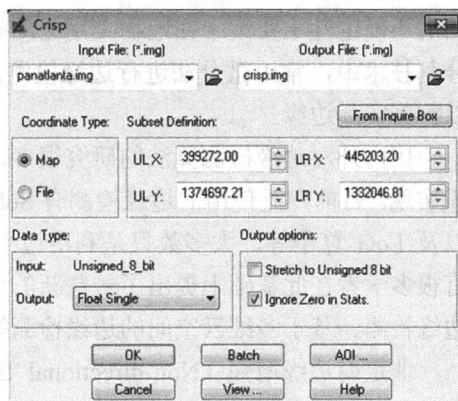

图 4-22　Crisp 对话框

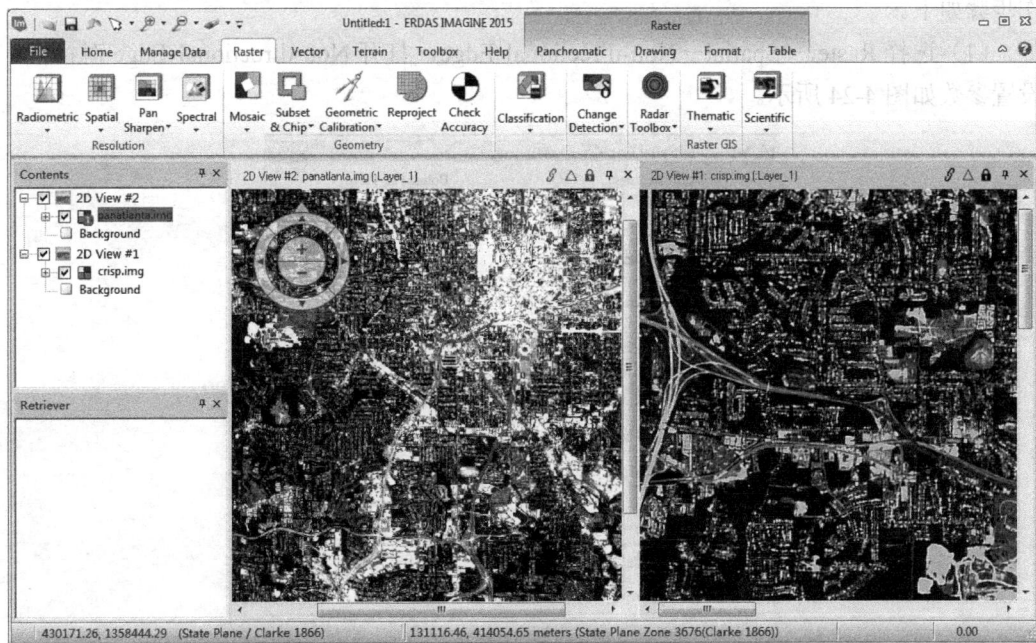

图 4-23　锐化处理结果

4.2.4　边缘检测

边缘是指图像灰度或者纹理发生空间突变的像素的集合。对于亮度值较平滑的部分，亮度梯度值较小，在灰度急剧变化的边缘，梯度值则很大，因此找到梯度较大的位置，也就找到了边缘。边缘信息对于图像理解有着重要的意义，它既是图像分割的有效途径，又是特征提取的有效手段。而遥感数据往往存在着一定量的误差，也就是我们常说的不确定性，包括噪声、随机性和模糊性、尺度效应、混合像元以及混合光谱的不确定性，遥感数据的不确定性主要集中在地物类别之间的边缘区，造成遥感图像边缘检测的困难。在图像分割技术中，常用微分法进行边缘检测，通常选用一个域值对梯度的幅值做二值化处理，以得到实际边缘。

国内外对边缘检测算法的研究很多，传统的边缘检测算法基于空间运算，借助空域卷积实现。目前广泛使用的边缘检测有 Sobel 算子、Prewitt 算子、Roberts 算子、Canny 算子以及 LoG 算子等，大多数只是利用边缘邻近一阶或二阶方向导数的变化来检测边缘。也有很多学者在此基础上提出了一些新的边缘检测方法，如基于灰度形态学与小波相位滤波边缘检测、基于多维云空间的边缘检测等。

非定向边缘增强（Non-directional Edge）应用两个非常通用的滤波器（Sobel 滤波器和 Prewitt 滤波器），首先通过两个正交卷积算子（Horizontal 算子和 Vertical 算子）分别对遥感图像进行边缘检测，然后将两个正交结果进行平均化处理。操作过程比较简单，关键是滤波器的选择。本节所用数据为 lanier.img，在 ERDAS 2015 中执行边缘检测处理的操作步骤如下。

（1）选择 Raster→Spatial→Non-directional Edge，打开 Non-directional Edge 对话框，设置参数如图 4-24 所示。

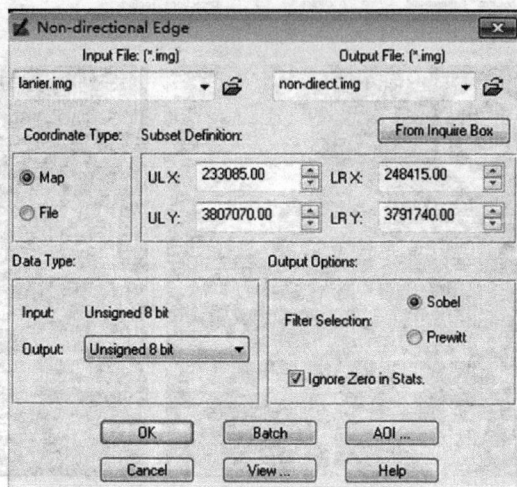

图 4-24　Non-directional Edge 对话框

（2）确定输入文件（Input File）为 lanier.img。

（3）定义输出文件（Output File）为 non-direct.img。

（4）文件坐标类型（Coordinate Type）为 Map。

（5）处理范围确定（Subset Definition），在 ULX/Y、LRX/Y 微调框中输入需要的数值（默认状态为整个图像范围，可以应用 Inquire Box 定义窗口）。

（6）输出数据类型（Output Data Type）为 Unsigned 8 bit。

（7）选择滤波器（Filter Selection），选择 Sobel 单选按钮。

（8）输出数据统计时忽略零值，选中 Ignore Zero in Stats 复选框。

（9）单击 OK 按钮（关闭 Non-directional Edge 对话框，执行非定向边缘增强）。处理结果如图 4-25 所示。左图是处理之前的，右图是非定向边缘增强之后的遥感图像。

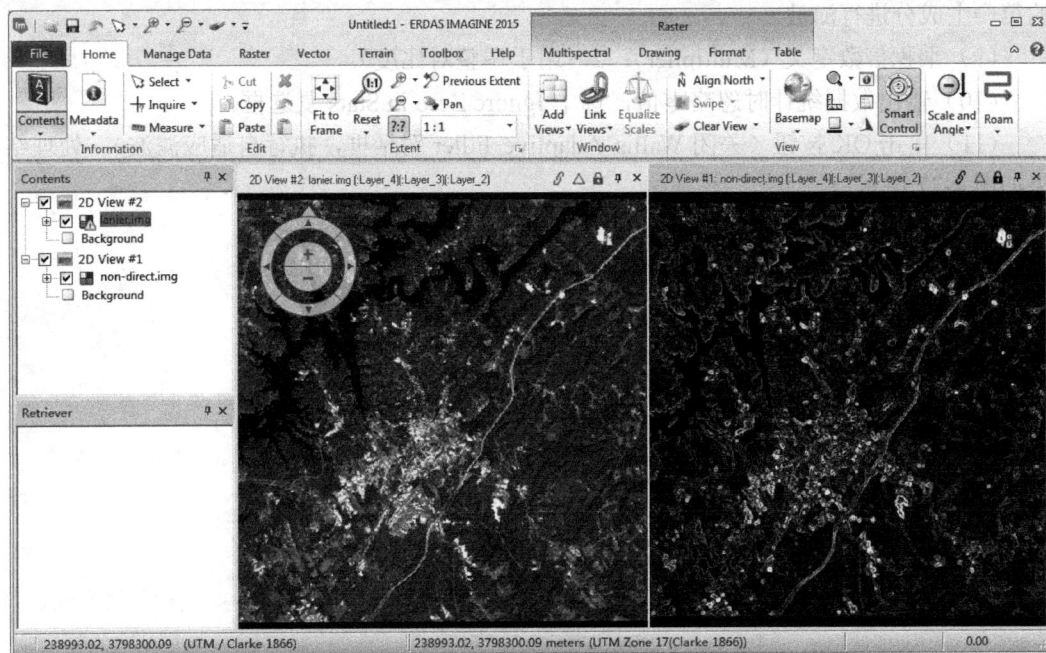

图 4-25　边缘处理结果

4.2.5　自适应滤波

自适应滤波是应用 Wallis Adapter Filter 方法对图像中感兴趣区域（AOI）进行对比度拉伸处理，从而达到图像增强的目的。操作过程中的关键在于移动窗口大小（Moving Window Size）和乘积倍数大小（multiplier）的定义，移动窗口大小可以任意选择，如 3×3、5×5、7×7 等，通常都确定为奇数，而乘积倍数大小是为了扩大图像反差或对比度，可以根据需要确定，系统默认值为 2.0。本节所用数据为 lanier.img，在 ERDAS 2015 中执行自适应滤波处理的操作步骤如下。

（1）选择 Raster→Spatial→Adaptive Filter，打开 Wallis Adaptive Filter 对话框，设置参数如图 4-26 所示。

（2）确定输入文件（Input File）为 lanier.img。

（3）定义输出文件（Output File）为 adaptive.img。

（4）文件坐标类型（Coordinate Type）为 Map。

（5）处理范围确定（Subset Definition），在 ULX/Y、LRX/Y 微调框中输入需要的数值（默认状态为整个图像范围，可以应用 Inquire Box 定义窗口）。

（6）输出数据类型（Output Data Type）为 Unsigned 8 bit。

（7）移动窗口大小（Moving Window Size）为 3。

（8）输出文件选择（Options）：Bandwise（逐个波段进行滤波）或仅对主成分变换后的第一主成分进行滤波。

（9）乘积倍数定义（Multiplier）：2（用于调整对比度）。

（10）输出数据统计时忽略零值，选中 Ignore Zero in Stats 复选框。

（11）单击 OK 按钮（关闭 Wallis Adaptive Filter 对话框，执行自适应滤波）。处理结果如图 4-27 所示。

图 4-26　Wallis Adaptive Filter 对话框

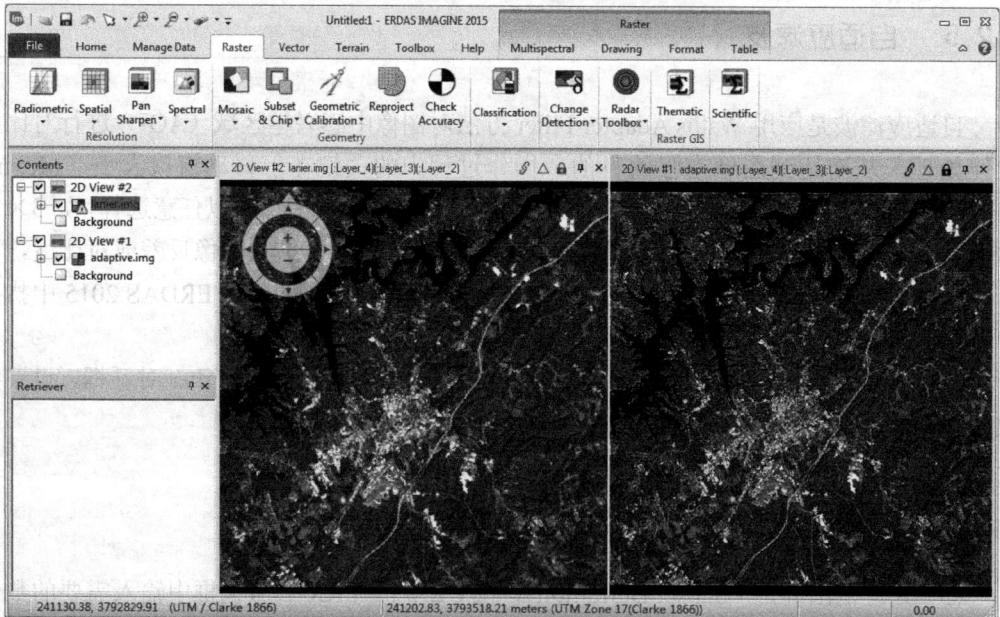

图 4-27　自适应滤波处理结果

4.2.6　统计滤波

统计滤波（Statistical Filter）方法最早被应用于雷达图像的斑点噪声压缩处理之中，之后才被引进到了光学图像处理中。它其实是基于 Sigma Filter 方法对用户选择图像区域之外的像元进行改进处理，从而达到图像增强的效果。在执行统计滤波时，其移动滤波窗口的大小被设置为 5×5，既具有一定的统计意义，又可以减少模糊度。

在统计滤波的过程中，中心像元的值被移动滤波窗口内部分像素的平均值所替代，只包括那些不偏离当前中心像素超过给定的范围的像素。定义的范围是邻域内的像素值的标准偏。默认的标准差阈值为 0.15。这个值可以被用户所调整。用户可以通过调整乘积倍率（Multiplier）大小，来改变参与计算平均值的周围像元的数量。在 ERDAS 2015 中执行统计滤波操作时 Multiplier 可以设置为 4.0、2.0、1.0。在进行统计滤波时，要得到满意的处理结果，Multiplier 的设置十分重要。

在本节中，所用的数据为 lanier.img，在 ERDAS 2015 中执行统计滤波的操作步骤如下：

（1）选择 Raster→Spatial→Statistical Filter，打开 Statistical Filter 对话框，设置参数如图 4-28 所示。

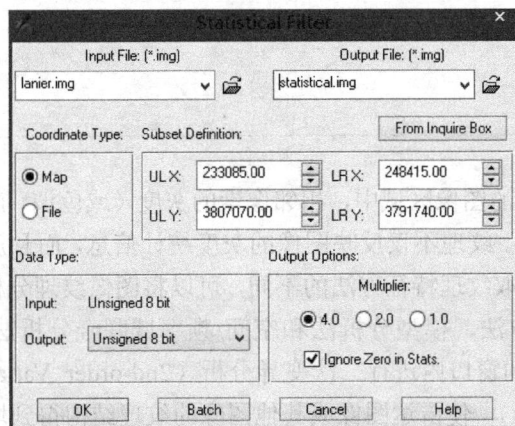

图 4-28　Statistical Filter 对话框

（2）确定输入文件（Input File）为 lanier.img。

（3）定义输出文件（Output File）为 statistical.img。

（4）文件坐标类型（Coordinate Type）为 Map。

（5）处理范围确定（Subset Definition），在 ULX/Y、LRX/Y 微调框中输入需要的数值（默认状态为整个图像范围，可以应用 Inquire Box 定义窗口）。

（6）输出数据类型（Output Data Type）为 Unsigned 8 bit。

（7）选择乘积倍率（Multiplier）为 4.0。

（8）输出数据统计时忽略零值，选中 Ignore Zero in Stats 复选框。

（9）单击 OK 按钮（关闭 Statistical Filter 对话框，执行统计滤波）。处理结果如图 4-29 所示。

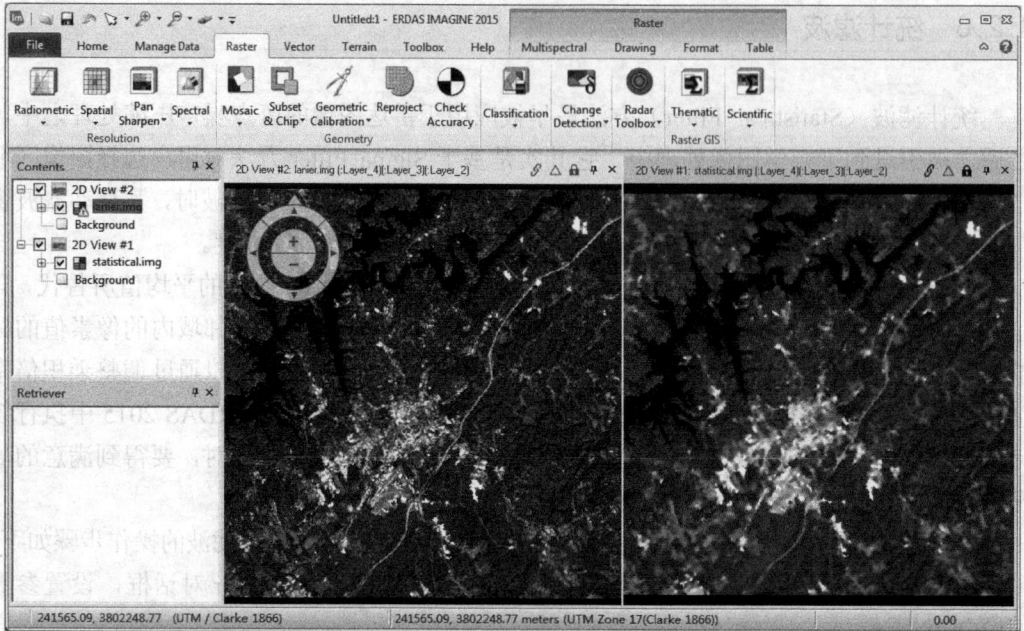

图 4-29　原图像（左）与统计滤波结果（右）对比

4.2.7　纹理分析

纹理是在某一确定的图像区域中，相邻像素的灰度（或色调、颜色）服从某种统计排列形成的一种空间分布。纹理不仅反映图像的灰度统计信息，而且反映图像的空间分布信息和结构信息。根据抽取纹理特征方法的不同，可以将图像纹理分析大致分为四类：统计分析方法、结构分析方法、模型分析法和空间/频率域联合分析法。纹理分析（Texture Analysis）通过在一定的窗口内进行二次变异分析（2nd-order Variance）或三次非对称分析（3nd-order Skewness），使雷达图像或其他图像的纹理结构得到增强。操作过程比较简单，关键是窗口大小（Window Size）的确定和操作函数（Operator）的定义。本节所用数据为 lanier.img，在 ERDAS 2015 中执行纹理分析的操作步骤如下。

（1）选择 Raster→Spatial→Texture，打开 Texture Analysis 对话框，设置参数如图 4-30 所示。

（2）确定输入文件（Input File）为 lanier.img。

（3）定义输出文件（Output File）为 texture.img。

（4）文件坐标类型（Coordinate Type）为 Map。

（5）处理范围确定（Subset Definition），在 ULX/Y、LRX/Y 微调框中输入需要的数值（默认状态为整个图像范围，可以应用 Inquire Box 定义窗口）。

（6）输出数据类型（Output Data Type）为 Float Single。

（7）操作函数定义（Operators）：Variance（方差）。

（8）窗口大小确定为（Window Size）为 3。

（9）输出数据统计时忽略零值，选中 Ignore Zero in Stats 复选框。

（10）单击 OK 按钮（关闭 Texture Analysis 对话框，执行纹理分析）。处理结果如图 4-31 所示。左图是纹理分析之前，右图是执行纹理分析之后的遥感图像。

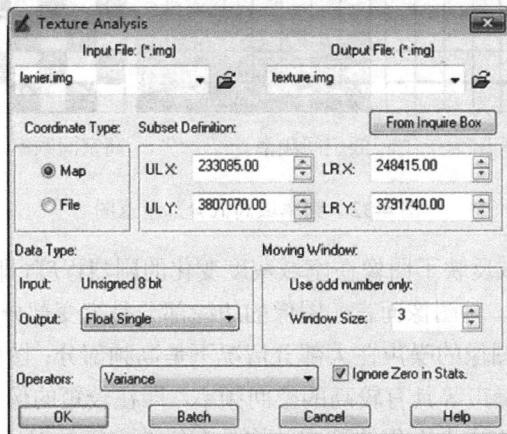

图 4-30　Texture Analysis 对话框

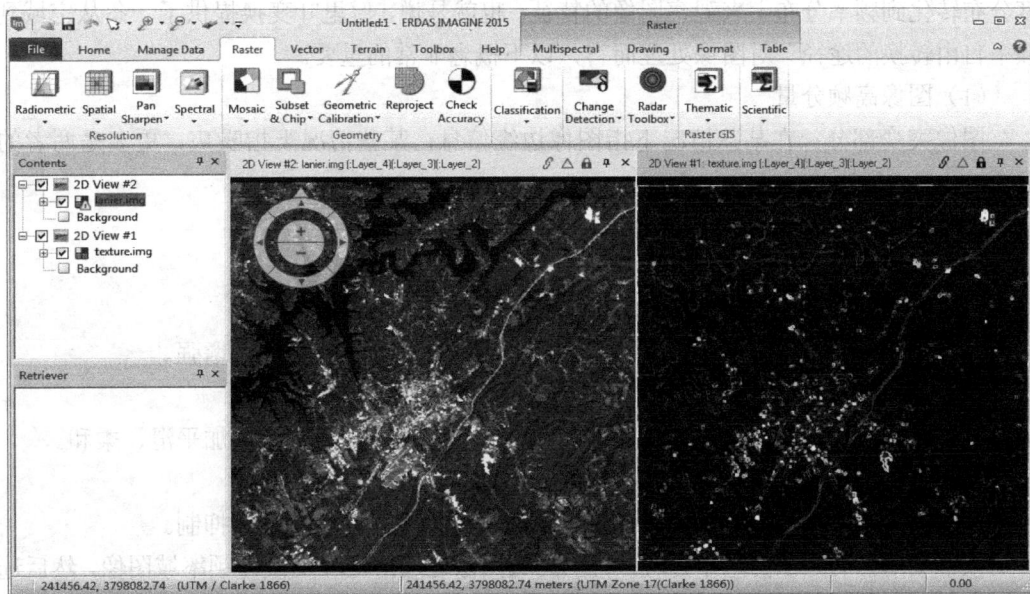

图 4-31　纹理分析处理结果

4.3　频率域增强处理

在图像中，像元灰度值随位置变化的频繁程度可以用频率来表示。如图 4-32 所示，通过颜色的变化程度表示频率域的高低。

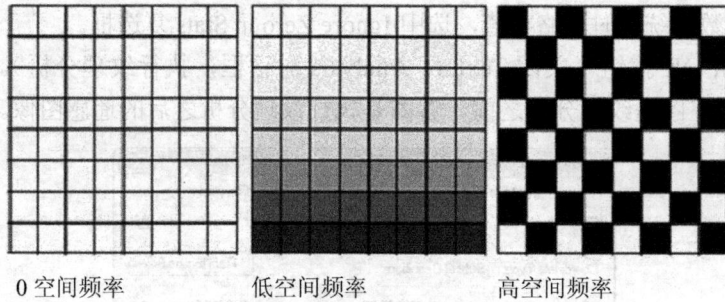

0 空间频率   低空间频率   高空间频率

图 4-32 频率域高低分部示意图

在图像处理中,频域反映了图像在空域灰度变化的剧烈程度,即图像灰度的变化速度,也就是图像的梯度大小。对图像而言,图像的边缘部分是突变部分,变化较快,因此反映在频域上是高频分量;图像的噪声在大部分情况下是高频部分;图像平缓变化部分则为低频分量。边缘、线条、噪声等具有较高的空间频率,即在较短的像元距离内灰度值变化的频率大;均匀分布的地物或大面积的稳定结构具有低的空间频率,即在较长的像元距离内灰度值逐渐变化。也就是说,傅里叶变换提供另外一个角度来观察图像,可以将图像从灰度分布转化到频率分布上来观察图像的特征。也就是说,傅里叶变换提供了一条从空域到频率自由转换的途径。对图像处理而言,以下概念非常的重要。

(1)图像高频分量

图像突变部分;在某些情况下指图像边缘信息,某些情况下指噪声,更多是两者的混合。

(2)图像低频分量

图像变化平缓的部分,也就是图像轮廓信息。

(3)高通滤波器

抑制图像的低频分量,让高频分量通过,可以使图像锐化和边缘增强。

(4)低通滤波器

与高通相反,抑制图像的高频分量,让低频分量通过,使图像更加平滑、柔和。

(5)带通滤波器

使图像的某一部分的频率信息通过,其他过低或过高的频率都被抑制。

频率域增强的方法的基本过程:将空间域图像通过傅里叶变换为频率域图像,然后选择合适的滤波器频谱成分进行增强,再经过傅里叶逆变换变回空间域,得到增强后的图像。

4.3.1 傅里叶变换

傅里叶变换(Fourier Analysis)首先将遥感图像从空间域转换到频率域,再把 RGB 彩色图像转换成一系列不同频率的二维正弦波傅里叶图像;然后,在频率域内对傅里叶图像进行滤波、掩膜等各种编辑,减少或消除部分高频成分或低频成分;最后,再把频率域的傅里叶图像变换到 RGB 彩色空间域,得到经过处理的彩色图像。傅里叶变换主要用于消除周期性噪声，此外，还可用于消除由于传感器异常引起的规则性错误；同时，这种处理技术还以模式识别的形式用于多波段图像处理。

遥感图像是由灰度组成的二维离散数据矩阵，则对它进行傅里叶变换是离散的傅里叶变换。二维离散数字图像的傅里叶变换为：

$$F(u,v) = \frac{1}{MN} \sum \sum f(x,y) e^{-i2\pi(\frac{ux}{M}+\frac{vy}{N})} \tag{4-2}$$

式中，M 和 N 为图像的行列数，$f(x,y)$ 是输入图像，为图像的空间域，$F(u,v)$ 为频率域，$f(x,y) \sim F(u,v)$ 称为变换对。

图像傅里叶变换的物理意义是，将图像灰度空间变化分解为无限多个不同频率、不同振幅的正弦和余弦变化，以便更清楚地看到空间灰度变化在各种频率中占的比重（频谱值的大小）。频率域中的低频成分对应原图像中平缓的灰度变化，高频对应原图像中急剧跳跃的灰度变化。通过分析各种频率成分在图像中所占的比重，就可以方便地了解图像灰度的变化的总体情况，并且可以通过修改频谱函数（即改变某些频率的振幅值大小），再经反傅里叶变换后得到符合我们期望的输出图像。这就是频率域滤波等处理方法的数学原理。

值得指出的是，傅里叶变换是在整个空间域上的积分，其频谱反应的是图像整体灰度变化的情况，而不是特别考虑任何局部灰度变化特征。

1. 快速傅里叶变换（FFT）

应用傅里叶变换功能的第一步，就是把输入空间域彩色图像转换成频率域傅里叶图像（*.fft），这项工作就是由快速傅里叶变换（Fourier Transform）完成的。本节所用数据为 tm_1.img，在 ERDAS 2015 中执行快速傅里叶变换的操作步骤如下。

（1）选择 Raster→Scientific→Fourier Analysis/Fourier Transform，打开 Fourier Transform 对话框，设置参数如图 4-33 所示。

（2）确定输入文件（Input File）为 tm_1.img。

（3）定义输出文件（Output File）为 tm_1.fft。

（4）波段变换选择（Select Layers）：1:7（从第 1 波段到第 7 波段）。

（5）单击 OK 按钮（关闭 Fourier Transform 对话框，执行快速傅里叶变换）。

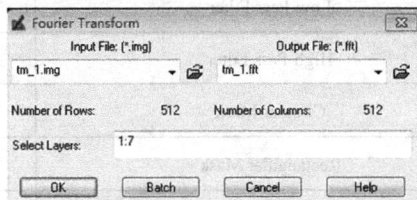

图 4-33　Fourier Transform 对话框

2. 傅里叶变换编辑器

傅里叶变换编辑器（Fourier Transform Editor）集成了傅里叶图像编辑的全部命令与工

具，通过对傅里叶图像的编辑，可以减少或消除遥感图像条带噪声和其他周期性的图像异常。不过，应始终记住一点：傅里叶图像的编辑是一个交互的过程，没有一个现成的、最好的处理规则，只能根据用户所处理的数据特征，通过不同的编辑工具应用的不断试验，寻找到最合适的编辑方法和途径。当然，用户可以用鼠标在傅里叶图像上单击或拖拉，查询其坐标位置（u,v），坐标值将在编辑器视窗下部的状态条中显示。通过查询坐标，可以辅助用户决定傅里叶图像处理过程中的参数设置。在 ERDAS 2015 中启动傅里叶变换编辑器的操作步骤如下。

选择 Raster→Scientific→Fourier Analysis/Fourier Transform Editor，打开 Fourier Editor 视窗，如图 4-34 所示。

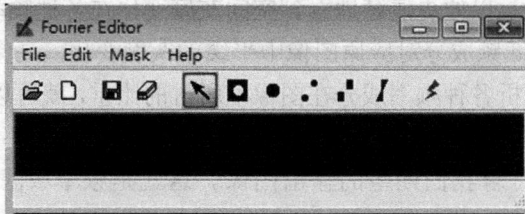

图 4-34　Fourier Editor 视窗

下面介绍傅里叶变换编辑器功能。傅里叶变换编辑器视窗由菜单栏、工具栏、图像窗口和状态栏组成，工具栏中的命令和功能如表 4-1 所示。

表 4-1　傅里叶变换编辑器功能介绍

图标	命令	功能
	Open FFT Layer	打开傅里叶图像
	Create	打开新的傅里叶编辑器
	Save FFT Layer	保存傅里叶图像
	Clear	清楚傅里叶图像
	Select	选择傅里叶工具、查询图像坐标
	Low-Pass Filter	低通滤波
	High-Pass Filter	高通滤波
	Circular Mask	圆形掩膜
	Rectangular Mask	矩形掩膜
	Wedge Mask	楔形掩膜
	Inverse Transform	傅里叶逆变换

4.3.2 傅里叶逆变换

傅里叶逆变换（Inverse Fourier Transform）的作用是将频率域上的傅里叶图像转换到空间域上，以便对比傅里叶图像处理的效果。二维离散数字图像的傅里叶变换公式为：

$$f(x,y) = \frac{1}{MN} \sum_{u=0}^{M-1} \sum_{v=0}^{N-1} F(u,v) e^{i2\pi\left(\frac{ux}{M}+\frac{vy}{N}\right)} \tag{4-3}$$

式中的参数意义同上。

本节所用数据为 tm_1_wedgelowpass.fft，在 ERDAS 2015 中执行傅里叶逆变换的操作步骤如下。

（1）选择 Raster→Scientific→Fourier Analysis/Inverse Fourier Transform，打开 Inverse Fourier Transform 对话框，设置参数如图 4-35 所示。

（2）选择输入傅里叶图像（Input File）：tm_1_wedgelowpass.fft。

（3）确定输出彩色图像（Output File）：tm_1_wedgelowpass_fft.img。

（4）输出数据类型（Output）为 Unsigned 8 bit。

（5）输出数据统计时忽略零值，选中 Ignore Zero in Stats 复选框。

（6）单击 OK 按钮（关闭 Inverse Fourier Transform 对话框，执行傅里叶逆变换）。

图 4-35 Inverse Fourier Transform 对话框

（7）在同一视窗同时打开处理前图像 tm_1.img 和处理后图像 tm_1_wedgelowpass_fft.img，对比处理前后图像的不同，如图 4-36 所示。

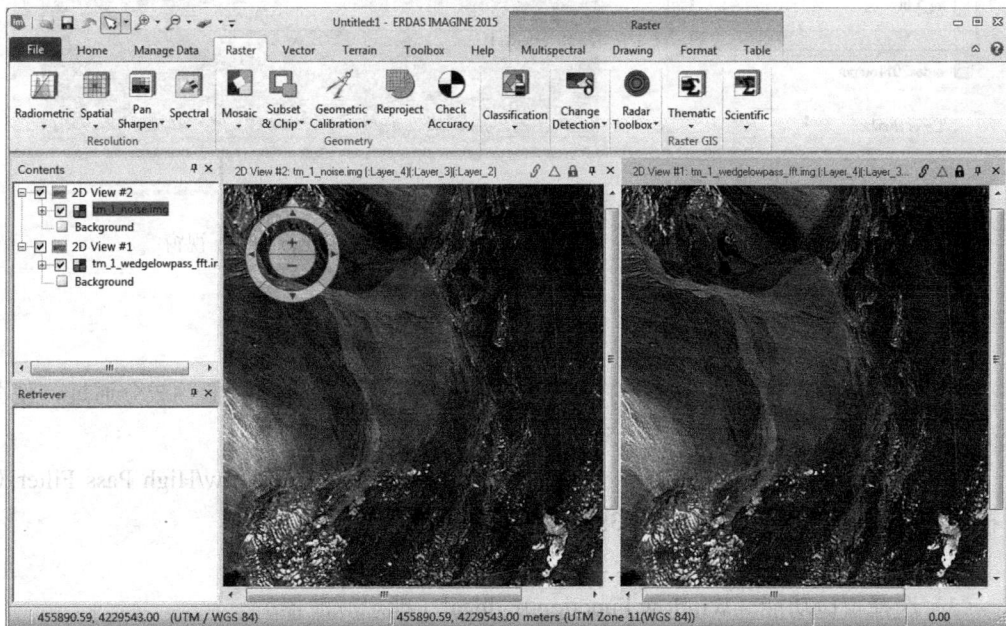

图 4-36 傅里叶逆变换前后对比

4.3.3 低通滤波与高通滤波

傅里叶图像编辑（Editing Fourier Image）是借助傅里叶变换编辑器所集成的众多功能完成的。首先必须打开傅里叶图像，然后分别介绍低通滤波、高通滤波、矩形掩膜、楔形掩膜等常用的傅里叶图像编辑方法。如果没有特别说明，没进行一种处理操作，都需要重新打开傅里叶变换图像。本节所用数据为 tm_1.fft，打开傅里叶变换图像的操作步骤如下。

（1）在 Fourier Editor（傅里叶变换编辑）视窗工具栏中单击 Open 图标，打开 Open FFT Layer 对话框。

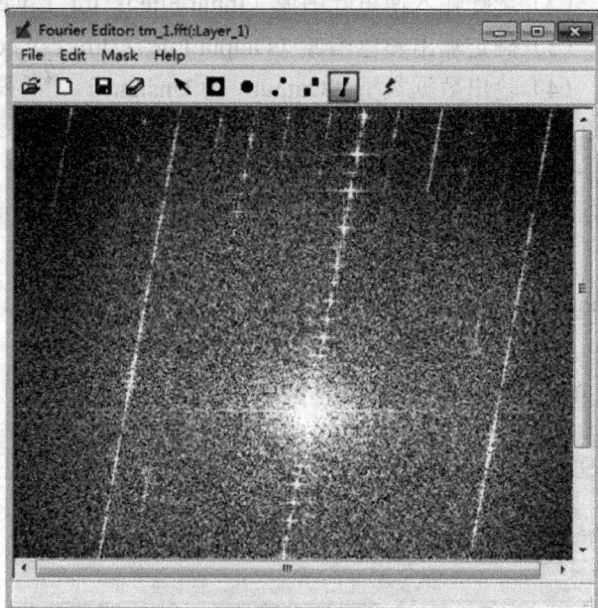

（2）在 Open FFT Layer 对话框中选定傅里叶变换文件 tm_1.fft，如图 4-37 所示。

（3）单击 OK 按钮，打开 Fourier Editor 视窗，如图 4-38 所示。

图 4-37　Open FFT Layer 对话框　　　　　图 4-38　Fourier Editor 视窗

1. 低通滤波

低通滤波（Low-Pass Filter）的作用是抑制图像的高频成分，让低频成分通过，使图像更加平滑、柔和。在 ERDAS 2015 中的具体操作如下。

（1）在 Fourier Editor 视窗菜单栏中单击 Mask→Filters，打开 Low/High Pass Filter 对话框，需要设置下列参数，如图 4-39 所示。

（2）选择滤波类型（Filter Type）：Low Pass（低通滤波）。

（3）选择窗口功能（Window Function）：Ideal（理想滤波器）。

（4）圆形滤波半径（Radius）：80（圆形区域以外的高频成分将被滤掉）。

（5）定义低频增益（Low Frequency Grain）：1.0。

（6）单击 OK 按钮（关闭 Low/High Pass Filter 对话框，执行低通滤波处理）。

（7）Fourier Editor 视窗显示低通滤波处理后的图像，如图 4-40 所示。为了后续进行傅里叶逆变换需保存低通滤波处理后的图像，确定输出路径，保存的文件名为 tm_1_lowpass.fft，如图 4-41 所示。

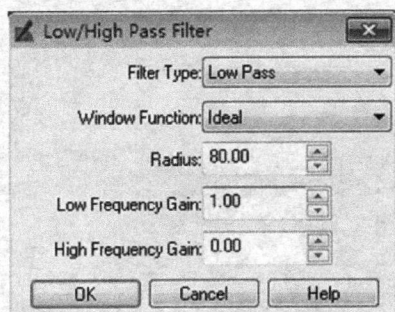

图 4-39　Low/High Pass Filter 对话框　　　　图 4-40　低通滤波处理后的图像

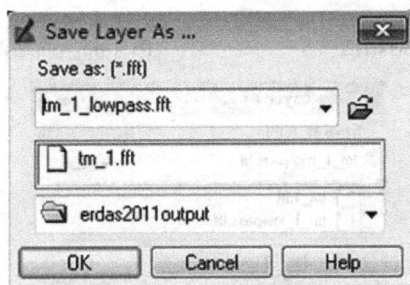

图 4-41　保存低通滤波处理后的图像

2．高通滤波

与低通滤波的作用相反，高通滤波（High-Pass Filtering）是抑制图像的低频成分，而让高频成分通过，可以使图像锐化和边缘增强。继续对 tm_1.fft 进行操作，操作过程如下。

（1）在 Fourier Editor 视窗菜单栏中单击 Mask→Filters，打开 Low/High Pass Filter 对话框，需要设置下列参数，如图 4-42 所示。

（2）选择滤波类型（Filter Type）：High Pass（高通滤波）。

（3）选择窗口功能（Window Function）：Hanning（余弦滤波器）。

（4）圆形滤波半径（Radius）：200（圆形区域以内的低频成分将被滤掉）。

（5）定义高频增益（High Frequency Grain）：1.0。

（6）单击 OK 按钮（关闭 Low/High Pass Filter 对话框，执行高通滤波处理）。

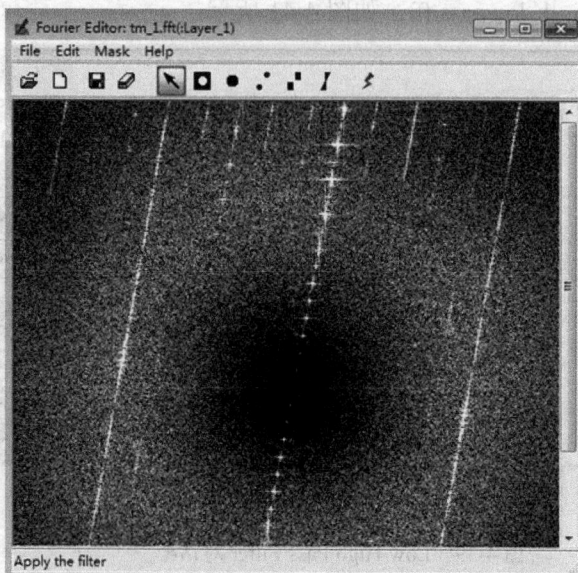

（7）Fourier Editor 视窗显示高通滤波处理后的图像，如图 4-43 所示。为了后续进行傅里叶逆变换需保存高通滤波处理后的图像，确定输出路径，保存的文件名为 tm_1_highpass.fft，如图 4-44 所示。

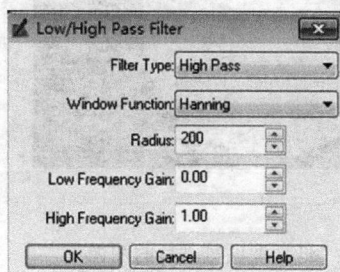

图 4-42　Low/High Pass Filter 对话框　　　　图 4-43　高通滤波处理后的图像

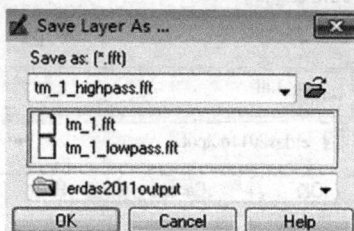

图 4-44　保存路径

4.3.4　掩膜处理

掩膜处理包括圆形掩膜、矩形掩膜和楔形掩膜等。和低通滤波和高通滤波一样，在做掩膜前应先打开 Fourier Editor 视窗，所用数据为 tm_1.fft，打开傅里叶变换图像的操作步骤如下。

（1）在 Fourier Editor 视窗工具栏中单击 Open 图标，打开 Open FFT Layer 对话框。

（2）在 Open FFT Layer 对话框中确定傅里叶变换文件 tm_1.fft，如图 4-37 所示。

（3）单击 OK 按钮，打开 Fourier Editor 视窗，如图 4-38 所示。

1．圆形掩膜

在 Fourier Editor 视窗中可以看到，傅里叶图像（tm_1.fft）中有几个分散分布的亮点，应用圆形掩膜处理（Circular Mask）将其去除。首先应用鼠标查询亮点分布坐标：在 Fourier Editor 视窗中用鼠标单击亮点中心，其坐标就会显示在状态栏上（-11,63），然后启动圆形掩膜功能，设置相应的参数进行处理。操作步骤如下：

（1）在 Fourier Editor 视窗菜单条中单击 Mask→Circular Mask，打开 Circular Mask 对话框，需要设置下列参数，如图 4-45 所示。

（2）选择窗口功能（Window Function）：Hanning（余弦滤波器）。

（3）圆形滤波半径（Circle Radius）：20.00。

（4）单击 OK 按钮（关闭 Circular Mask 对话框，执行圆形掩膜处理）。

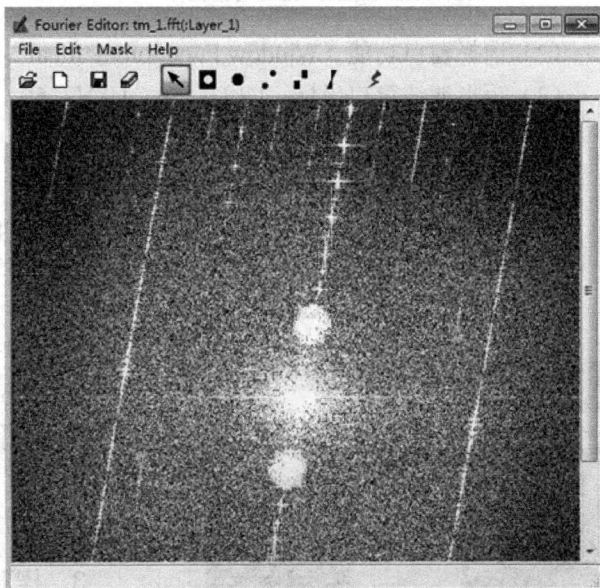

（5）Fourier Editor 视窗显示圆形掩膜处理后的图像，如图 4-46 所示。为了后续进行傅里叶逆变换需保存圆形掩膜处理后的图像，确定输出路径，如图 4-47 所示，保存的文件名为 tm_1_circular.fft。

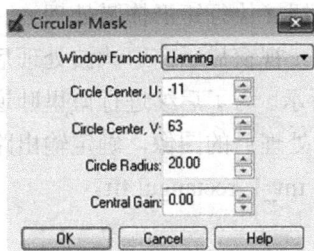

图 4-45　Circular Mask 对话框　　　　　　图 4-46　圆形掩膜处理后的图像

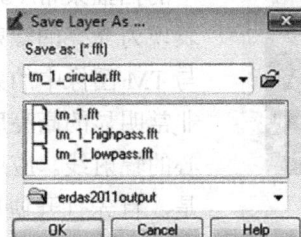

图 4-47　保存路径

2．矩形掩膜

矩形掩膜功能（Rectangular Mask）可以产生矩形区域的傅里叶图像，通过编辑类似于圆形的掩膜，应用于非中心区的傅里叶图像处理，具体过程是首先打开傅里叶图像（tm_1.fft），然后启动矩形掩膜功能，设置相应的参数进行处理。操作步骤如下：

（1）在 Fourier Editor 视窗菜单栏中单击 Mask→Rectangular Mask，打开 Rectangular Mask 对话框，设置下列参数，如图 4-48、图 4-49 所示。

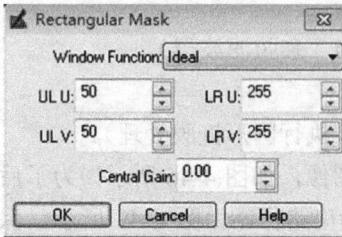

图 4-48　Rectangular Mask 对话框

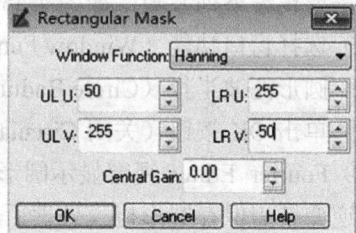

图 4-49　设置参数

（2）选择窗口功能（Window Function）：Ideal（理想滤波器）。

（3）矩形滤波窗口坐标：ULU：50、ULV：50、LRU：255、LRV：255。

（4）定义中心增益（Central Grain）：0.00。

（5）单击 OK 按钮（执行矩形掩膜处理）。

（6）选择窗口功能（Window Function）：Hanning（余弦滤波器）。

（7）矩形滤波窗口坐标：ULU：50、ULV：-255、LRU：255、LRV：-50。

（8）定义中心增益（Central Grain）：0.00。

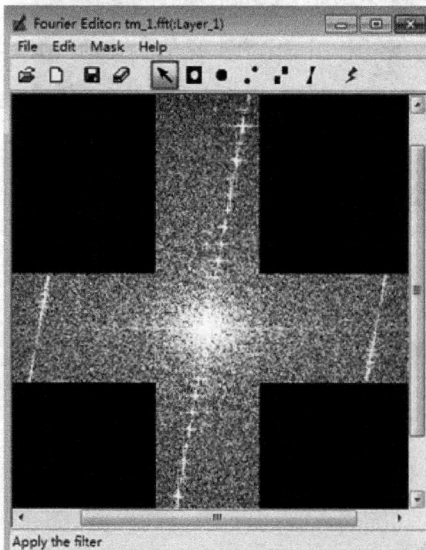

图 4-50　矩形掩膜处理后的图像

（9）单击 OK 按钮（执行矩形掩膜处理）。

（10）Fourier Editor 视窗显示高通滤波处理后的图像，如图 4-50 所示。为了后续进行傅里叶逆变换需保存矩形掩膜处理后的图像，确定输出路径，保存的文件名为 tm_1_rectangul.fft。

3．楔形掩膜

楔形掩膜（Wedge Mask）经常用于去除图像中的扫描条带（Strip）。扫描条带在傅里叶图像中表现为光亮的辐射线（Radial Line）。Landsat MSS 与 TM 图像中的条带在傅里叶图像中多数表现为非常明显的高亮度的、近似垂直的、穿过图像中心的辐射线。应用楔形掩膜去除条带的具体过程是，首先打开傅里叶图像（tm_1.fft），然后按照下列步骤处理。

1）确定辐射线的走向

应用鼠标查寻沿着辐射线分布的任意亮点坐标：在 Fourier Editor 视窗中单击辐射线上亮点的中心，其坐标就会显示在状态栏上（36，−185），该点坐标用于计算辐射线的角度（−atan(−185/36)=78.99）。

2）定义楔形掩膜参数

在 Fourier Editor 视窗菜单栏中单击 Mask→Wedge Mask，打开 Wedge Mask 对话框，设置下列参数，如图 4-51 所示。

（1）选择窗口功能（Window Function）：Hanning（余弦滤波器）。

（2）辐射线与中心的夹角（Center Angle）：78.99。

（3）定义楔形夹角（Wedge Angle）：10.00。

（4）定义中心增益（Central Grain）：0.0。

（5）单击 OK 按钮（关闭 Wedge Mask 对话框，执行楔形掩膜处理）。

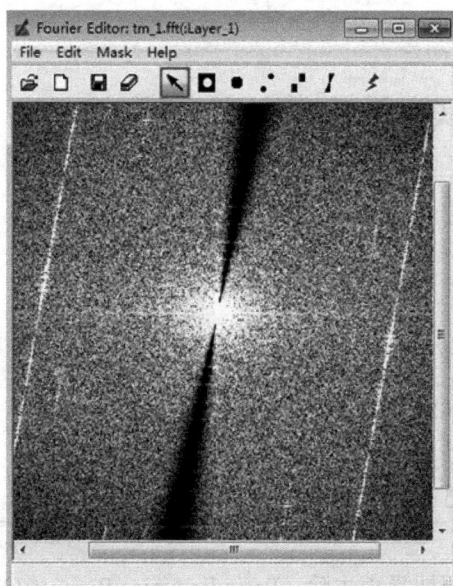

（6）Fourier Editor 视窗显示楔形掩膜处理后的图像，如图 4-52 所示。为了后续进行傅里叶逆变换需保存楔形掩膜处理后的图像，确定输出路径，保存的文件名为 tm_1_wedge.fft。

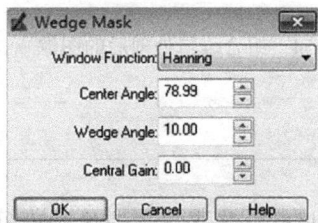

图 4-51 Wedge Mask 对话框　　　　　　　图 4-52 楔形掩膜处理后的图像

4.3.5 组合编辑

以上介绍的都是单个傅里叶图像编辑命令。事实上，用户可以任意组合（Combine）系统所提供的所有傅里叶图像进行编辑。由于傅里叶变换与傅里叶逆变换都是线性操作，所以每一次编辑变换都是相对独立的。下面将在上述楔形编辑图像的基础上进一步做低通滤波处理，保持 Fourier Editor 视窗中的楔形处理图像，然后做如下操作。

（1）在 Fourier Editor 视窗菜单栏中单击 Mask→Filters，打开 Low/High Pass Filter 对话框，设置下列参数，如图 4-53 所示。

（2）选择滤波类型（Filter Type）：Low Pass（低通滤波）。

（3）选择窗口功能（Window Function）：Hanning（余弦滤波器）。

（4）圆形滤波半径（Radius）：200（圆形区域以外的高频成分将被滤掉）。

（5）定义低频增益（Low Frequency Grain）：1.0。

（6）单击 OK 按钮（关闭 Low/High Pass Filter 对话框，执行低通滤波处理）。

（7）Fourier Editor 视窗显示组合编辑处理后的图像，如图 4-54 所示。为了后续进行傅里叶逆变换需保存组合编辑处理后的图像，确定输出路径，保存的文件名为 tm_1_wedgelowpass.fft。

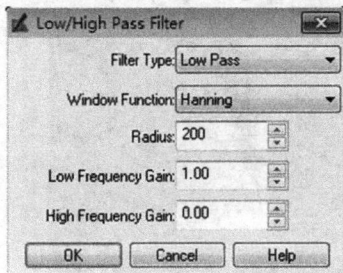

图 4-53　Low/High Pass Filter 对话框

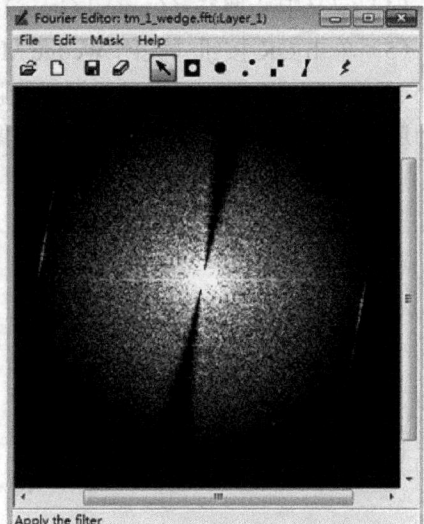

图 4-54　组合编辑处理后的图像

4.3.6　周期噪声去除

周期噪声去除（Periodic Noise Removal）也是利用傅里叶变换来自动消除遥感图像中的周期性噪声。例如多种传感器产生的扫描条带等噪声都可以利用该方法消除或者减弱。

其消除噪声的原理如下：ERDAS 首先把输入图像分割成相互重叠的 128×128 的像元块。之后，便对每个像元块分别进行快速傅里叶变换，同时计算傅里叶图像的对数亮度均值。然后依据平均光谱能量对整个图像进行傅里叶变换，最后再进行傅里叶逆变换。经过以上处理之后，输入图像中的周期性噪声就会减弱。

本例中以 tm_1.img 为例，进行周期噪声去除。其操作过程如下：

（1）选择 Raster→Radiometric→Periodic Noise Removal，打开 Periodic Noise Removal 对话框，设置参数如图 4-55 所示。

（2）确定输入文件（Input File）为 tm_1.img。

（3）定义输出文件（Output File）为 tm_1_noise.img。

（4）选择处理波段（Select Layers）：1：7。

（5）确定最小图像频率（Minimum Affected Frequency）：10。

（6）单击 OK 按钮（关闭 Periodic Noise Removal 对话框，执行周期噪声去除）。处理结果如图 4-56 所示。

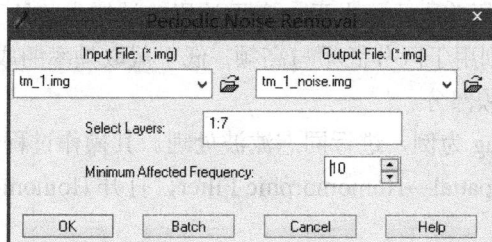

图 4-55　Periodic Noise Removal 对话框

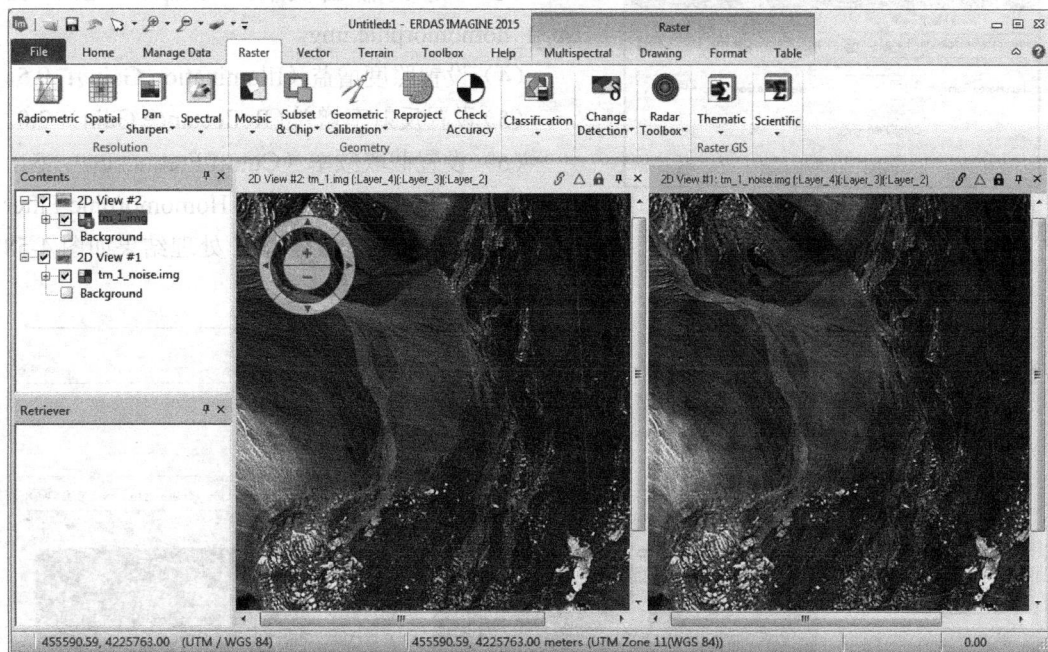

图 4-56　原图像（左）与周期噪声去除结果（右）

4.3.7　同态滤波

同态滤波（Homomorphic Filter）是把频率过滤和灰度变换结合起来的一种图像处理方法。它依靠图像的照度/反射率模型作为频域处理的基础，利用压缩亮度范围和增强对比度来改善图像的质量。使用这种方法可以使图像处理符合人眼对于亮度响应的非线性特性，避免了直接对图像进行傅立叶变换处理的失真。

其基本原理是将像元灰度值看成照度和反射率两个组分的产物。由于照度相对变化很小，可以看成图像的低频成分，而反射率则是高频成分。通过分别处理照度和反射率对像元灰度值的影响，达到揭示阴影区细节特征的目的。

利用同态滤波功能的关键是照度增益（Illumination Gain）、反射率增益（Reflectance Gain）、截取频率（Cutoff Frequency）三个参数的设置。照度增益与反射率增益决定输出图像中的照度/反射率的影响大小，大于 1 表示该影响被增大，处于 0～1 之间则表示该影响被削弱。而截取频率则用于区分低频与高频，低于截取频率的成分作为低频部分，高于截取频率的成分作为高频部分。

本例中仍以 tm_1.img 为例，进行同态滤波处理。其操作过程如下：

（1）选择 Raster→Spatial→Homomorphic Filter，打开 Homomorphic Filter 对话框，设置参数如图 4-57 所示。

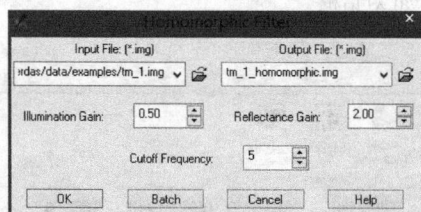

（2）确定输入文件（Input File）为 tm_1.img。

（3）定义输出文件（Output File）为 tm_1_homomorphic.img。

（4）设置照度增益（Illumination Gain）：0.5。

（5）设置反射率增益（Reflectance Gain）：2.0。

（6）设置截取频率（Cutoff Frequency）：5。

（7）单击 OK 按钮（关闭 Homomorphic Filter 对话框，执行同态滤波处理）。处理结果如图 4-58 所示。

图 4-57 Homomorphic Filter 对话框

图 4-58 原图像（左）与同态滤波处理结果（右）

4.4　彩色增强处理

人眼识别和区分灰度差异的能力是很有限的，一般只能区分二三十级；但识别和区分色彩的能力却大得多，可达数百种甚至上千种。显然，根据人的视觉特点将彩色应用于图像增强中能在很大程度上提高遥感图像目标的识别精度。所以，彩色增强成为遥感图像应用处理的一大关键技术，应用十分广泛。

在满足色块大小阈值的条件下，人眼对于图像的彩色变化比亮度更敏感，因此将图像变换成彩色也是一种图像增强的方式。假彩色、真彩色、伪彩色都是彩色图像增强的方式。比如真彩色图像比较契合我们的视觉感受，识别地物时因熟悉而变得容易。但假彩色图像能暂时展示一些真彩色不能显示的信息，在遥感图像中如何选择波段构成假彩色图像，对于图像的目视解译很有意义。

4.4.1　彩色合成

彩色合成增强法是将多波段黑白图像变换为彩色图像的增强处理技术，根据合成图像的彩色与实际景物自然彩色的关系，彩色合成分为真彩色合成和假彩色合成两种。真彩色合成是指合成后的彩色图像上的地物色彩与实际地物色彩接近或一致，假彩色合成是指合成后的彩色图像上的地物色彩与实际地物色彩不一致。通过彩色合成增强，可以从图像背景中突出目标地物，便于遥感图像判读。随着多光谱遥感和多元数据融合技术的发展，彩色合成作为一项图像彩色增强技术已被高度重视。

真彩色合成就是在通过红、绿、蓝三原色的滤光片而拍摄的同一地物的三张图像上，若使用同样的三原色进行合成，可以得到接近天然的颜色。

在多波段拍摄中，一幅图像大多不是在三原色的波长范围内获得的，如采用人眼看不见的红外波段等。根据加色法彩色合成原理，选择遥感图像的某三个波段，分别赋予红、绿、蓝三种原色，由这些图像所进行的彩色合成称为假彩色合成。

计算机的彩色合成原理与光学彩色合成原理相同，在计算机系统中，彩色合成的操作更简单，只要改变调色板，即改变各原色的合成比例和波段，就很容易改变图像的色彩。进行遥感图像合成时，方案的选择十分重要，它决定了彩色图像能否显示较丰富的信息或突出某一方面的信息。以陆地卫星 Landsat 的 TM 图像为例，当第 4、3、2 波段被分别赋予红、绿、蓝颜色进行彩色合成时，这一合成方案就是标准假彩色合成，是一种最常用的合成方案。实际应用时，常常根据不同的应用目的在实验中进行分析、调试，寻找最佳合成方案，以达到最好的目视效果。假彩色增强的目的是使感兴趣的目标呈现奇异的彩色或置于奇特的彩色环境中，从而更显目；或者使景物呈现出与人眼视觉相匹配的颜色，以提高对目标的分辨力。

4.4.2 彩色变换

通过对图像色彩空间的变换，突出图像的有用信息，扩大不同图像特征之间的差别，提高对图像的解译和分析能力。

彩色变换（RGB to HIS）是将遥感图像从由红（R）、绿（G）、蓝（B）3 种颜色组成的彩色空间转换到以亮度（I）、色度（H）、饱和度（S）作为定位参数的彩色空间，以便使图像的颜色与人眼看到的更为接近。其中，亮度表示整个图像的明亮程度，取值范围是 0~1；色度代表像元的颜色，表示红、黄、绿、青、蓝、品红 6 种基本颜色的特性，取值范围是 0~360；饱和度代表颜色的纯度，取值范围是 0~1。不同的彩色空间具有相应的显示和定量计算上的优势，因此不同的场合使用的颜色空间也不尽相同，如采用红、绿、蓝的 RGB 颜色系统方法简便，便于显示和彩色扫描；采用亮度、色调、饱和度的 IHS 颜色系统基于视觉原理，IHS 空间中的三个分量 I、H、S 具有相对独立性，可以分别对它们进行控制，且能够准确、定量地描述颜色特征。彩色变换对应于每个像元，R-G-B 色彩空间中的任何一个像元都能够转换成相应的 IHS 空间中的一个点，与像元的空间排列和结构无关。

彩色空间变换利用 IHS（明度、色调和饱和度）色空间的特点，在信息融合方面取得了较好的效果，在遥感图像的处理中，它多用于多源图像的复合，将不同传感器获得的同一景物的图像或者是同一传感器获得的不同分辨率的图像经过变换处理后，获得一幅合成图像。一般是将不同分辨率的图像进行融合，得到的合成图像既具有低分辨率图像的丰富光谱特征，又具有高分辨率图像的高空间分辨率的特征，从而克服或弥补了单一传感器图像在光谱、空间分辨率等方面存在的局限性，为进一步的分析研究提供了更多、更丰富的信息。本节所用数据为 dmtm.img，在 ERDAS 2015 中执行彩色变换的操作步骤如下。

（1）选择 Raster→Spectral→RGB to IHS，打开对话框 RGB to IHS，设置参数如图 4-59 所示。

（2）确定输入文件（Input File）为 dmtm.img。

（3）定义输出文件（Output File）为 rgb-ihs.img。

（4）文件坐标类型（Coordinate Type）为 Map。

（5）处理范围确定（Subset Definition），在 ULX / Y、LRX / Y 微调框中输入需要的数值（默认状态为整个图像范围，可以应用 Inquire Box 定义子区）。

（6）确定参与色彩变换的 3 个波段，Red: 4 / Green: 3 / Blue: 2。

（7）输出数据统计时忽略零值，选中 Ignore Zero in Stats 复选框。

（8）单击 OK 按钮（关闭 RGB to IHS 对话框，执行 RGB to IHS 变换）。处理结果如图 4-60 所示。

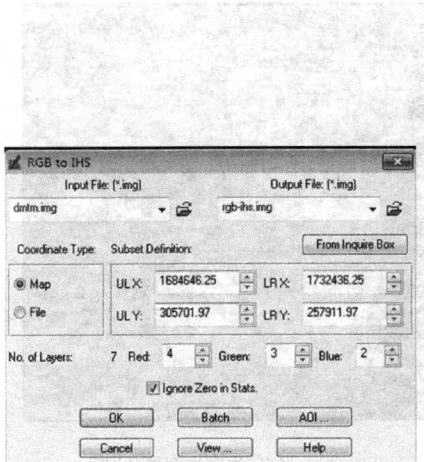

图 4-59 RGB to IHS 对话框

图 4-60 彩色变幻处理结果

4.4.3 彩色逆变换

彩色空间变换有正变换和逆变换，一般把由 RGB 彩色空间到 HIS 彩色空间的变换称为正变换，反之，为逆变换。彩色逆变换（IHS to RGB）将遥感图像从以亮度（I）、色度（H）、饱和度（S）作为定位参数的彩色空间转换到由红（R）、绿（G）、蓝（B）3 种颜色组成的彩色空间。需要说明的是在完成色彩逆变换的过程中，经常需要对亮度（I）与饱和度（S）进行最小/最大拉伸，使其数值充满 0~1 的取值范围。本节所用数据为 rgb-ihs.img，在 ERDAS 2015 中执行彩色逆变换的操作步骤如下。

（1）选择 Raster→Spectral→IHS to RGB，打开对话框 IHS to RGB，设置参数如图 4-61 所示。

（2）确定输入文件（Input File）为 rgb-ihs.img。

（3）定义输出文件（Output File）为 ihs-rgb.img。

（4）文件坐标类型（Coordinate Type）为 Map。

（5）处理范围确定（Subset Definition），在 ULX / Y、LRX / Y 微调框中输入需要的数值（默认状态为整个图像范围，可以应用 Inquire Box 定义子区）。

（6）对亮度（I）与饱和度（S）进行拉伸，选择 Stretch I&S 单选按钮。

（7）确定参与色彩变换的 3 个波段，Intensity: 1 / Hue: 2 / Sat: 3。

（8）输出数据统计时忽略零值，选中 Ignore Zero in Stats 复选框。

（9）单击 OK 按钮（关闭 IHS to RGB 对话框，执行 IHS to RGB 变换）。处理结果如图 4-62 所示。

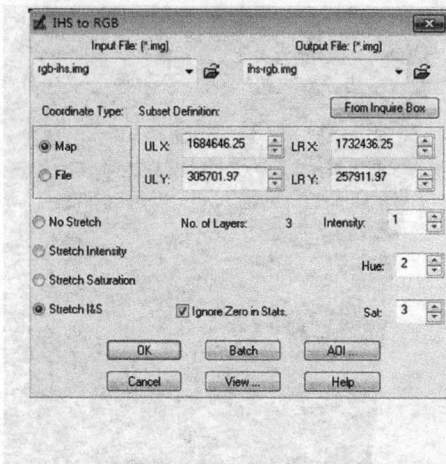

图 4-61　IHS to RGB 对话框　　　　　图 4-62　彩色逆变幻处理结果

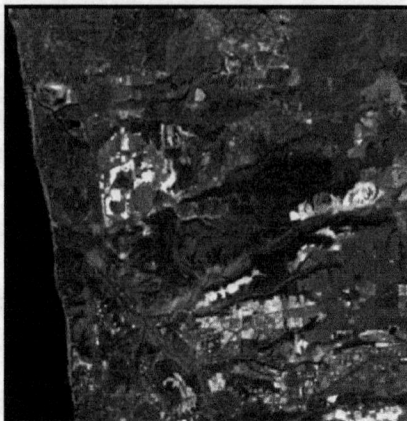

4.4.4　自然彩色变换

　　自然彩色变换（Natural Color）模拟是在充分发挥遥感图像信息的基础上，利用遥感图像的处理技术，模拟自然色彩对多波段数据进行变换，选择 R、G、B 的最佳波段组合，按照最大似然法，使合成的彩色图像与地物的色彩更逼近，由此合成的彩色图像称为近自然彩色模拟图像。变换过程中的关键是三个输入波段光谱范围的确定，这三个波段依次是近红外（Near Infrared）、红（Red）、绿（Green）。如果这 3 个波段定义不够恰当，则转换以后输出图像也不可能是真正的自然色彩。本节所用数据为 Sportxs.img，在 ERDAS 2015 中执行自然彩色变换的操作步骤如下。

　　（1）选择 Raster→Spectral→Natural Color，打开 Natural Color 对话框，设置参数如图 4-63 所示。

　　（2）确定输入文件（Input File）为 spotxs.img。

　　（3）定义输出文件（Output File）为 naturalcolor.img。

　　（4）确定输入的光谱范围（Input band spectral range）：Near infrared：3/Red：2/Green：1。

　　（5）输出数据类型（Output Data Type）为 Unsigned 8 bit。

　　（6）拉伸输出数据，选中 Stretch Output Range。

　　（7）输出数据统计时忽略零值，选中 Ignore Zero in Stats 复选框。

　　（8）文件坐标类型（Coordinate Type）为 Map。

　　（9）处理范围确定（Subset Definition），在 ULX / Y、LRX / Y 微调框中输入需要的数值（默认状态为整个图像范围，可以应用 Inquire Box 定义子区）。

　　（10）单击 OK 按钮（关闭 Natural Color 对话框，执行 Natural Color 变换）。处理结果如图 4-64 所示。

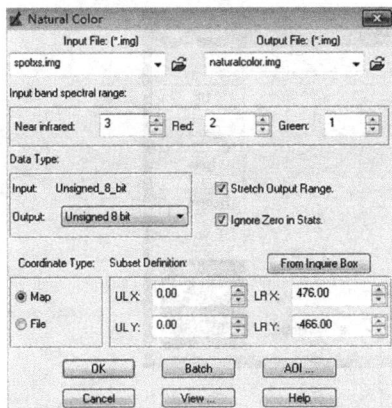

图 4-63　Natural Color 对话框

图 4-64　自然彩色变换处理结果

4.4.5　密度分割

将一幅图像的整个灰度值分割成一系列的区间，对每一间隔赋予一种颜色，输入图像中所有落在给定区间内的灰度值将在输出图像中显示一个相同的灰度值。也就是说，密度分割法是对单波段灰度遥感图像按灰度分层，对每层赋予不同的色彩，以此控制成像系统的彩色显示，就可以得到一幅假彩色密度分割图像。密度分割中的彩色是人为赋予的，与地物的真实色彩毫无关系，因此也称为伪彩色。灰度图像经过密度分割后，图像的可分辨力得到明显提高，如果分层方案与地物的光谱特性差异对应较好，可以较准确地区分出地物类别。

密度分割的处理过程包括：输入单波段图像；显示该单波段图像的灰度直方图或灰度属性表；根据其灰度分布确定分割的等级数，并计算分割的间距；像元灰度值的转换，为像元新值赋色，形成一幅伪彩色图像。本节所用数据可以任选一幅遥感图像，用其中一个波段，在 ERDAS 2015 中执行密度分割形成伪彩色图像的操作步骤如下。

（1）选择 File→Open Raster Layer 选项，打开 Select Layer To Add 对话框，选择 panAtlanta.img 图像，如图 4-65 所示，单击 Raster Options 选项卡，将 Display as 选项设置为 Pseudo Color，如图 4-66 所示，单击 OK 按钮打开图像，如图 4-67 所示。

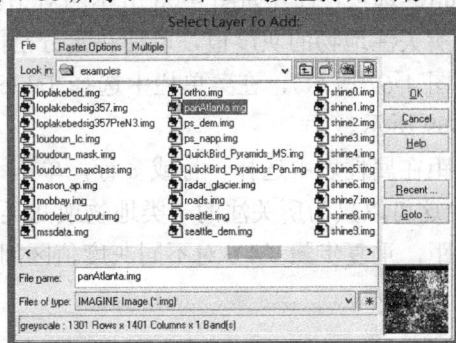

图 4-65　Select Layer To Add 对话框

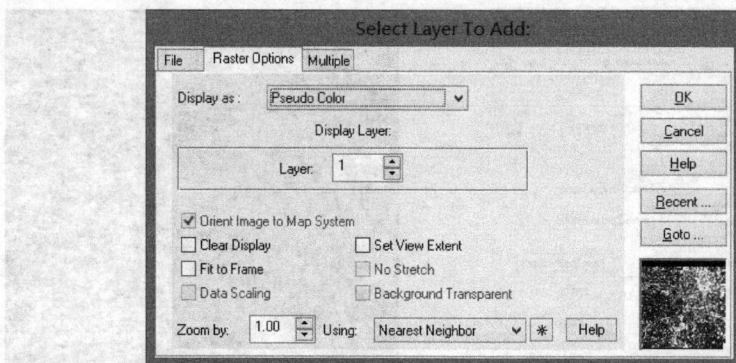

图 4-66　Raster Options 选项卡

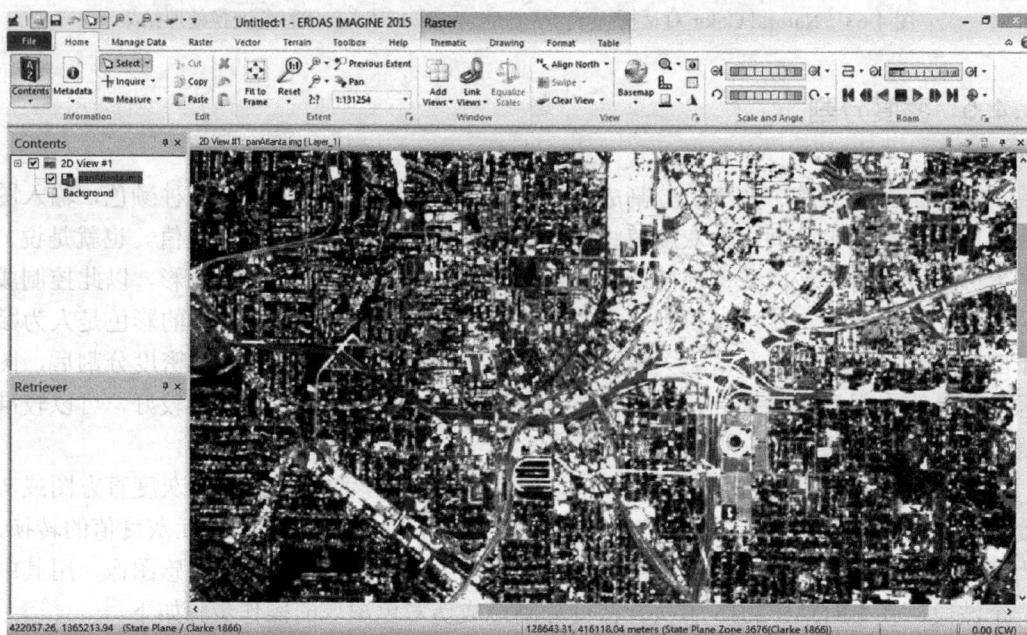

图 4-67　打开单波段遥感图像

（2）选择 Home→Inquire 选项，打开如图 4-68 所示的对话框，移动十字架查看像元的属性。该操作可以查看所关注地物的灰度值，以便决定分割间距。

（3）在初始界面（如图 4-67 所示），在菜单栏中选择 Table→ShowAttributes 选项，打开图像属性表，如图 4-69 所示。

（4）根据密度分割间距在属性表中选择一行或多行，单击 Color 选项改变其颜色，改变结果如图 4-70 所示。这可以只为所关注的一类地物或几类赋色。

（5）根据密度分割间距，重复步骤（4）对不同灰度值区间的像元设置不同的颜色，合成的伪彩色图像如图 4-71 所示。

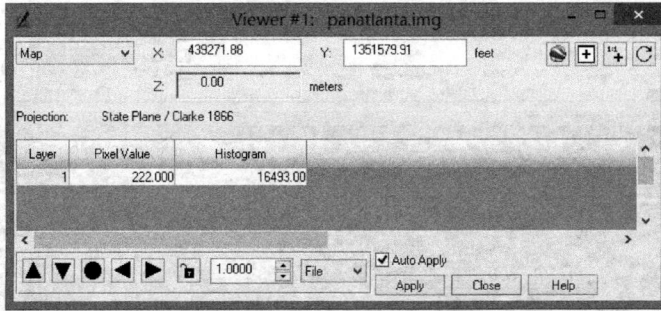

图 4-68　查看单个像元的灰度属性

图 4-69　图像属性表

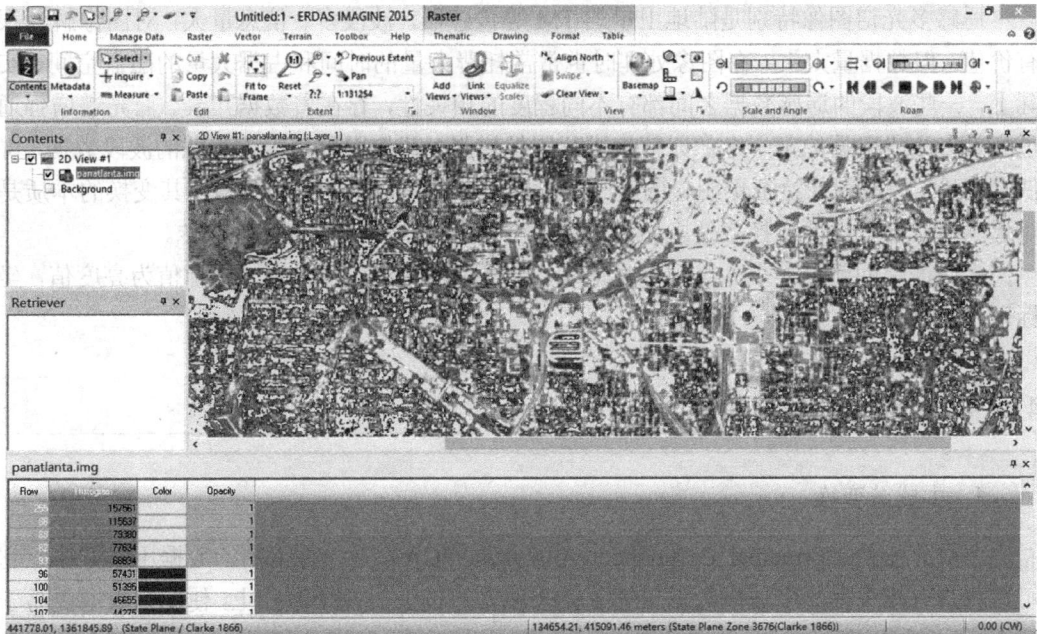

图 4-70　单一灰度区间赋色后图像

图 4-71　密度分割后合成的伪彩色图像

4.5　光谱增强处理

遥感多光谱图像特别是陆地卫星的 TM 等传感器，波段多、信息量大，对图像解译很有价值。但数据量太大，在图像处理时也常常耗费大量的时间和占据大量的磁盘空间。实际上，一些波段的遥感数据之间都有不同程度的相关性，存在着数据冗余。而光谱增强通过变换多波段数据的每一个像元值来进行图像增强，其作用包括压缩相似的波段数据，降低数据量，提取图像特征更明显的新的波段数据，进行数学变换和计算。其变换的本质是对遥感图像实行线性变换，使多光谱空间的坐标系按一定的规律进行旋转。

多光谱空间就是一个 n 维坐标系，每一个坐标轴代表一个波段，坐标值为亮度值，坐标系内的每一个点代表一个像元。

4.5.1　主成分变换与逆变换

1. 主成分变换

主成分变换（Principal Component Analysis，PCA）是一种常用的数据压缩方法，它可以将具有相关性的多波段数据压缩到完全独立的较少的几个波段上，使图像数据更易于解译。主成分变换是建立在统计特征基础上的多维正交线性变换，是一种离散的 Karhunen-Loeve 变换，又叫 K-L 变换。ERDAS IMAGINE 提供的主成份变换功能，最多可以对 256 个波段的图像进行变换。

K-L 变换定义是，设有随机变量 X（如多光谱图像），K-L 变换是形如 $Y=AX$ 的一种变换，其中 Y 是将 X 的各分量进行线性组合而生成的新的特征向量，且变换矩阵 A 是 X 的协方差矩阵的特征向量矩阵的转置矩阵。新的随机向量 Y 具有以下重要性质：

（1）Y 的各分量（$y_1, y_2, \cdots, y_n$）是互不相关的。

（2）Y 中的各分量按顺序所承载的原随机向量 X 中的信息量，是由大到小排列的，即 y_1 信息量最大，y_n 信息量最小。

（3）Y 的均值向量为零向量 $E(Y)=0$。

由此可见，K-L 变换实现了在多光谱空间中的坐标系变换，新的坐标系的各坐标轴依次指向特征空间中变量方差最大、次大，直至最小的各个方向。从几何意义上来看，变换后的主分量空间坐标系与变换前的多光谱空间坐标系相比旋转了一个角度，而且新坐标系的坐标轴一定指向数据信息量较大的方向。以二维空间为例，假定某图像像元的分布呈椭圆状，那么经过旋转后，新坐标系的坐标轴一定指向椭圆的长半轴和短半轴方向，分别称为第一主成分和第二主成分。第一主成分集中了大量的信息量，常常占 80% 以上，第二、第三主成分的信息量很快递减，所以信息减少时变突出了噪声，最后的分量几乎全是噪声，所以 K-L 变换又可分离出噪声。

K-L 变换后的前几个主成分已经包含了绝大多数地物信息，数据量大大减少，达到了数据压缩的目的，同时前几个主成分信噪比大，噪声相对较小，因此突出了主要信息达到了增强图像的目的。本节所用数据为 lanier.img，在 ERDAS 2015 中执行主成分变换的操作步骤如下。

（1）选择 Raster→Spectral→Principal Components，打开 Principal Components 对话框，设置参数如图 4-72 所示。

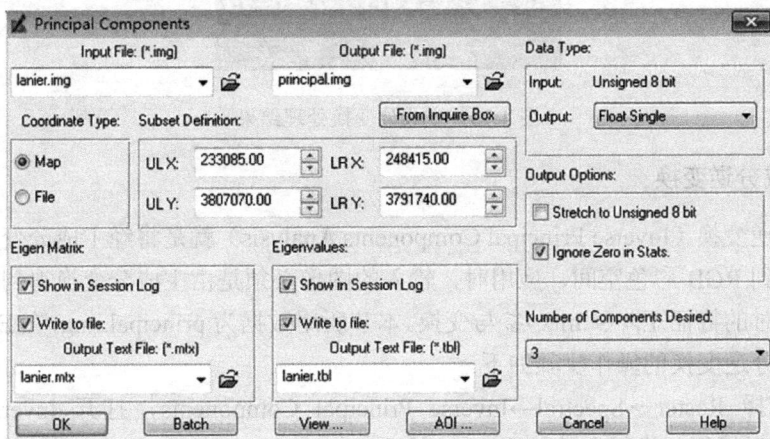

图 4-72　Principal Components 对话框

（2）确定输入文件（Input File）为 lanier.img。

（3）定义输出文件（Output File）为 principal.img。

（4）文件坐标类型（Coordinate Type）为 Map。

（5）处理范围确定（Subset Definition），在 ULX / Y、LRX / Y 微调框中输入需要的数值（默认状态为整个图像范围，可以应用 Inquire Box 定义子区）。

（6）输出数据类型（Output Data Type）为 Float Single。

（7）输出数据统计时忽略零值，即选中 Ignore Zero in Stats 复选框。

（8）特征矩阵输出设置（Eigen Matrix）。

（9）若需在运行日志中显示，选中 Show in Session Log 复选框。

（10）若需写入特征矩阵文件，选中 Write to File 复选框（必选项，逆变换时需要）。

（11）特征矩阵文件名（Output Text File）为 lanier.mtx。

（12）特征数据输出设置（Eigen Value）。

（13）若需在运行日志中显示，选中 Show in Session Log 复选框。

（14）若需写入特征数据文件，选中 Write to File 复选框。

（15）特征矩阵文件名（Output Text File）为 lanier.tbl。

（16）需要的主成分数量（Number of Components Desired）为 3。

（17）单击 OK 按钮（关闭 Principal Components 对话框，执行主成分变换）。结果如图 4-73 所示。

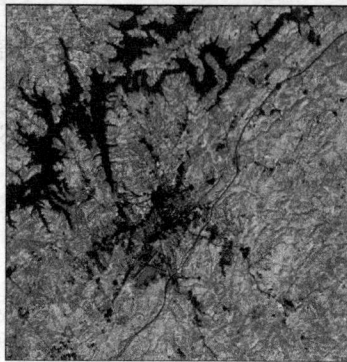

图 4-73　主成分变换处理结果

2. 主成分逆变换

主成分逆变换（Inverse Principal Components Analysis）就是将经主成分变换获得的图像重新恢复到 RGB 彩色空间，应用时，输入的图像必须是由主成分变换得到的图像，而且必须有当时的特征矩阵（*.mtx）参与变换。本节所用数据为 principal.img，在 ERDAS 2015 中执行主成分逆变换的操作步骤如下。

（1）选择 Raster→Spectral→Inverse Principal Components，打开 Inverse Principal Components 对话框，设置参数如图 4-74 所示。

（2）确定输入文件（Input PC File）为 principal.img。

（3）确定特征矩阵（Eigen Matrix File）为 lanier.mtx。

（4）定义输出文件（Output PC File）为 inverse_pc.img。

（5）文件坐标类型（Coordinate Type）为 Map。

（6）处理范围确定（Subset Definition），在 ULX / Y、LRX / Y 微调框中输入需要的数值（默认状态为整个图像范围，可以应用 Inquire Box 定义子区）。

（7）输出数据选择（Output Options），有两项选择。

（8）若输出数据拉伸到 0～255，则选中 Stretch to Unsigned 8 bit 复选框。

（9）若输出数据统计时忽略零值，则选中 Ignore Zero in Stats 复选框。

（10）单击 OK 按钮（关闭 Inverse Principal Components 对话框，执行主成分逆变换），结果如图 4-75 所示。

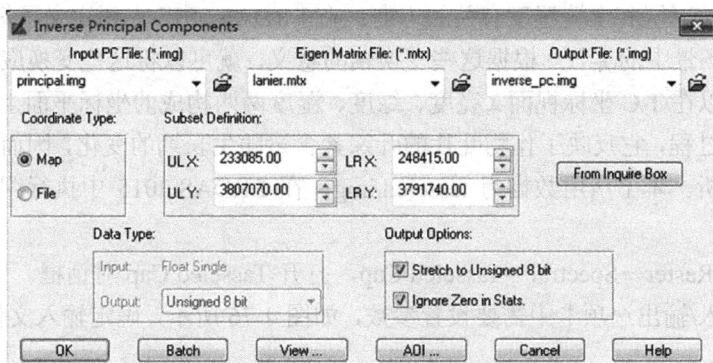

图 4-74　Inverse Principal Components 对话框

图 4-75　主成分逆变换处理结果

4.5.2　缨帽变换

缨帽变换（Tasseled Cap）是针对植物学家所关心的植被图像特征，在植被研究中将原始图像数据结构轴进行旋转，优化图像数据显示效果，是由 R.J.Kauth 和 G.S.Thomas 两位学者提出来的一种经验性的多波段图像线性正交变换，因而又叫 K-T 变换。该变换的基本思想是：多波段（N 波段）图像可以看成 N 维空间，每一个象元都是 N 维空间中的一个点，其位置取决于象元在各个波段上的数值。缨帽变换也是一种坐标空间发生旋转的线性组合变换，但旋转后的坐标轴不是指向主成分方向，而是指向与地面景物有密切关系的方向。缨帽变换的应用主要针对 TM 数据和曾经广泛使用的 MSS 数据，它抓住了地面景物，特别是植被和土壤在多光谱空间特征为植被研究提供了一个优化显示的方法。专家的研究表明，植被信息可以通过 3 个数据轴（亮度轴、绿度轴、湿度轴）来确定，而这 3 个轴的信息可以通过简单的线性计算和数据空间旋转获得，当然还需要定义相关的转换系数；同时，这种旋转与传感器有关，因而还需要确定传感器类型。

亮度轴表示土壤反射率变化大的方向；绿度轴表示与绿色植被量高度相关的方向；湿度轴表示与植被冠层和土壤湿度有关的方向；在 ERDAS 2015 中还定义了第四个应用轴，即霾度，反映场景中的雾气。根据这些变换轴的意义，就可以将这些变换应用于农作物的生长过程，可以在 T-C 坐标视面（亮度、绿度、湿度两两构成的坐标平面上）观察到其明显的位置变化过程，它反映了作物叶片的叶绿素含量随生长期的变化，因而可用于农作物生长的监测分析。本节所用数据为 tasseled.img，在 ERDAS 2015 中执行缨帽变换操作步骤如下。

（1）选择 Raster→Spectral→Tasseled Cap，打开 Tasseled Cap 对话框。

（2）在输入/输出选项卡中需要设置参数，如图 4-76 所示，确定输入文件（Input File）为 lanier.img。

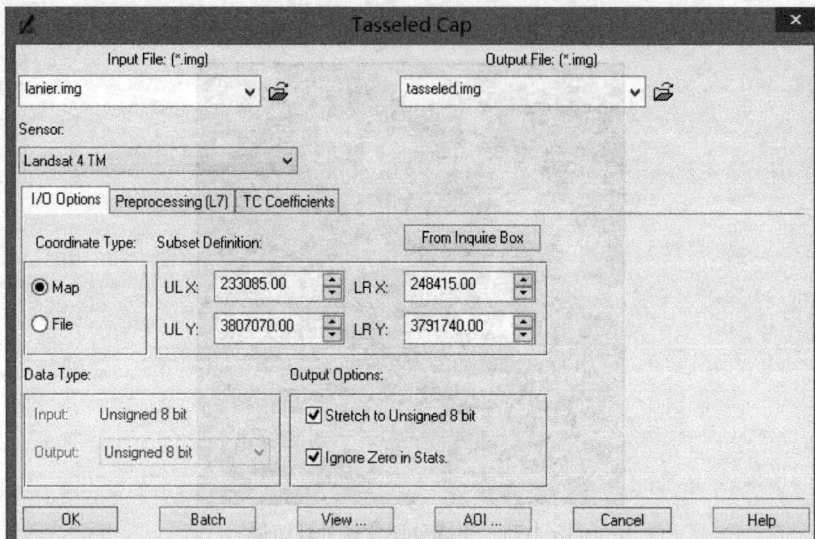

图 4-76　Tasseled Cap 对话框

（3）定义输出文件（Output File）为 tasseled.img。

（4）确定传感器类型（Sensor）为 Landsat 5 TM。

（5）文件坐标类型（Coordinate Type）为 Map。

（6）处理范围确定（Subset Definition），在 ULX/Y、LRX/Y 微调框中输入需要的数值（默认状态为整个图像范围，可以应用 Inquire Box 定义子区）。

（7）输出数据选择（Output Options），有两项选择。

（8）若输出数据拉伸到 0～255，则选中 Stretch to Unsigned 8 bit 复选框。

（9）若输出数据统计时忽略零值，则选中 Ignore Zero in Stats 复选框。

（10）选择 Tasseled Cap 对话框的 TC Coefficients 选项卡定义相关系数，如图 4-77 所示。

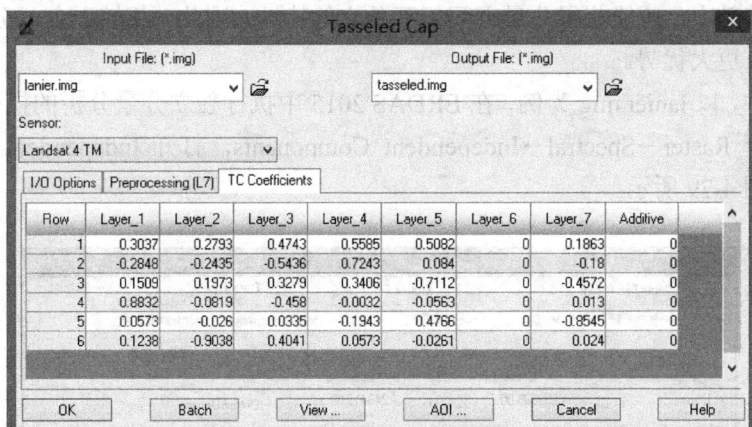

图 4-77　TC Coefficients 选项卡定义相关系数

（11）确定传感器类型（Sensor）为 Landsat 5 TM。

（12）定义相关系数（Coefficient Definition），可利用系统默认值。

（13）单击 OK 按钮（关闭 Tasseled Cap 对话框，执行缨帽变换），执行缨帽变换后的结果如图 4-78 所示。

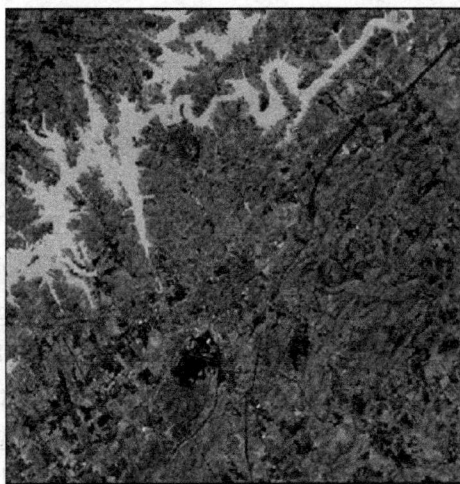

图 4-78　执行缨帽变换后的结果

4.5.3　独立分量分析

独立分量分析（Independent Components Analysis）是一种基于盲信号分离技术发展起来的新方法，不仅在地学遥感领域有所应用，同时在通信、生物医学方面也有所应用。基本的独立分量分析是指从多个源信号的线性混合信号中分离出源信号的技术。除了已知源信号是统计独立外，无其他先验知识。其不同于主成分分析，主成分分析是基于二阶统计量的协方差矩阵进行分析，而独立分量分析则是基于更高阶的统计量。它在主成分分析去相关特性的基础上，还能获得分量之间相互独立的特性。因此，相较于主成分分析，独立分量分析具有更大优势。

在本例中，以 lanier.img 为例，在 ERDAS 2015 中执行独立分量分析的操作步骤如下。

（1）选择 Raster→Spectral→Independent Components，打开 Independent Components 对话框，如图 4-79 所示。

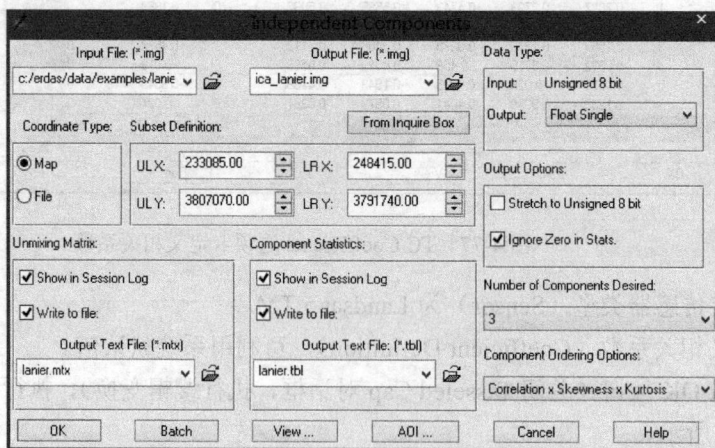

图 4-79　Independent Components 对话框

（2）确定输入文件（Input File）为 lanier.img。

（3）定义输出文件（Output File）为 ica_lanier.img。

（4）文件坐标类型（Coordinate Type）为 Map。

（5）处理范围确定（Subset Definition），在 ULX / Y、LRX / Y 微调框中输入需要的数值（默认状态为整个图像范围，可以应用 Inquire Box 定义子区）。

（6）输出数据类型选择（Output Data Type），选择 Float Single 类型。

（7）若输出数据拉伸到 0～255，则选中 Stretch to Unsigned 8 bit 复选框。

（8）若输出数据统计时忽略零值，则选中 Ignore Zero in Stats 复选框。

（9）对分离矩阵（Unmixing Matrix）的输出进行设置：勾选"Show in Session Log"和"Write to file"复选框，确定在日志中显示特征矩阵并保存到特征矩阵文件中。

（10）确定特征矩阵输出文件名（Output Text File）：lanier.mtx。

（11）对成分统计（Component Statistics）的输出进行设置：勾选"Show in Session Log"和"Write to file"复选框，确定在日志中显示特征矩阵并保存到成分统计文件中。

（12）确定成分统计输出文件名（Output Text File）：lanier.tbl。

（13）选择需要分离出的独立分量数量（Number of Components Desired）：3。

（14）选择分量排序（Component Ordering Options）：Correlation×Skewness×Kurtosis。

（15）单击 OK 按钮（关闭 Independent Components 对话框，执行独立分量分析），其结果如图 4-80 所示。

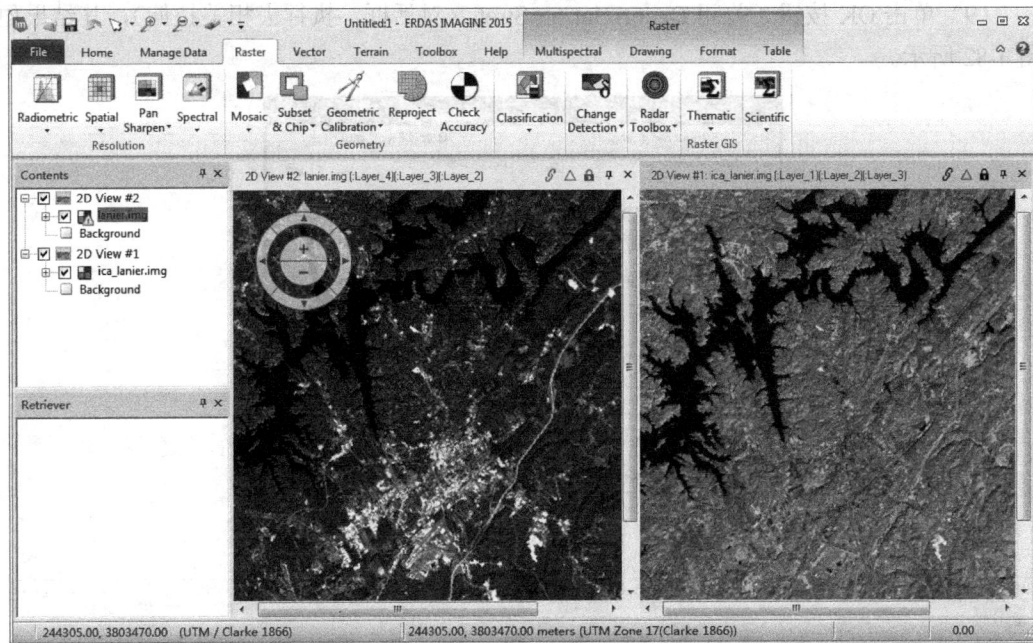

图 4-80　原图像（左）与独立分量分析结果（右）

4.5.4　去相关拉伸

去相关拉伸（Decorrelation Stretch）主要应用了主成分变换与逆变换，以及对比度拉伸三种工具。它与普通的对比度拉伸的区别在于其只对输入图像的主成分部分进行拉伸，从而达到了去除相关性的目的。其原理为：先对输入图像进行主成分变换，之后对主成分图像进行对比度拉伸处理，最后再进行主成分逆变换，并还原到 RGB 彩色空间，最终达到图像增强的目的。

本例中所用示例文件为 lanier.img，在 ERDAS 2015 中执行独立分量分析操作步骤如下。

（1）选择 Raster→Spectral→Decorrelation Stretch，打开 Decorrelation Stretch 对话框，如图 4-81 所示。

（2）确定输入文件（Input File）为 lanier.img。

（3）定义输出文件（Output File）为 decorrelation.img。

（4）文件坐标类型（Coordinate Type）为 Map。

（5）处理范围确定（Subset Definition），在 ULX/Y、LRX/Y 微调框中输入需要的数值（默认状态为整个图像范围，可以应用 Inquire Box 定义子区）。

（6）输出数据类型选择（Output Data Type），选择 Unsigned 8 bit 类型（可选）。

（7）若输出数据拉伸到 0～255，则选中 Stretch to Unsigned 8 bit 复选框。

（8）若输出数据统计时忽略零值，则选中 Ignore Zero in Stats 复选框。

（9）单击 OK 按钮（关闭 Decorrelation Stretch 对话框，执行去相关拉伸），其结果如图 4-82 所示。

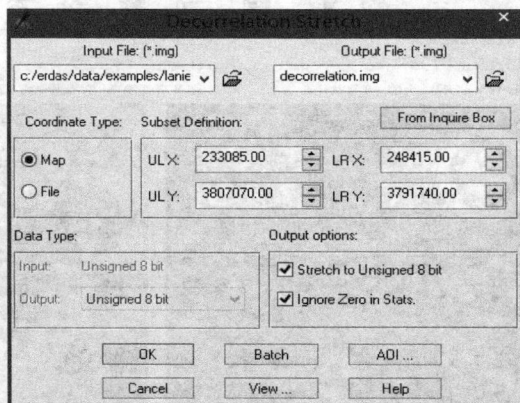

图 4-81　Decorrelation Stretch 对话框

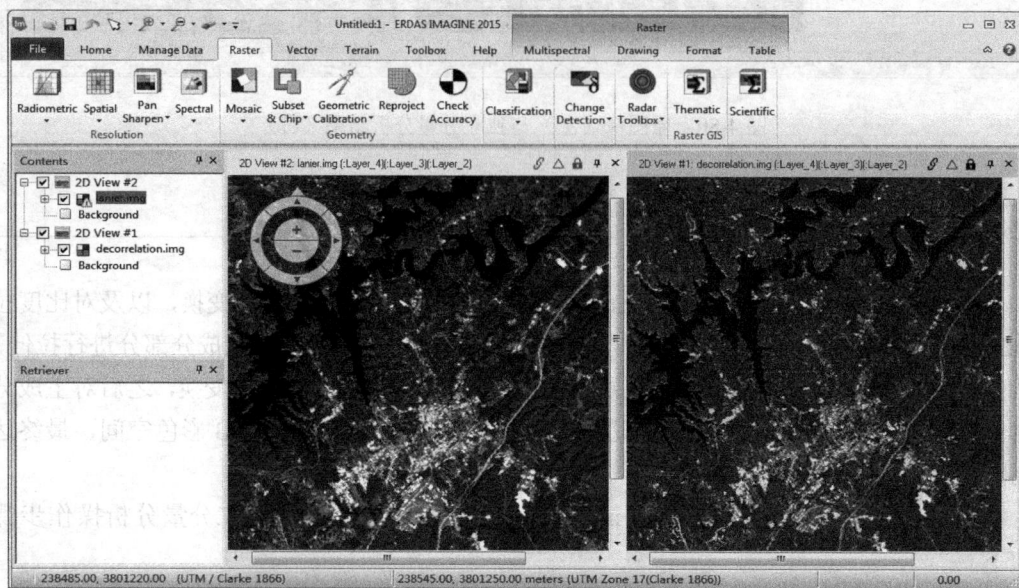

图 4-82　原图像（左）与去相关拉伸结果（右）

4.6　代数运算

两幅或多幅已配准的单波段图像，通过一系列代数计算，可以实现图像增强，到达提取某些信息或者去掉某些不必要的信息的目的。ERDAS IMAGINE 所包含的代数计算功能模块如图 4-83 所示。

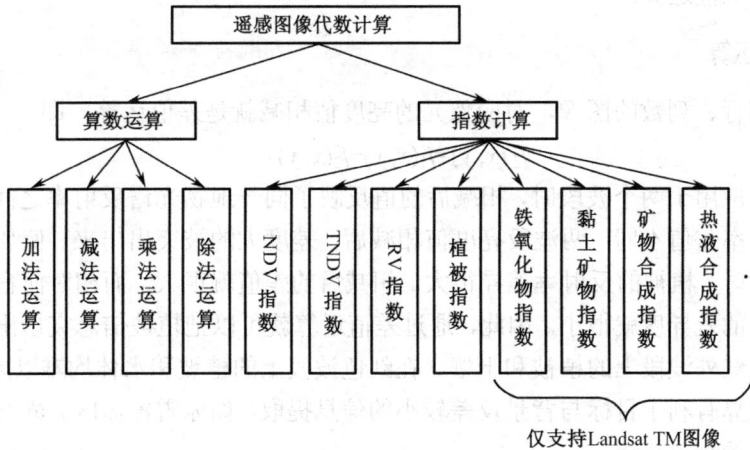

图 4-83 ERDAS IMAGINE 所包含的代数计算功能模块

其中，图像的算术运算可以对遥感图像进行预处理，能消除某些噪声，也能够加强表现图像中的某些信息。例如，加法运算可以去除"叠加性"随机噪声，也可生成图像叠加效果；减法运算可以消除"背景"影响，也可以使用差影法来检测同一场景两幅图像之间的变化；乘法运算则可以用来显示局部的图像；除法运算则常用于突出遥感图像中的植被特征、提取植被类别或估算植被生物量，其对土壤富水性差异、微地貌变化、地球化学反应引起的微小光谱变化等与隐伏构造信息有关的线性特征都能有不同程度的增强效果。

指数计算广泛应用于地质探测和植被分析，可以在不同岩石类型和植被种类间产生细小的差别。在多数情况下，指数选择得好可以将原始彩色波段里看不到的差别加大或增强。另外在环境领域，通过植被指数来反演土地利用和土地覆盖的变化，逐渐成为实现对全球环境变化的研究重要手段；在生态领域，随着斑块水平的生态系统研究成果拓展到区域乃至全球的空间尺度上，植被指数成了空间尺度拓展的连接点；在农业领域，植被指数广泛应用于农作物分布及长势监测、产量估算、农田灾害监测及预警、区域环境评价以及各种生物参数的提取。

而且随着学者们对遥感领域研究的深入，各种针对性更强的植被指数，比如基于波段简单线性组合的植被指数，土壤亮度指数（SBI）、绿度植被指数（GVI）、黄度植被指数（YVI）以及 Misra 土壤亮度指数（MSBI）、Misra 绿度植被指数（MGVI）、Misra 黄度植被指数（MYVI）和 Misra 典范植被指数（MNSI）等。这些指数将在地质探测、植被分析领域得到进一步的利用。

4.6.1 算数运算

算数运算就是将两幅图像中的对应像元的灰度值进行算数运算后得到的新值作为灰

度值重新得到一幅图像。要求参与运算的两幅图像的行、列数须相等。其中，比较常用的是差值运算与比值运算。

1. 差值运算

两幅相同行、列数的图像，对应像元的亮度值相减就是差值运算，即

$$f_D(x, y) = f_1(x, y) - f_2(x, y) \tag{4-4}$$

差值运算应用于两个波段时，相减后的值反映了同一地物光谱反射率之间的差。由于不同地物反射率差值不同，两波段亮度值相减后，差度大的被突出出来。例如，当用红外波段减红波段时，植被的反射率差异很大，相减后的差值就很大，而相对而言，土壤和水在这两个波段的差异度就很小。因此，通过差值运算就可以把植被信息突出出来。而如果不做相减，在红外波段上的植被和土壤、在红色波段上的植被和水体均难以区分。所以，图像的差值运算有利于目标与背景反差较小的信息提取，如冰雪覆盖区、黄土高原区的界线特征；海岸的潮沙线等。

此外，差值运算还经常用于研究同一地区不同时相的动态变化。比如监测森林火灾发生前后的变化和计算过火面积，监测城市在若干年间的扩展情况以及侵占农田的面积等。

有时，为了突出边缘，也用差值法将两幅图像的行、列各移 1 位，再与原图像相减，也可以起到几何增强的作用。

2. 比值运算

两幅同样行、列数的图像，对应像元的亮度值相除（除数不为 0）就是比值运算，即

$$f_R(x, y) = f_1(x, y) / f_2(x, y) \tag{4-5}$$

比值运算可以检测波段的斜率信息并加以扩展，以突出不同波段间地物光谱的差异，提高对比度。该运算常用于突出遥感图像中的植被特征、提取植被类别或估算植被生物量，这种算法的结果称为植被指数，常用算法如下：

近红外波段/红波段或　(近红外-红)/(近红外+红)

例如，TM4/TM3，AVHRR2/AVHRR1，(TM4-TM3)/(TM4+TM3)，(AVHRR2-AVHRR1)/(AVHRR2+AVHRR1)等，效果都很好。

指数计算对于去除地形影响也十分有效。由于地形起伏及太阳倾斜照射，使得山坡的向阳处与阴影处在遥感图像上的亮度有很大区别，同一地物向阳面和背阴面亮度不同，给判读解译造成困难，特别是在计算机分类时不能识别。由于阴影的形成主要是地形因子的影响，比值运算可以去掉这一因子影响，使向阳与背阴处都毫无例外地只与地物反射率的比值有关。

比值处理还有其他多方面的应用，例如对研究浅海区的水下地形有效，对土壤富水性差异、微地貌变化、地球化学反应引起的微小光谱变化等，对与隐伏构造信息有关的线性特征等都能有不同程度的增强效果。

其在 ERDAS 2015 中进行的步骤如图 4-84 所示。

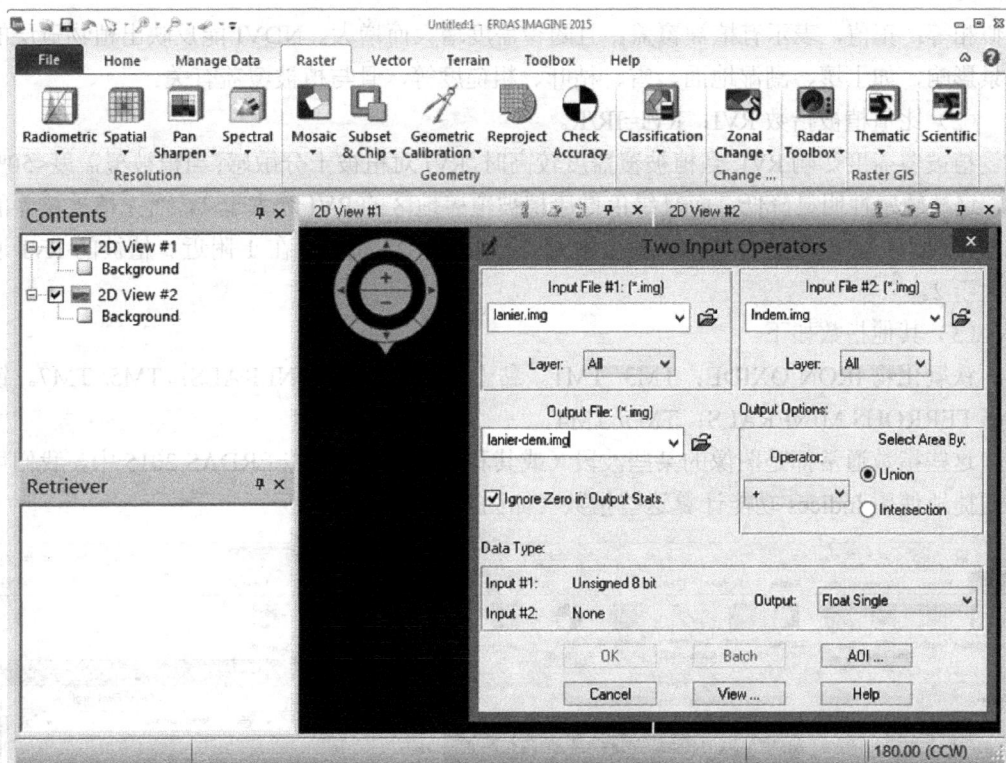

图 4-84　比值计算

（1）在 Raster 标签下选择 Scientific→Functions→Two Image Functions，打开 Two Image Operators 对话框。

（2）选择第一张图像为 lanier.img，Layer 选择 All。

（3）选择第二张图像为 Indem.img，Layer 选择 All。

（4）定义输出文件为 lanier-dem.img。

（5）选择输出时忽略零值，勾选"Ignore Zero in Output Stats"复选框。

（6）选择运算操作（Operator）为"+"（Addition）。

（7）确定区域选择方式（Select Area By）为"Union"（二者并集）。

（8）选择输出文件的数据类型为 Float Single。

（9）单击 OK 按钮（关闭对话框，执行运算）。

4.6.2　指数计算

另外，在基本运算的基础上，ERDAS 还集成了一些常用的指数计算函数，例如：

（1）归一化植被指数 NDVI：NDVI=(IR-R)/(IR+R)。

其中，R 代表红波段反射值，IR 代表近红外波段反射值。NDVI 值在-1 与 1 之间。负值表示地面覆盖为云、水、雪等，对可见光高反射；0 表示有岩石或裸土等，NIR 和 R

近似相等；正值，表示有植被覆盖，且随覆盖度增大而增大。NDVI 能反映出植物冠层的背景影响，如土壤、潮湿地面、雪、枯叶、粗糙度等，且与植被覆盖有关。

（2）比值植被指数 RVI：RVI=IR/R。

植被覆盖度影响 RVI，当植被覆盖度较高时，RVI 对植被十分敏感；当植被覆盖度<50%时，这种敏感性明显降低。而且绿色健康植被覆盖地区的 RVI 远大于 1，而无植被覆盖的地面（裸土、人工建筑、水体、植被枯死或严重虫害）的 RVI 在 1 附近。植被的 RVI 通常大于 2。

（3）其他指数如下。

铁氧化物 IRON OXIDE：TM3/ TM1。黏土矿物 CLAY MINERALS：TM5/ TM7。铁矿石 FERROUS MINERALS：TM5/ TM4。

这些指数通常都是图像的某些波段（或其和，差）之商。在 ERDAS 2015 中，我们可以便捷地使用 Indices 功能计算这些指数（如图 4-85 所示）。

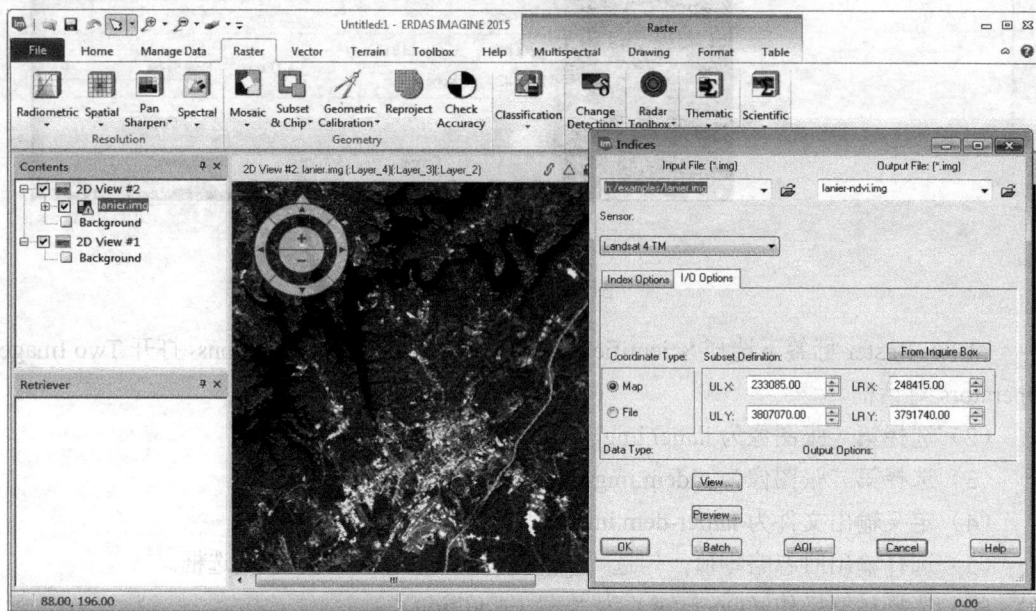

图 4-85　NDVI 计算

以下是 NDVI 指数计算的操作步骤。

（1）选择 Raster→Classification→Unsupervised→NDVI（或 Indices）。

（2）选择 Input File 为 lanier.img。

（3）选择输出文件为 lanier-ndvi.img。

（4）坐标类型（Coordinate Type）与数据范围（Subset Definition）保持默认值即可。

（5）传感器类型（Sensor）需要根据图像采集时使用的传感器类型进行选择，这里选择 Landsat TM。

（6）计算函数选择（Select Function）为 NDVI。

（7）输出数据类型（Data Type）选择为 Float Single。

（8）单击 OK 按钮（关闭对话框，执行计算）。

进行其他指数的计算步骤与 NDVI 类似，在 Indices 对话框中的"Select Function"中选择其他函数即可。另外，在 Indices 对话框下部还有选定函数的公式，可以为操作人员提供帮助。

习题与练习

1. 何谓灰度直方图？如何通过灰度直方图判断图像的质量？
2. 图像增强处理的目的是什么？
3. 对比分析图像增强处理前后的差别以及各方法处理的效果差异。
4. 图像增强处理有哪些方法？比较分析各方法的适用情形。
5. 在去条带处理时如何选择卷积模板？
6. 遥感图像主成分变换的目的和意义分别是什么？
7. 图像边缘提取的目的是什么？有哪些方法？
8. 比较彩色合成与密度分割的区别和应用意义。
9. 比较分析各代数运算方法的适用领域和应用意义。

第 5 章

....

遥感图像融合处理

本章的主要内容：

◆ 融合处理原理及功能模块基本原理

◆ 分辨率融合

◆ 改进 HIS 融合

◆ HPF 融合

◆ 小波变换融合

图像融合是指将多源遥感图像按照一定的算法，在规定的地理坐标系生成新的图像的过程。全色图像一般具有较高的空间分辨率（如 SPOT 全色图像分辨率为 10m），而多光谱图像光谱信息较丰富（SPOT 有 3 个波段，TM 有 7 个波段），为提高多光谱图像的空间分辨率，可以将全色图像融合进多光谱图像。

在 ERDAS 2015 中，提供了多种图像融合处理的工具，包括分辨率融合、改进 HIS 融合、HPF 融合、小波变换融合等。本章主要介绍这几种图像融合的基本原理和操作流程。

5.1 融合处理原理及功能模块

多源图像融合是指将不同传感器获得的同一区域的图像或同一传感器在不同时刻获得的同一区域的图像，经过相应的融合技术处理得到一幅新图像的过程。得到的新图像可克服单一传感器图像在几何分辨率、光谱分辨率和空间分辨率等方面存在的局限性和差异性，提高图像的质量，丰富图像信息，从而有利于对物理现象和事件进行定位、识别和解释。例如，为提高多光谱图像的空间分辨率，将全色图像融合进多光谱图像。

ERDAS 2015 中提供了 4 个工具来进行图像的融合，分别是分辨率融合、改进 HIS 融合、HPF 融合和小波变换融合，其具体功能模块如图 5-1 所示。

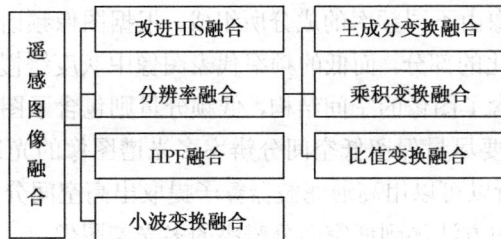

图 5-1 ERDAS 图像融合模块

1. 分辨率融合

分辨率融合（Resolution Merge）是通过对不同空间分辨率遥感图像的融合处理，使处理后的遥感图像既具有较好的空间分辨率，又具有多光谱特征，从而达到图像增强的目的。在软件中，提供了三种融合方法。

（1）主成分变换融合。主成分变换融合是建立在图像统计特征基础上的多维线性变换，具有方差信息浓缩、数据量压缩的作用，可以更准确地揭示多波段数据结构内部的遥感信息，常常以高分辨率数据替代多波段数据变换以后的第一主成分来达到融合的目的。

（2）乘积变换融合。乘积变换融合是应用最基本的乘积组合算法直接对两种空间分辨率的遥感数据进行合成，即

$$B_{i\_new}=B_{i\_m}\times B_h \tag{5-1}$$

式中，B_{i_new} 代表融合以后的波段数值（i=1，2，3，…，n）；B_{i_m} 表示多波段图像中的任意一个波段数值；B_h 代表高分辨率遥感数据。

（3）比值变换融合。比值变换融合是将输入遥感数据的 3 个波段按照下列公式进行计算，获得融合以后各波段的数值：

$$B_{i\_new}=[B_{i\_m}/(B_{r\_m}+B_{g\_m}+B_{b\_m})]\times B_h \tag{5-2}$$

式中，B_{r_m}、B_{g_m}、B_{b_m} 分别代表多波段图像中的红、绿、蓝波段数值。

2. 改进 HIS 融合

在第 4 章中，对 HIS 色彩空间与 RGB 色彩空间已经进行了介绍。而在 HIS 彩色空间中，I 主要反映图像中地物反射的全部能量和图像所包含的空间信息，对应于图像的地面分辨率；H 表示色度，指组成色彩的主波长，由红、绿、蓝色的比重决定；S 表示饱和度，代表颜色的纯度；H 与 S 代表图像的光谱分辨率。因此，可以把用 RGB 彩色空间表示的遥感图像的 3 个波段变换到 HIS 彩色空间，然后用另一具有高空间分辨率的遥感图像的波段代替其中的 I 值，再反变换回 RGB 空间，形成新的图像。这样做的目的就是既获得较高的空间分辨率，又获得较高的光谱分辨率。这就是 HIS 融合的基本原理。

3. HPF 融合

HPF 图像融合是使用 HPF（High Pass Filtering，高通滤波）算法来实现遥感图像融合的。

一般来说，一幅图像由不同频率的成分所组成。根据图像频谱的概念，高的空间频率对应图像中灰度急剧变化的部分，而低的频率代表图像中灰度缓慢变化的部分。对于遥感图像来说，高频分量包含了图像的空间结构，低频分量则包含了图像的光谱信息。因为遥感图像融合的目的就是要尽量保留低空间分辨率多光谱图像的光谱信息和高空间分辨率全色图像的空间信息，所以可以用高通滤波器算子提取出高空间分辨率全色图像的空间信息，然后采用像元相加的方法加到低空间分辨率的多光谱图像上，这样就可以实现遥感图像的融合。

4．小波变换融合

小波变换可以使图像的压缩、传输和分析更加便捷。不像以正弦函数为基础函数的傅里叶变换，小波变换基于一些小型波，具有小型波变化的频率和有限的持续时间。对于图像而言，小波变换就是将图像分解成频率域上各个频率上的子图像，以代表原始图像的各个特征分量，这种基于小波变换的图像融合可以根据不同的特征分量采用不同的融合方法以达到最佳的融合效果。

在一幅图像的小波分解中，绝对值较大的小波高频系数对应着亮度急剧变化的点，也就是图像中对比度变换较大的边缘特征，如边界、亮线及区域轮廓。融合的效果就是对同样的目标，融合前在图像 A 中若比图像 B 中显著，融合后图像 A 中的目标就被保留，图像 B 中的目标就被忽略。这样，图像 A、B 中目标的小波变换系数将在不同的分辨率水平上占统治地位，从而在最终的融合图像中，图像 A 与图像 B 中的显著目标都被保留。

通过遥感图像融合，可以获得比任何单一数据更精确、更丰富的信息，生成一幅具有新的空间、波谱、时间特征的合成图像。它不仅仅是数据间的简单复合，而强调信息的优化，以突出有用的专题信息，消除或抑制无关的信息，改善目标识别的图像环境，从而增加解译的可靠性，减少模糊性（即多义性、不完全性、不确定性和误差）、改善分类、扩大应用范围和效果。

5.2 分辨率融合

图像分辨率融合的关键是融合前两幅图像的配准（Rectification）以及处理过程中融合方法（Method）的选择，只有将不同空间分辨率的图像精确地进行配准，才可能得到满意的融合效果。

在 Raster 标签下，单击 Pan Sharpen→Resolution Merge，打开 Resolution Merge（分辨率融合）对话框（如图 5-2 所示）。

在这里，我们采用主成分变换法融合作为示例。在 Resolution Merge 对话框中，需要设置以下参数（以 spots.img 作为示例）。

（1）确定高分辨率输入文件（High Resolution Input File）：spots.img。

（2）确定多光谱输入文件（Multispectral Input File）：dmtm.img。

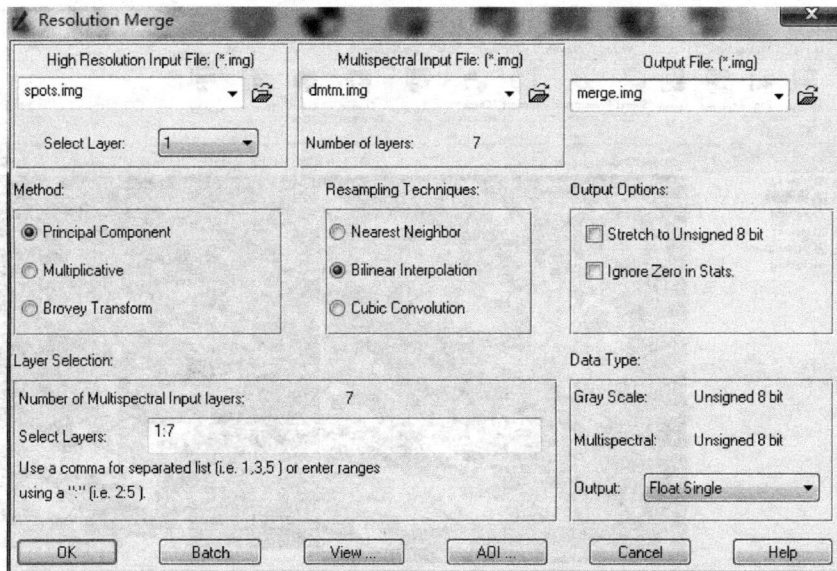

图 5-2　Resolution Merge 对话框

（3）定义输出文件（Output File）：merge.img。

（4）选择融合方法（Method）：Principal Component（主成分变换法）。另两种融合方法是 Multiplicative（乘积变换法）和 Brovey Transform（比值变换法）。

（5）选择重采样方法（Resampling Techniques）：双线性插值法（Bilinear Interpolation）。另两种分别是邻近点插值法（Nearest Neighbor）、立方卷积插值法（Cubic convolution）。

（6）输出选项（Output Options）：Stretch to Unsigned 8 bit。

（7）波段选择（Layer Selection）：Select Layers 为 1：7。

（8）单击 OK 按钮（关闭 Resolution Merge 对话框，执行分辨率融合）。

而对于融合方法的选择，则取决于被融合图像的特性以及融合的目的。同时，需要对融合方法的原理有正确的认识。在 ERDAS 2015 中进行分辨率融合，可以采用以下三种方法。

5.2.1　主成分变换融合

主成分变换融合的具体过程是：首先对输入的多波段遥感数据进行主成分变换，然后以高空间分辨率遥感数据替代变换以后的第一主成分，最后再进行主成分逆变换，生成具有高空间分辨率的多波段融合图像。

在示例中，使用主成分变换融合后得到的结果与原图对比如图 5-3 所示。

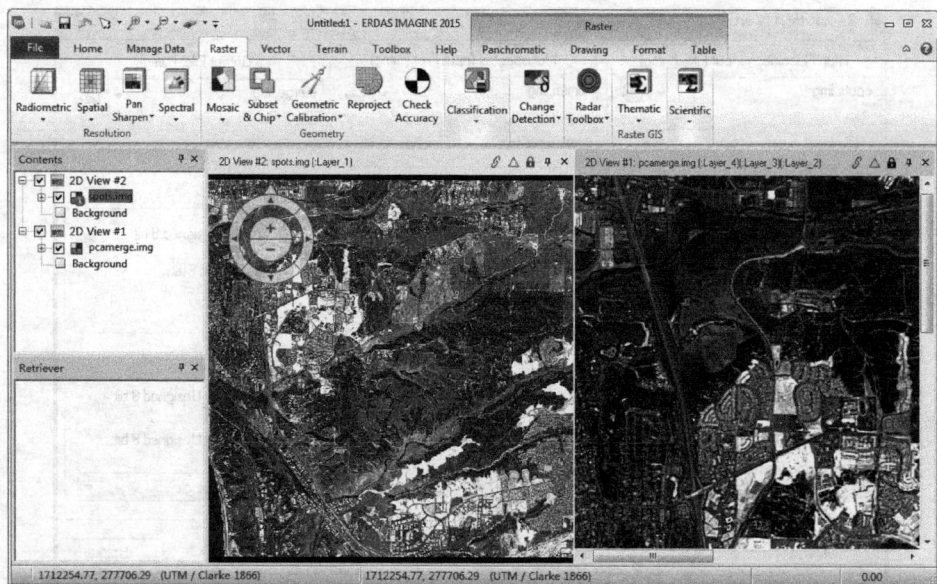

图 5-3　主成分变换融合结果（右）与原图（左）对比

5.2.2　乘积变换融合

乘积变换是由 Crippen 的 4 种分析技术演变而来的，Crippen 研究表明：将一定亮度的图像进行变换处理时，只有乘法变换可以使其色彩保持不变。

仍然用上述步骤、数据进行分辨率融合，采用乘积变换法，得到的结果与原图对比如图 5-4 所示。

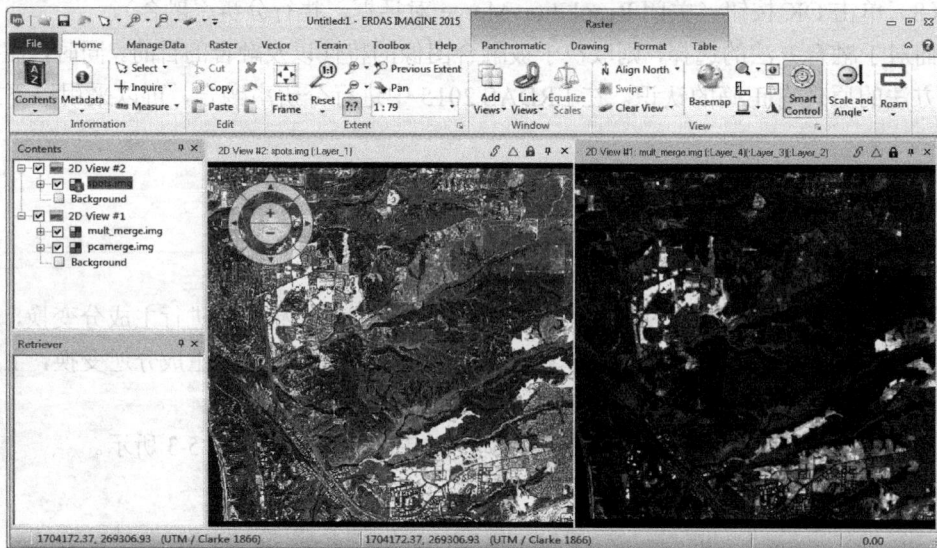

图 5-4　乘积变换融合结果（右）与原图（左）对比

5.2.3　比值变换融合

在使用比值变换融合时，由于多光谱输入数据的波段数为 7，在此选择第 4、3、2 波段参与计算。得到的结果与原图对比如图 5-5 所示。

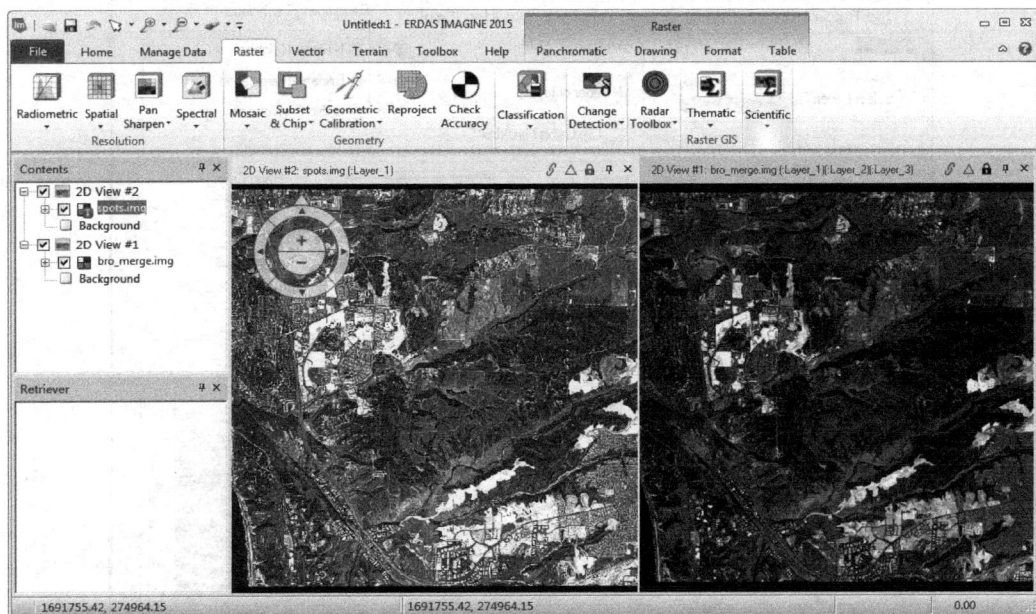

图 5-5　比值变换融合结果（右）与原图（左）对比

5.3　改进 HIS 融合

ERDAS IMAGINE 的这项功能使用的是由 Yusuf Siddiqui 于 2003 年提出的一种改进的 HIS 变换来进行的融合，可以对高分辨率的全色图像和低分辨率的多光谱图像进行融合，融合的结果既具有高空间分辨率，又具有高光谱分辨率。

在 Raster 标签下，单击 Pan Sharpen→Modified IHS Resolution Merge 命令，在打开的 Modified IHS Resolution Merge 对话框（如图 5-6 所示）中，需进行以下参数设置（以 spots.img 为例）。

（1）确定高分辨率输入文件（High Resolution Input File）：spots.img。

（2）选择高分辨率图像参与运算的波段（Select Layer）。

（3）确定多光谱输入文件（Multispectral Input File）：dmtm.img。

（4）显示多光谱图像的波段数（Number of layers）。

（5）Clip Using Min/Max：用多光谱数据像元的最大值和最小值来规定重采样后的多光谱数据的像元值范围。当选择三次卷积（Cubic Convolution）重采样方法后，这个设置才有效，因为最邻近像元（Nearest Neighbor）和双线形插值（Bilinear Interpolation）两种重采样方法产生的像元值范围不会超出原来数据的像元值范围，而三次卷积插值重采样后可能超出。

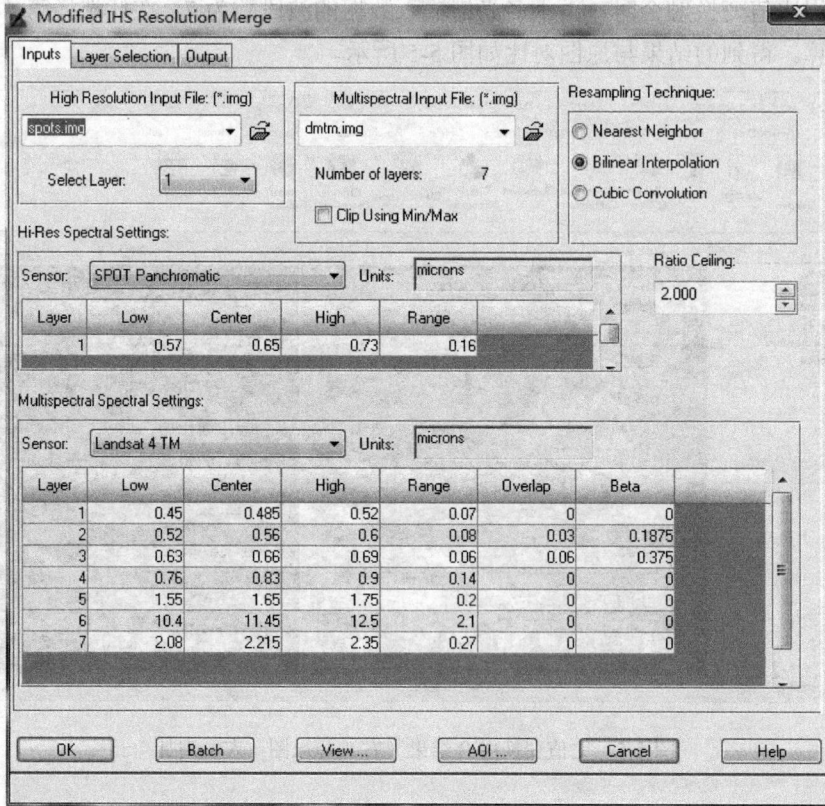

图 5-6 改进 HIS 输入设置

（6）选择重采样方法（Resampling Technique）：选择双线性插值法（Bilinear Interpolation）。另两种分别是邻近点插值法（Nearest Neighbor）、立方卷积插值法（Cubic Convolution）。

（7）设置高空间分辨率图像信息（Hi-Res Spectral Settings）。

（8）设置亮度修正系数的上限（Ratio Ceiling）。

（9）设置多光谱图像信息（Multispectral Spectral Settings）。

接着，单击 Modified IHS Resolution Merge 对话框中的 Layer Selection 标签，进行波段选择（如图 5-7 所示），设置参数如下：

（1）定义从 RGB 到 HIS 转换的波段组合方式（Layer Combination Method）。

（2）选择计算方法（Computation Method）。默认的方法是默认方法是 Single pass-3 layer RGB（只用所选择的多光谱图像的 3 个波段进行输出图像的计算），另一个选项是 Iterate on multiple RGB combinations（选择多于 3 个多光谱图像的波段进行输出图像的计算，这时需要在 Layer Combination Method 选项中再选择波段组合）。

（3）单击 Add to Iteration list 按钮。

最后，在如图 5-7 所示的对话框的 Output 标签下，用户需要对输出图像进行相关设置。

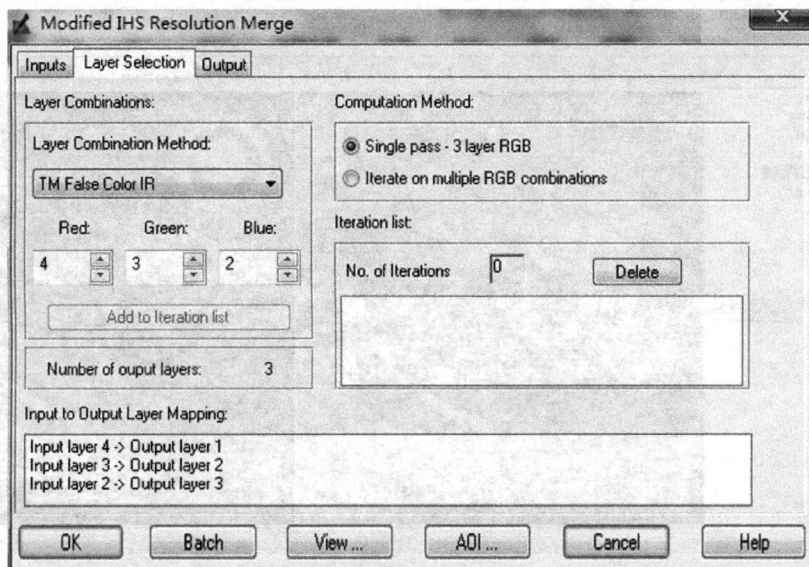

图 5-7　改进 HIS 波段选择

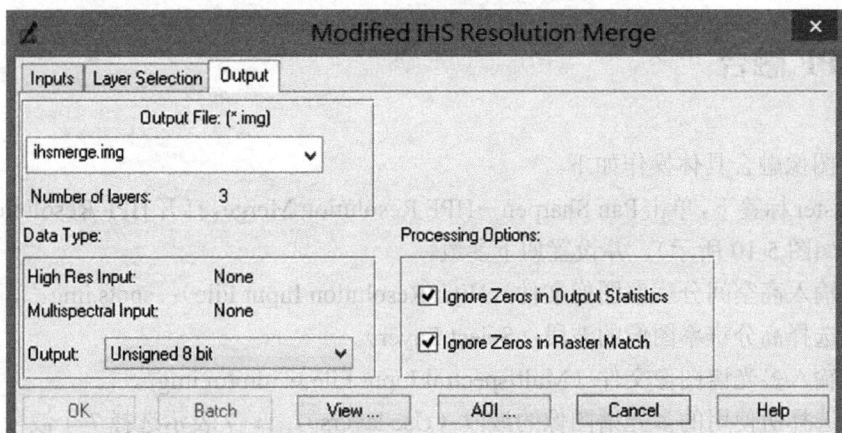

图 5-8　改进 HIS 输出设置

（1）设置输出文件名及路径（Output File）：ihsmerge.img。

（2）设置输出图像文件的数据类型（Data Type）。

（3）设置统计计算时忽略零值（Processing Options：Ignore Zeros in Output Statistics）。

（4）设置栅格图像匹配时忽略零值（Ignore Zeros in Raster Match）。

（5）单击 OK 按钮（关闭对话框，执行操作）。

将输出图像加载到 ERDAS 2015 中，并与原高空间分辨率图像 spots.img 对比，如图 5-9 所示。

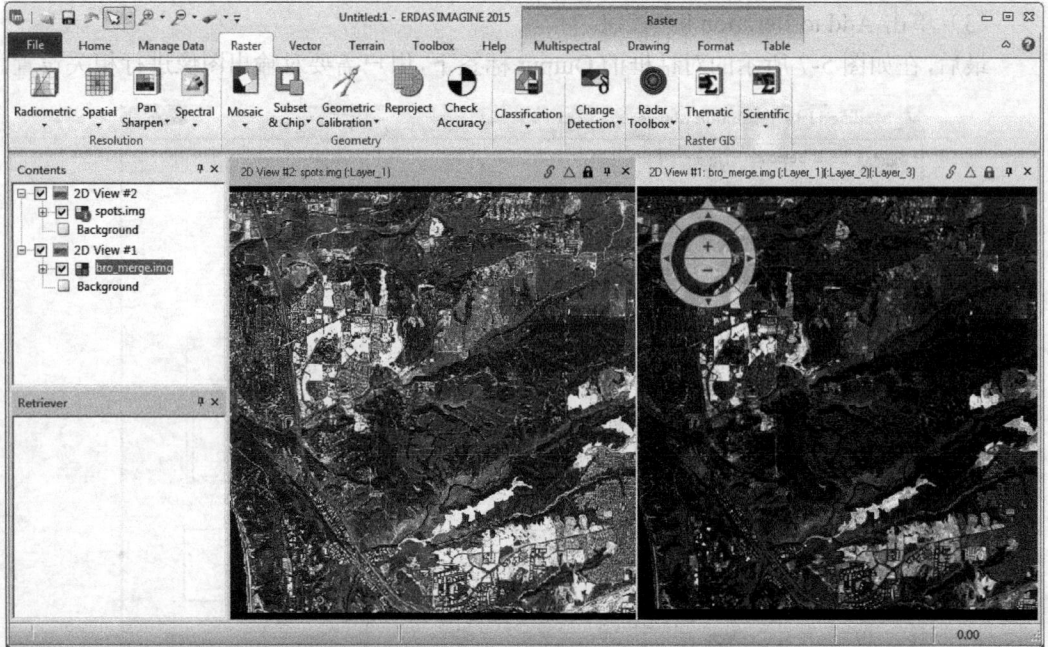

图 5-9　改进 HIS 融合结果（右）与原图（左）对比

5.4　HPF 融合

HPF 图像融合具体操作如下。

在 Raster 标签下，单击 Pan Sharpen→HPF Resolution Merge，打开 HPF Resolution Merge 对话框（如图 5-10 所示），并设置如下参数。

（1）输入高空间分辨率图像文件（High Resolution Input File）：spots.img。

（2）选择高分辨率图像的波段（Select Layer）。

（3）输入多光谱图像文件（Multispectral Input File）：dmtm.img。

（4）选择所使用的多光谱图像的波段（Use layers），1：7 表示选择 7 个波段。

（5）确定输出文件名与路径（Output File）：hpfmerge.img。

（6）选择输出文件的数据类型（Type）。

（7）选择多光谱图像和高空间分辨率图像像元大小之比（R）。R 值的大小会影响以下处理过程的参数设置。

（8）设置高通滤波器的大小（Kernel Size）。这个参数取决于 R 值的设定。

（9）设置高通滤波器中心位置的数值（Center Value）。这个参数也取决于 R 值的设定。

（10）设置高通滤波处理的高空间分辨率图像在融合结果计算中所占的权重（Weighting Factor）。高权重使得融合结果锐化，低权重使得融合结果平滑。

（11）第二次高通滤波设置（2 Pass Processing）：以下设置只有当 R 值大于或等于 5.5 时才有效。以下参数的设置与第一次高通滤波的参数设置类似。

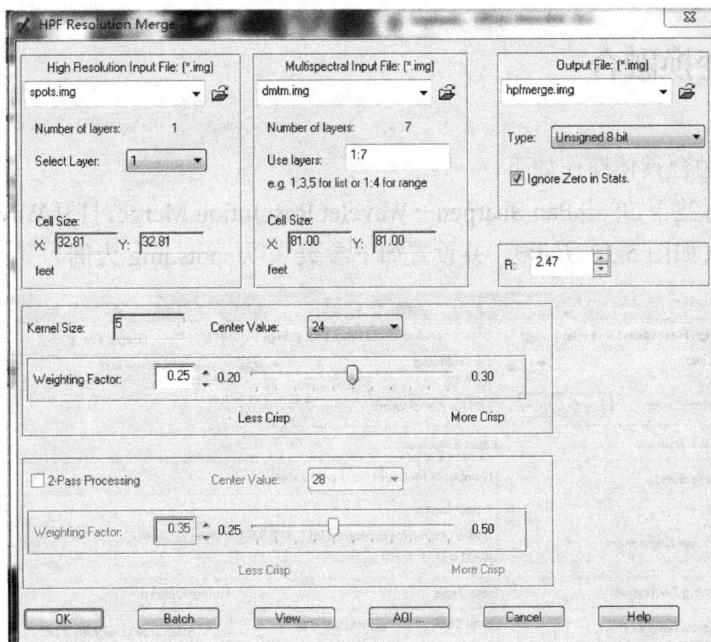

图 5-10 HPF Resolution Merge 对话框

将输出图像加载到 ERDAS 2015 中，并与原高空间分辨率图像 spots.img 对比，如图 5-11 所示。

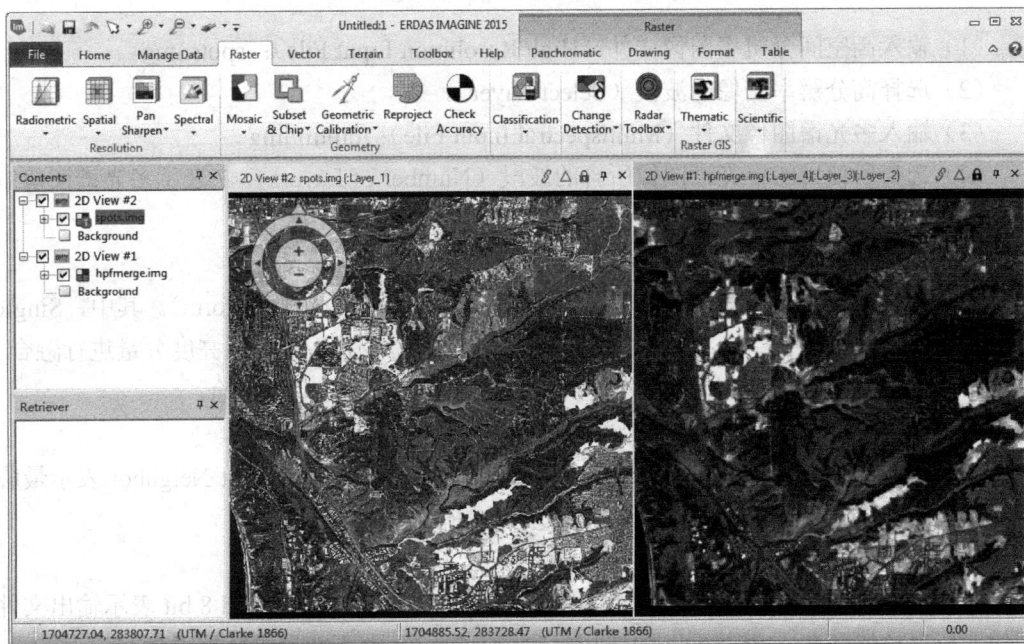

图 5-11 HPF 融合结果（右）与原图（左）对比

5.5　小波变换融合

小波变换融合具体操作如下：

在 Raster 标签下，单击 Pan Sharpen→Wavelet Resolution Merge，打开 Wavelet Resolution Merge 对话框（如图 5-12 所示），并设置如下参数（以 spots.img 为例）。

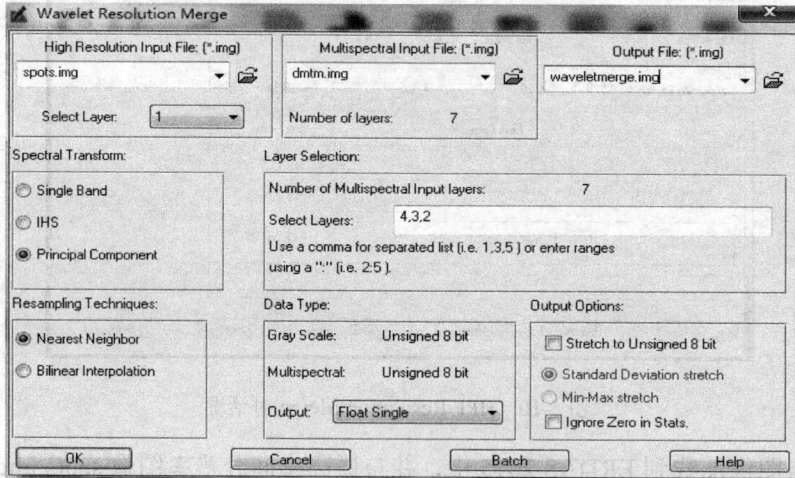

图 5-12　Wavelet Resolution Merge 对话框

（1）输入高空间分辨率图像文件（High Resolution Input File）：spots.img。

（2）选择高分辨率图像的波段（Select Layer）。

（3）输入多光谱图像文件（Multispectral Input File）：dmtm.img。

（4）选择所使用的多光谱图像所含的波段（Number of Layers），7 表示多光谱图像中包含 7 个波段。

（5）确定输出文件名与路径（Output File）：waveletmerge.img。

（6）选择多光谱图像变为单波段灰度图像的方法（Spectral Transform）。其中，Single Band 表示只选择一个波段。HIS 表示使用 HIS 方法进行变换，并使用亮度分量进行融合。Principal Component 表示使用主成分变换，并使用第一主成分进行融合。

（7）选择进行融合的多光谱图像的波段（Layer Selection）。

（8）设置重采样的方法（Resampling Techniques）。其中，Nearest Neighbor 表示最临近点插值法；Bilinear Interpolation 表示双线性内插法。

（9）设置输出文件的数据类型（Data Type）。

（10）输出文件设置（Output Options）。其中，Stretch to Unsigned 8 bit 表示输出文件的像元范围拉伸到 0～255 之间，如选择此项，则 Output 中不能设置数据类型；Ignore Zero in Stats 表示计算输出文件时忽略 0 值。

将输出图像加载到 ERDAS 2015 中，并与原高空间分辨率图像 spots.img 对比，如图 5-13 所示。

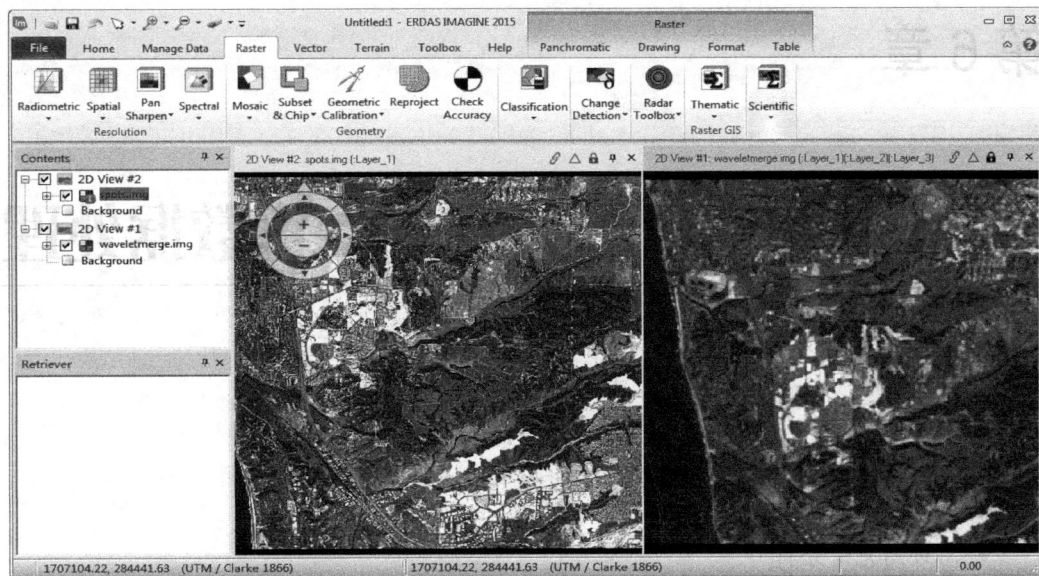

图 5-13　小波变换结果（右）与原图（左）对比

习题与练习

1. 遥感图像融合的目的及意义是什么？
2. 遥感图像融合的方法有哪些？请实验对比分析其差异和各自的特点。
3. 简述 HIS 融合的基本原理。
4. 比较分析融合处理前后的图像变化。

第6章

高光谱数据处理

● ● ● ● ● ● ● ●

本章的主要内容：

◆ 高光谱技术

◆ 基础高光谱分析

◆ 高级高光谱分析

高光谱遥感技术出现于 20 世纪 80 年代初期。由于其在光谱分辨率上的优势，被称为遥感发展的里程碑。它与传统的、全色的、多光谱遥感相比较，其覆盖着近乎连续的地物光谱信息。所以，应用高光谱技术可以极大地提高地表覆盖的识别能力，并且也提供了更多的方法来对地形要素进行分类识别。因此，世界各国对该类遥感的发展都十分重视，高光谱遥感图像处理技术也日趋成熟与深入，应用也日益广泛了。

本章介绍高光谱技术的原理和 ERDAS 中针对高光谱图像的功能模块。ERDAS 开发的 5 个基础分析工具和 3 个常用的高光谱分析功能如图 6-1 所示。

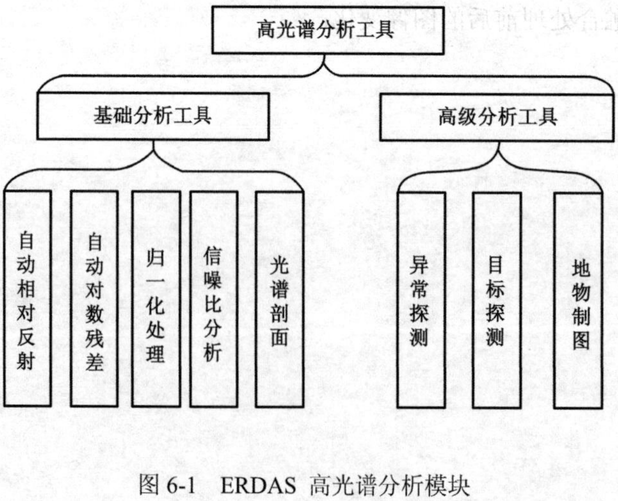

图 6-1　ERDAS 高光谱分析模块

6.1 高光谱技术

遥感成像技术的发展主要体现在以下两个方面：一是通过减小遥感器的瞬时视场角来提高遥感图像的空间分辨率；二是通过增加波段数量和减小每个波段的带宽，来提高遥感图像的光谱分辨率。高光谱遥感正是实现了成像遥感光谱分辨率的突破性，在过往微电子技术、探测技术等领域发展的基础上，光谱学与成像技术交叉融合所形成的成像光谱学和成像光谱技术。成像光谱技术在获得目标空间信息的同时，还为每个像元提供数十个至数百个窄波段光谱信息，而成像光谱仪获取的数据包括二维空间信息和一维光谱信息，所有的信息可以视为一个二维空间加一维光谱形成三维数据立方体。与传统的多光谱扫描仪相比，多光谱成像光谱仪能够得到上百个波段的连续图像，从而每个图像像元都可以提取一条光谱曲线。另外，与地面光谱辐射计相比，成像光谱仪不是"点"上的光谱测量，而是在连续空间上进行光谱测量，因此它是光谱成像的；与传统多光谱遥感相比，其波段不是离散的，而是连续的，因此，从它的每个像元均能提取一条平滑而完整的光谱曲线。

1．高光谱遥感的突出特点

（1）高光谱分辨率

高光谱遥感器—成像光谱仪能获得整个可见光、近红外、短波红外、热红外波段的多个而窄的连续光谱，波段数多至几十甚至数百个，光谱分辨率可以达到纳米级，一般为 10～20 nm，个别达 2.5 nm。由于光谱分辨率高，数十、数百个光谱图像就可以获得图像中每个像元精细的光谱曲线。地物波谱研究表明，地表物质在 0.4～2.5μm 光谱区间内均有可以作为识别标志的光谱吸收带，其带宽为 20～40 nm，成像光谱仪的高分辨率可以捕捉到这一信息。

（2）图谱合一

高光谱遥感获取的地表图像包含了地物丰富的空间、辐射和光谱三重信息，这些信息表现了地物空间分布的图像特征，同时也可能以其中某一像元或像元组为目标获得它们的辐射强度以及光谱特征。图像、辐射与光谱这三个遥感中最重要的特征的结合就成为高光谱成像，特别是成像光谱进而作为成像光谱辐射遥感信息最重要的特点。

2．高光谱技术应用领域

高光谱遥感的发展历史虽然只有短短 10 年左右的时间，但在很多国家、许多领域中已得到越来越广泛的应用，目前主要应用于植被生态、大气、地质等领域。

（1）在植被和生态研究中的应用

高光谱遥感数据能够精确估算关键生态系统过程中的生物物理和生物化学参量，特别是在大尺度上冠层水分、植被干物质和土壤生化参量的精确反演，在生态学研究中有广阔的应用前景。在生态系统方面，高光谱遥感还应用于生态环境梯度制图、光合作用色素含量提取、植被干物质信息提取、植被生物多样性监测、土壤属性反演、植被和土地覆盖精细制图、土地利用动态监测、矿物分布调查、水体富营养化检测、大气污染物监测、植被覆盖度和生物量调查、地质灾害评估等。

（2）在大气科学研究中的应用

高光谱遥感具有非常高的光谱分辨率，它不仅可以探测到常规遥感更精细的地物信息，而且能探测到更精细的大气吸收特征。大气的分子和粒子成分在反射光谱波段反射强烈，能够被高光谱仪器监测。高光谱遥感技术在大气研究中的突出应用是云盖制图、云顶高度与云层状态参数估算、大气水汽含量与分布估算、气溶胶含量估计以及大气光学特性评价等。

（3）在地质矿产中的应用

区域地质制图和矿产勘探是高光谱技术主要的应用领域之一，也是高光谱遥感应用中最成功的一个领域。自 20 世纪 80 年代以来，高光谱遥感被广泛地应用于地质、矿产资源及相关环境的调查中。最近 15 年来的研究表明，高光谱遥感可为地质应用的发展做出重大贡献，尤其是在矿物识别与填图、岩性填图、矿产资源勘探、矿业环境监测、矿山生态恢复和评价等方面。高光谱遥感能成功地应用于地质领域的主要原因是，高光谱遥感有许多不同于宽波段遥感的性质，各种矿物和岩石在电磁波谱上显示的诊断性光谱特征可以帮助人们识别不同矿物成分，高光谱数据能反映出这类诊断性光谱特征。

6.2   基础高光谱分析

6.2.1   自动相对反射

自动相对反射功能（Automatic Relative Reflectance）实质上是将 3 个高光谱图像处理功能集成在一起，首先应用归一化处理功能（Normalize）对原始图像进行归一化处理，然后应用内部平均相对反射功能（IAR Reflectance）计算内部平均相对反射，最后应用三维数值调整功能（Three Dimensional Rescale）在三维方向上对图像数值进行缩放，达到对高光谱图像的增强处理。其操作步骤如下（以 hyperspectral.img 为例，下同）：

选择 Raster 标签下的 Classification→Hyperspectral→Automatic Relative Reflectance 工具，打开 Automatic Internal Average Relative Reflectance 对话框（如图 6-2 所示）。

在该对话框中，需要设置以下参数。

（1）确定输入文件（Input File）：hyperspectral.img。

（2）定义输出文件（Output File）：

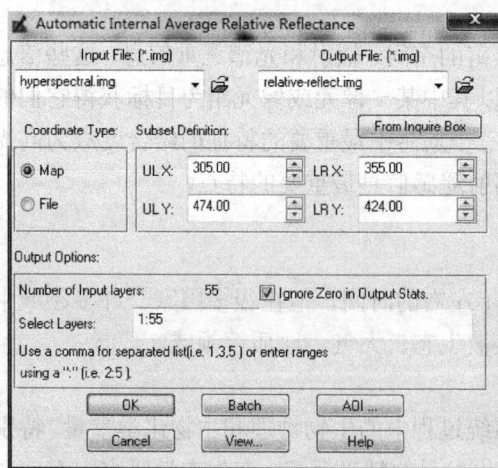

图 6-2   Automatic Internal Average
Relative Reflectance 对话框

relative-reflect.img。

（3）确定文件坐标类型（Coordinate Type）和处理范围（Subset Definition）。（默认状态为整个图像范围。）

（4）设置输出数据统计时忽略零值：选中 Ignore Zero in Output Stats 复选框。

（5）波段选择（Select Layers）：1：55（从第 1 波段到第 55 波段）。

（6）单击 OK 按钮，执行操作。

其结果与原图对比如图 6-3 所示。

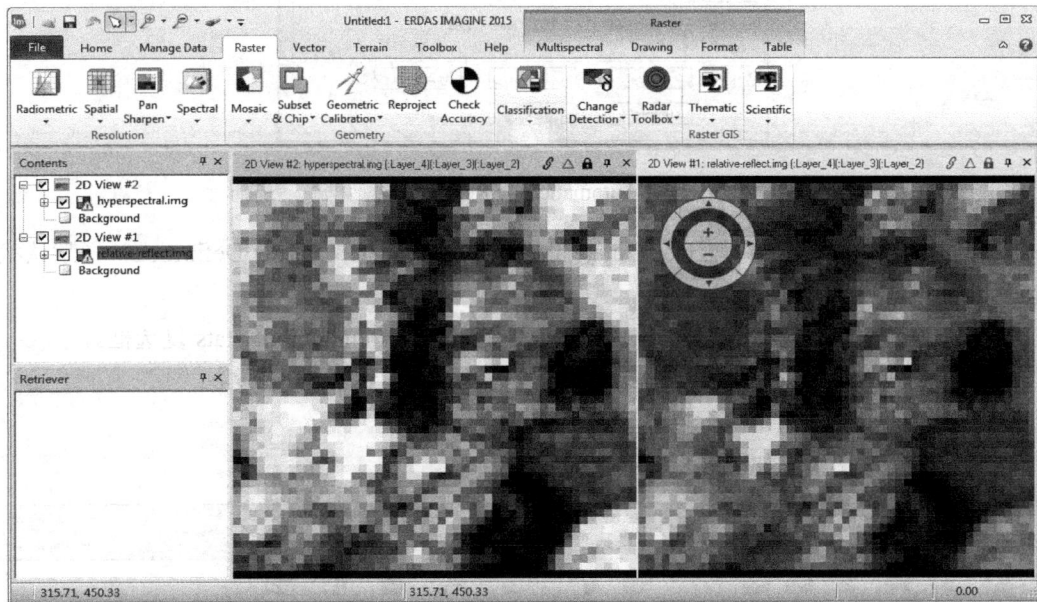

图 6-3　自动相对反射结果（右）与原图（左）对比

6.2.2　自动对数残差

自动对数残差功能（Automatic Log Residuals）实质上是将归一化处理、对数残差、三维数调整 3 个高光谱图像处理功能集成在一起，对高光谱图像进行增强处理。系统首先调用归一化处理功能（Normalize）对原始图像进行归一化处理，然后调用对数残差功能（Logarithmic Residuals）计算光谱的对数残差，最后调用三维数值调整功能（Three Dimensional Rescale）在三维方向上对图像数值进行缩放，从而对高光谱图像进行增强处理。其操作步骤如下：

选择 Raster 标签下的 Classification→Hyperspectral→Automatic Log Residuals 工具，打开 Automatic Log Residuals 对话框（如图 6-4 所示）。

在 Automatic Log Residuals 对话框中，需要设置以下参数。

（1）确定输入文件（Input File）：hyperspectral.img。

（2）定义输出文件（Output File）：logresidual.img。

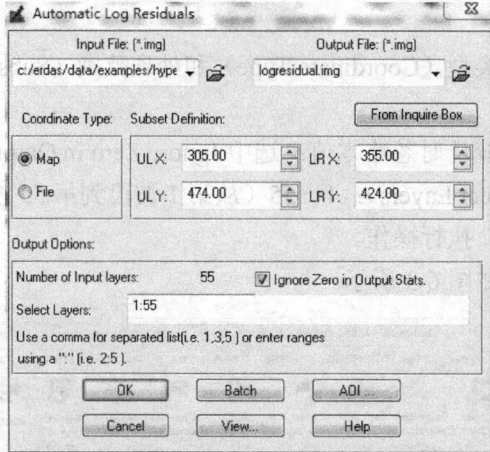

图 6-4　Automatic Log Residuals 对话框

（3）确定文件坐标类型（Coordinate Type）和处理范围（Subset Definition）。（默认状态为整个图像范围。）

（4）设置输出数据统计时忽略零值：选中 Ignore Zero in Output Stats 复选框。

（5）波段选择（Select Layers）：1：55（从第 1 波段到第 55 波段）。

（6）单击 OK 按钮，执行操作。

其结果与原图对比如图 6-5 所示。

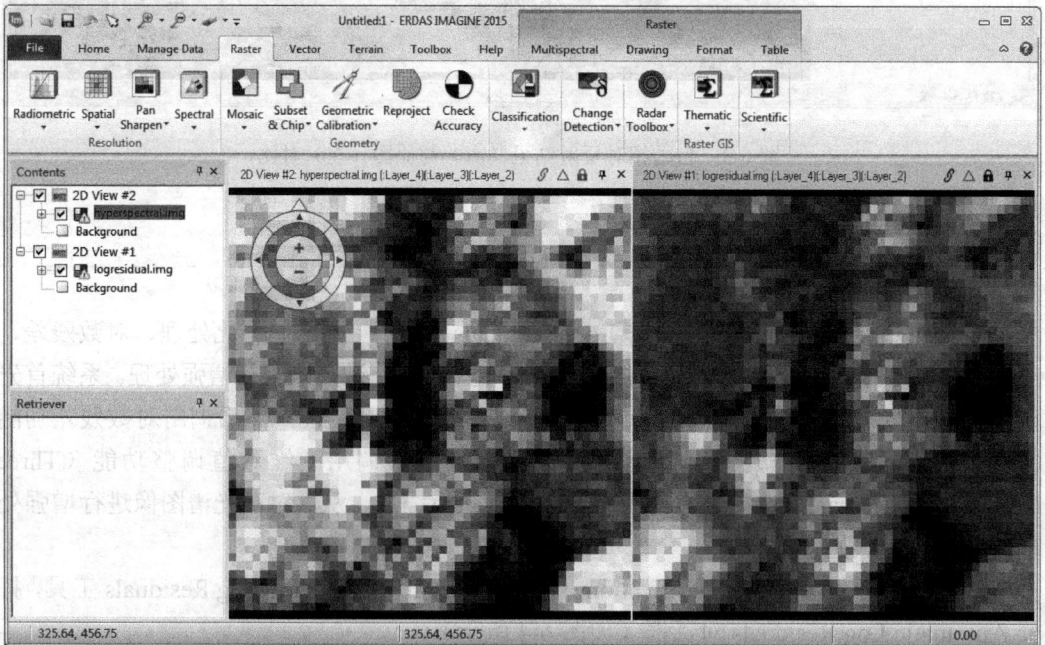

图 6-5　自动对数残差结果（右）与原图（左）对比

6.2.3　归一化处理

归一化处理（Normalize）是将高光谱图像中每一个像元的灰度值，保留其之间的相对关系，并统一到相同的总能量水平，或者说是将每个像元的光谱值统一到整体平均亮度的水平，以消除或尽量减少反照率变化地形影响所造成的差异。其操作步骤如下：

选择 Raster 标签下的 Classification→Hyperspectral→Normalize 工具，打开 Normalize 对话框（如图 6-6 所示）。

在 Normalize 对话框中，需要进行以下操作。

（1）确定输入文件（Input File）：hyperspectral.img。

（2）定义输出文件（Output File）：normalize.img。

（3）确定文件坐标类型（Coordinate Type）和处理范围（Subset Definition）。（默认状态为整个图像范围。）

（4）设置输出数据统计时忽略零值：选中 Ignore Zero in Output Stats 复选框。

（5）波段选择（Select Layers）：1：55（从第 1 波段到第 55 波段）。

（6）单击 OK 按钮，执行操作。

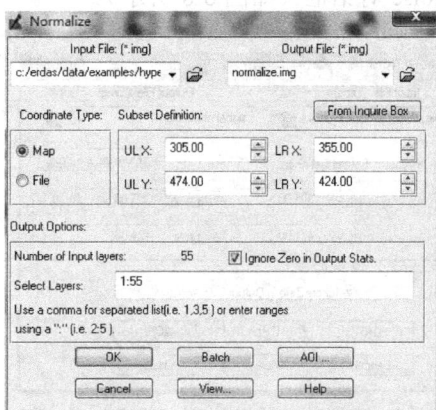

图 6-6　Normalize 对话框

将归一化结果加载到 ERDAS 2015 中与原图对比如图 6-7 所示。

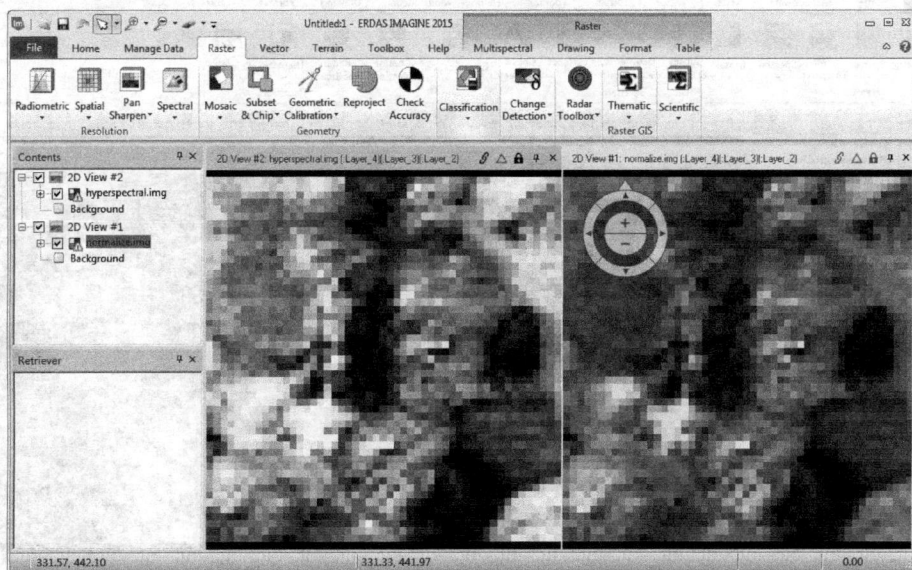

图 6-7　归一化处理结果（右）与原图（左）对比

6.2.4 信噪比功能

信噪比反映了摄像机成像的抗干扰能力，反映在画质上就是画面是否干净无噪点。信噪比功能（Signal to Noise）通过对原始高光谱图像进行 3×3 移动窗口处理，首先分别计算每个窗口像元的平均值和标准差，然后以平均值和标准差之比来计算每个像元的信噪比，最后对信噪比进行拉伸输出信噪比图像，用于直观评价各个波段的可利用程度及利用效力。其操作过程如下：

选择 Raster 标签下的 Classification→Hyperspectral→Signal to Noise 工具，打开 Signal To Noise 对话框（如图 6-8 所示）。

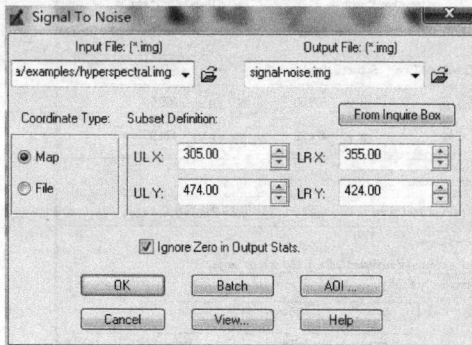

图 6-8　Signal To Noise 对话框

在 Signal To Noise 对话框中，需要进行以下参数的设置。

（1）确定输入文件（Input File）：hyperspectral.img。

（2）定义输出文件（Output File）：signal-noise.img。

（3）确定文件坐标类型（Coordinate Type）和处理范围（Subset Definition）。（默认状态为整个图像范围。）

（4）设置输出数据统计时忽略零值：选中 Ignore Zero in Output Stats 复选框。

（5）单击 OK 按钮，执行操作。

将信噪比图像加载到 ERDAS 2015 中与原图对比如图 6-9 所示。

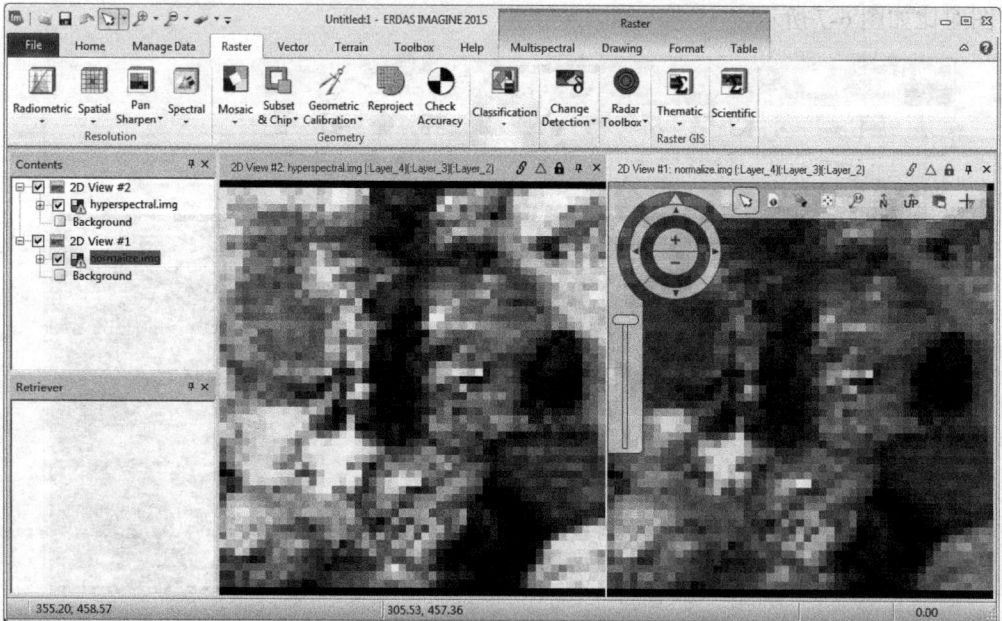

图 6-9　信噪比处理结果（右）与原图（左）对比

6.2.5　光谱剖面

光谱剖面（Spectral Profile）反映的是一个像元在各波段反射光谱值变化曲线，是分析高光谱数据的基础，有助于估计像元内地物的化学成分，从而展开解译工作。其操作过程如下：

在打开一张高光谱图像（hyperspectral.img）后，在增加的 Raster 功能区部分选择 Multispectral 标签下的 Utilities→Spectral Profile 命令，此时会弹出 SPECTRAL PROFILE 视窗（如图 6-10 所示）。

在 SPECTRAL PROFILE 视窗中，进行如下操作。

（1）选择工具条中的 ➕ 按钮，以创建一个新的剖面点。

（2）在以加载的高光谱图像中选择像元，单击 OK 按钮。

（3）此时，在 SPECTRAL PROFILE 视窗中会自动生成该像元的光谱剖面曲线。曲线的横坐标是光谱波段号，纵坐标是像元反射值。

（4）重复上述过程，可以生成多个像元的光谱剖面曲线。

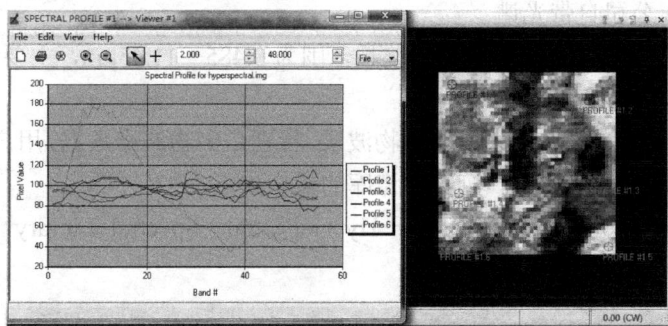

图 6-10　SPECTRAL PROFILE 视窗

应用 SPECTRAL PROFILE 视窗编辑命令，可以对光谱剖面曲线进行打印、保存和编辑。

（1）单击 File→Print 命令，打开 Printer 设置对话框，可以打印曲线。

（2）单击 File→Save As 命令，可以注记文件格式或者 EPS 格式保存剖面曲线文件。

（3）单击 File→Export Data 命令，可以输出剖面曲线文件（*.sif）。

（4）单击 Edit→Chart Options 命令，可编辑曲线。

（5）单击 Edit→Chart Legend 命令，可编辑图例。

（6）单击 Edit→Plot Stats 命令，打开 Spectral Statistical 对话框，绘制所选像元周围点的简单统计值曲线。

6.2.6　光谱数据库

光谱数据库（Spectral Library）是由高光谱成像光谱仪在一定条件下所测得的各类地

物反射光谱数据的集合。其在处理高光谱数据的过程中具有十分重要的意义，特别是在需要准确地解译遥感图像信息、快速实现未知地物的匹配时更是起着至关重要的作用。同时，由于高光谱成像光谱仪产生了庞大的数据量，建立地物光谱数据库，运用先进的计算机技术来保存、管理和分析这些信息，是提高遥感信息的分析处理水平并使其能得到高效、合理之应用的唯一途径，并给人们认识、识别及匹配地物提供了基础。

而在 ERDAS 2015 中，包含了以下三种光谱数据库。

（1）美国喷气推进实验室（Jet Propulsion Laboratory，JPL）光谱

JPL 对 160 种不同粒度的常见矿物进行了测试，并同时进行了 X 光测试分析。最后按照小于 45μm、45～125μm、125～500μm 3 种粒度，分别建立了 3 个光谱库（JPL1、JPL2、JPL3），突出反映了粒度对光谱反射率的影响。所以，在 ERDAS 2015 中可以看到软件用红、绿、蓝 3 种颜色来区别这 3 种粒度。

（2）美国地质勘测局（United States Geological Survey，USGS）光谱

该光谱由美国地质勘测局建立，波长范围为 0.2～3.0μm，包含了近 500 种典型矿物。其近红外波长精度为 0.5 nm，可见光波长精度为 0.2nm。

（3）ERDAS 公司自带光谱

该光谱由 ERDAS 公司自己建立，波长范围为 0.485～11.45μm，主要包含了城市、土壤、水体这 3 种反射波谱。

以上 3 种光谱库中包含了大量的地物波谱，特别是矿物波谱数据，用户可以随时浏览，并与自己的研究进行对比分析。浏览光谱库的操作如下：

选择 Raster 标签下的 Classification→Hyperspectral→Spectral Library 工具，打开 Spec View 对话框（如图 6-11 所示）。

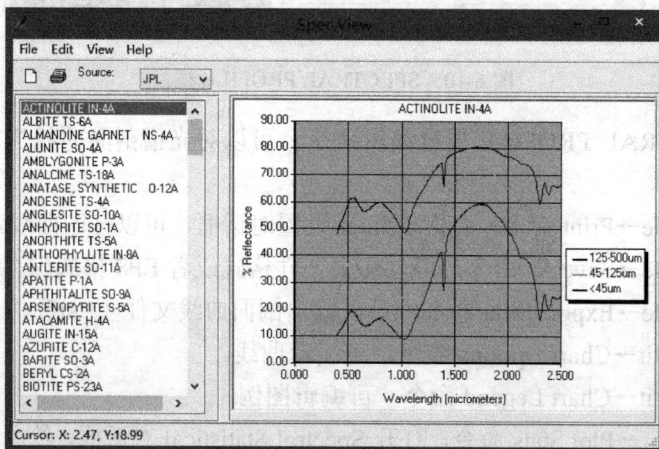

图 6-11　Spec View 对话框

在此对话框中可以按照需求进行如下操作。

（1）确定数据源（Source）：JPL。

（2）选择所显示的光谱曲线：ACTINOLITE IN-4A。

（3）若要对表格的显示区间或者分度值进行调整，则可选择 Edit→Chart Options 进行调整。

（4）若要对曲线的颜色或者图例进行修改，则可选择 Edit→Chart Legend 进行修改。

（5）若要浏览光谱数据表格，则可以单击 View→Tabular 查看表格。

6.3　高级高光谱分析

6.3.1　异常探测

异常探测（Anomaly Detection）功能是通过搜索整幅输入图像的像元，发现哪些像元存在显著不同。其操作流程图如图 6-12 所示。

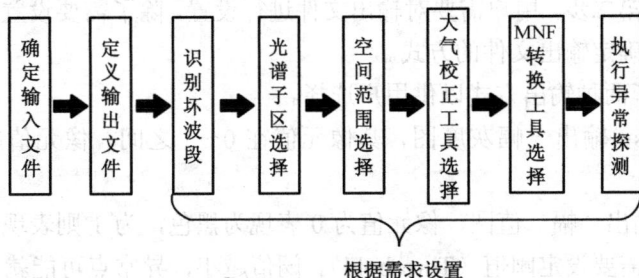

图 6-12　异常探测操作流程图

选择 Raster 标签下的 Classification→Hyperspectral→Anomaly Detection 工具，开始异常探测。

（1）确定输入文件（如图 6-13 所示）。

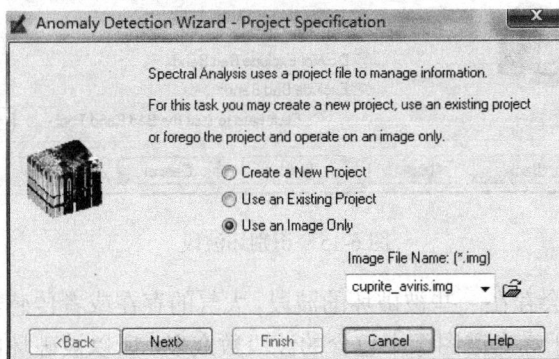

图 6-13　确定输入文件

在异常探测的第一步，ERDAS 可以结合已有的探测方式与图像进行异常探测，也可以仅仅凭图像进行探测。在这里，我们选择仅输入图像进行探测，并输入待测图像。设置完毕后，单击 Next 按钮进行下一个步骤。

（2）定义输出文件（如图 6-14 所示）。

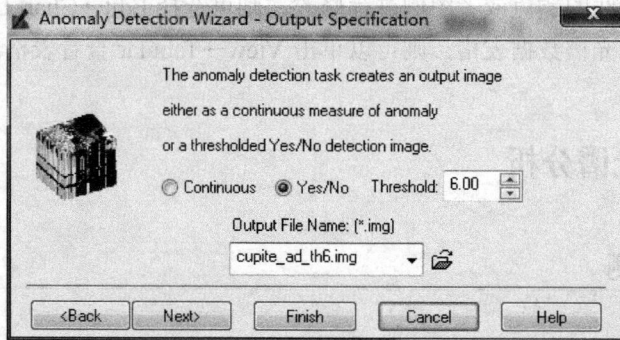

图 6-14　定义输出文件

在异常探测的第二步，用户需要对输出文件进行设置。除了需要设置输出文件的路径和名称之外，还要确定输出文件的方式。

ERDAS 提供了两种输出方式以供用户选择。

① Continuous：输出一幅灰度图，其像元值在 0～1 之间。像元值越大，灰度值也越小。

② Yes/No：输出一幅二值图，像元值为 0 表现为黑色，为 1 则表现为白色。如果选择输出二值图，则需要设定阈值（Threshold）。阈值越小，异常点可能就会越多。

设置完成后，异常探测的必须选择流程已经结束。此时，可以单击 Next 按钮进行下一个步骤，也可以单击 Finish 按钮完成设置。此例中，单击 Next 按钮继续设置。

（3）识别坏波段（如图 6-15 所示）。

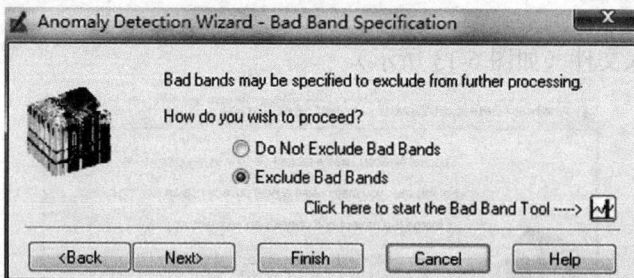

图 6-15　识别坏波段

高光谱图像可能会存在一些被破坏的波段。大气的存在或者传感器的性能原因都可能造成波段被破坏。由于高光谱图像中包含的波段数众多，所以被破坏的波段也可能会出现更多。如果在处理高光谱图像过程中没有剔除这些坏波段，则处理的结果往往难以令人满意。为了避免这种情况，在处理高光谱图像之前，应预先剔除一些波段不参与计算。

因此，在异常探测的第三步，应选择"排除坏波段"（Exclude Bad Bands），并单击右下角的▨图标，打开坏波段选择工具框（如图 6-16 所示）。

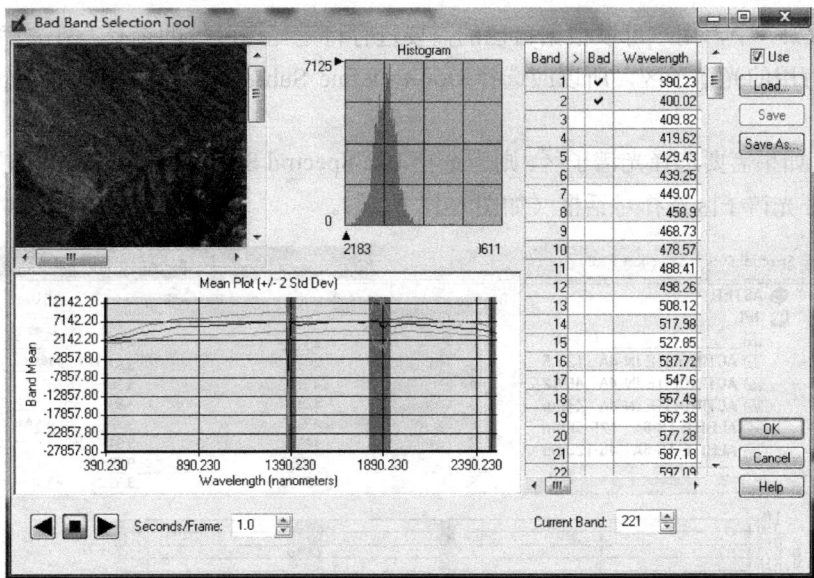

图 6-16　坏波段选择工具框

在该工具框中，有 4 个窗口，分别是所选波段图像预览窗口、图像直方图窗口（Histogram）、光谱曲线窗口和波段列表窗口。在该窗口中，应进行如下操作：

① 双击列表中的波段，可以进行波段的选择，会在光谱曲线窗口以黄线表示。

② 单击波段列表中第二列可对对应波段进行预览。其波段图像会出现在图像预览窗口中。光谱曲线窗口中以蓝线表示预览波段。

③ 单击列表中第三列可将对应波段标记为坏波段。坏波段会在列表的"Bad"栏中标记出来，并在光谱曲线窗口中以红线表示。

④ 单击左下角◀按钮将以动画方式向前播放波段，并显示预览，单击▶按钮可向后播放，单击■按钮可停止播放。

⑤ 根据波段的目视情况标识出坏波段为 1，2，108-113，153-166，221-224 波段（见图 6-16）。

⑥ 选中 Use 复选框，单击 OK 按钮，完成坏波段识别。

⑦ 在如图 6-15 所示的对话框中单击 Next 按钮继续进行设置。

（4）光谱子区选择（如图 6-17 所示）。

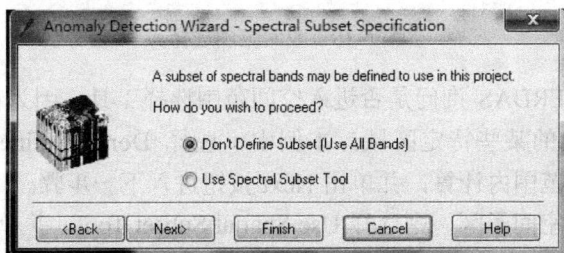

图 6-17　光谱子区选择

在图 6-17 中，用户可以根据自己的需要进行特定光谱区域的选择。在本例中，因为并未确定有用的光谱子区，所以应选择 Don't Define Subset（Use All Bands）。单击 Next 按钮继续。

然而，如果需要选择光谱子区，则应选择 Use Spectral Subset Tool，并单击右下角的 图标，打开光谱子区选择对话框（如图 6-18 所示）。

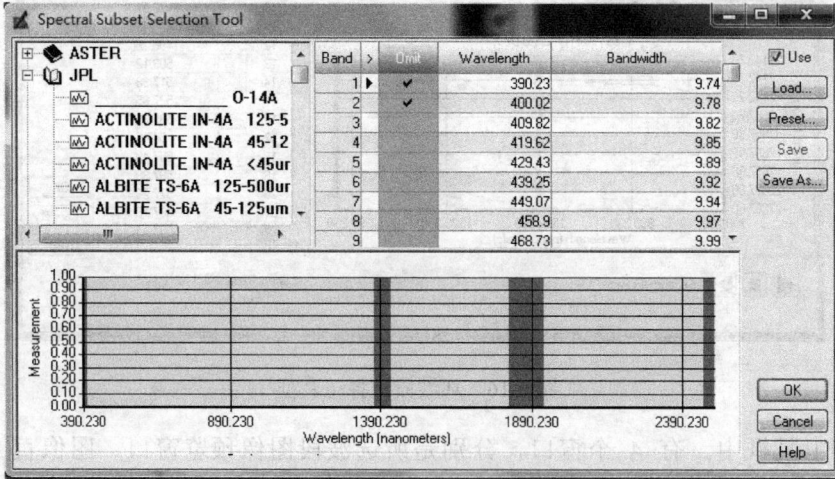

图 6-18 选择光谱子区

在此对话框中有三个窗口：光谱库选择窗口、波段选择窗口和光谱曲线显示窗口。用户可以单击或拖曳波段选择窗口中 Band 字段下的数字进行波段选择，选择的波段会显示在光谱曲线窗口中；也可以从光谱库中选择特定的地物，并拖曳光谱曲线窗口，然后根据地物光谱曲线的特征，从波段显示窗口中进行选择，最后将选择的波段进行存储。

（5）空间范围选择（如图 6-19 所示）。

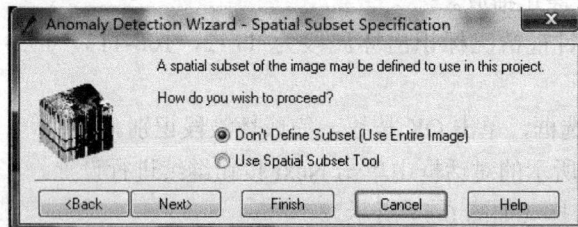

图 6-19 空间范围选择

在此对话框中，ERDAS 询问是否进入空间范围选择工具。因为在某些场合，用户可能只希望计算图像中的某些特定区域。本例中，选择 Don't Define Subset（Use Entire Image），在整个图像范围内计算，并单击 Next 按钮进入下一步骤。

而如果需要选择空间子区，则选择 Use Spatial Subset Tool，并单击右下角的 按钮打开空间范围选择对话框（如图 6-20 所示）。

在此对话框中，用户可以使用查询框或者利用已有的 AOI 文件确定计算范围，并可将选取结果作为文件储存。

（6）大气校正工具选择（如图 6-21 所示）。

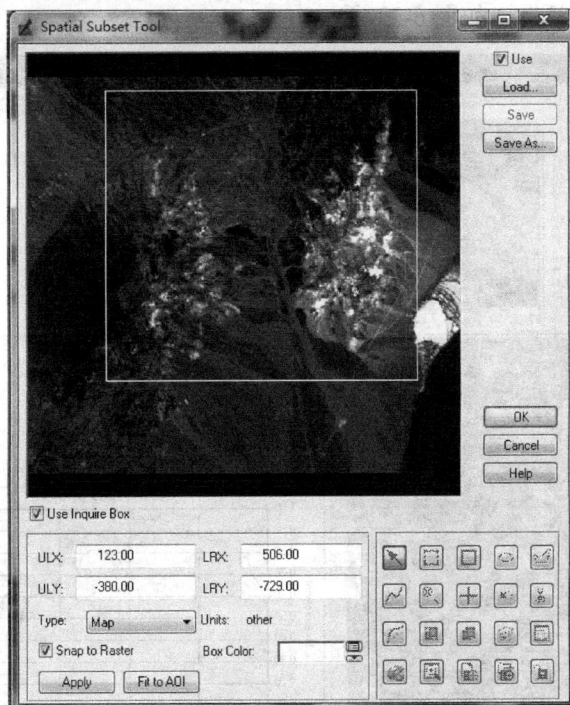

图 6-20 空间范围选择对话框

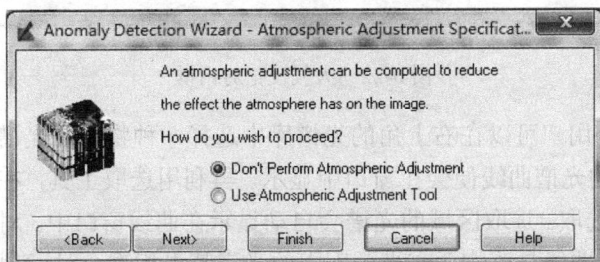

图 6-21 大气校正工具选择

在此对话框中，用户需要对是否进行大气校正做出选择。

大气校正的目的是去除地球大气对电磁波的吸收和反射对高光谱图像的影响，并使图像的灰度值转换到具有物理意义的反射率。为了达到这个目的，通常有两种途径：一是大气模型方法，二是经验方法。前者试图通过定量分析图像获取时大气的组分，从而计算出可能产生的影响；后者则是根据图像获取时地面上的真实情况来进行校正的。ERDAS 的高光谱大气校正正是利用地面上一些受大气影响不大的区域的光谱数据，使用后者来进行大气校正的。

本例中，因不需要特意进行大气校正，故选择 Don't Perform Atmospheric Adjustment，

并单击 Next 按钮继续。

如果需要进行大气校正，则选择 Use Atmospheric Adjustment Tool，并单击右下角的 □ 按钮打开大气校正对话框（如图 6-22 所示）。

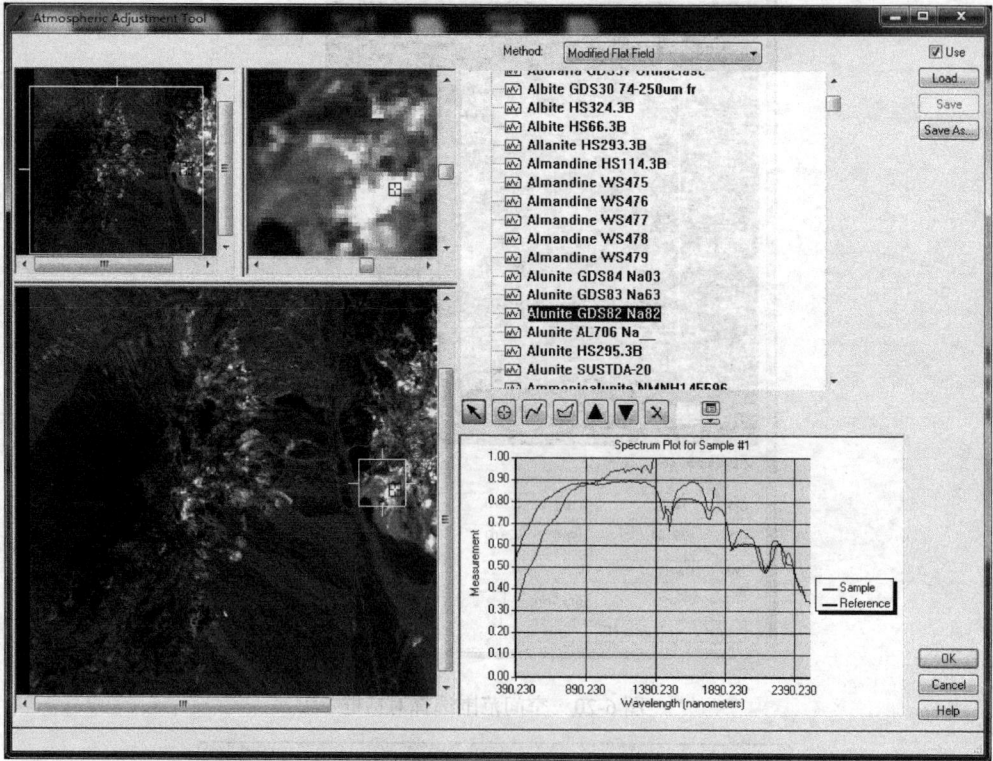

图 6-22　大气校正对话框

在此对话框中，用户可以在右上角的光谱库中选择一种物质的光谱到下方的光谱曲线窗口中，则该物质的光谱曲线便会在窗口中显示。再利用选取工具，在图像中可能存在该种物质的区域进行选取。选取区域的光谱会自动显示在曲线窗口中。对比所获得的光谱曲线，当取样点的光谱曲线与该物质在光谱库中的光谱基本相吻合时，则将其作为地面经验，然后根据 Method 中选择的方法进行大气校正。

（7）MNF 转换工具选择（如图 6-23 所示）。

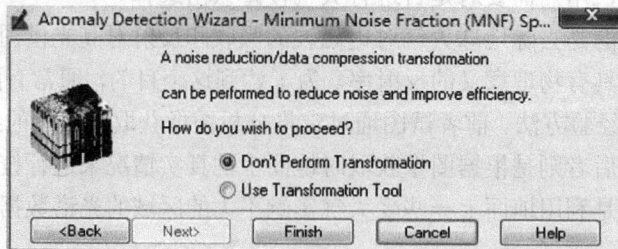

图 6-23　MNF 转换工具选择

在大气校正对话框之后，弹出了 MNF 转换工具选择对话框。该对话框询问用户是否使用 MNF（Minimum Noise Fraction）方法进行处理。使用 MNF 方法可以将噪声成分从图像信息中分离出去，适用于需要降低图像噪声或者处理超大数据量的情形。

在本例中，因不需要进行 MNF 转换，故应选择 Don't Perform Transformation 选项。直接单击 Finish 按钮。

如果需要进行 MNF 转换，则应选取 Use Transformation Tool 选项，并单击右下角的 MNF 按钮，打开 MNF 转换工具对话框（如图 6-24 所示）。

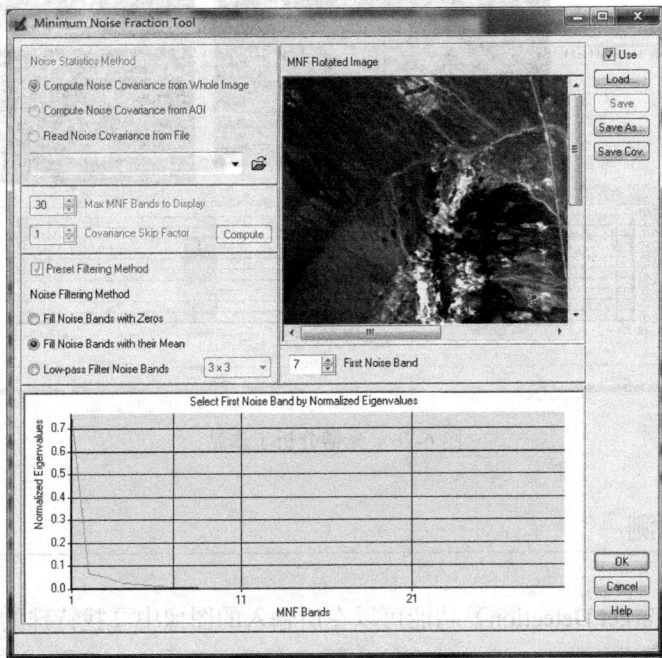

图 6-24　MNF 转换工具对话框

在此对话框中，用户可以选择计算协方差的空间范围，选择滤波方法。单击 Compute 按钮预览结果。

（8）执行异常探测。

在 MNF 转换工具对话框中单击 Finish 按钮之后，弹出了异常探测执行对话框（如图 6-25 所示）。

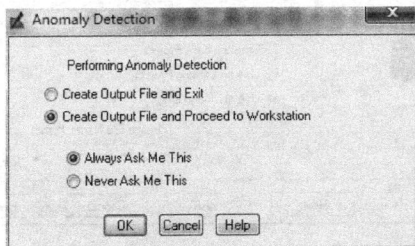

图 6-25　异常探测执行对话框

选中 Create Output File and Proceed to Workstation 选项，单击 OK 按钮，执行异常探测并打开光谱分析工作站（如图 6-26 所示），用于查看探测结果及异常点的光谱特征。

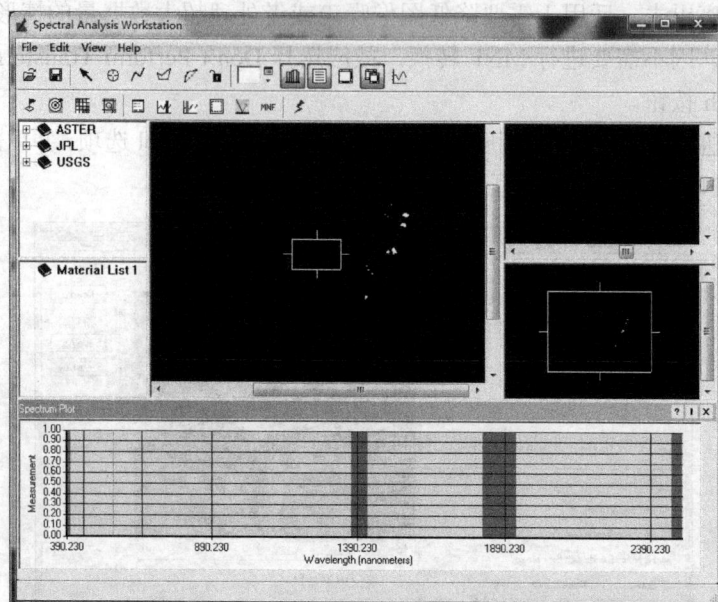

图 6-26　光谱分析工作站

6.3.2　目标探测

目标探测（Target Detection）功能可以在所输入的图像中寻找特殊的目标地物。通过与已知的地物光谱进行比对，该功能会输出标记有目标范围的灰度图或二值图。其操作流程与异常探测时操作类似，相似的部分在此不再赘述。其操作流程如下（以 cuprite_aviris.img 为例）：

选择 Raster 标签下的 Classification→Hyperspectral→Target Detection 工具，开始目标探测。

（1）确定输入文件（如图 6-27 所示）。

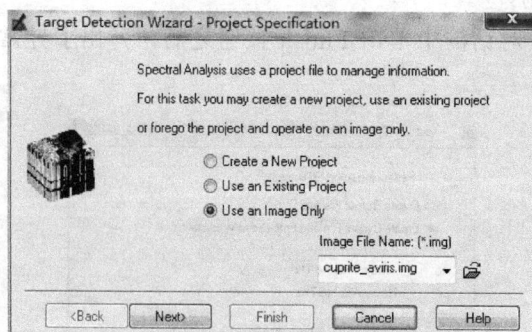

图 6-27　确定输入文件

在选中 Use an Image Only 选项之后，将 cuprite_aviris.img 设置为输入文件，单击 Next 按钮继续。

（2）探测目标光谱的选择（如图 6-28 所示）。

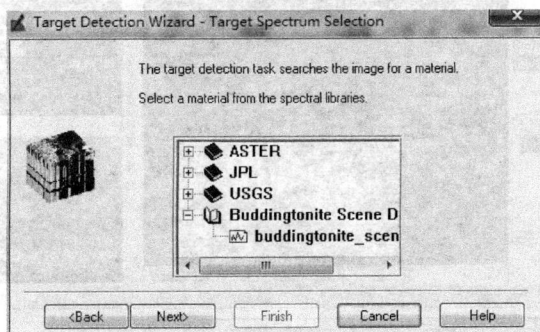

图 6-28　探测目标光谱的选择

在此对话框中，用户需要选择目标地物在光谱库中的目标光谱。此例中，必须在选择器中右击打开快捷菜单，选择打开一个光谱库文件（Open a spectrum library）选项。在弹出的文件选择器中选择 examples/buddingtonite_scenederived.spl 文件，并单击 OK 按钮。之后，在光谱库选择器中选择新加入的 buddingtonite_scenederived（如图 6-28 所示）。单击 Next 按钮，进入目标探测的下一个步骤。

（3）设置目标探测输出文件（如图 6-29 所示）。

类似于异常探测中的步骤，将输出图像设置为二值图，并确定输出路径与输出文件名。单击 Finish 按钮并在弹出的目标探测执行对话框（如图 6-30 所示）中选择 Create Output File and Proceed to Workstation 选项，并单击 OK 按钮。

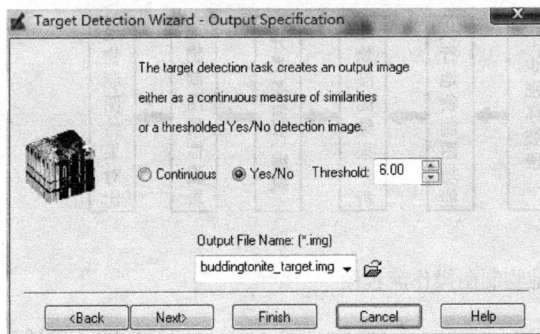

图 6-29　设置目标探测输出文件

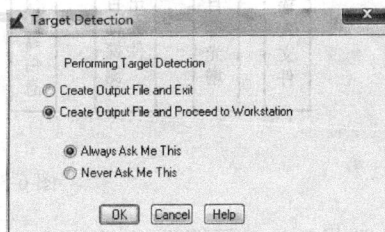

图 6-30　目标探测执行对话框

设置完成之后，便会执行目标探测并打开光谱分析工作站（Spectral Analysis Workstation）（如图 6-31 所示）。在该工作站中可以查看目标地物的范围和目标地物的光谱曲线。

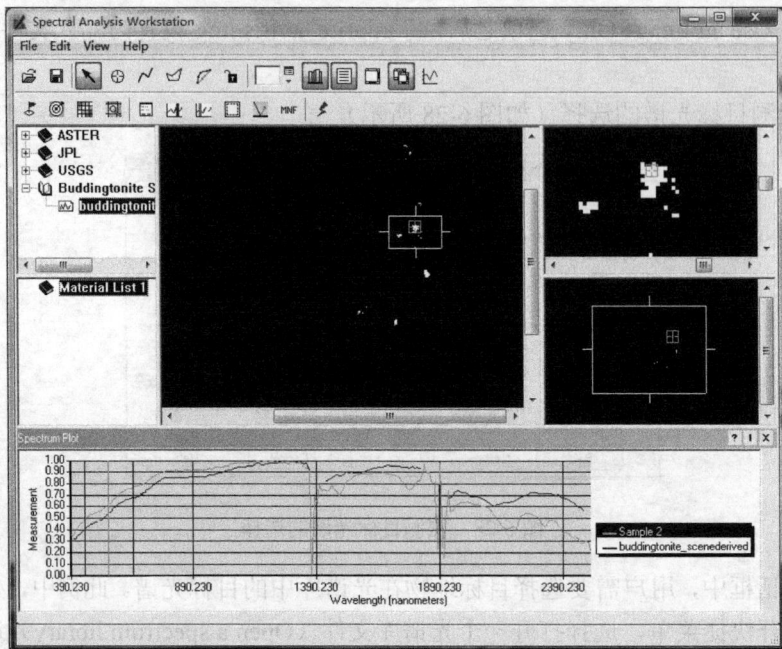

图 6-31　光谱分析工作站

6.3.3　地物制图

地物制图（Material Mapping）是指根据用户输入的感兴趣的地物的光谱特征，在输入图像中寻找地物的分布。其操作流程图如图 6-31 所示（以 cuprite_aviris.img 为例）。

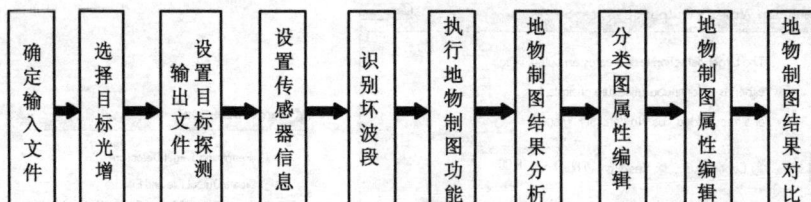

图 6-32　地物制图操作流程图

选择 Raster 标签下的 Classification→Hyperspectral→Material mapping 工具，开始地物制图。

（1）确定输入文件（如图 6-33 所示）。

在选中了 Use an Image Only 选项之后，将 cuprite_aviris.img 设置为输入文件，单击 Next 按钮继续。

（2）选择目标光谱（如图 6-34 所示）。

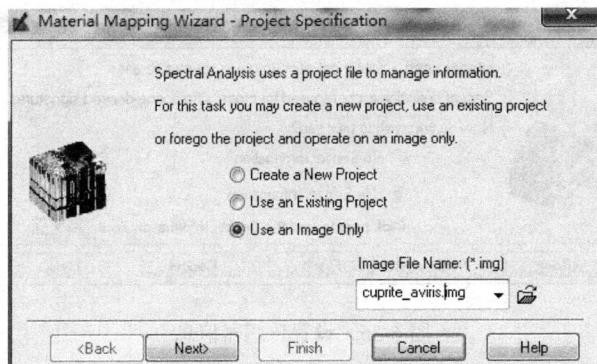

图 6-33 确定输入文件

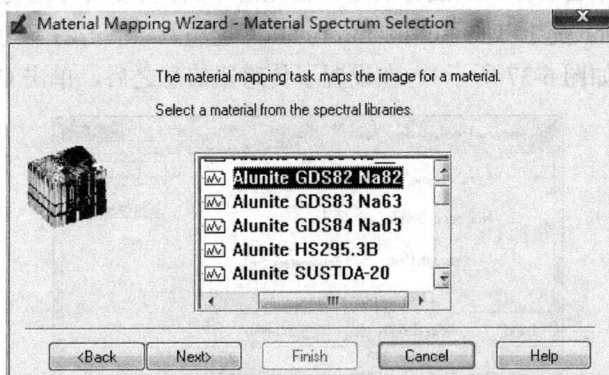

图 6-34 选择目标光谱

在目标光谱选择器中，选择 USGS（United States Geological Survey，美国地质调查局）光谱库中的 Alunite GDS82 Na82 光谱文件。

选择完成后，单击 Next 按钮继续。

（3）设置目标探测输出文件（如图 6-35 所示）。

在此对话框中，用户需要进行输出路径和输出文件的设置。与异常探测和目标探测时不同，在执行地物制图操作时，不需要进行输出图像类型的选择。

（4）设置传感器信息（如图 6-36 所示）。

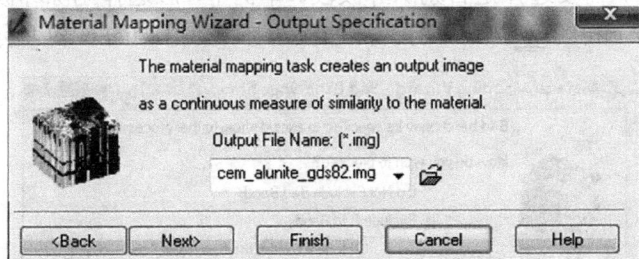

图 6-35 设置目标探测输出文件

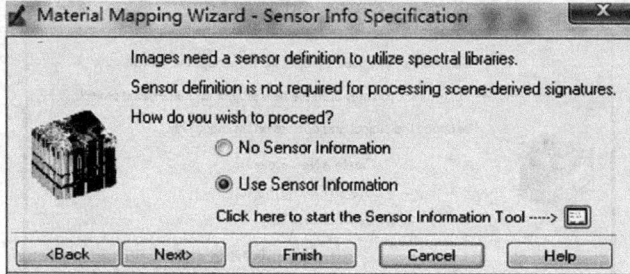

图 6-36　设置传感器信息

　　在设置传感器信息对话框中，用户需要选择是否进行传感器信息设置。由于本例中地物制图的信号不是来自要分析的图像而是来自光谱库，需要使目标地物的光谱与图像的波段信息相匹配，因此应选择 Use Sensor Information 选项，并单击右下角的 ▦ 图标，进入传感器信息对话框（如图 6-37 所示），在设置了传感器信息之后，单击 OK 按钮退出。

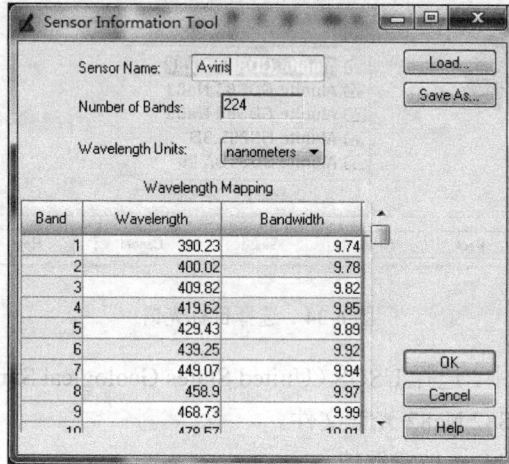

图 6-37　传感器信息对话框

　　在回到设置传感器信息对话框之后，单击 Next 按钮，进入下一个步骤。

　　（5）识别坏波段（如图 6-38 所示）。

　　在此对话框中，需要选择是否剔除坏波段。本例中，应选择剔除坏波段（Exclude Bad Bands）。并单击右下角的 ⩓ 按钮，打开坏波段选择工具（如图 6-39 所示）。

图 6-38　识别坏波段

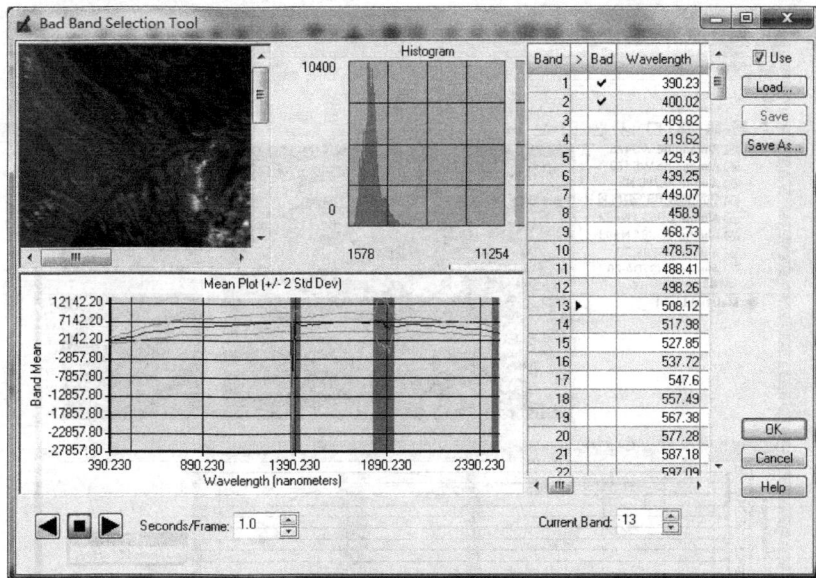

图 6-39　坏波段选择工具

与异常探测时类似，在地物制图过程中，在预览窗口对各个波段的图像进行预览，对预览效果不佳的波段进行剔除。从下方的光谱曲线图中，可以看出坏波段的大致区间。在选择完成后，单击 OK 按钮退出。

在识别坏波段对话框中单击 Finish 按钮，开始地物制图。

（6）执行地物制图功能（如图 6-40 所示）。

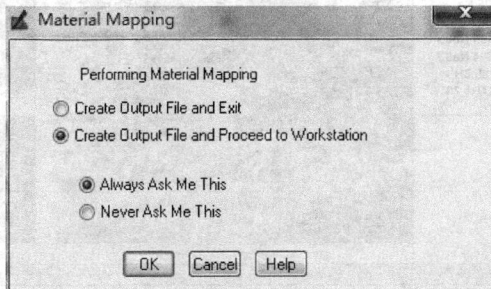

图 6-40　执行地物制图功能

在此对话框中，选择 Create Output File and Proceed to Workstation。最后单击 OK 按钮执行地物制图并打开光谱分析工作站（如图 6-41 所示）。用户可以在工作站中查看地图制图结果。

（7）地物制图结果分析（如图 6-42 所示）。

在打开光谱分析工作站（见图 6-41）之后，单击 File 菜单下的 Open Overlay 选项，选择 example/cuprite_classfied_map.img 文件打开，即图像的分类文件，进行地物制图结果分析，如图 6-42 所示。

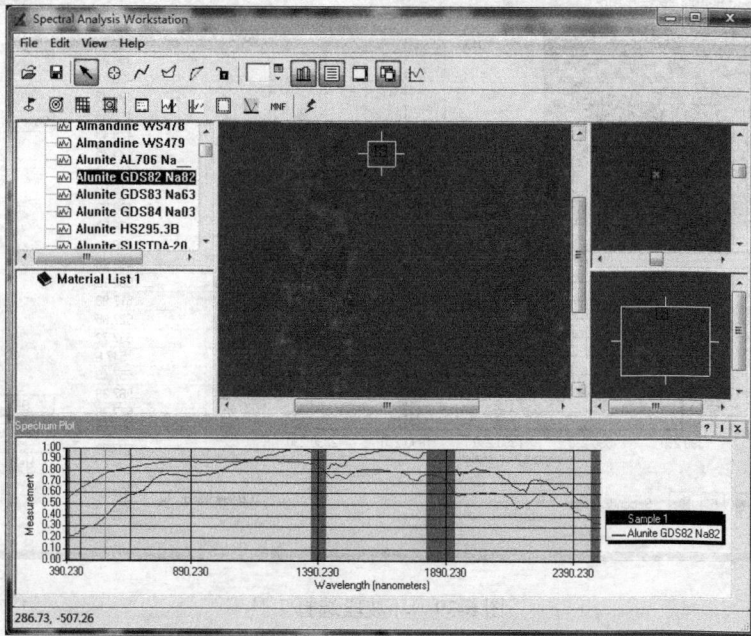

图 6-41　光谱分析工作站

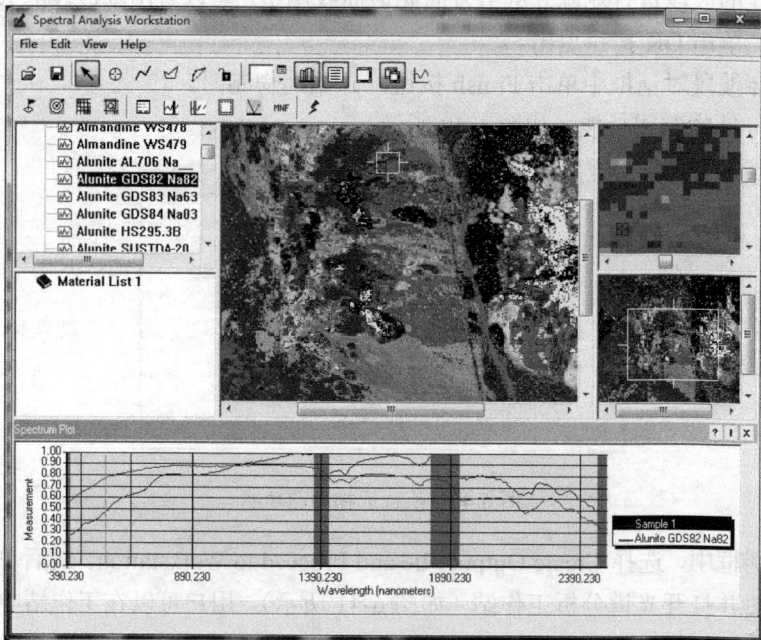

图 6-42　地物制图结果分析

（8）分类图属性编辑（如图 6-43 所示）。

在光谱分析工作站的主窗口中右击，选择 Arrange Layer 选项，开始整理图层（如图 6-43 所示）。

在此对话框中，右击 cuprite_classified_map.img 图层。在弹出菜单中选择属性编辑器（Attribute Editor）（如图 6-44 所示）。

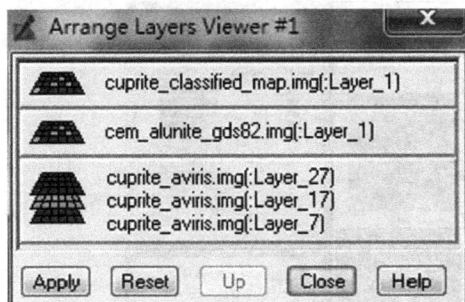

图 6-43　分类图属性编辑

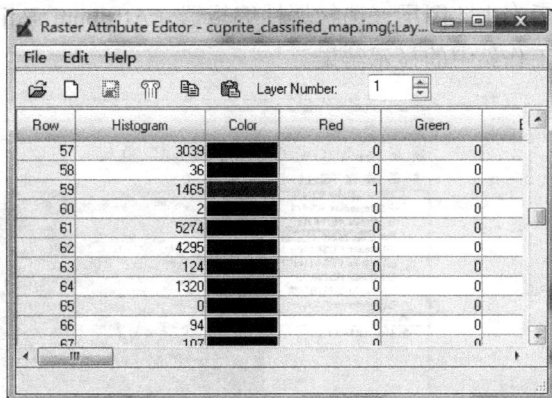

图 6-44　属性编辑器

在该编辑器中，右击 Row 字段下的任意记录，选择 Select All 选项，选中所有记录。再单击 Color 字段下的颜色框，选择黑色。这样，便可将图层中所有的像元均显示为黑色。

接着，再将 Row 字段下的 59 和 80 的颜色设置为红色。之后保存设置，观察光谱分析工作站中的分类结果（如图 6-45 所示）。

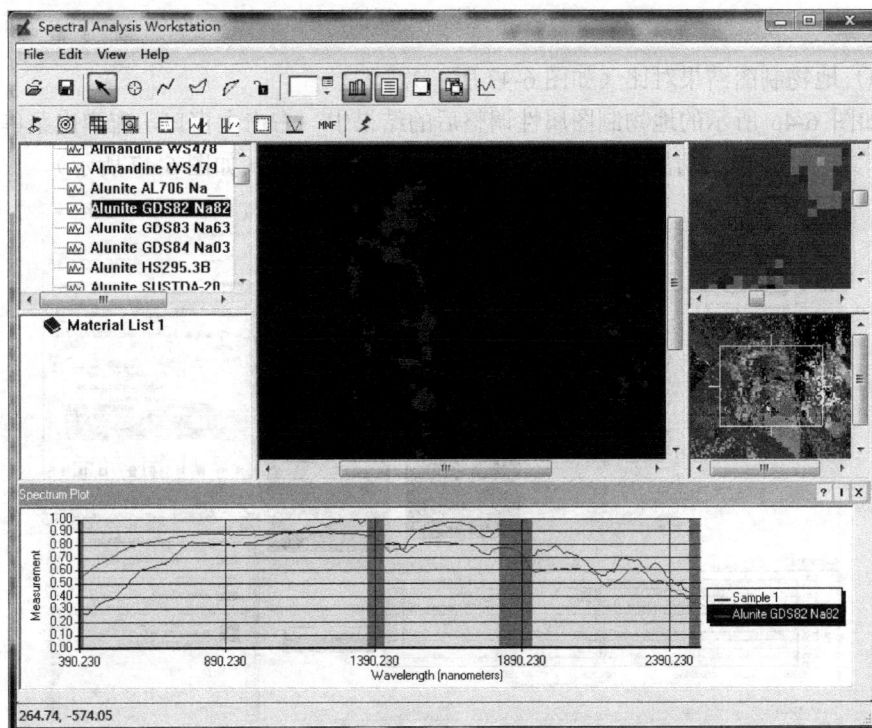

图 6-45　光谱分析工作站中的分类结果

（9）地物制图属性编辑（如图 6-46 所示）。

在如图 6-43 所示的对话框中，将地物制图结果 cem_alunite_gds82.img 放至顶层，然后右击此图层，选择属性编辑器（Attribute Editor），将第 103～255 行设置为绿色。观察工作站中的显示结果。

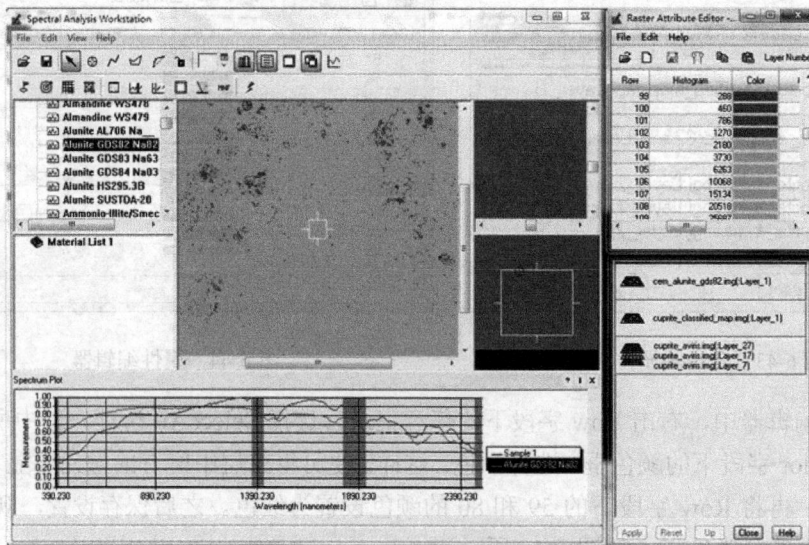

图 6-46 地物制图属性编辑

（10）地物制图结果对比（如图 6-47 所示）。

在如图 6-46 所示的地物制图属性调整后的结果中，右击主窗口，在弹出菜单中选择 Swipe 工具，使用卷帘功能分析地物制图结果和分类图结果（如图 6-47 所示）。

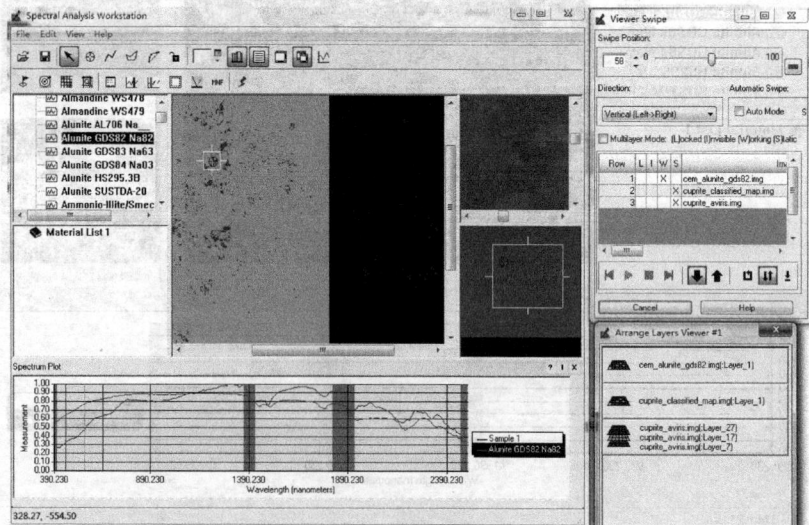

图 6-47 地物制图结果对比

习题与练习

1. 比较高光谱遥感数据和多光谱遥感数据的特点。
2. 从高光谱遥感图像中提取曲线，并比较分析。
3. 与多光谱探测比较，高光谱探测的优势有哪些？

第 7 章

无人机遥感测量

∙ ∙ ∙ ∙ ∙ ∙ ∙ ∙

本章的主要内容：

- ◆ PLS 工程管理器对话框
- ◆ 无人机数据处理流程
- ◆ 数据准备
- ◆ 无人机图像数据处理
- ◆ 空中三角测量
- ◆ 提取 DEM
- ◆ 正射校正
- ◆ 无人机图像数据处理
- ◆ 图像镶嵌

　　无人机遥感由于响应快、成本低、机动灵活和适于高危地区探测等特点而得到迅速发展和广泛应用，但由于无人机飞行环境的复杂性以及飞行的不稳定性，导致无人机数据的 POS 信息不够精确、数据量大、像幅小等，从而其数据处理较困难。ERDAS 软件的数字摄影测量处理系统 LPS 可以较好地处理无人机遥感数据。

7.1　LPS 工程管理器对话框

　　LPS 工程管理器是数字摄影测量处理系统 LPS 的主要组成部分，是一个综合数字摄影测量软件包，可以对来自不同遥感平台的图像进行快速的三角测量和正射校正。LPS 可以处理的图像包括航空图像、卫星图像、数码相机及视频的图像等，用于获取空间信息。

　　在 Toolbox 选项卡中单击 LPS 图标，打开 LPS 工程管理器（LPS Project Manager）对话框（如图 7-1 所示）。LPS 工程管理器对话框包括菜单栏、工具图标和快捷键等。

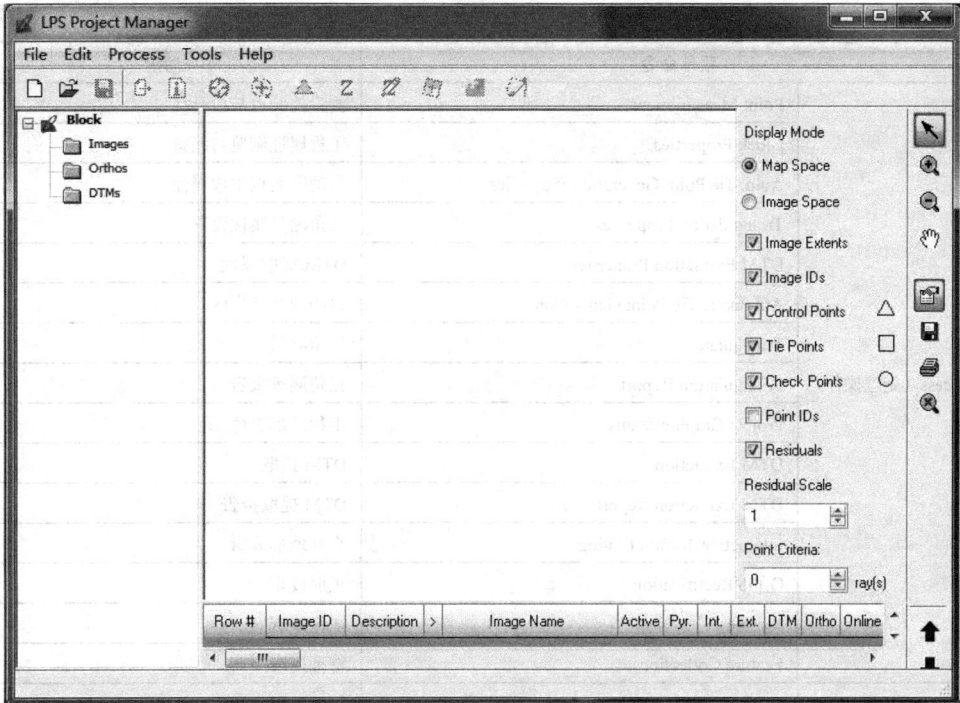

图 7-1　LPS 工程管理器（LPS Project Manager）对话框

1. 菜单栏

LPS 工程管理器对话框的菜单栏有 5 个菜单，每个菜单包含若干下拉菜单。表 7-1 列出菜单命令及对应的功能。

表 7-1　菜单命令及对应的功能

菜单命令		功能
File（文件操作）	New	新建工程文件
	Open	打开工程文件
	Save	保存工程文件
	Save As	另存工程文件
	Import SOCET SET Project	导入工程
	Export To SOCET SET Project	导出工程
	Register SOCET SET Project(s)	注册工程
	Close	关闭工程管理器
	Exit	退出工程管理器
Edit（编辑操作）	Add Frame	加载图像
	Frame Editor	图像信息浏览与编辑
	Compute Pyramid Layers	计算图像金字塔层
	Refresh Pyramid Layer Status	更新图像金字塔层状态
	Delete Selected Image(s)	删除选择图像

菜单命令		功能
Process（处理操作）	Point Measurement	测量控制点与检查点
	Block Properties	工程属性浏览与编辑
	Auto. Tie Point Generation Properties	自动同名点生成属性
	Triangulation Properties	三角测量属性设置
	DTM Extraction Properties	DTM 提取属性
	Automatic Tie Point Generation	自动同名点生成
	Triangulate	三角测量
	Triangulation Report	三角测量报告
	Project Graphic Status	工程图形表达
	DTM Extraction	DTM 提取
	DTM Extraction Report	DTM 提取报告
	Interactive Terrain Editing	交互地形编辑
	Ortho Rectification	正射校正
	Mosaic	图像镶嵌
	Feature Collection	特征提取
Tools（适用工具）	Configure SOCETSET Access	构建工程
	Create New DTM	建立新的 DTM
	Terrain Prep Tool	地形分析工具
	Export to KML	输出 KML
Help（联机帮助）	Help for LPS	LPS 的联机帮助
	Help for LPS Project Manager	LPS 工程管理器的联机帮助
	About LPS	LPS 简介

2. 工具图标与功能

LPS 工程管理器对话框的工具图标与功能如表 7-2 所示。

表 7-2 LPS 工程管理器对话框的工具图标与功能

图标	菜单命令	功能
	New Block File	创建新的工程文件
	Open Existing Block File	打开工程文件
	Save Block Information	保存工程文件
	Add Frame	向工程中加载图像
	Frame Editor	图像信息浏览与编辑：在图像编辑对话框中确定每幅图像的内定向、外定向和框标坐标

续表

图标	菜单命令	功能
⊕	Point Measurement	测量控制点与检查点
⊕	Auto Tie	自动同名点生成：进行块的组织、点的生成、点的转换、粗差检查和同名点的选择
△	Triangulation	三角测量：对工程文件进行三角测量，估计工程中每幅图像获取的时间和位置、同名点坐标、内定向参数和其他参数
Z	DTM Extraction	DTM 提取：自动执行 LPS 地形提取操作
Z	DTM Editing	DTM 编辑：对各种 DTM 高程进行编辑，包括 DEM 和 TIN
▦	Ortho Resampling	正射校正采样：对三角测量的图像进行重采样，并获取正射图像
▦	Ortho Mosaicking	图像镶嵌
⬭	Feature Collection	特征提取

7.2　无人机数据处理流程

LPS 工程管理器可以处理各种类型的图像数据，如来自不同摄影相机的数据。下面以无人机获取的摄影图像为例，介绍从摄影图像到最后形成空间数据成果的无人机遥感数据处理过程。应用 LPS 工程管理器处理无人机遥感数据的一般流程如图 7-2 所示。

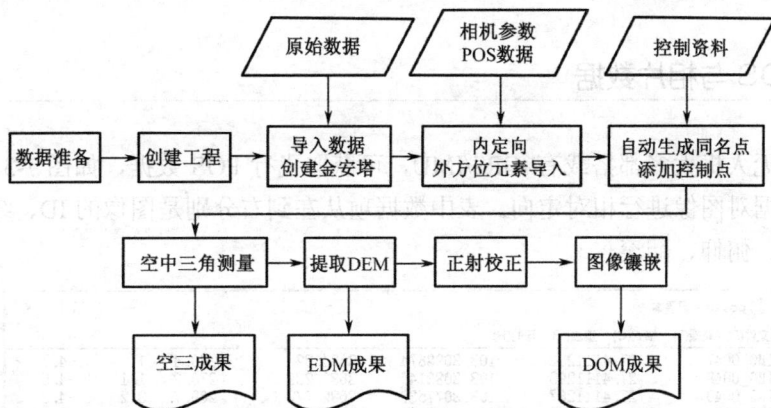

图 7-2　无人机遥感数据处理流程

7.3 数据准备

7.3.1 相机参数

无人机搭载的相机一般为数码相机，在 LPS 中至少需要的相机参数有：焦距长、CCD 尺寸。同时，还支持 Australis 校验参数：像主点偏移 x_0、像主点偏移 y_0、焦距长 c、径向畸变系数 k_1、径向畸变系数 k_2、偏心畸变系数 p_1、偏心畸变系数 p_2、CCD 非正方形比例系数 b_1、CCD 非正交性畸变系数 b_2。

通常的相机参数与表 7-3 类似。

表 7-3　相机的相关参数

相机参数实例	参数说明	相机参数实例	参数说明
0.000000004973527526	k_1	2141.8223	x
−0.000000000000000202	k_2	1421.2097	y
0.000000042747151103	p_1	4677.4097	c
−0.000000007783852979	p_2		

需将焦距长的单位换算成 mm，并计算像主点偏移，其他参数可直接使用（本例 CCD 尺寸为 5.2μm）：

焦距长$=c\times$CCD$=4677.4097\times5.2=24.323$mm

像主点偏移 $x_0=$（像主点 $x-$相片宽/2）$\times$CCD$=(2141.8223-4272/2)\times5.2=0.03027596$mm

像主点偏移 $y_0=$（像主点 $y-$相片高/2）$\times$CCD$=(1421.2097-2848/2)\times5.2=-0.01450956$mm

7.3.2 POS 与相片数据

目前，无人机大多都搭载有 GPS/IMU，可获取飞行 POS 数据，如图 7-3 所示，LPS 可利用该数据对图像进行相对定向。表中数据项从左到右分别是图像的 ID、纬度、经度、高程、航向、俯仰、翻滚。

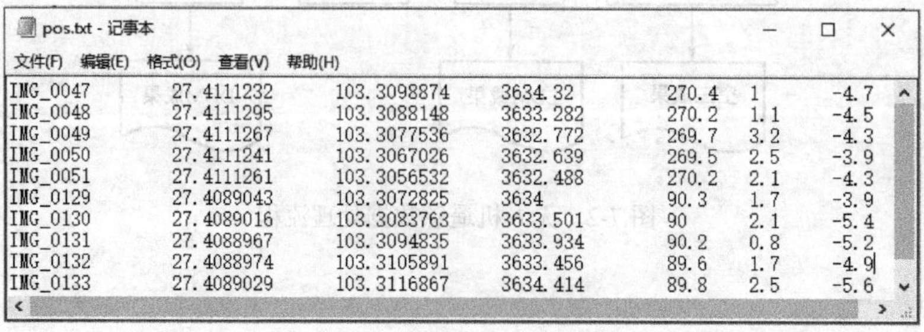

图 7-3　原始的 POS 数据

LPS 直接支持各种常见相片数据格式，如 JPEG、BMP、TIF、RAW 等。

在导入 LPS 前，需对 POS 及相片数据进行整理。

（1）筛选数据：从起飞到飞行高度稳定期间的数据必须剔除；拐角数据必须剔除；翻滚角及俯仰角较大的数据必须剔除。

（2）检查 POS 与图像是否对应：由于某些原因，POS 在自动记录时可能会出现遗漏或错误的情况，需检查 POS 与图像是否一一对应（可将 X,Y 坐标导为矢量点图层查看是否有遗漏点等情况）。

（3）为了后续处理的需要，一般需将经纬度坐标转换为 UTM 坐标（可通过 ERDAS IMAGINE 中的 Coordinate Calculator 工具进行）。

注：POS 最终整理结果推荐使用 Excel 保存，方便后续的导入，其中 Omega 是翻滚角度，Phi 是俯仰角度，Kappa 是航向，如图 7-4 所示。

	A	B	C	D	E	F	G	H	I
1	Image Name	Lon	Lat	X	Y	Z	Omega	Phi	Kappa
2	IMG_0047	103:18:35.59 E	27:24:40.04 N	332915.2124	3033106.979	3634.32	-4.7	1	270.4
3	IMG_0048	103:18:31.73 E	27:24:40.07 N	332809.1666	3033109.118	3633.282	-4.5	1.1	270.2
4	IMG_0049	103:18:27.91 E	27:24:40.06 N	332704.2343	3033110.234	3632.772	-4.3	3.2	269.7
5	IMG_0050	103:18:24.13 E	27:24:40.05 N	332600.3108	3033111.36	3632.639	-3.9	2.5	269.5
6	IMG_0051	103:18:20.35 E	27:24:40.05 N	332496.5524	3033112.994	3632.488	-4.3	2.1	270.2
7	IMG_0129	103:18:26.22 E	27:24:32.06 N	332654.3036	3032864.64	3634	-3.9	1.7	90.3
8	IMG_0130	103:18:30.15 E	27:24:32.05 N	332762.4532	3032862.87	3633.501	-5.4	2.1	90
9	IMG_0131	103:18:34.14 E	27:24:32.05 N	332871.9244	3032860.839	3633.934	-5.2	0.8	90.2
10	IMG_0132	103:18:38.12 E	27:24:32.03 N	332981.2459	3032859.432	3633.456	-4.9	1.7	89.6
11	IMG_0133	103:18:42.07 E	27:24:32.05 N	333089.7834	3032858.568	3634.414	-5.6	2.5	89.8

图 7-4　坐标换算后的数据

7.3.3　其他数据

了解其他数据，因为在后面的处理过程中需要设置相关参数。

（1）图像分辨率。

（2）飞行高度：相对地面高度，可由 POS 中 Z 的均值减去地面平均高程获得。

（3）控制资料：控制点记录，控制点坐标（包括 X、Y、Z）。LPS 中可直接使用无人机搭载的 POS 进行定向，控制点只是为了使结果定位更精确，而非必需。

（4）航线信息（非必需）：航线轨迹图、飞行方向及架次等。

7.4　无人机图像数据处理

7.4.1　创建工程

（1）创建测区文件

单击 Toolbox 选项卡中的 LPS 图标 📷，启动 LPS 项目管理器（如图 7-5 所示）。

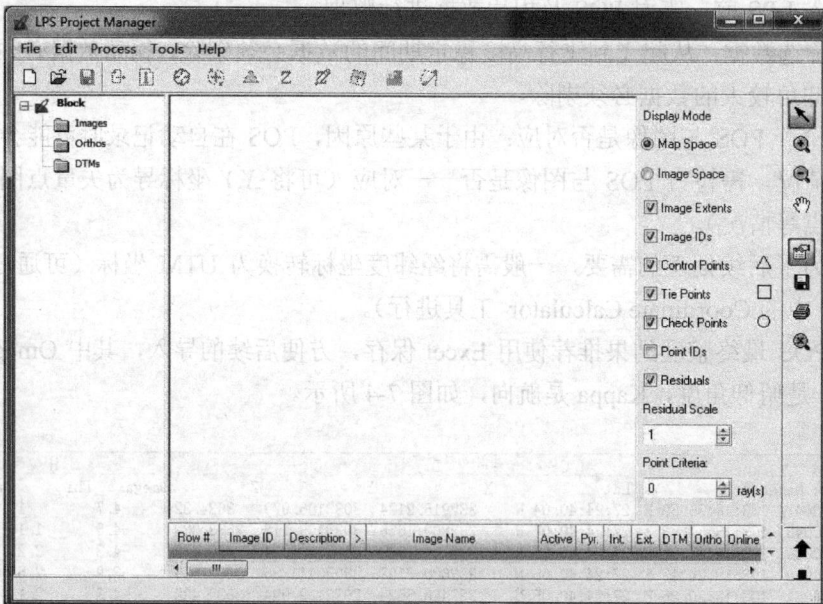

图 7-5　LPS 项目管理器

单击图标工具栏中的 □ 图标或者 File 菜单的 New 命令，打开新建测区文件对话框（如图 7-6 所示）。

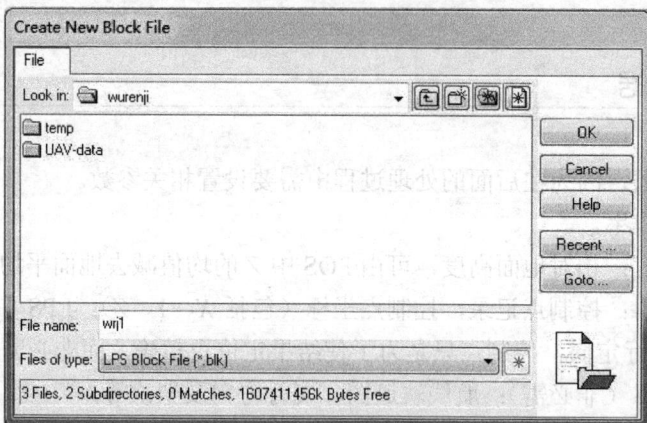

图 7-6　新建测区文件对话框

在对话框中定义测区文件名称和路径，单击 OK 按钮继续。

（2）选择相机模型

在上一步单击 OK 按钮后，在弹出的建立相机模型对话框（如图 7-7 所示）中选择 Digital Camera。

单击 OK 按钮继续。

（3）设置测区属性

弹出 Block Property Setup（创建测区属性）对话框，如图 7-8 所示。

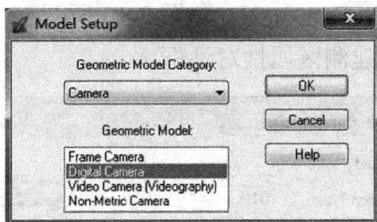

图 7-7　建立相机模型对话框

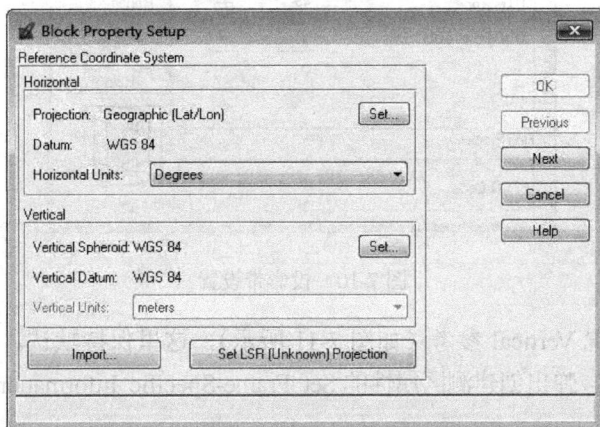

图 7-8　Block Property Setup 对话框

单击 Projection Geographic（Lat/Lon）栏右侧的 Set 按钮，在此可以定义测区的坐标系。弹出选择投影对话框，如图 7-9 所示。

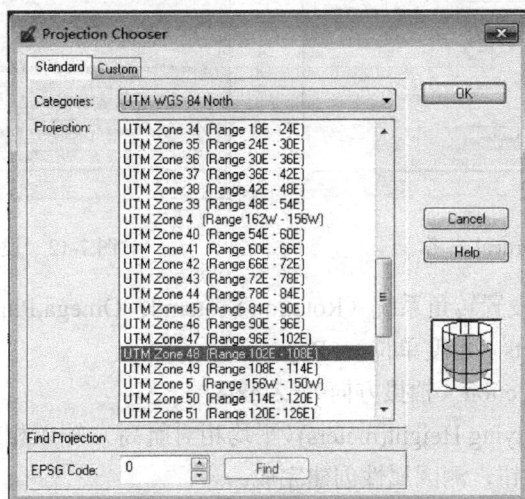

图 7-9　选择投影对话框

① 单击 Standard 选项卡，在 Categories 的下拉选项中选择 UTM WGS 84North。

② 在 Projection 的下拉选项中选择 UTM Zone 48（Range 102E-108E），再设置具体参数：这里使用 UTM/WGS 1984/Zone 48N，如图 7-10 所示。

③ 单击 OK 按钮回到创建测区属性对话框。

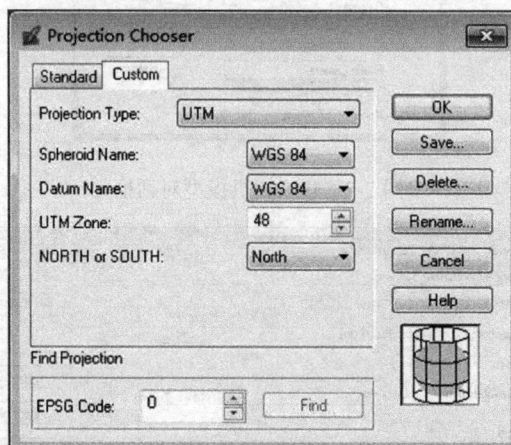

图 7-10　投影带设置

可根据需要设置 Vertical 参考（如图 7-11 所示），这里保持默认。

单击 Next 按钮，弹出创建测区属性的 Set Frame-Specific Information 对话框，如图 7-12 所示。

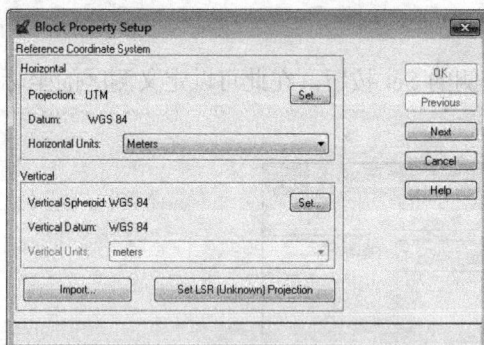

图 7-11　设置 Vertical 参考　　　　　图 7-12　设定相对航高的值

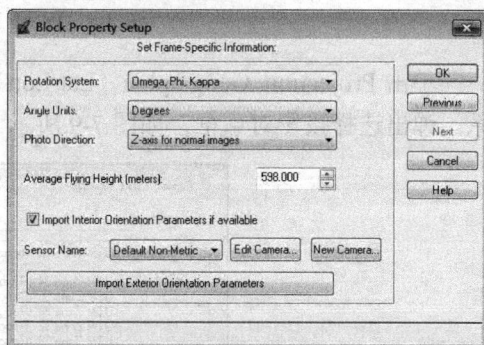

① 在该对话框中设置转角系统（Rotation System）：Omega,Phi,Kappa。

② 设置 Angle Units（角度单位）：Degrees。

③ 设置 Photo Direction（拍摄方向）：Z-axis。

④ 设置 Average Flying Height(meters)（平均相对航高），输入相对航高的值，如 600m。按回车键，单击 OK 按钮，测区属性创建完成。

7.4.2 导入数据创建金字塔

在 LPS 工程管理器中导入数据创建金字塔。

在 LPS 工程管理器左边的测区工程目录视图（Block Project Tree View）中，单击 Images 文件夹，如图 7-13 所示。

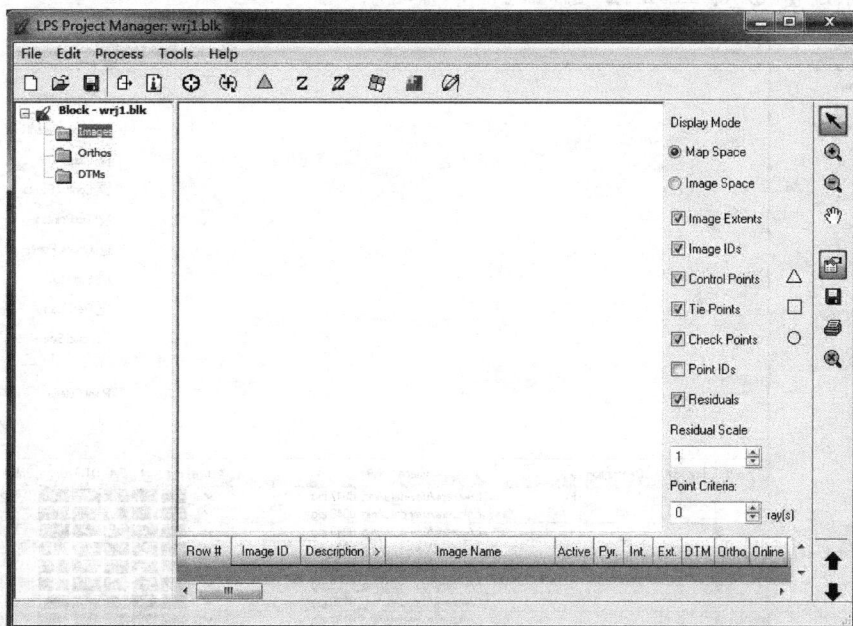

图 7-13 测区工程目录视图

单击 Edit 菜单的 Add Frame 命令或工具栏中的添加图像图标，打开图像文件名称（Image File Name）对话框，如图 7-14 所示。

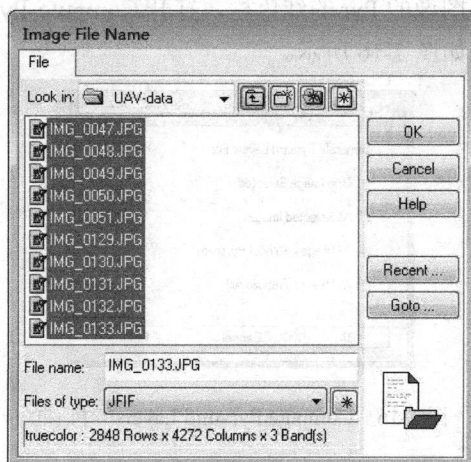

图 7-14 添加图像

（1）选择文件类型为 JFIF（对应 JPEG 格式）。

（2）选择第一幅图像，按住 Shift 键选择全部图像文件后单击 OK 按钮。

被选中的图像导入 LPS 工程管理器并显示在列表中，如图 7-15 所示。

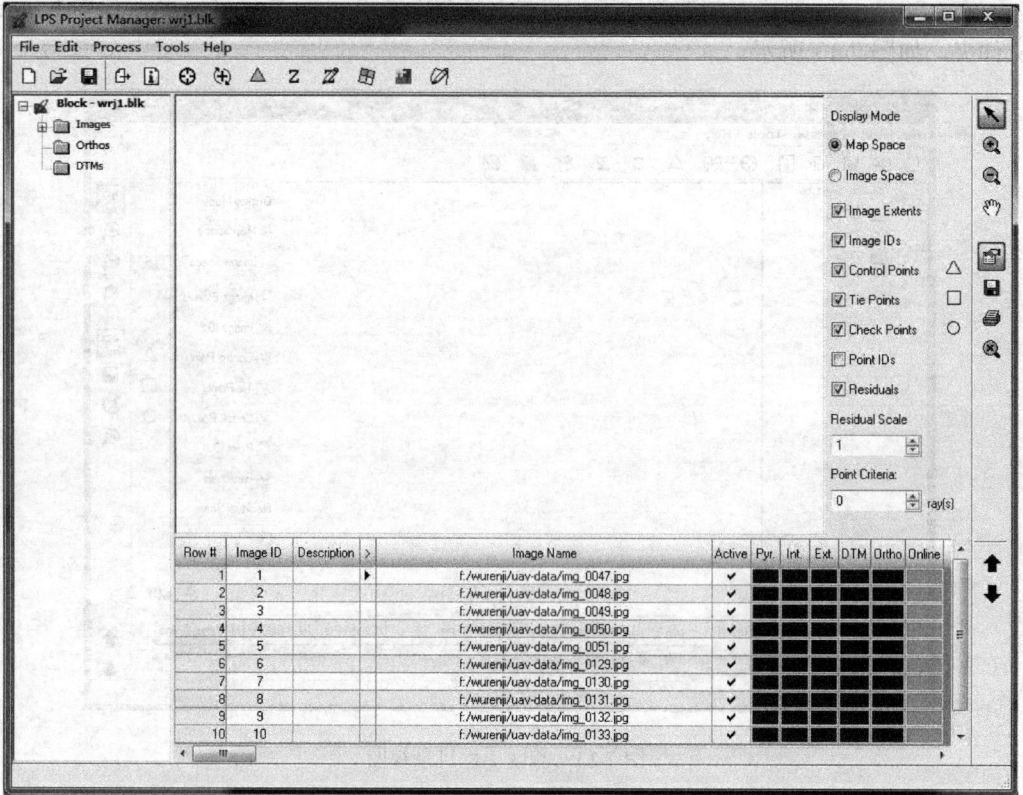

图 7-15　在 LPS 工程管理器中导入的图像显示列表

单击列表中任意一幅图像的 Pyr.的红色栏，打开 Compute Pyramid Layers（计算金字塔图层对话框）对话框，如图 7-16 所示。

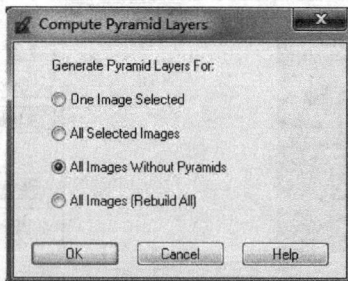

图 7-16　Compute Pyramid Layers 对话框

选中 All Images Without Pyramids 单选按钮，单击 OK 按钮。在对话框底部出现一个进度条，显示生成金字塔图层的进度。

金字塔生成后，所有图像的 Pyr.栏变为绿色，表示此图像已具有金字塔图层，如图 7-17 所示。

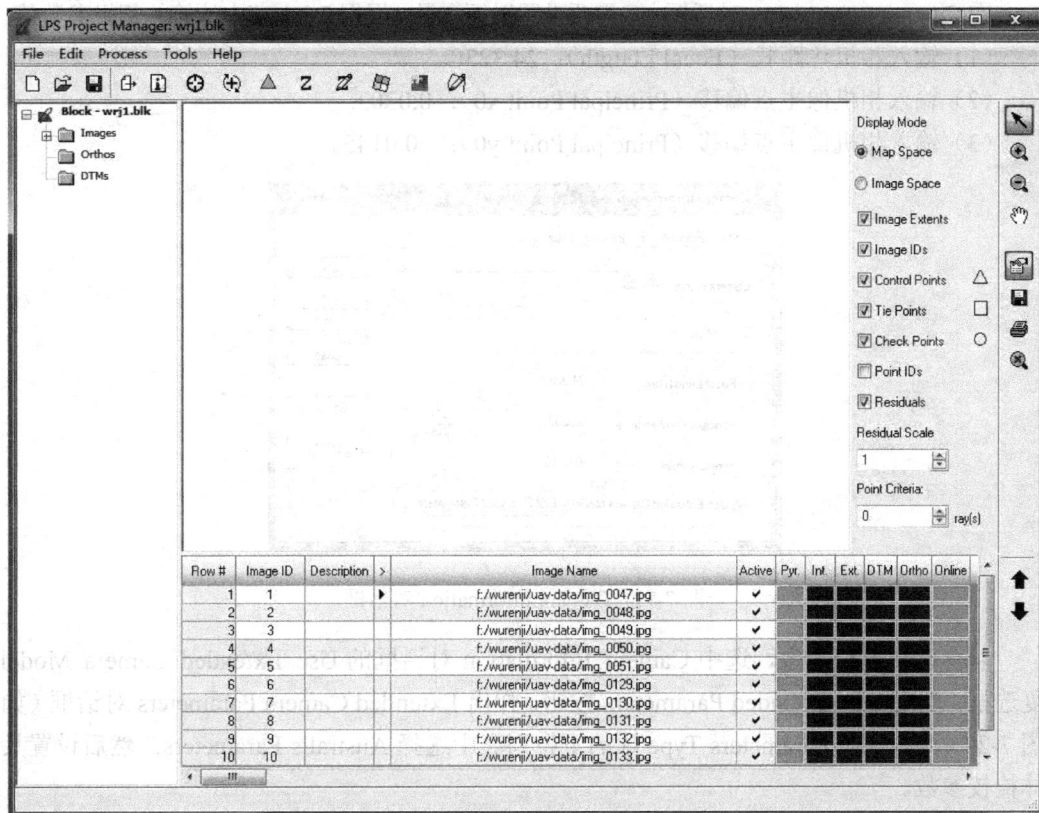

图 7-17　金字塔图层

7.4.3　内定向与外方位元素导入

1. 定义传感器模型-相机参数

单击 Edit 菜单的 Frame Editor 命令或工具栏中的 Frame Properties 图标，打开 Digital Camera Frame Editor 对话框，如图 7-18 所示。

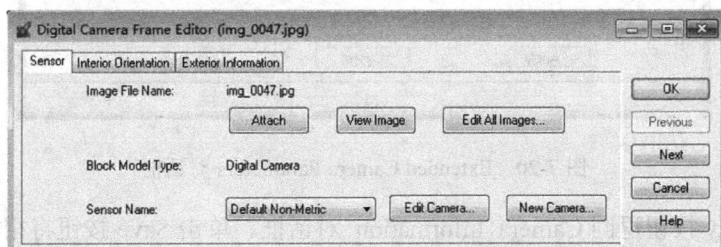

图 7-18　Digital Camera Frame Editor 对话框

单击 Sensor 选项卡中 Sensor Name 右侧的 New Camera 按钮，打开 Camera Information 对话框，如图 7-19 所示。

在 Camera Information 对话框中，需要设置以下参数。根据 7.3.1 节中计算的相机参数值。

（1）输入相机焦距长（Focal Length）：24.3230。

（2）输入相机像主点偏移（Principal Point x0）：0.0303.

（3）输入相机像主点偏移（Principal Point y0）：−0.0145。

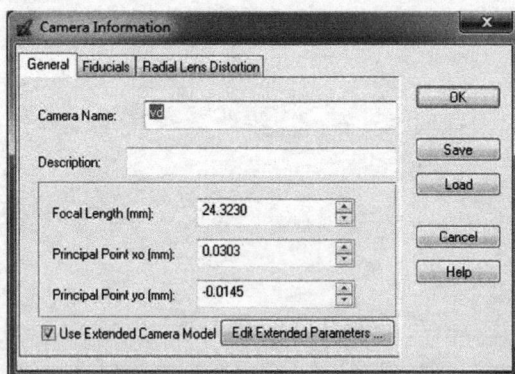

图 7-19　Camera Information 对话框

若有相机检校参数，选中 Camera Information 对话框的 Use Extended Camera Model 复选框，单击 Edit Extended Parameters 按钮，弹出 Extended Camera Parameters 对话框（如图 7-20 所示）。在 Parameters Type 项的下拉列表中选择 Australis Parameters。然后设置具体检校参数。

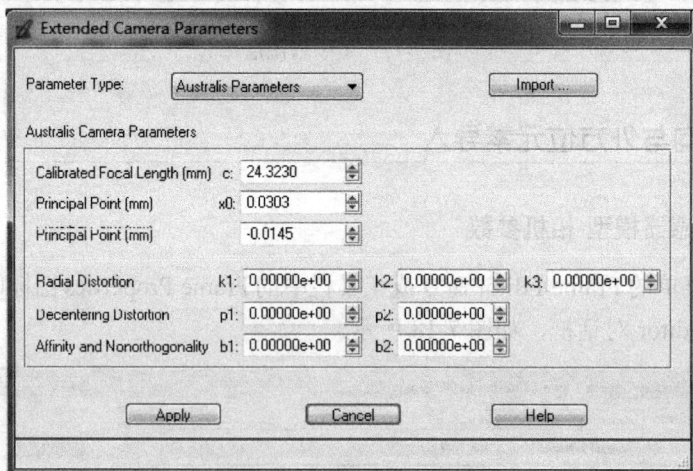

图 7-20　Extended Camera Parameters 对话框

单击 Apply 按钮返回 Camera Information 对话框。单击 Save 按钮将相机参数保存为 *.cam 文件，单击 OK 按钮完成相机信息设置，弹出 Digital Camera Frame Editor 对话框，如图 7-21 所示。

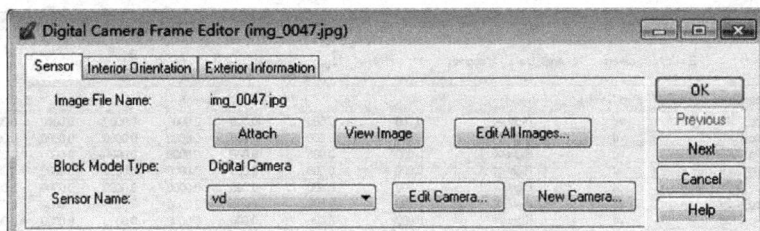

图 7-21　Digital Camera Frame Editor 对话框

在 Digital Camera Frame Editor 对话框中选中 Interior Orientation 选项卡，如图 7-22 所示。

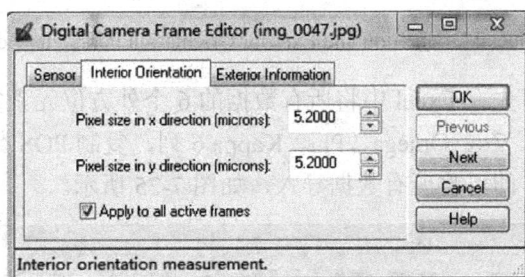

图 7-22　CCD 值的设置

设置像元大小：本例中，CCD 尺寸为 5.2μm。

（1）在 Pixel size in x direction（microns）框中输入：CCD 尺寸的值。

（2）在 Pixel size in y direction（microns）框中输入：CCD 尺寸的值。

选中 Apply to all active frames 复选框，应用到所有数据。

2. 导入外方位数据

选中 Exterior Information 选项卡（如图 7-23 所示），在这里加入无人机数据的 POS 信息。

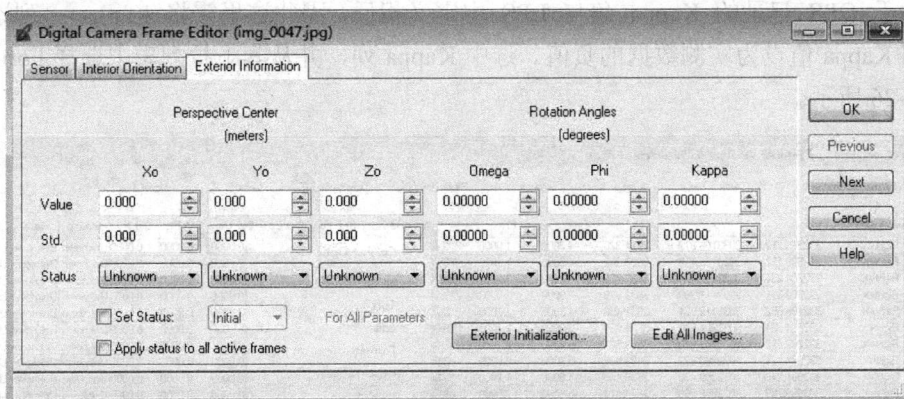

图 7-23　POS 信息的导入

单击 Edit All Images 按钮，弹出 Fiducial Orientation and Exterior Orientation Parameter Editor 对话框，如图 7-24 所示。

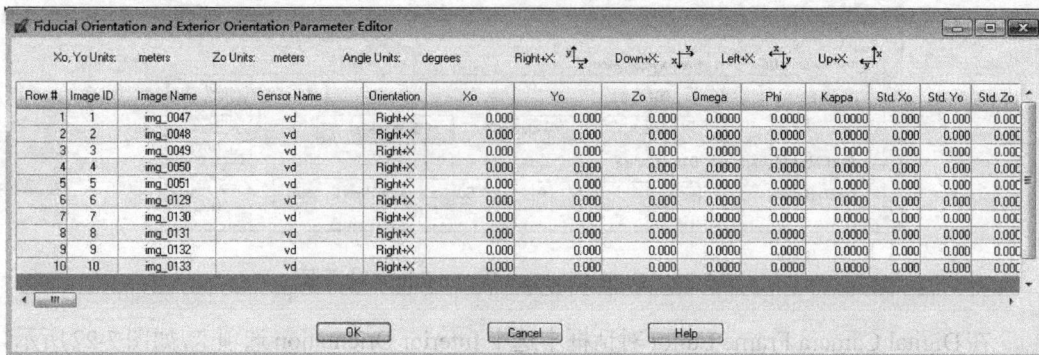

图 7-24　Fiducial Orientation and Exterior Orientation Parameter Editor 对话框

导入 POS 数据：可先在 Excel 中将所有数据的 6 个外方位元素复制到剪贴板，然后在对话框中选中 Xo、Yo、Zo、Omega、Phi、Kappa 6 列，复制 POS 数据，在顶部单击鼠标右键，选中 Edit-Paste 即可将所有数据导入，如图 7-25 所示。

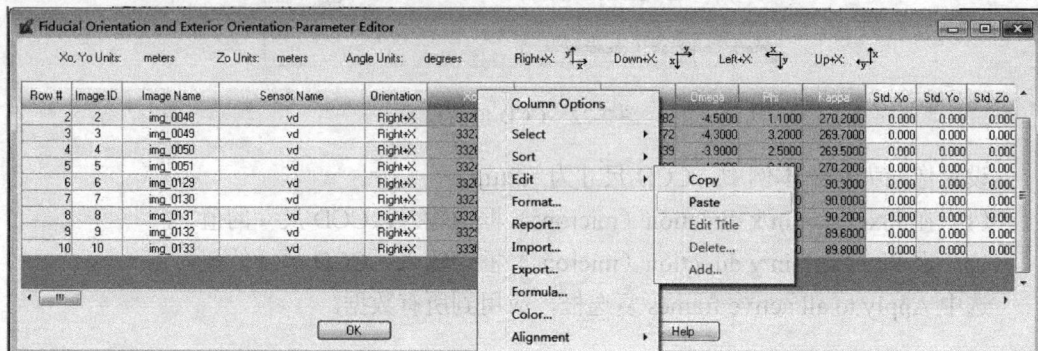

图 7-25　POS 数据导入

由于 GPS 记录的 Kappa 角与 LPS 中定义相反，因此这里需将 Kappa 一列添加负号，将 Kappa 值设为实测数据的负值。选中 Kappa 列，并从其下拉列表中选择 Formula，如图 7-26 所示。

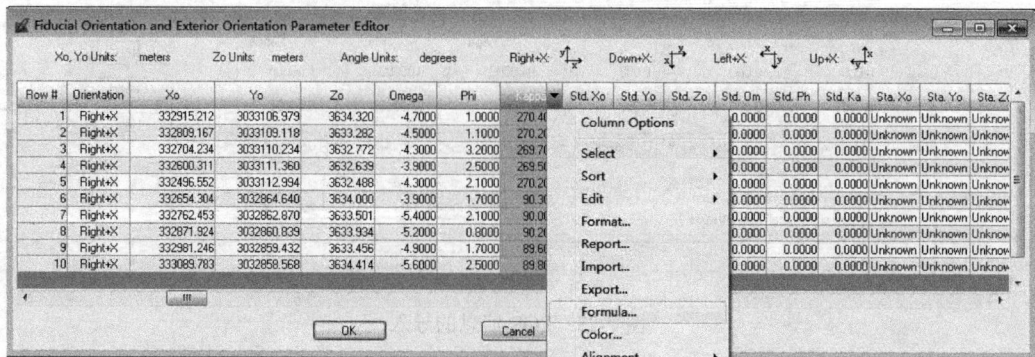

图 7-26　Kappa 列值设置

弹出 Formula 对话框，在 Formula 下输入-$"Kappa"，如图 7-27 所示。其中，负号从此对话框的符号中输入，Kappa 从对话框 Columns 列表中选择。

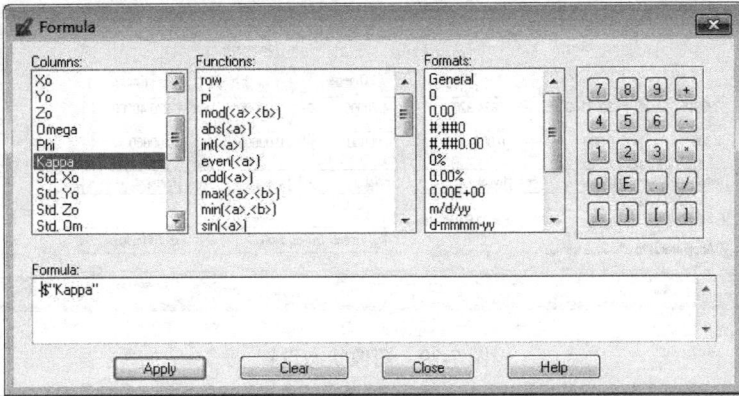

图 7-27　在 Formula 对话框中设置 Kappa 值

单击 Apply 按钮，此时，Fiducial Orientation and Exterior Orientation Parameter Editor 对话框中的 Kappa 列的值为原始数据的负值，如图 7-28 所示。单击 Close 按钮，关闭 Formula 对话框。

图 7-28　Kappa 列的值

由于无人机记录的外方位元素有很大误差，所以在这里还需将其设置为初始值，使它能在空三之后进行修正。单击 OK 按钮，回到 Digital Camera Frame Editor 对话框。选中 Set Status 复选框，从其选择列表中选择 Initial；选中 Apply status to all active frames 复选框。此时，所有图像的 Set Status 为 Initial，如图 7-29 所示。

单击 OK 按钮，整个测区的图像布局如图 7-30 所示且 LPS Project Manager 中的 Int. 栏变为绿色，说明传感器内定向已定义完毕。Ext.栏变为黄色，说明数据已经有了初始外定向。

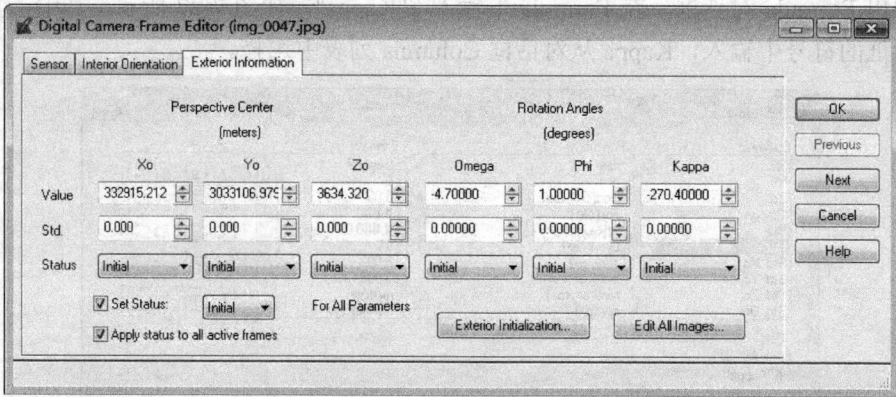

图 7-29　图像状态设置

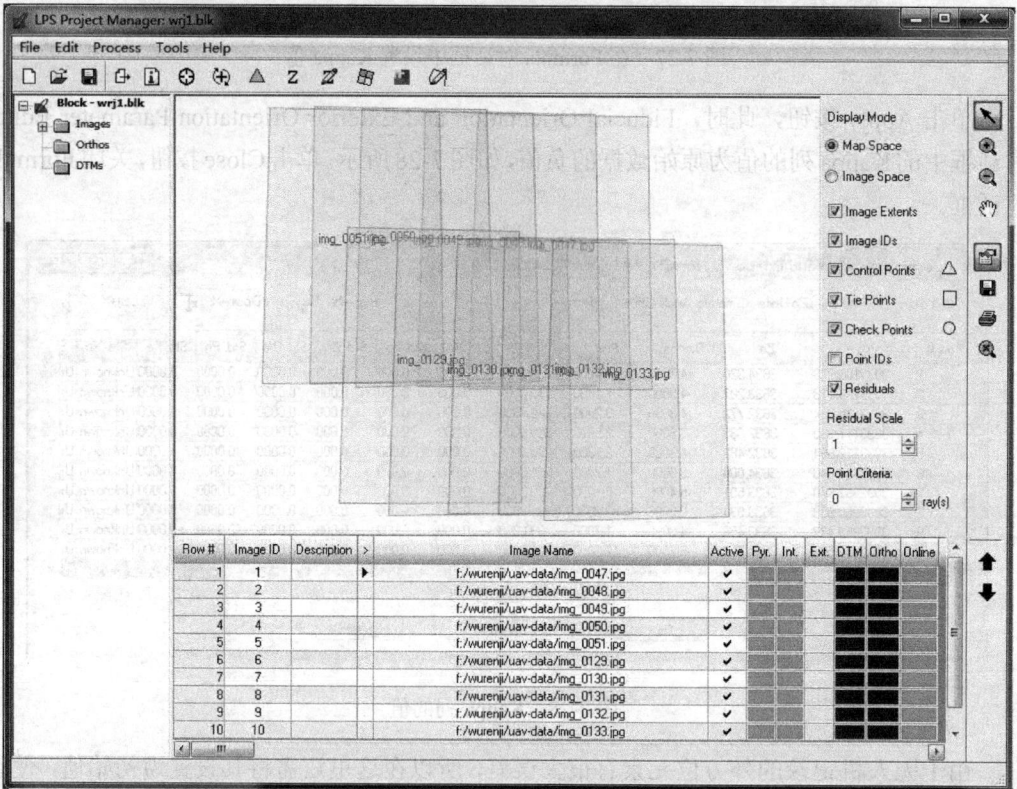

图 7-30　测区的图像布局

7.4.4　自动生成同名点与添加控制点

1.自动生成同名点

在 LPS 工程管理器的 LPS Project Manager 菜单栏中选择 Edit，然后从其下拉菜单中选择 Automatic Tie Point Generation Properties，弹出 Automatic Tie Point Generation Properties 对话框，如图 7-31 所示。在弹出的对话框中选择 General 选项卡，一般保留默认设置即可。

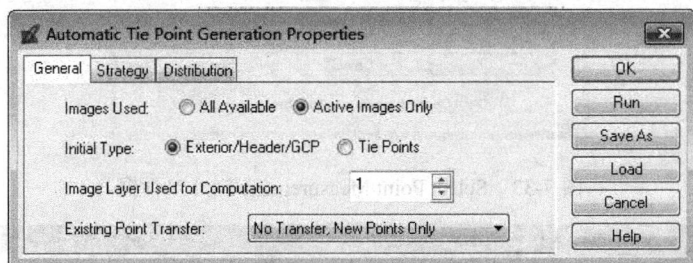

图 7-31 Automatic Tie Point Generation Properties 对话框

Strategy 和 Distribution 选项卡中定义了生成同名的搜索策略，一般使用默认值。

参数设置完之后，单击 Run 按钮，LPS 开始自动提取连接点，并在状态栏中显示进度条，完毕后，弹出 Auto Tie Summary 对话框，如图 7-32 所示。

图 7-32 Auto Tie Summary 对话框

如果需要报告，可单击 Report 按钮保存，单击 Close 按钮。

在 LPS Project Manager 工具栏中单击 Point Measurement 图标 ✛ 或 Edit 菜单中的 Point Measurement 命令，在弹出的 Select Point Measurement Tool（选择点测量工具）对话框，（如图 7-33 所示）中，选择 Classic Point Measurement Tool，单击 OK 按钮启动点测量工具。

弹出的如图 7-34 所示的点测量面板包括 6 个视窗、1 个工具面板、2 个列表（一个用于记录参考坐标，另一个用于记录文件坐标）。在右侧的 Left View 和 Right View 列表中可以选择需要显示的两幅图像。生成的连接点将显示在 Point Measurement 视窗（如图 7-34 所示）中。

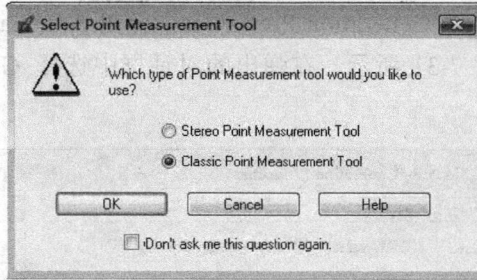

图 7-33　Select Point Measurement Tool 对话框

图 7-34　点测量面板

　　目视检查连接点：通常，无人机数据自动生成的连接点在航带内一般均是正确的，航带间则会出现错点情况。因此，目视检查时一般主要检查航带间图像上的连接点情况。

　　单击工具栏中的 按钮，弹出 Viewing Properties 对话框（如图 7-35 所示），将 Point View Info 设置为 Selected Only。如果需要调整点颜色，还可在这里将 Point Table Info 下的 Advanced 中的 Color 选中，单击 OK 按钮返回。

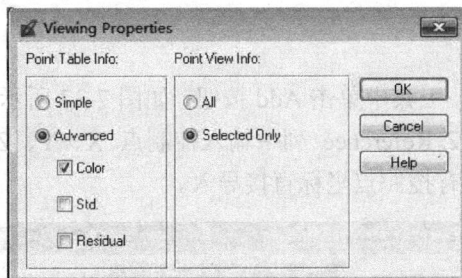

图 7-35　Viewing Properties 对话框

单击工具栏中的 按钮，将所选两幅图像中的连接点筛选出来，如图 7-36 所示。

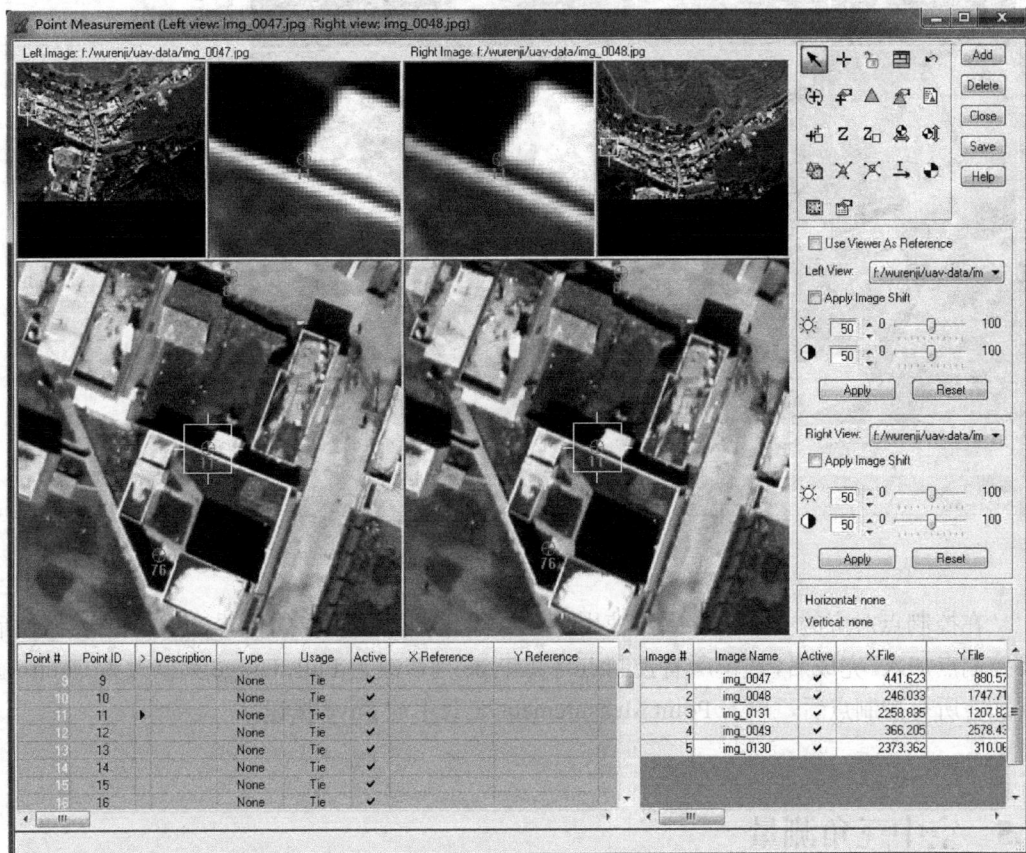

图 7-36　连接点筛选

在图 7-36 中单击连接点的>栏，查看这些连接点的质量。

如果某个连接点的精度较差，可以使用鼠标左键调整该点的位置；或将该点删除；另外也可单击该点的 Active 栏取消该点的激活状态。

检查完连接点后，单击 Point Measurement 工具中的 Save 按钮。

2．添加控制点

在 Point Measurement 工具中单击 Add 按钮，如图 7-37 所示，添加一个记录行，在 X Reference、Y Reference、Z Reference 列中输入控制点 X、Y、Z 坐标。为提高效率，可一次添加多个记录，将所有控制点坐标直接导入。

图 7-37　添加一个记录行

在控制点对应的多个图像中，使用 ╋ 工具采集控制点相应的位置，用类似方式将所有控制点加入。完成后，选中所有控制点将其 Type 列修改为 Full，Usage 列修改为 Control。添加完所有控制点后，单击 Point Measurement 工具中的 Save 按钮。

7.5　空中三角测量

在 Point Measurement 工具面板中，单击 🔧 图标，打开 Aerial Triangulation 对话框，如图 7-38 所示。在 General 选项卡中，选中 Compute Accuracy for Unknowns 选项，确定 Image Coordinate Units for Report 设定为 Pixels。

如果有控制点，选中 Point 选项卡，单击 Type 下拉列表，设置控制点权重类型为 Same weighted values，根据采集情况设置控制点坐标权重，一般设置较小的值，如图 7-39 所示。

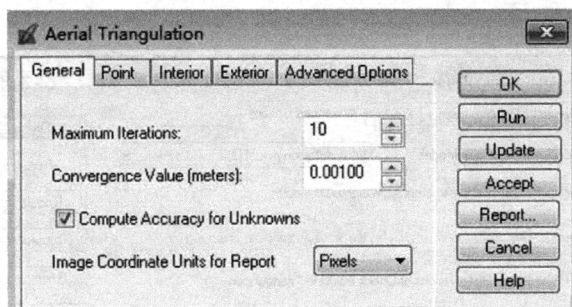

图 7-38　Aerial Triangulation 对话框

选中 Exterior 选项卡，单击 Type 下拉列表，选择 Same weighted values。设置 Xo、Yo、Zo 的权重。这里可以先设置一个较小的权重值，使其能够进行迭代，并检查出错误点，如图 7-40 所示。

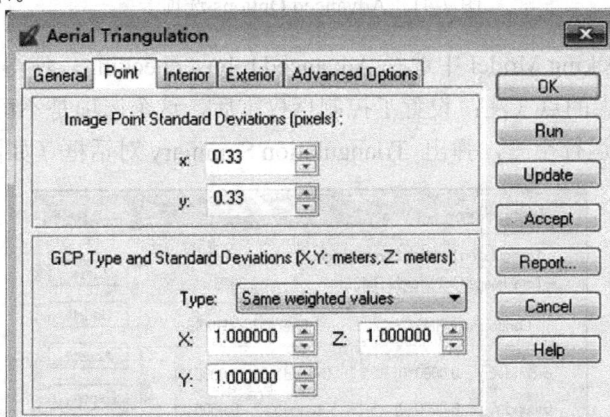

图 7-39　设置控制点坐标权重

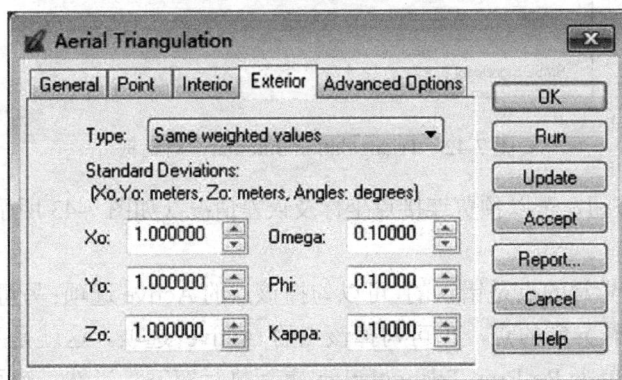

图 7-40　设置 Xo、Yo、Zo 的权重

选中 Advanced Options 选项卡，在 Additional Parameter Model 中选择 Lens distortion model，并勾选 Use Additional Parameters As Weighted Variables，以消除由于相机系统误差，

如图 7-41 所示。

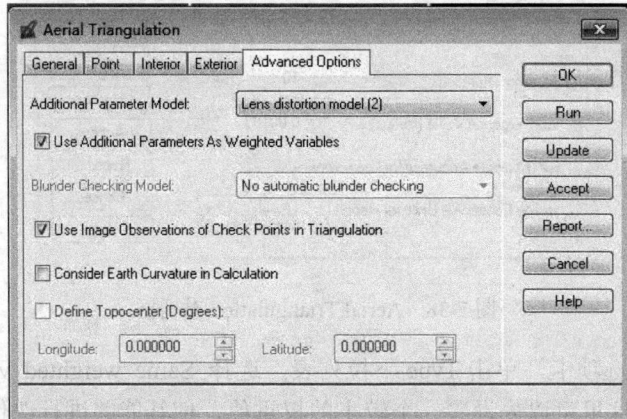

图 7-41　Advanced Options 选项卡

在 Blunder Checking Model 中选择 Advanced robust checking，使得空三过程中能检查并自动剔除误差较大的点（注：设置了控制点权重后，这个选项是不可用的）。

单击 Run 按钮运行空三，弹出 Triangulation Summary 对话框（如图 7-42 所示）。

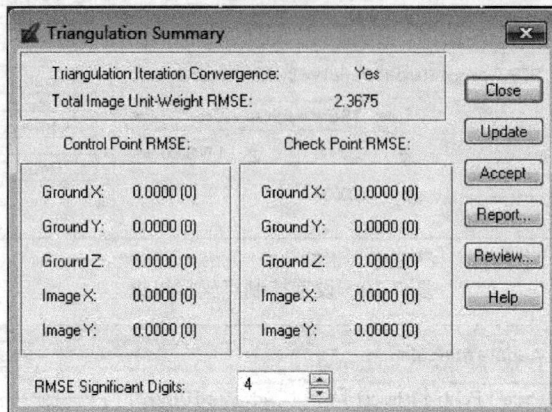

图 7-42　Triangulation Summary 对话框

单击 Review 按钮，可以预览连接点坐标及误差情况（如图 7-43 所示），并可手动剔除误差点。

一般 Z 值列较异常的点是错误的，可以勾掉该点的 Active 选项；另可选中 Image Points 选项卡，查看误差较异常的点，也可勾掉该点的 Active 选项。这就是手动剔除误差点的方法，剔除后需要单击 Re-Run Triangulation 重新执行空三。当然，也可以不手动剔除误差点，直接在 Triangulation Summary 对话框中单击 Accept 按钮，软件就自动将异常点的 Active 勾掉了，如图 7-44 所示。

再执行空三，直到均方根误差满足你的要求。

单击 Update 按钮更新外方位元素，图像会得到正确的定向。单击 Report 按钮可查看空三报告，单击 File 菜单的 Save 命令，可将空三报告存为文本文件，如图 7-45 所示。

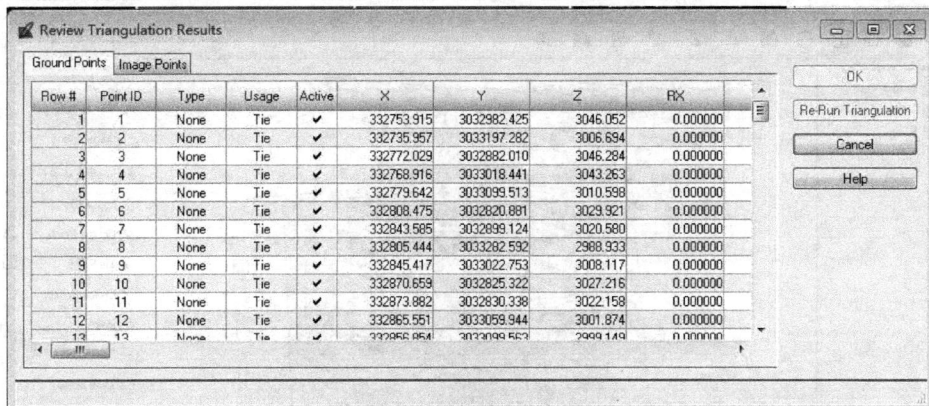

图 7-43　预览连接点坐标及误差情况

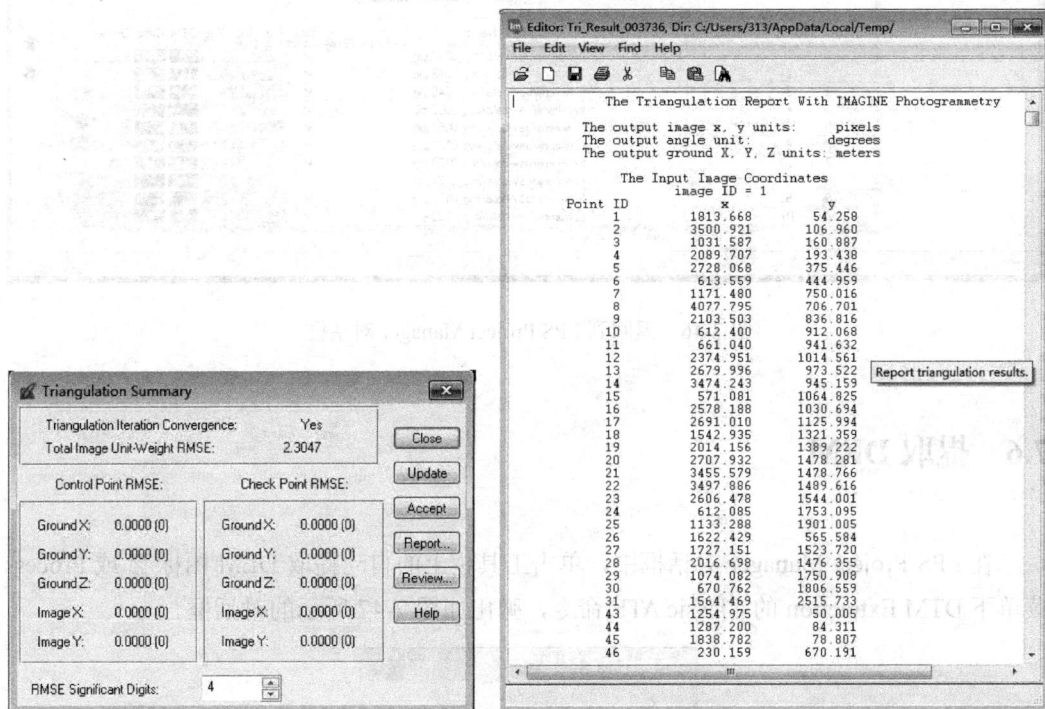

图 7-44　多次运行后

图 7-45　空三报告

在 Triangulation Summary 对话框中单击 Close 按钮，返回到 Aerial Triangulation 对话框，单击 Apply 按钮，单击 OK 按钮，返回到 LPS Project Manager 对话框。图像列表中的 Ext.栏变为绿色，表明外定向信息已确定，如图 7-46 所示。

单击 File 菜单下的 Save 或工具栏中的 图标保存。

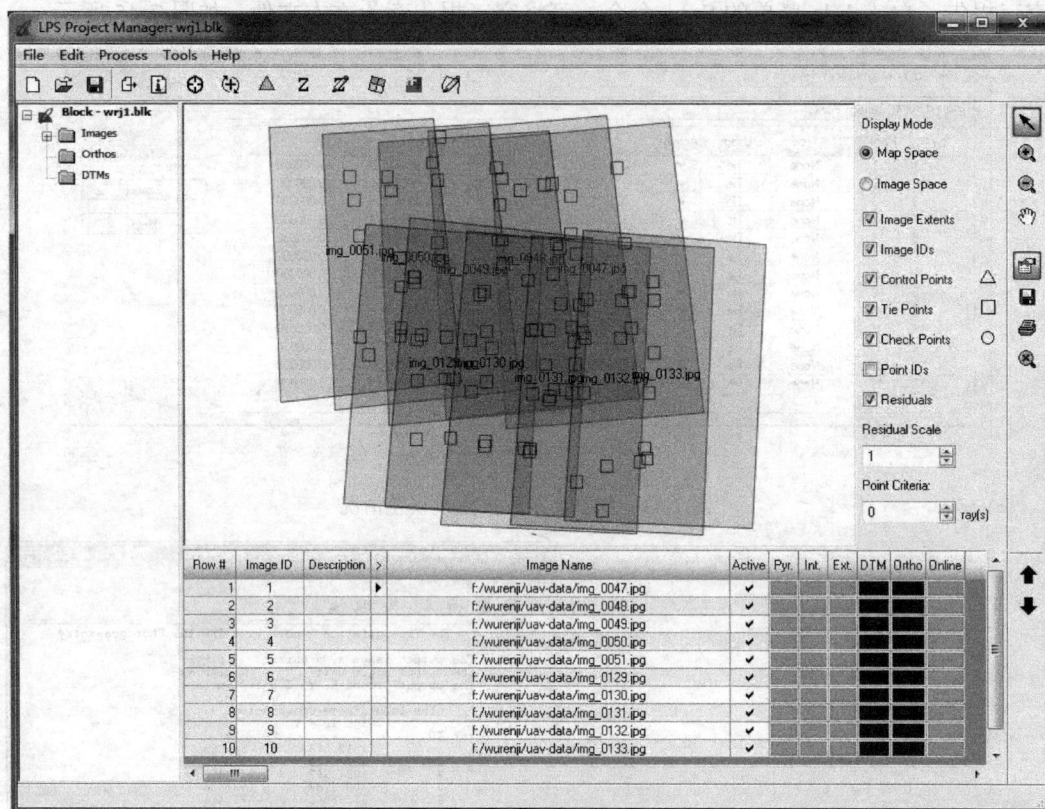

图 7-46　返回到 LPS Project Manager 对话框

7.6　提取 DEM

在 LPS Project Manager 对话框中，单击工具栏上的自动提取 DEM 图标 **Z** 或 Process 菜单下 DTM Extraction 的 Classic ATE 命令，弹出如图 7-47 所示的对话框。

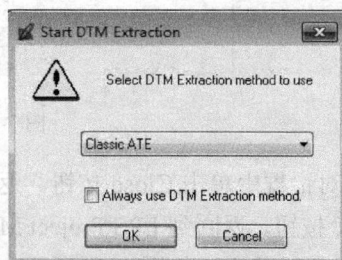

图 7-47　Start DTM Extraction 对话框

选择 Classic ATE，单击 OK 按钮。弹出 DTM Extraction 对话框（如图 7-48 所示）。

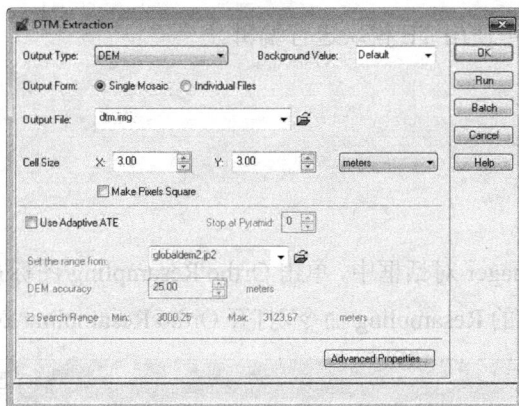

图 7-48　DTM Extraction 对话框

在 DTM Extraction 对话框中进行如下设置。

（1）设置输出类型 Output Type：DEM。

（2）设置背景值 Background Value，一般选择默认项：Default。

（3）设置 Output Form：Single Mosaic。

（4）定义输出文件路径及名称：dtm.img。

（5）定义 DEM 分辨率，一般设置为图像分辨率的 10 倍：3。

单击 Run 按钮。提取 DEM，提取完毕后，DTM 栏变绿，如图 7-49 所示。

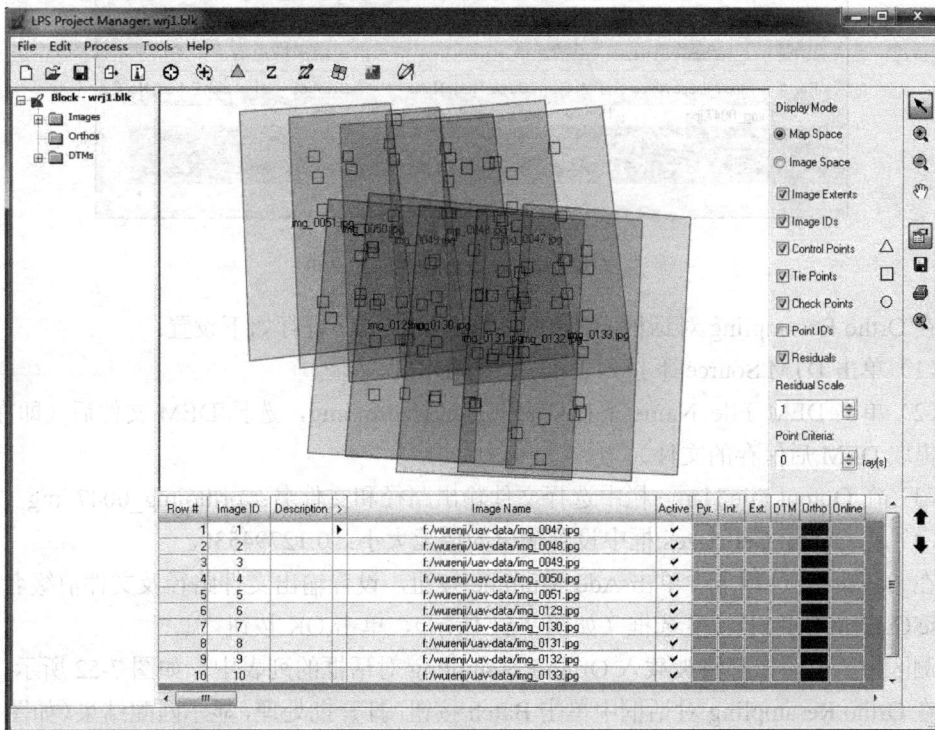

图 7-49　提取 DEM

提取的 DEM 结果可使用 TE 模块进行编辑。

7.7　正射校正

在 LPS Project Manager 对话框中，单击 Ortho Resampling 图标🔲或单击 Process 菜单下的 Ortho Rectification 的 Resampling 命令，打开 Ortho Resampling 对话框，如图 7-50 所示。

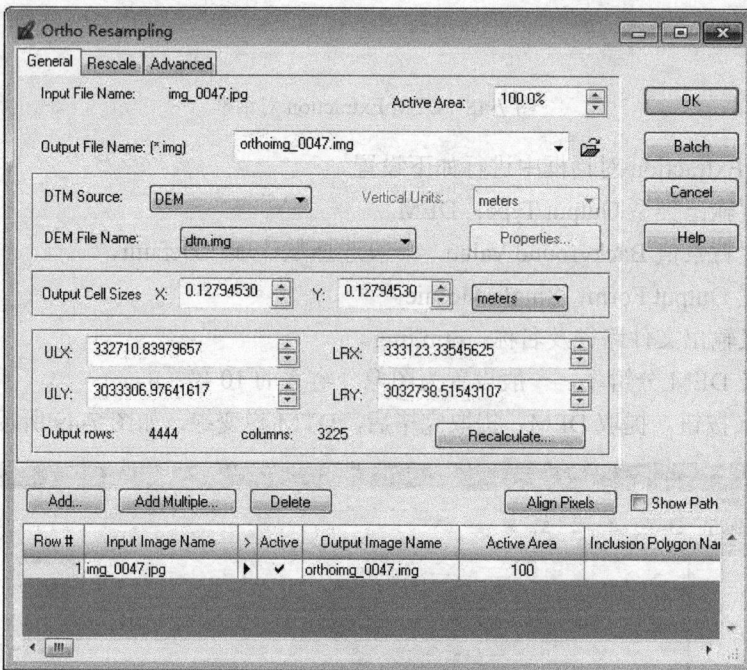

图 7-50　Ortho Resampling 对话框

在 Ortho Resampling 对话框中选中 General 选项卡，进行如下设置：

（1）单击 DTM Source 下拉列表框并选择 DEM。

（2）单击 DEM File Name 下拉列表框，选择 dtm.img，选择 DEM 文件后（即在 7.6 节中提取 DEM 后保存的文件）。

（3）在 Output File Name 栏中选择文件输出路径和文件名：orthoimg_0047.img

（4）在 Output Cell Sizes 框中设置输出的像元大小：0.12794530。

在 Advanced 选项卡中单击 Add Multiple 按钮，设置输出文件路径及文件前缀名，选中 Use Current Cell Sizes 复选框（如图 7-51 所示），单击 OK 按钮。

测区中所有图像都将被载入 Ortho Resampling 对话框的列表中，如图 7-52 所示。

在 Ortho Resampling 对话框中单击 Batch 按钮，打开批处理，显示匹配结果（如图 7-53 所示）。

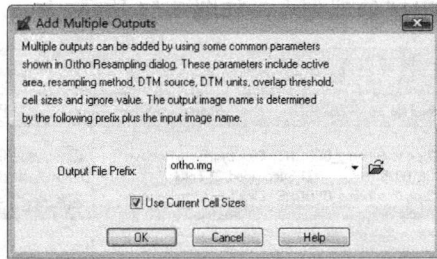

图 7-51　设置输出文件路径及文件前缀名

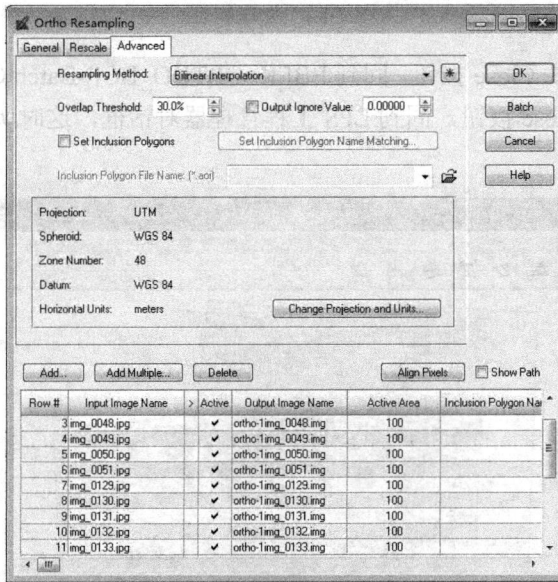

图 7-52　测区中所有图像都被载入 Ortho Resampling 对话框的列表中

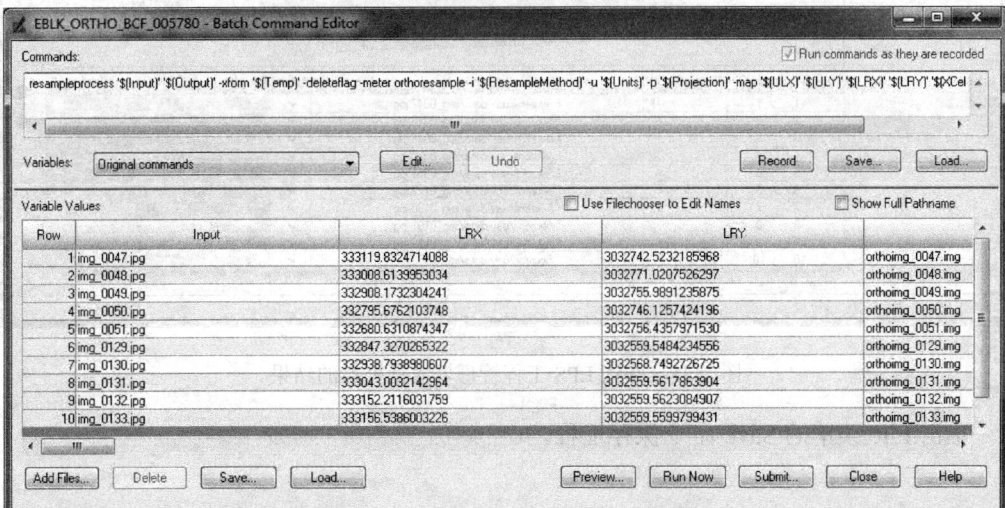

图 7-53　匹配结果

单击 Run Now 按钮，出现处理列表，如图 7-54 所示。

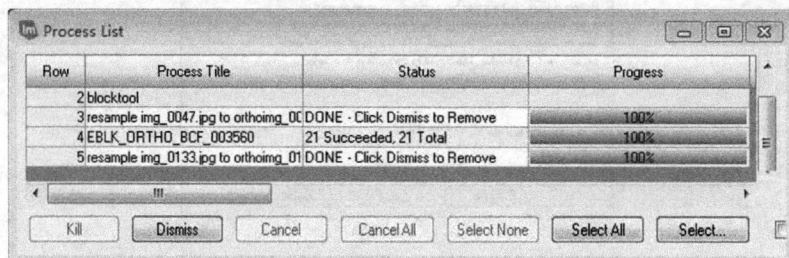

图 7-54　处理列表

重采样完毕，单击 Close 按钮，回到 EBLK_ORTHO_BCF-Batch Command Editor 界面（见图 7-53）。单击 Close 按钮，回到 LPS 工程管理器对话框，这时所有的图像列表变绿，如图 7-55 所示。

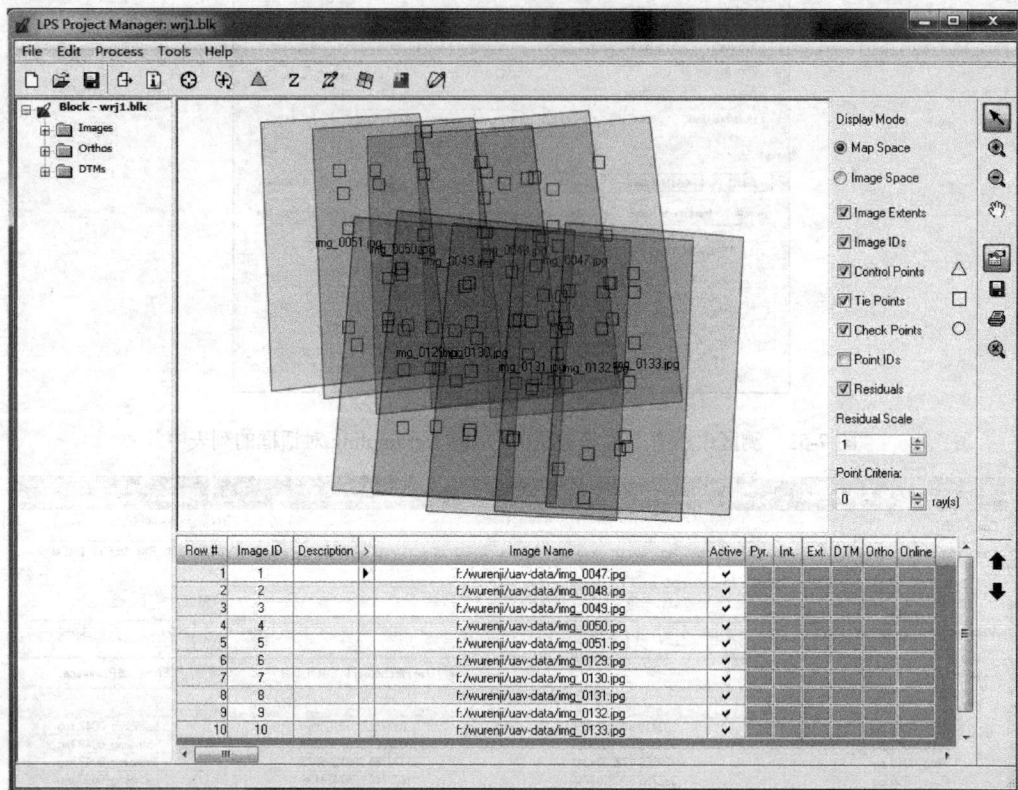

图 7-55　回到 LPS 工程管理器对话框后的结果

单击 File 菜单的 Save 命令保存工程。

7.8　图像镶嵌

在 LPS 工程管理器对话框中，单击 Process 菜单的 Mosaic 命令或单击镶嵌图标 🖼，弹出 Elevation Source 对话框，如图 7-56 所示。在 Elevation Source 对话框中选中 DTM File，选择提取的 DEM 文件。单击 OK 按钮，关闭该对话框，同时弹出 Add Images 对话框，如图 7-57 所示。

在 Add Images 对话框中选中 Image Area Options 选项卡，如图 7-57 所示。选择 Block Image Type 为 Orthos，选择 Use Entire Image 选项（如果图像背景区域较大，则可选择 Compute Active Area）。

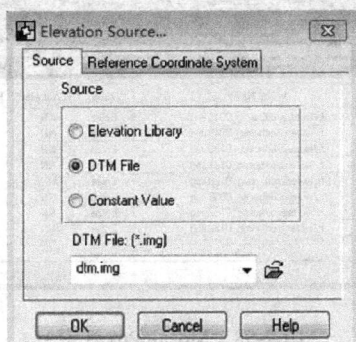

图 7-56　Elevation Source 对话框

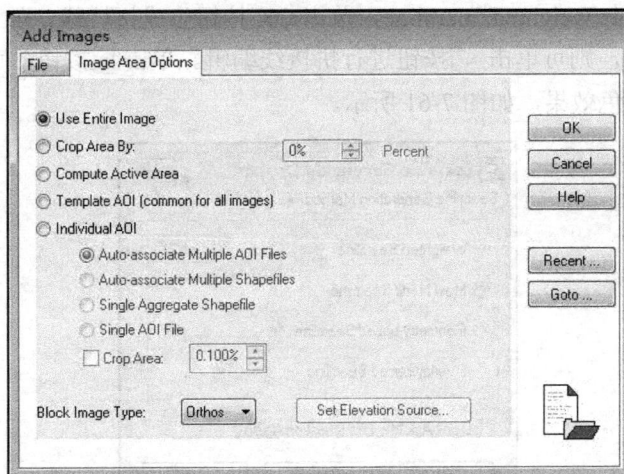

图 7-57　Add Images 对话框

单击 OK 按钮关闭 Add Images 对话框，同时弹出 MosaicPro 视窗，数据被加载进去，如图 7-58 所示。

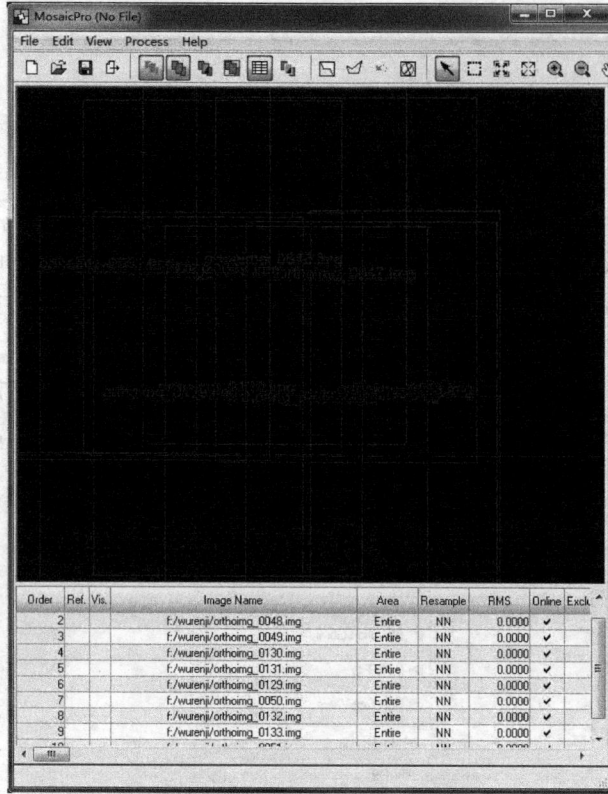

图 7-58　MosaicPro 视窗

单击 Seamline Generation Options 图标 ⬛ ，打开 Seamline Generation Options 对话框（如图 7-59 所示）。选中 Weighted Seamline，单击 OK 按钮生成拼接线，如图 7-60 所示。

如果需要编辑，则可单击 ☑ 按钮进行拼接线编辑。单击 ◰ 按钮，可以选择颜色均衡算法，调整整体颜色效果，如图 7-61 所示。

图 7-59　Seamline Generation Options 对话框

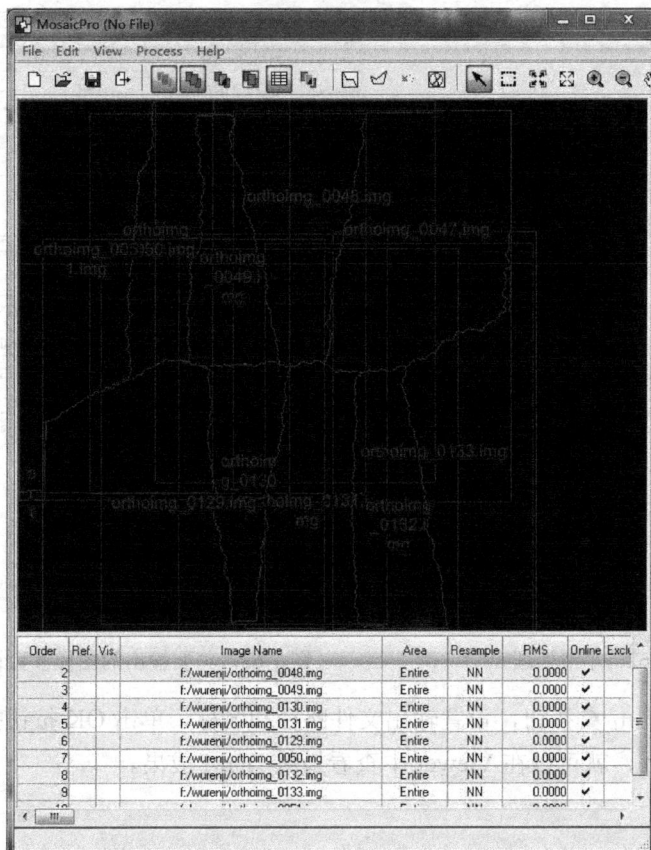

图 7-60 生成拼接线

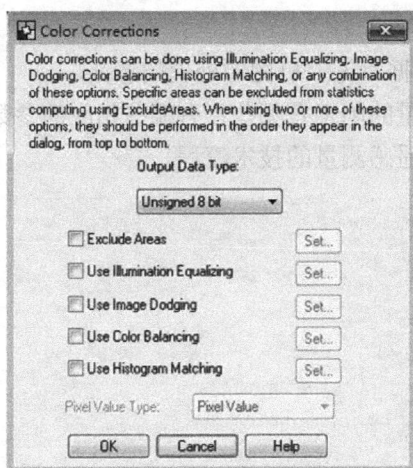

图 7-61 颜色均衡化

单击 fx 按钮，设置一定平滑或羽化，使接边处过渡更自然，如图 7-62 所示。

单击 按钮，可以设置输出图像范围、数据类型、分辨率、波段信息，如图 7-63 所示。

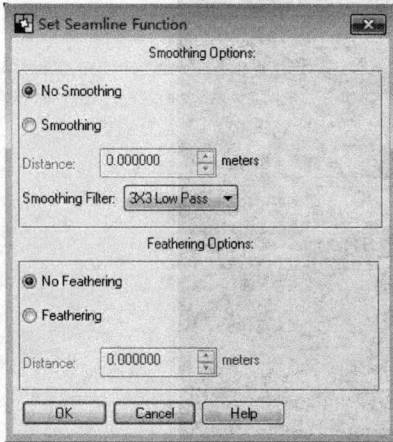

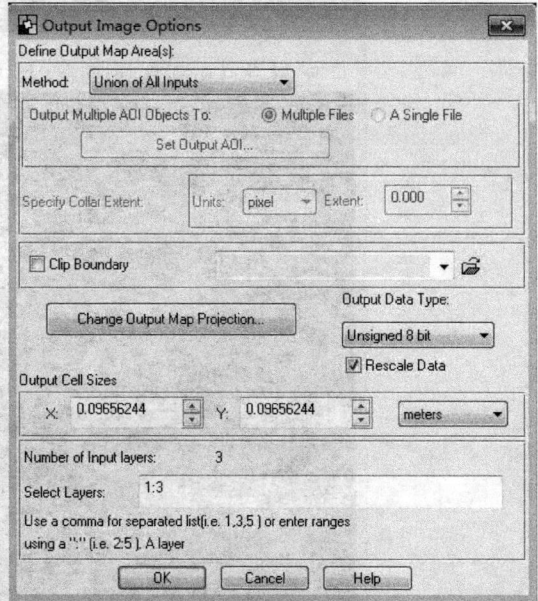

图 7-62　平滑处理　　　　　　　　图 7-63　将要输出的图像参数设置

运行镶嵌：单击 ⚡ 按钮，设置输出文件路径和名称，单击 OK 按钮执行镶嵌。进度条完成后，就可以在 Viewer 中查看最终 DOM 成果。

习题与练习

1. 思考 POS 与相片数据对无人机图像处理的意义。
2. 影响无人机遥感测量的因素有哪些？有哪些相应的参数？
3. 练习与回顾无人机遥感测量的技术流程。

第 8 章

遥感图像分类

● ● ● ● ● ● ● ●

本章的主要内容：

◆ 遥感图像分类简介

◆ 非监督分类

◆ 监督分类

◆ 面向对象的分类

◆ 分类后处理

  遥感图像分类是指根据遥感图像中地物的光谱特征、空间特征、时相特征等，对地物目标进行识别的过程。图像分类通常是基于图像像元的灰度值，将像元归并成有限几种类型、等级或数据集，通过图像分类，可以得到地物类型及其空间分布信息。因此，遥感图像分类是图像数字处理的一个重要的内容，非监督分类与监督分类是非常经典的遥感图像分类方法。

  监督分类和非监督分类的功能模块均在 ERDAS IMAGINE 菜单栏的 Raster→Classification 栏下，如图 8-1 所示。

  监督分类和非监督分类的基本步骤是类似的，即首先根据专题应用目的和图像数据的特性确定计算机分类处理的类别或通过从训练数据中提取的图像数据特征确定分类类别；选择能够描述这些类别的特征量；提取各个分类类别的训练数据；测定总体的统计量，或是对代表给定类别的部分进行采样测定其总体特征，或是用聚类分析方法对特征相似的像元进行归类分析，从而确定其特征；使用给定的分类基准，对各个像元进行分类归并处理，包括对每个像元进行分类和对每个预先分割的均质区域进行分类；把已知的训练数据及分类类别与分类结果进行比较，检验结果，对分类的精度与可靠性进行分析。这两种分类的结果都产生专题栅格层。遥感图像的监督分类与非监督分类的操作流程图如图 8-2 所示。

  遥感是以电磁波与地球表面物质相互作用为基础，探测、分析和研究地球资源与环境，揭示地球表面各要素的空间分布特征与时空变化规律的一门科学技术。通过遥感图像识别各种地面目标是遥感技术发展的一个重要环节，无论是专题信息提取、动态变化监测、专题制图，还是遥感数据库建设等都离不开遥感图像分类技术。可以说它是进行图像分析的前提。

图 8-1 Classification 菜单栏示意图

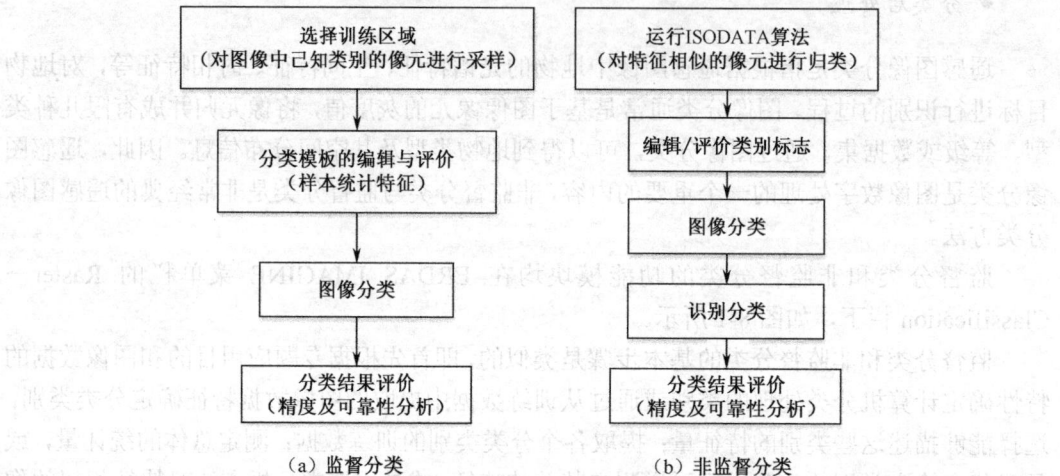

图 8-2 监督分类与非监督分类的操作流程图

8.1 遥感图像分类简介

遥感图像分类的过程就是模式识别的过程,遥感图像分类的任务是通过对各类地物的光谱特征分析来选择特征参数,将特征空间划分为互不重叠的子空间,然后将图像内各个像元划分到各个子空间中去,从而实现分类。

在对遥感图像进行分类之前，需要进行特征参数的选择和特征提取。特征参数选择是从众多特征中挑选出可以参加分类运算的若干个特征，所谓的特征参数就是能够反映地物光谱特征信息并可用于遥感图像分类处理的变量，如对于 7 个波段的 TM 多光谱图像，由于第 6 波段图像记录的是地面目标的热辐射信息，而其他 6 个波段图像记录的是地面目标的反射光谱信息，因此在 TM 图像分类时通常只采用除第 6 波段图像以外的其他 6 个波段图像。多波段图像的每个波段都可作为特征参数，多波段图像的比值处理、对数变换、指数变换结果及线性变换结果也可以作为分类的特征参数。多波段多时相是遥感对地观测的特征之一，一幅遥感图像常常包含多个波段，周期性观测有时使得参加分类的遥感图像集中包含多个时相的图像，在遥感图像分类处理时，波段之间的运算也可产生一些新的变量（如比值图像）。因此，遥感图像分类是多变量图像分类，是一个把多维特征空间划分为几个互不重叠子空间的过程。多变量的遥感图像分类，不能仅仅依据个别波段的亮度值，而是要考虑整个向量的特征，在多维空间中进行。

特征提取是在特征选择之后，利用特征提取算法（如主成分分析算法）从原始特征中求出最能反映其类别特征的一组新特征。通过特征提取，既可以达到数据压缩的目的，又可提高不同类别特征之间的可区分性。

非监督分类与监督分类是非常经典的遥感图像分类方法，本章将对这两种分类方法进行简要介绍。同时，由于监督分类与非监督分类之后都需要进行一些分类后处理才能得到最终相对理想的分类结果，因此本章还对分类后处理进行说明。

8.2 非监督分类

非监督分类是无人工干预的遥感分类，遥感图像上的同类地物在相同的表面结构特征、植被覆盖、光照条件下，一般具有相同或相近的光谱特征，从而表现出某种内在的相似性，归属于同一光谱空间区域；不同的地物，光谱信息特征不同，归属于不同的光谱空间区域。这就是非监督分类的理论依据。因此，可以这样定义非监督分类，即对分类过程不施加任何的先验知识，仅根据遥感图像重点地物的光谱特征进行盲目的分类。其分类的结果，只是对不同类别进行区分，不确定类别的属性，其属性需要事后对地物类别的人工识别、各类的光谱响应曲线进行分析以及与实地调查相比较才可以确定。

由于在一幅复杂的图像中，训练区有时不能包括所有地物的光谱样式，这就造成了一部分像元的归属类别不能够确定。在实际工作中，为了进行监督分类而确定类别和训练区的选取也是不易的。因此，在开始分析图像时，用非监督分类方法来研究数据的结构及其自然点群的分布情况是很有价值的。

非监督分类主要采用聚类分析的方法，聚类是把一组像元按照相似度归成若干类别。它的目的是使得属于同一类别的像元之间的距离尽可能小，而不属于同一类别的像元之间距离尽可能大。在进行聚类分析时，首先要确定基准类别的参量。在非监督分类的情况下，可以利用无基准类别的先验知识，因而只能先假设初始的参量，并通过预分类处理来进行集群。由再分类的统计参数来调整预先设置的参数，接着再聚类、再调整。如此不断地迭代，直到有关参数达到允许的范围为止。所以，非监督分类算法的核心问题是初始类别参数的选择，以及它的迭代调整问题。

主要过程如下：

（1）确定初始类别参数，即确定最初类别数和类别中心。

（2）计算每一个像元所对应的特征矢量与各集群中心的距离。

（3）选取与中心距离最短的类别作为这一矢量的所属类别。

（4）计算新的类别均值向量。

（5）比较新的类别均值与原中心位置。若位置发生明显变化，则执行第（6）步。

（6）以新的类别均值作为聚类中心，再从第（2）步开始重复，进行反复迭代操作。如果聚类中心不再变化，计算停止。

8.2.1 非监督分类的分类过程

本小节所用数据为 germtm.img，在 ERDAS 2015 中执行非监督分类的操作步骤如下：

（1）选择 Raster→Unsupervised→Unsupervised Classification。

（2）在弹出的 Unsupervised Classification 对话框中设置参数，如图 8-3 所示。

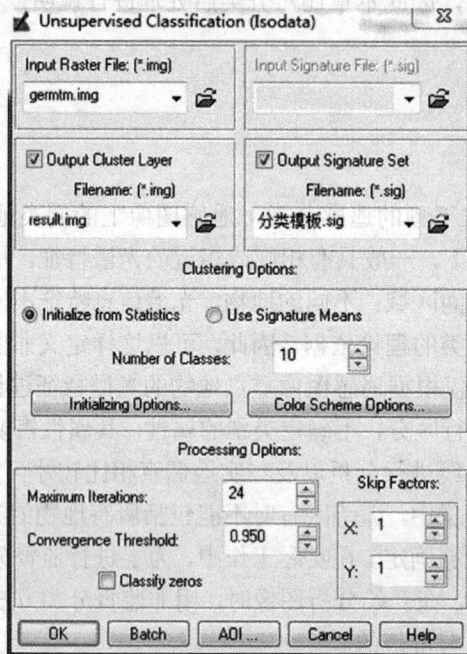

图 8-3　Unsupervised Classification 对话框

（3）确定输入文件（Input Raster File）：germtm.img（被分类的图像）。

（4）确定输出文件（Output Cluster Layer Filename）：result.img（产生的分类图像）。

（5）选择生成分类模板文件：Output Signature Set（产生一个模板文件）。

（6）确定分类模板文件（FileName）为分类模板.sig。

（7）确定聚类参数（Clustering Options），需要确定初始聚类方法与分类数，选中
Initialize from Statistics 选项。系统提供的初始聚类方法有以下两种。

①　Initialize from Statistics 方法是按照图像的统计值产生自由聚类。

②　Use Signature Means 方法是按照选定的模板文件进行非监督分类。

（8）确定初始分类数（Number of Classes）为 10（分出 10 个类别，实际工作中一般
将初始分类数取为最终分类数的 2 倍以上）。

（9）单击 Initializing Options 按钮，打开 File Statistics Options 对话框。设置 ISODATA
的一些统计参数，选中 Diagonal Axis 选项，选中 Std. Deviations 选项并设为 1，关闭 File
Statistics Options 对话框。

（10）单击 Color Scheme Options 按钮可以调出 Output Color Scheme Options 对话框以
决定输出的分类图像是彩色还是黑白的。这里我们选择 Approximate True Color。

（11）确定处理参数（Processing Options），需要确定循环次数与循环阈值。

（12）定义最大循环次数（Maximum Iterations）为 24（指 ISODATA 重新聚类的最多
次数，这是为了避免程序运行时间太长或由于没有达到聚类标准而导致死循环。一般在应
用中将循环次数取 6 次以上）。

（13）设置循环收敛阈值（Convergence Threshold）为 0.95（是指设置两次分类结果相
比保持不变的像元所占最大百分比的值，此值的设立可以避免 ISODATA 无限循环下去）。

（14）单击 OK 按钮，关闭 Unsupervised Classification 对话框，执行非监督分类，得
到一个初始的分类结果（如图 8-4 所示）。

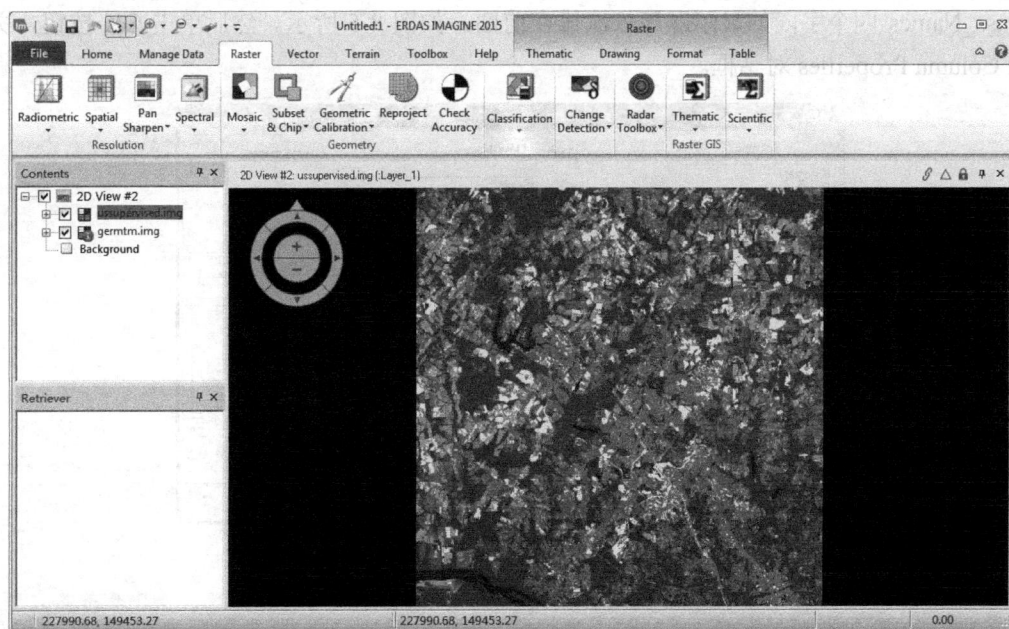

图 8-4　非监督分类的初始结果

8.2.2　非监督分类后的结果评价

获得一个初始分类结果之后，可以应用分类叠加（Classification Overlay）方法来评价分类结果、检查分类精度、确定类别专题意义、定义分类色彩，以便获得最终的分类结果。具体步骤如下。

（1）显示原图像与分类图像

在 ERDAS IMAGINE 工具栏中单击 [图标]，打开 germtm.img 和分类结果 result.img。注意：在打开 germtm.img 时，在 File 选项卡中选择了图像之后，在 Raster Option 选项卡中的 Layers to Colors 设置显示方式为红（4）、绿（5）、蓝（3）。设置完成后在窗口中同时显示 germtm.img 和 result.img，右键单击 result.img，在弹出的菜单中选择 Raise to Top 选项，将其叠加在 germtm.img 之上。

（2）调整属性字段显示顺序

在 ERDAS IMAGINE 界面左侧的 Contents 中选中 result 图层，然后在菜单栏中选择 Table→Show Attributes，打开它的属性表。属性表中的记录分别对应生成的 10 类目标，每个记录都有一系列的字段，拖动浏览条可以看到所有字段。为了便于看到关注的重要字段，可以按照如下操作调整字段显示顺序。

① 选择 Table→Column Properties，打开 Column Properties 对话框（如图 8-5 所示）。在 Columns 中选择需要调整显示顺序的字段，单击 Up、Down、Top、Bottom 等几个按钮可调整其合适的位置，通过选择 Display Width 调整其显示宽度，通过 Alignment 调整其对齐方式。如果选择 Editable 复选框，则可以在 Title 中修改各个字段的名字及其他内容。

② 在 Column Properties 对话框中调整字段顺序，最后使 Histogram、Opacity、Color、Class_Names 四个字段的显示顺序依次排在前面，如图 8-5 所示。然后单击 OK 按钮，关闭 Column Properties 对话框。

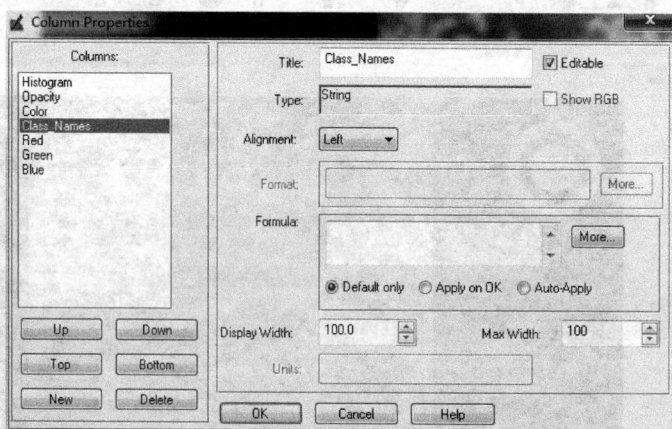

图 8-5　Column Properties 对话框

（3）给各个类别赋颜色

因为之前非监督分类中在 Output Color Scheme Options 对话框中选择了 Approximate

True Color，所以输出的图像是彩色。这一步可以省略。不过，如果分类的彩色不适合显示，也可以单击一个类别的 Row 字段选中之后右键单击该类别的 Color 字段，在提供的选项中选择合适的颜色。赋色效果如图 8-6 所示。

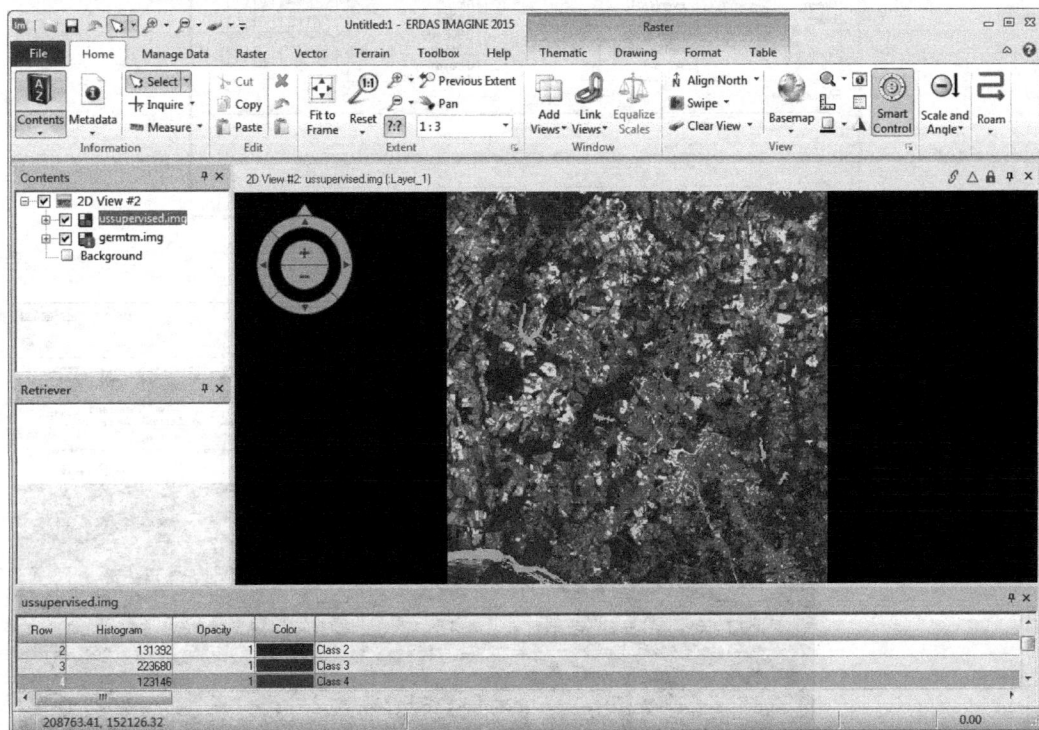

图 8-6　赋色效果

（4）设置不透明度

由于分类图像覆盖在原图像上面，为了对单个类别的判别精度进行分析，首先要把其它所有类别的不透明程度（Opacity）值设为 0，将要分析的类别透明度设为 1。

在 ERDAS IMAGINE 界面底部的属性对话框中，右键单击某一行属性的 Row 值，选择 Select All，将所有属性全选。右键单击 Opacity 字段的名字，在弹出的菜单栏中选择 Formula 选项。在 Formula 对话框的 Formula 输入框中输入 0，并单击 Apply 按钮，如图 8-7 所示。

选择想要分析的单个类别属性的 Row 值，单击该类别的 Opacity 字段从而进入输入状态。在该类别的 Opacity 字段中输入 1 并应用。此时，在视窗中只有要分析类别的颜色显示在原图像的上面，其他类别都是透明的，如图 8-8 所示。

（5）确定类别专题意义极其准确程度

虽然已经得到了图像的分类，但是对于各类的专题意义还没有确定，这一步就是要通过设置分类图像在原图像背景上闪烁（Flicker），来观察其与背景图像之间的关系，从而判断该类别的专题意义，并分析其分类准确程度。当然，也可以用卷帘显示（Swipe）、混合显示（Blend）等图像叠加显示工具，进行判别分析。

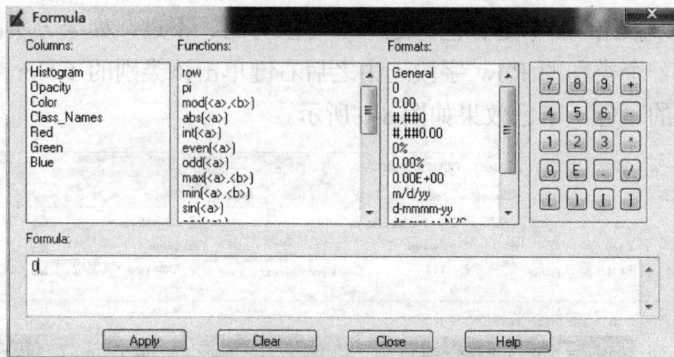

图 8-7　Formula 对话框

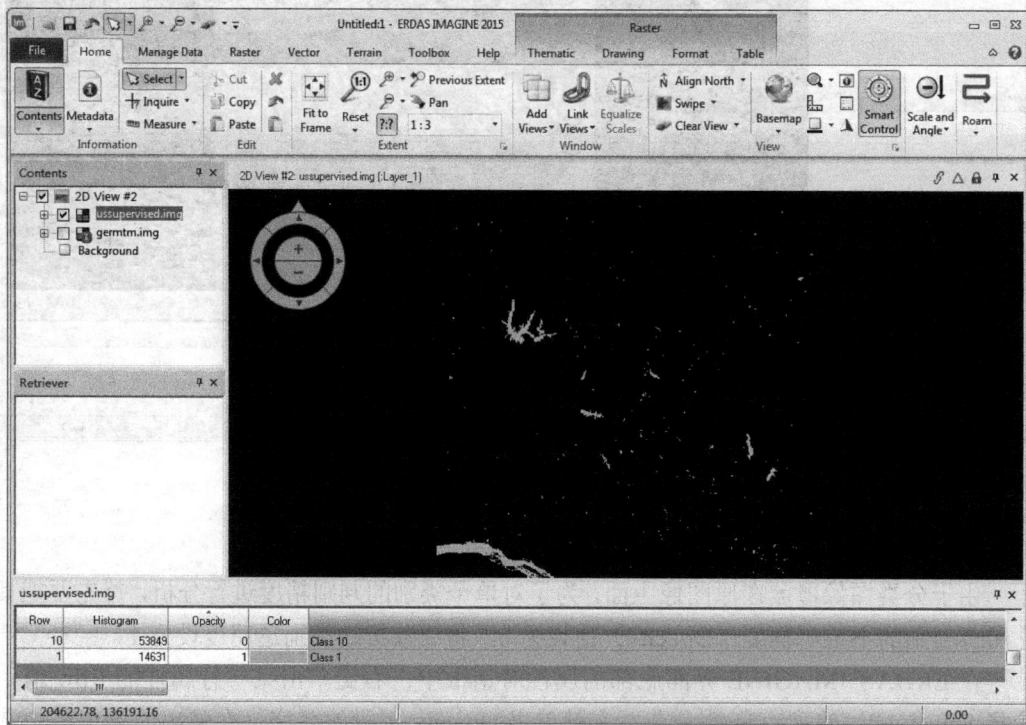

图 8-8　设置透明度之后的效果

选择 Home→Swipe→Flicker，打开 Viewer Flicker 对话框，在 Transition Type 中单击任意检验方式控件，观察各类图像与原图像之间的对应关系，如图 8-9 所示。

（6）标注类别的名称和相应颜色

在属性表中赋予分类名称（英文或拼音），可以选择已经分析好的一行属性的 Row 值以选中，单击该类别的 Class Names 字段从而进入输入状态。在该类别的 Class Names 字段中输入其专题意义（如河流），并按回车键。右键单击该类别的 Color 字段，选择一种合适的颜色，如图 8-10 所示。

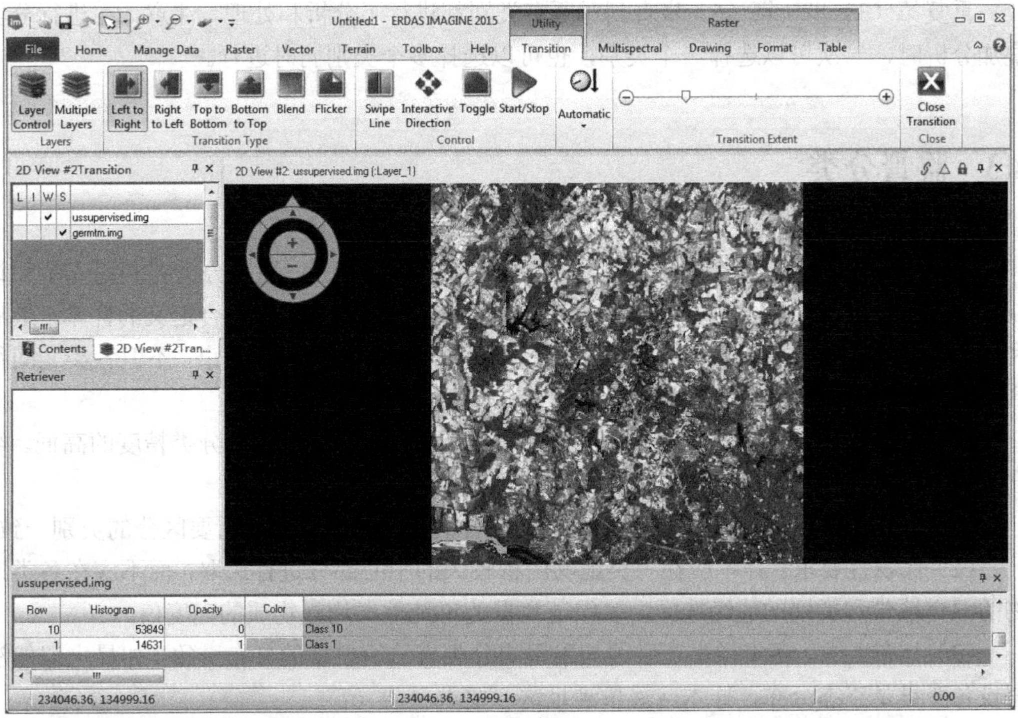

图 8-9　Viewer Flicker 对话框

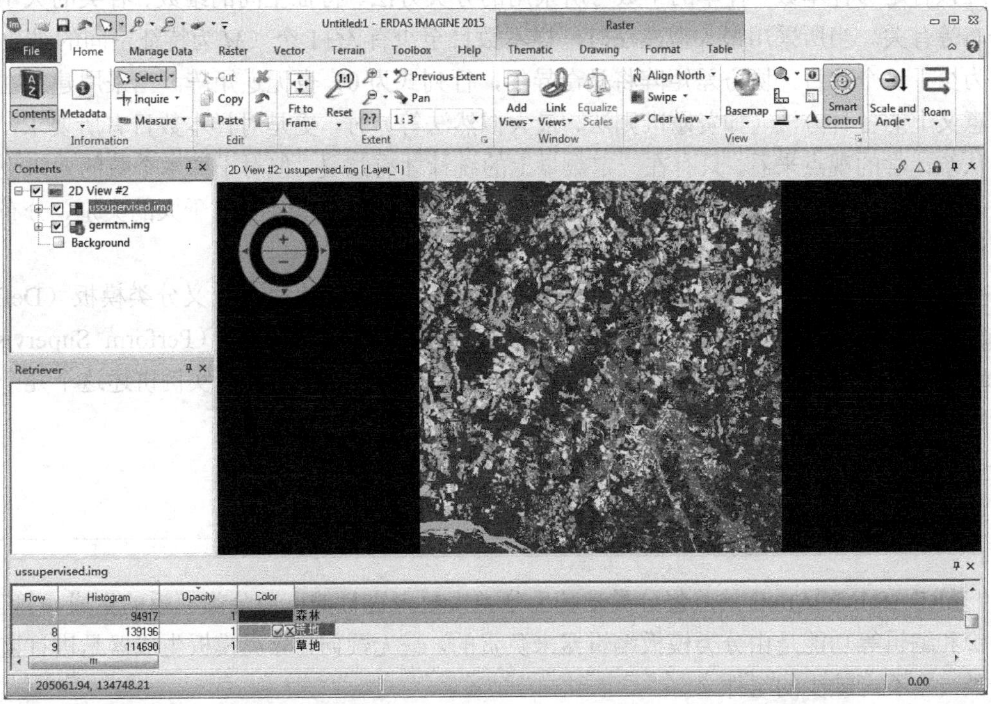

图 8-10　输入判断的类型

重复第（3）步～第（6）步直到对所有类别都进行了分析和处理。注意，在进行分类叠加分析时，一次可以选择一个类别，也可以选择多个类别同时进行。

8.3 监督分类

相对于非监督分类，监督分类需要先验知识。从过程来说，监督分类要利用先验知识或样本来定义种子类别，然后利用样本对判决函数进行训练，使其符合定义的样本，最后利用训练好的判决函数对其他待分的遥感图像进行分类。一旦分类结束，不但各类之间得到区分，同时还确定了类别的属性，即什么是地物。

在监督分类中，先验知识或样本的选择非常重要，它直接决定了分类精度的高低。综合来说，对样本有如下几点要求。

（1）类别要求。选择的样本所包含的类别在种类上应与研究区域所要区分的类别一致。

（2）代表性要求。样本应在各类地物面积较大的中心部分进行选取，而不应在各类地物的混交地带和类别的边缘选区，以保证数据的单纯性（均一物质的亮度值）。

（3）分布要求。各类样本还必须与采用的分类方法所要求的分布一致，如最大似然法假设各变量是正态分布，样本应尽量满足这一要求。

（4）数量要求。若各类样本能够提供各类的足够信息和克服各种偶然因素的影响，样本应该有足够样本数。样本的个数与所采用的分类方法、特征空间的维数、各类的大小和分布等有关。当所采用最大似然法时，样本数目至少有 $M+1$ 个（M 为特征空间的维数），因为少于这个数目，协方差矩阵将是奇异的，行列式为 0，也无逆矩阵。当采用建立在统计意义上的各种方法（如费歇准则法、最大似然法等）时，更是对样本数目有所要求，因为从统计学的观点来看，只有在一定数量上的统计才有意义。但对于样本个数的要求也不是越大越好，因为大的数量除了增加计算量外也带来寻找的困难。对于大的类别、分布规律性差的类别有时要多选些样本，反之则少选。

监督分类（Supervised Classification）一般有以下几个步骤：定义分类模板（Define Signatures）、评价分类模板（Evaluate Signatures）、进行监督分类（Perform Supervised Classification）、评价分类结果（Evaluate Classification）。下面将结合实例讲述这个几个步骤。当然，在实际应用过程中可以根据需要执行其中的部分操作。

8.3.1 定义分类模板

ERDAS IMGAINE 的监督分类是基于分类模板来进行的，而分类模板的生成、管理、评价和编辑等功能是由分类模板编辑器来负责的。毫无疑问，分类模板生成器是进行监督分类一个不可缺少的组件。

在分类模板生成器中，生成分类模板的基础是原图像和（或）其特征空间图像。因此，显示这两种图像的视窗也是进行监督分类的重要组件。本小节所用数据为 germtm.img，在 ERDAS 2015 中定义分类模板的操作步骤如下。

（1）显示需要进行分类的图像

在视窗中打开需要分类的图像：germtm.img。

（2）打开分类模板编辑器并调整显示字段

选择 Raster→Supervised→Signature Editor，打开 Signature Editor 对话框，如图所示，从图中可以看到分类模板编辑器由菜单栏、工具栏和分类模板属性表（CellArray）这 3 个部分组成。Signature Editor 对话框中的分类属性表中有很多字段，不同字段对于建立分类模板的作用不同。为了突出作用较大的字段，可以进行必要的调整。

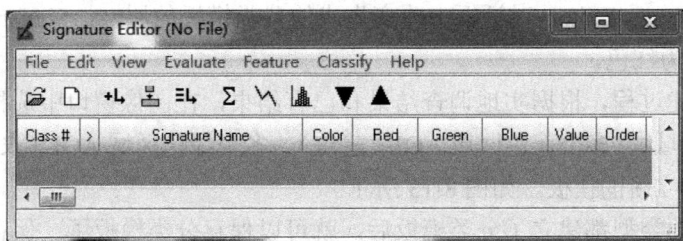

图 8-11　Signature Editor 对话框

① 单击 Signature Editor 对话框菜单栏的 View →Columns，打开 View Signature Columns 对话框，如图 8-12 所示。

② 单击左边属性的最上面一行往下拖拉直到最后一个字段，此时所有的字段都被选中，并且被蓝色（默认色）表示出来。

③ 按住 Shift 键，同时分别单击 Red、Green、Blue 左边的数字字段，从而将这三个字段从选择集中清除。

④ 单击 Apply 按钮并关闭 View Signature Columns 对话框。可以看出，在 Signature Editor 对话框中，这三个字段不再显示。

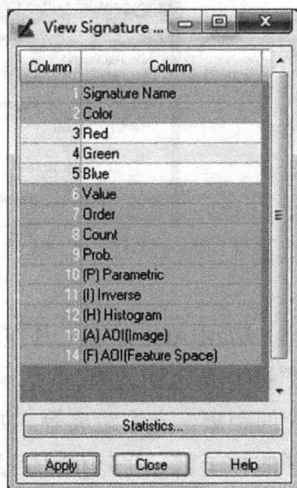

（3）获取分类模板信息

可以分别应用 AOI 绘图工具、AOI 扩展工具、查询光标这三种方法，在原始图像或特征空间图

图 8-12　View Signature Columns 对话框

像中获取分类模板信息。无论是在待分类原始图像还是在随后介绍的特征空间图像中，都是通过绘制或产生 AOI 区域来获取分类模板信息的。下面分别讲述在遥感图像窗口中产生 AOI 的 4 种方法，即利用 AOI 工具收集分类模板信息的方法。但在实际工作中可用其中的一种方法，也可以将几种方法组合应用。

（4）应用 AOI 绘图工具在原始图像中获取分类模板信息

① 选择 Drawing→🖾，在视窗中选择红色区域（林地）绘制一个 AOI 多边形，双

击鼠标左键完成绘制。

② 在 Signature Editor 对话框中，单击 ⊷ 按钮，将 AOI 区域加载到 Signature 分类模板中。

③ 重复上述操作过程，多选择几个红色区域 AOI，并将其作为新的模板加入到 Signature Editor 对话框中，同时确定各类的名字和颜色。

④ 选择 Class#字段将上面加入的多个红色区域 AOI 模板全部选定并选择工具栏中的 ⊒⌐ 图标，将其合并生成一个综合的新模板，其中包含了合并前的所有模板像元属性。

⑤ 在 Signature Editor 菜单栏中选择 Edit→Delete 选项，删除合并之前的多个模板。

⑥ 在 Signature Editor 对话框中改变生成的分类模板的属性：Signature Name 改为 forest，Color 改为红色。

⑦ 重复上述过程，根据实地调查结果和已有结果，在图像窗口中选择绘制多个深蓝色区域 AOI（水域）、多个蓝色区域 AOI（建筑）、多个绿色区域 AOI（农田）等。加载、合并、命名，建立新的模板，如图 8-13 所示。

⑧ 将所有的类型都建立了分类模板后，就可以保存分类模板了。保存的步骤为选择 Signature Editor 菜单栏中的 File→Save As 选项，输入路径和名字（sig 文件）并单击 OK 按钮。

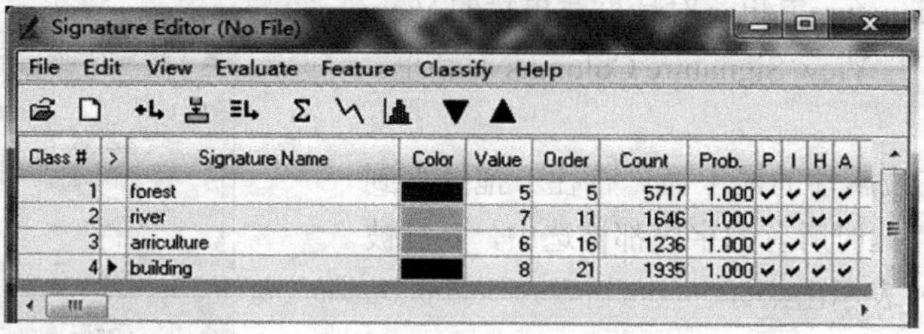

图 8-13　分类模板属性示意图

（5）应用 AOI 扩展工具在原始图像上获取分类模板信息

扩展生成 AOI 的起点是一个种子像元，与该像元相邻的像元按照各种约束条件来考察如空间距离、光谱距离等。如果被接收，则与原种子一起成为新的种子像元组，并重新计算新的种子像元平均值（当然也可以设置为一直沿用原始种子的值）。以后的相邻像元将以新的平均值来计算光谱距离。但空间距离一直是以最早的种子像元来计算的。

应用 AOI 拓展工具在原始图像上获取分类模板信息，首先必须设置种子像元特征，过程如下。

① 在显示有 germtm.img 图像的视窗中，选择 Drawing→Grow→Growing Properties，打开 Region Growing Properties 对话框，设置参数如图 8-14 所示。

② 选择相邻扩展方式（Neighborhood）：选择按 4 个相邻像元扩展。这里 ⊞ 表示被单击像元的上、下、左、右这 4 个像元作为相邻进行扩展，⊞ 表示以种子像元周围的 9 个像元进行扩展。

③ 选择区域扩展的地理约束条件（Geographic Constrains）：Area 确定每一 AOI 所包

含的最多像元数（或者说面积），而 Distance 确定 AOI 所包含像元距被单击像元的最大距离，这两个约束条件可以只设置一个，也可以设置两个或者一个也不设。在此处只设置面积约束为 300 个像元。

④ 在 Spectral Euclidean Distance 中设置波谱欧氏距离，本约束是指 AOI 可接受的像元值与种子像元平均值之间的最大光波欧氏距离（两个像元在各个波段数值之差的平方之和的二次根），大于该距离将不被接受。此处设置距离为 10。

⑤ 单击 Option 按钮，切换到 Options 选项卡。该选项卡左侧有 3 个复选框，如图 8-15 所示。

⑥ Include Island Polygons 是以岛的形式剔除不符合条件的像元。在种子扩展过程中可能会有些不符合条件的像元被符合条件的像元包围，此时勾选此选项将剔除这些像元。

⑦ Update Region Mean 是重新计算种子平均值。如果不勾选此选项，则一直以原始种子的值为均值。

⑧ Buffer Region Boundary 是对 AOI 产生缓冲区。此设置在选择 AOI 编辑 DEM 数据时比较有用，可以避免高程的突然变化。

⑨ 这里选择 Include Island Polygons 和 Update Region Mean。Options 选项卡右侧的 3 个选项用于选择是否以 AOI 区域为约束条件进行增长，一般选择 None，即不以 AOI 区域为约束条件。

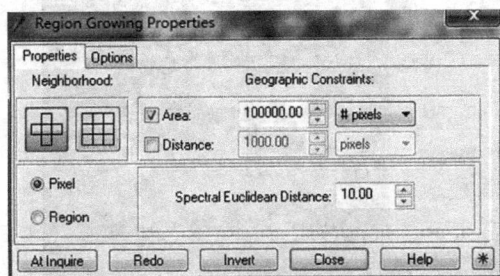

图 8-14　Region Growing Properties 对话框　　　　图 8-15　Options 选项卡

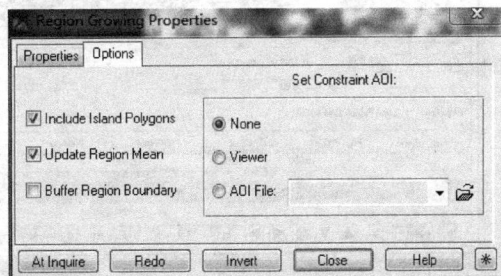

到此完成了种子扩展特性的设置，下面将使用种子扩展工具产生一个 AOI。

⑩ 在 ERDAS IMAGINE 菜单栏中单击 Drawing→Grow 按钮，单击 germtm.img 上面的红色区域。AOI 自动扩展将生成一个针对林地的 AOI。如果扩展 AOI 不符合需求，即 AOI 区域不全是红色区域，则可以在 Region Growing Properties 对话框中修改直到满意为止。注意：在 Region Growing Properties 对话框中修改设置之后，直接单击 Redo 按钮就可重新对刚才单击的像元生成新的扩展 AOI。

⑪ 在 Signature Editor 对话框中，单击 ⤵ 按钮，将 AOI 区域加载到 Signature 分类模板中。

⑫ 重复上述操作过程，多选择几个红色区域 AOI，并将其作为新的模板加入到 Signature Editor 对话框中，同时确定各类的名字和颜色。

⑬ 选择 Class#字段将上面加入的多个红色区域 AOI 模板全部选定并单击工具栏中的 ☰⤵ 图标，将其合并生成一个综合的新模板，其中包含了合并前的所有模板像元属性。

⑭ 在 Signature Editor 菜单栏中单击 Edit→Delete 选项，删除合并之前的多个模板。

⑮ 在 Signature Editor 对话框中改变生成的分类模板的属性：Signature Name 改为 forest，Color 改为红色。

⑯ 重复上述过程，根据实地调查结果和已有结果，在图像窗口选择绘制多个深蓝色区域 AOI（水域）、多个蓝色区域 AOI（建筑）、多个绿色区域 AOI（农田）等。加载、合并、命名，建立新的模板。

⑰ 将所有的类型都建立了分类模板后，就可以保存分类模板了。

（6）应用查询光标扩展方法获取分类模板信息

具体操作如下。

① 选择 Home→Inquire，用十字光标确定一个种子像元的位置。

② 选择 Drawing→Grow→Growing Properties，调出 Region Growing Properties 对话框（如图 8-16 所示）。单击左下角的 At Inquire 按钮，根据刚才十字光标确定的种子像元产生一个 AOI。

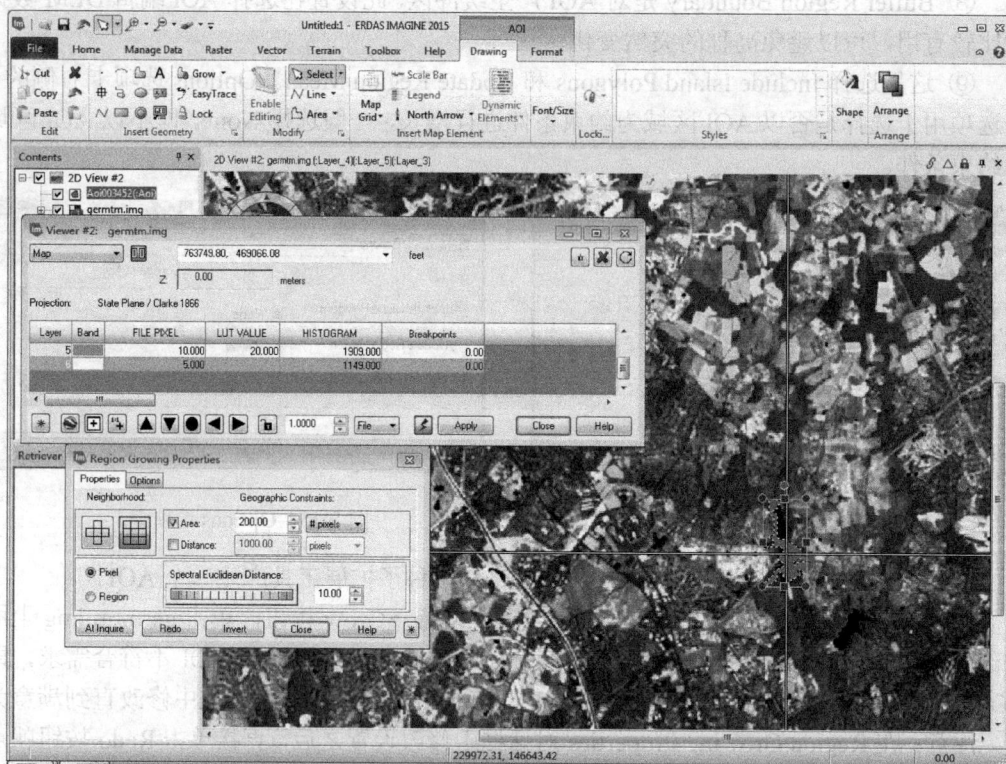

图 8-16　Region Growing Options 对话框

③ 单击 Options，切换到 Options 选项卡，在 Set Constraint AOI 选项区中选择 None。

④ 在 Signature Editor 对话框中，单击 图标，将 AOI 区域加载到 Signature 分类模板中，如图 8-16 所示，并重复上述步骤，按照"应用 AOI 扩展工具在原始图像上获取分类模板信息"的方法直到生成分类模板文件。

8.3.2　评价分类模板

分类模板建立之后，就可以对其进行评价，删除、更名、与其他分类模板合并等操作。分类模板的合并可使用户应用来自不同训练方法的分类模板进行综合复杂分类，这些模板训练方法包括监督、非监督、参数化和非参数化。

本节将要讨论的分类模板评价工具包括：分类预警评价（Alarms）、可能性矩阵（Contingency Matrix）、特征对象（Feature Objects）、由特征空间模板产生图像掩膜（Feature Space to Image Masking）、直方图方法（Histograms）、类别的分离性分析（Seperability）等。当然，不同的评价方法各有不同的应用范围。例如，不能用分离性分析对非参数化的分类模板进行评价，而且要求分类模板中至少应具有 5 个以上的类别。

1．分类预警评价

分类预警评价（Alarms）是根据平行六面体决策规则（Parallelepiped Division Rule）将那些原属于或估计属于某一类别的像元在图像视窗中高亮显示，以示警报。一个报警可以针对一个类别或多个类别进行。如果没有在 Signature Editor 对话框中选择类别，那么当前活动类别就被用于进行报警。具体过程如下所示。

（1）产生警报掩膜

① 在 Signature Editor 菜单栏中选择 View→Image Alarm 选项，打开 Signature Alarm 对话框。

② 选中 Indicate Overlap，使同时属于两个级以上分类的像元叠加预警显示。在其后面的颜色框中设置像元叠加预警显示的颜色。

③ 单击 Edit Parallelepiped Limits 按钮，打开 Limits 对话框，如图 8-17 所示；单击 Set 按钮，打开 Set Parallelepiped Limits 对话框，如图 8-18 所示。

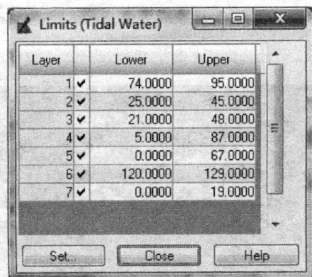

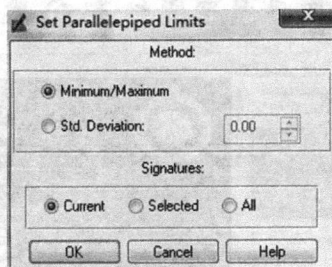

图 8-17　Limits 对话框　　　　图 8-18　Set Parallelepiped Limits 对话框

④ 设置计算方法（Method）为 Minimum/Maximum，选择使用模板（Signature）为当前（Current）。

⑤ 单击 OK 按钮完成设置。关闭 Set Parallelepiped Limits 对话框、Limits 对话框。在 Signature Alarm 对话框中单击 OK 按钮执行报警评价，形成报警掩膜，如图 8-19 所示。

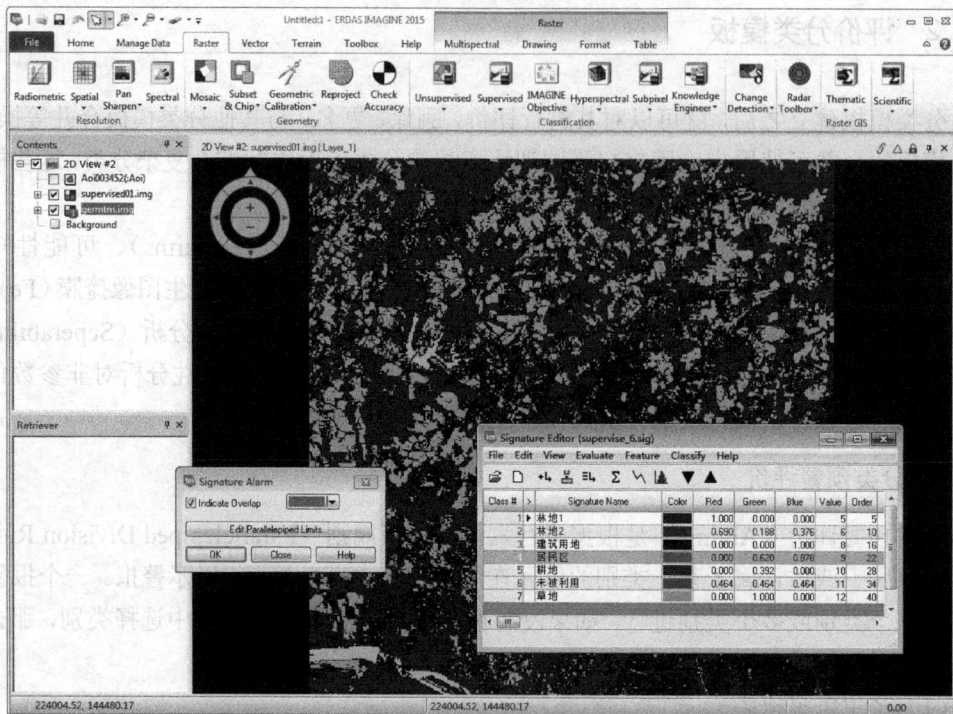

图 8-19　报警掩膜效果图

（2）查看分类预警掩膜

运用图像叠加显示功能，选择 Home→Swipe→Flicker 对掩膜进行闪烁显示，查看分类预警掩膜与影响之间的关系，如图 8-20 所示。

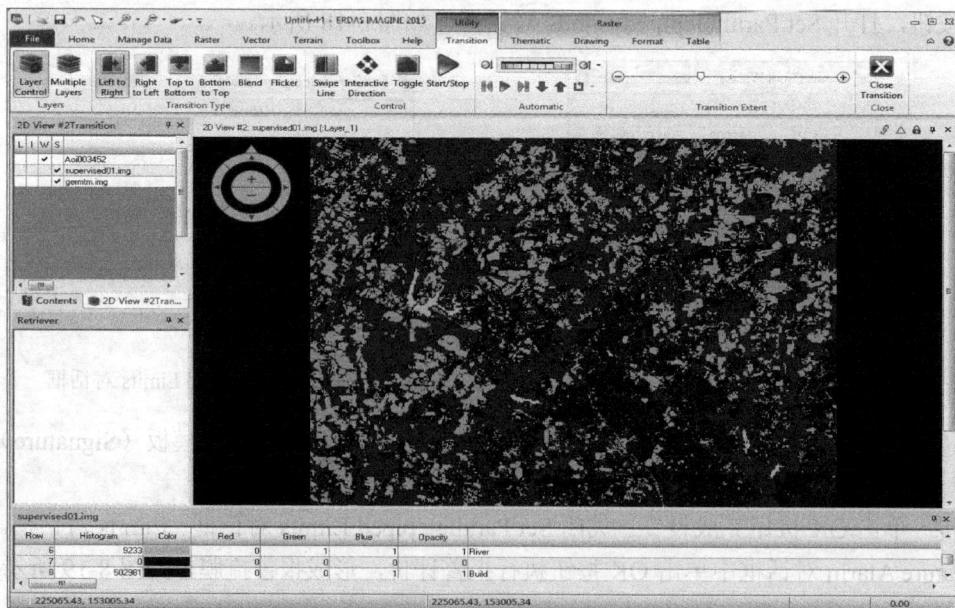

图 8-20　查看分类预警掩膜

（3）删除分类预警掩膜

分类预警掩膜生成后，在 germtm.img 视窗中会多出一个 Alarm Mask 图层。如图 8-21 所示，选中它然后右键单击选择 Remove Layer，即可删除分类预警掩膜。

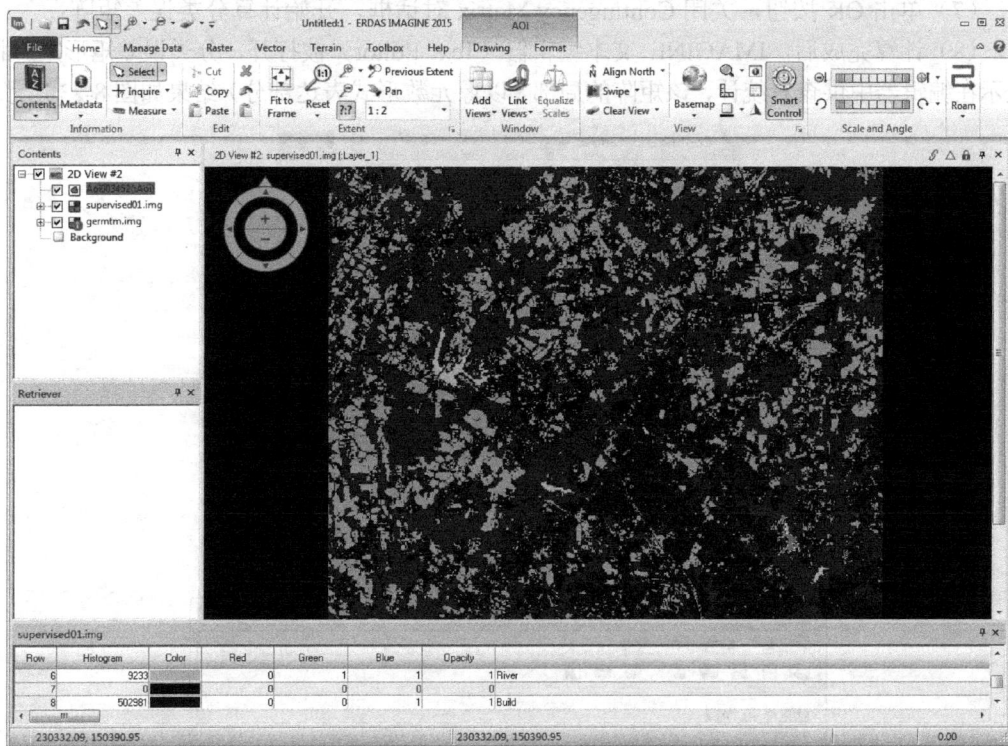

图 8-21　删除 Alarm Mask 图层

2．可能性矩阵

可能性矩阵（Contingency Matrix）评价工具是根据分类模板，分析 AOI 训练区的像元是否完全落在相应的类别之中。通常都期望 AOI 区域的像元分到它们参与训练的类别当中。实际上，AOI 中的像元对各个类都有一个权重值，AOI 训练样区只是对类别模板起一个加权的作用。Contingency Matrix 工具可同时应用于多个类别，如果没在 Signature Editor 窗口中确定选择集，那么所有的模板类别都参与运算。

可能性矩阵的输出结果是一个矩阵，它说明每个 AOI 训练区中有多少个像元分别属于相应的类别。AOI 训练样区的分类可应用下列几种分类原则：平行六边形（Parallelepiped）、特征空间（Feature Space）、最大似然（Maximum Likelihood）、马氏距离（Mahalanobis Distance）。

下面说明可能性矩阵评价工具的使用方法。

（1）在 Signature Editor 对话框中选择所有类别，在其菜单栏中选择 Evaluate→Contingency，打开 Contingency Matrix 对话框，如图 8-22 所示，设置参数。

（2）选择非参数规则（Non-parametric Rule）为特征空间（Feature Space）。

（3）选择叠加规则（Overlay Rule）为参数规则（Parametric Rule）。

（4）选择未分类规则（Unclassified Rule）为参数规则（Parametric Rule）。

（5）选择参数规则（Parametric Rule）为最大似然（Maximum Likelihood）。

（6）选择像元总数作为评价输出统计（Pixel Counts）。

（7）单击 OK 按钮，关闭 Contingency Matrix 对话框，开始计算分类误差矩阵；

（8）计算完成后，IMAGINE 文本编辑器（Text Editor）被打开，分类误差矩形矩阵将显示在编辑器中供查看统计，该矩阵的局部（以像元数形式表达部分）结果如图 8-23 所示。

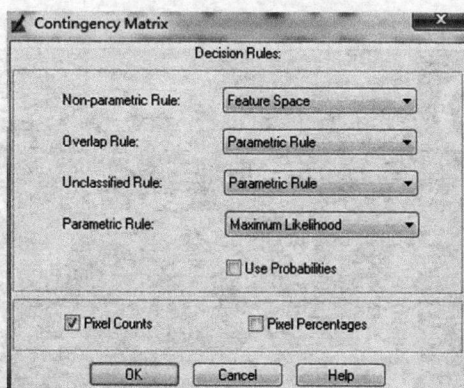

图 8-22　Contingency Matrix 对话框

图 8-23　分类误差矩形矩阵的局部结果

从矩阵中可以看出，应属于 forest 的 5717 个像元有 5607 个依旧属于 forest，有 105 个划分成了 agriculture，有 5 个划分成了 building。因为像元数目有点大，有少量划错是可以理解的，总的结果还是令人满意的。从百分比来说，如果误差矩阵值小于 85%，则模板需要重新建立。

3. 由特征空间模板产生图像掩膜

只有产生于特征空间 Signature 才可使用本工具，使用时可以基于一个或者多个特征空间模板。如果特征空间模板被定义为一个掩膜，则图像文件会对该掩膜下的像元做标记，这些像元在视窗中也将被显示表达出来（Highlighted）。因此，可以直观地知道哪些像元将被分在特征空间模板所确定的类型之中。必须注意，在本工具使用过程中，视窗中的图像必须与特征空间图像相对应。

本工具的使用过程如下。

（1）在 Signature Editor 对话框中选择要分析的特征空间模板。

（2）选择菜单栏中的 Feature→Masking→Feature Space to Image 选项。

（3）打开 FS to Image Masking 对话框，如图 8-24 所示，单击 Apply 按钮，产生分类掩膜。其中的 Indicate Overlay 复选框勾选就意味着属于不止一个特征空间模板的像元将用该复选框后面的颜色显示。这里只做说明，并不勾选它。

（4）分类掩膜产生之后，单击 Close 按钮关闭 FS to Image Masking 对话框。

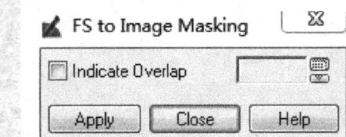

图 8-24　FS to Image Masking 对话框

模板对象的图示

模板对象图示工具可以显示各个类别模板（无论是参数型还是非参数型）的统计图，以便比较不同的类别，统计图以椭圆形式显示在特征空间图像中；每个椭圆都是基于类别的平均值及其标准差。可以同时产生一个类别或多个类别的图形显示。如果没有在模板编辑器中选择类别。那么当前处于活动状态（位于 "▶" 符号旁边）的类别就被应用，模板对象图示工具还可以同时显示两个波段类别均值、平行六面体和标识（Label）。由于是在特征空间图像中绘画椭圆，所以特征空间图像必须处于打开状态。操作步骤如下。

（1）在 Signature Editor 对话框中选择菜单栏中的 Feature→Objects 选项，打开 Signature Objects 对话框，如图 8-25 所示；设置参数如下。

（2）确定特征空间图像视窗（Viewer）为 2。

（3）确定绘制分类统计椭圆：选择 Plot Ellipses 复选框。

（4）确定统计标准差（Std.Dev.）为 4。

（5）单击 OK 按钮，执行模板对象图示，绘制分类椭圆，结果如图 8-26 所示。

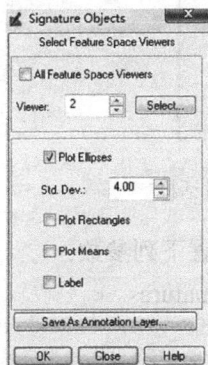

图 8-25　Signature Objects 对话框

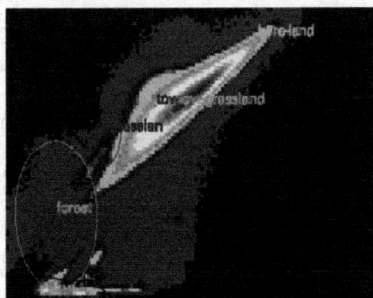

图 8-26　分类椭圆结果

Viewer#2 中显示出特征空间及所选类别的统计椭圆，这些椭圆的重叠程度反映了类别的相似性。如果两个椭圆不重叠，则说明它们代表相互独立的类型，正是分类所需要的，如图 8-27 所示。然而，重叠是肯定有的，因为几乎没有完全不同的类别。如果两个椭圆完全重叠或重叠较多，则这两个类别是相似的，对分类而言，这是不理想的。

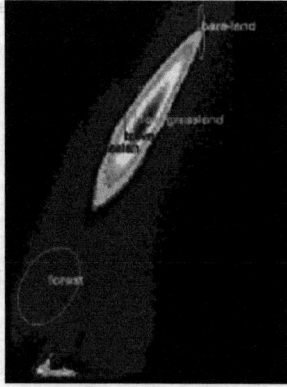

图 8-27　理想情况下的分类椭圆结果

4．直方图方法

直方图绘制工具通过分析类别的直方图对模板进行评价和比较，本功能可以同时对一个或多个类别制作直方图，如果处理对象是单个类别（选择 Single Signature），则是当前活动类别（位于"▶"符号旁边的那个类别）；如果是多个类别的直方图，则是处于选择集中的类别。操作过程如下。

（1）在 Signature Editor 对话框中选定某一个或者某几个类别。

（2）在菜单栏中选择 View→Histogram 选项，打开 Histogram Plot Control Panel 对话框（如图 8-28 所示）。

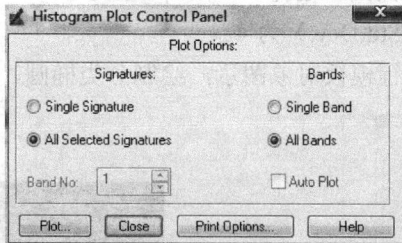

图 8-28　Histogram Plot Control Panel 对话框

（3）在 Histogram Plot Control Panel 对话框中，需要设置下列参数。

（4）确定分类模板数量（Signature）为 All Selected Signatures。

（5）确定分类波段数量（Bands）为 All Bands。

（6）单击 Plot 按钮，绘制分类直方图，效果如图 8-29 所示。

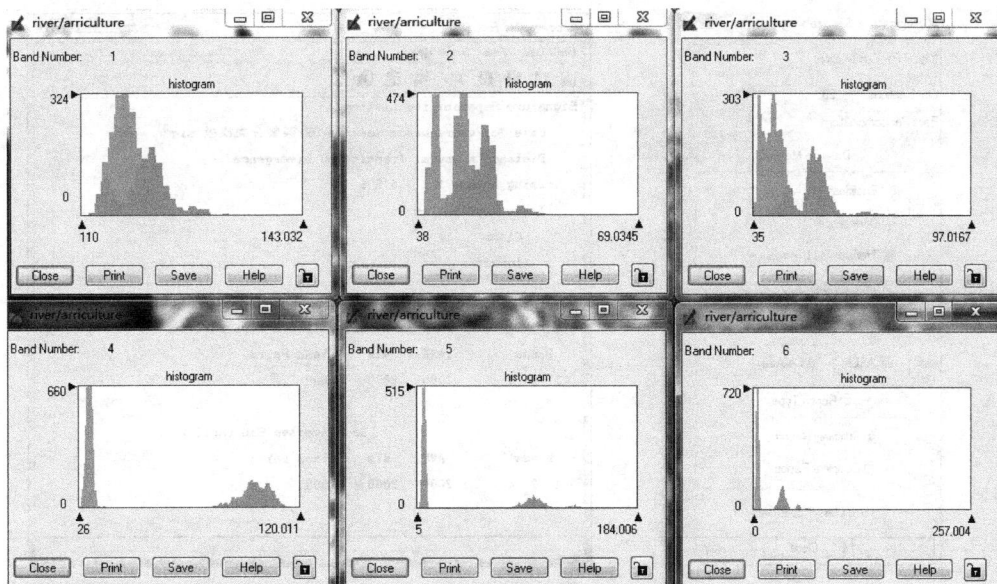

图 8-29　分类直方图效果

5.类别的分离性分析

类别的分离性工具用于计算任意类别间的统计距离,这个距离可以确定两个类别间的差异性程度,也可用于确定在分类中效果最好的数据层。类别间的统计距离是基于下列方法计算的:欧氏光谱距离、Jeffries-Matusta 距离、分类的分离度(Divergence)、散度(Transformed Divergence),类别的分离性工具可以同时对多个类别进行操作,如果没有选择任何类别,则它将对所有的类别进行操作。

(1)在 Signature Editor 对话框中,选择一个或多个类别。

(2)在菜单栏中选择 Evaluate→Separability 选项,打开 Signature Separability 对话框,如图 8-30 所示,设置如下参数。

(3)设置组合数据层数(Layers Per Combination)为 3,Layers Per Combination 是指本工具将基于几个数据层来计算类别间的距离,例如可以计算 2 个类别在综合考虑 6 个层时的距离,也可以计算它们在 1、2 个层上的距离,这里取一个适中值 3。

(4)设置计算距离的方法(Distance Measure)为 Transformed Divergence。

(5)设置输出数据格式(Output Form)为 ASCII。

(6)设置统计结果报告方式(Report Type)为 Summary Report。这里设置 Summary Report,则计算结果只显示分离性最好的两个波段组合的情况,分别对应分离性最小和平均分离性最大。如果选择 Complete Report,则计算结果不仅要显示分高性最好的两个波段组合,而且要显示所有波段组合的情况。

(7)单击 OK 按钮,执行类别的分离性计算,并将结果显示在 ERDAS 文本编辑器窗口中。

(8)在文本编辑器窗口,可以对报告结果进行分析,如图 8-31 所示,可以将结果保存在文本文件中。

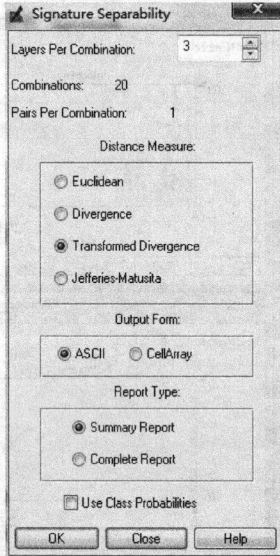

图 8-30　Signature Separability 对话框

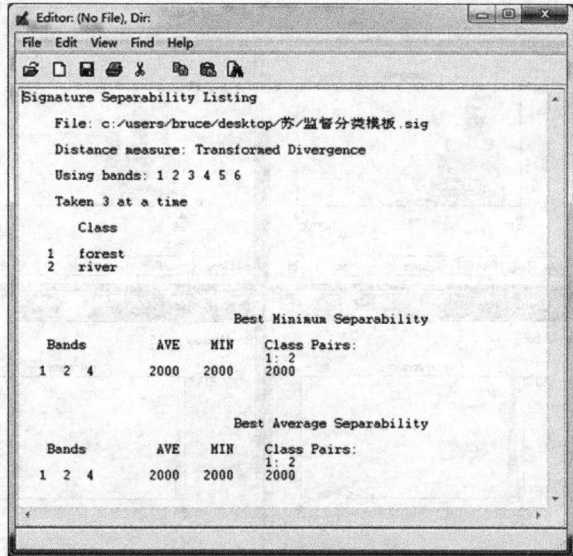

图 8-31　分离性计算结果

8.3.3　执行监督分类

在监督分类过程中，用于分类决策的规则是多层次的，如对非参数模板有特征空间、平行六面体等方法，对参数模板有最大似然法、Mahalanobis 距离、最小距离等方法。当然，可以同时使用非参数规则与参数规则，但要注意应用范围，如非参数规则只能应用于非参数型模板，对于参数型模板，要使用参数型规则。另外，如果使用非参数型模板，还要确定叠加规则（Overlay rule）和未分类规则（Unclassified Rule）。下面是执行监督分类的操作过程。

（1）在 ERDAS IMAGINE 2015 菜单栏中选择 Raster → Supervised → Supervised Classification，弹出 Supervised Classification 对话框，如图 8-32 所示，需要确定下列参数。

（2）设置输入原始文件（Input Raster File）为 germtm.img。

（3）设置输出分类文件（Classified File）为 classify.img。

（4）设置分类模板文件（Input Signature File）为监督分类模板.sig。

（5）勾选输出分类距离文件（Distance File），用于分类结果进行阈值处理。

（6）设置分类距离文件（Filename）为 distance.img。

（7）设置非参数规则（Non-parametric Rule）为 Feature Space。

（8）设置叠加规则（Overlay Rule）为 Parametric Rule。

（9）设置未分类规则（Unclassified Rule）为 Parametric Rule。

（10）设置参数规则（Parametric Rule）为 Maximum Likelihood。

（11）单击 OK 按钮，执行监督分类，并关闭 Supervised Classification 对话框，监督分类之后的结果如图 8-33 所示。

图 8-32　Supervised Classification 对话框

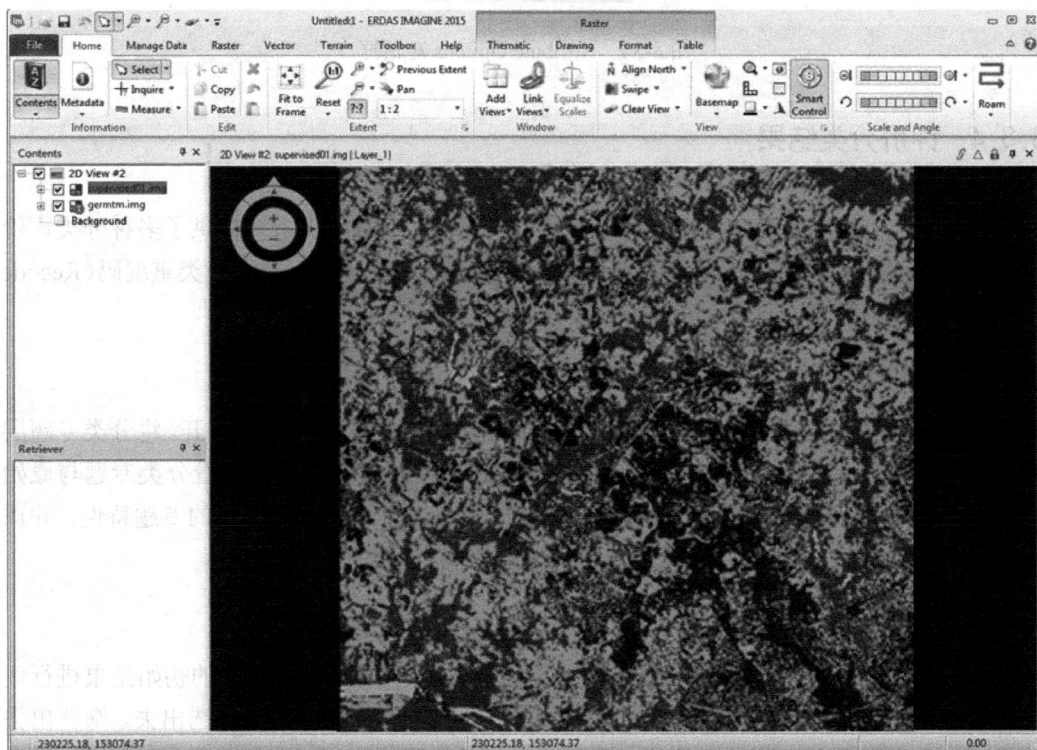

图 8-33　监督分类之后的结果

注：在 Supervised Classification 对话框中，还可以定义分类图的属性表项目。单击 Attribute Options 按钮，打开 Attribute Options 对话框，如图 8-34 所示。通过 Attribute Options

对话框，可以确定模板的哪些统计信息将被包括在输出的分类图像层中。这些统计值是基于各个层中模板对应的数据计算出来的，而不是基于被分类的整个图像。在 Attribute Options 对话框中选择需要统计的信息，单击 Close 按钮关闭对话框。

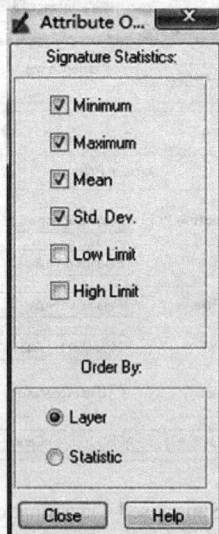

图 8-34　Attribute Options 对话框

8.3.4　评价分类结果

在执行监督分类之后，需要对分类效果进行评价。ERDAS 系统提供了多种分类评价方法，包括分类叠加（Classification Overlay）、定义阈值（Thresholding）、分类重编码（Recode Classes）、精度评估（Accuracy Assessment）等。

1. 分类叠加

分类叠加就是将专题分类图像与分类原始图像同时在一个视窗中打开，将分类专题层置于上层，通过改变分类专题的透明度（Opacity）及颜色等属性，查看分类专题与原始图像之间的关系。对于非监督分类结果，通过分类叠加方法来确定类别的专题特性，并评价分类结果。对监督分类结果，该方法只是查看分类结果的准确性。

2. 阈值处理

阈值处理可以确定哪些像元可能没有被正确分类，从而对监督分类的初始结果进行优化。用户可以对每个类别设置一个距离阈值，将可能不属于它的像元筛选出去。筛选出去的像元在分类图像中将被赋予另一个分类值。具体步骤如下：

（1）在 ERDAS IMAGINE 视窗中打开分类后的专题图像，选择 Raster→Supervised→Threshold，打开 Threshold 视窗，如图 8-35 所示。

（2）选择 Threshold 视窗菜单栏中的 File→Open 选项，打开 Open File 对话框。分别

输入监督分类的分类专题图像和分类距离图像，单击 OK 按钮完成加载。

（3）选择 Threshold 视窗菜单栏中的 View→Select Viewer 选项。单击 ERDAS IMAGINE 视窗的分类专题图像。

（4）选择 Threshold 视窗菜单栏中的 Histogram→Compute 选项，计算各个类别的距离直方图。计算之后，Histogram 菜单下的其他几个选项就可用了。可以选择 Save 选项保存为.sig 模板文件。

（5）移动"▶"符号到某个类别旁边，选择 Histogram→View，则该类别的距离直方图被显示出来，如图 8-36 所示，同时拖动直方图横坐标上的箭头到合理的阈值，依次设置每个类别的阈值。

（6）选择 View→View Colors→Default Colors，选择默认色彩是将阈值以外的像元显示成黑色，将阈值以内的像元以该类别颜色显示。

（7）选择 Process→To Viewer，阈值处理图像将显示在分类图像上。然后在 ERDAS IMAGINE 菜单栏中选择 Home→Flicker，将阈值处理图像设置为闪烁状态，或者混合方式、卷帘方式叠加显示，以直观查看处理前后变化。

（8）选择 Threshold 视窗菜单栏中的 Process→To File，打开 Threshold to File 对话框，在 Output Image 中输入文件名，单击 OK 按钮完成保存。

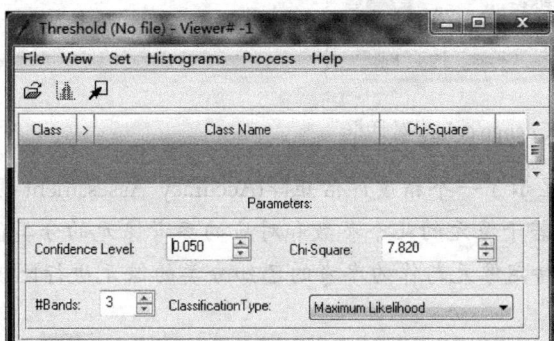

图 8-35　Threshold 视窗

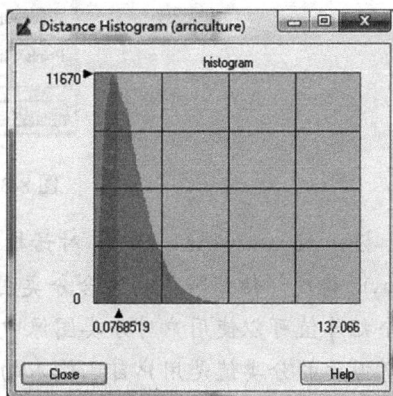

图 8-36　距离直方图

3．精度评估

分类精度评估是将专题分类图像中的特定像元与已知分类的参考像元进行比较，实际工作中常常是将分类数据与地面真值、先前的试验地图、航空相片或其他数据进行对比。具体操作如下：

（1）在 ERDAS IMAGINE 视窗中打开分类前的原始图像，以便进行精度评估。

（2）选择 Raster→Supervised→Accuracy Assessment，打开 Accuracy Assessment（精度评价）对话框，如图 8-37 所示。

（3）将原始图像视窗与精度评估视窗相连接。矩阵数据存在分类图像文件中。在 Accuracy Assessment 对话框的工具栏中单击 Select Viewer 按钮 ⇱ （或在菜单栏中选择

View→Select Viewer 选项），将光标在显示有原始图像的视窗中单击一下，原始图像视窗与精度评估视窗相连接。

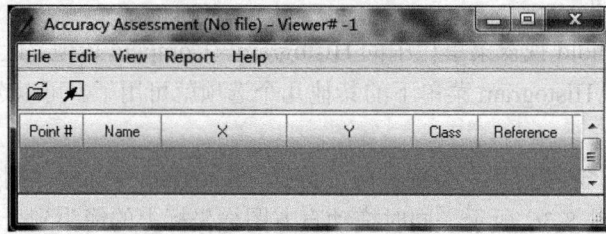

图 8-37　Accuracy Assessment 对话框

（4）在 Accuracy Assessment 对话框中设置随机点的色彩。在 Accuracy Assessment 对话框中，选择 View→Change Colors 选项，打开 Change colors 对话框，如图 8-38 所示。在 Points with no reference 中设置没有真实参考值的点的颜色，在 Points with reference 中设置有真实参考值的点的颜色，单击 OK 按钮（执行参数设置），返回 Accuracy Assessment 对话框。

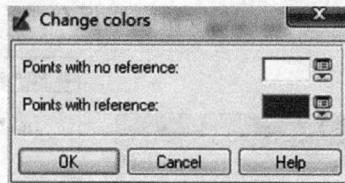

图 8-38　Change colors 对话框

注：Accuracy Assessment 对话框中显示了一个精度评估矩阵(Accuracy Assessment Cell Array)。精度评估矩阵中将包含分类图像若干像元的几个参数和对应的参考像元的分类值。这个矩阵值可以使用户对分类图像中的特定像元与作为参考的已知分类的像元进行比较，参考像元的分类值是用户自己输入的。

（5）产生随机点。本步操作将在分类图像中产生一些随机的点，随机点产生之后，需要用户给出随机点的实际类别。然后，随机点的实际类别与在分类图像的类别将进行比较。

在 Accuracy Assessment 对话框中，选择 File→Open 选项，加载专题分类图像。接着选择 Edit→Create/ Add Random Points 选项，打开 Add Random Points 对话框，如图 8-39 所示。

在 Search Count 中输入确定随机点过程中使用的最多分析像元数，这个数目一般都比 Number of Points 大很多；在 Number of Points 中输入大于 250 的数。

在 Distribution Parameters 选项区中选择 Random，即

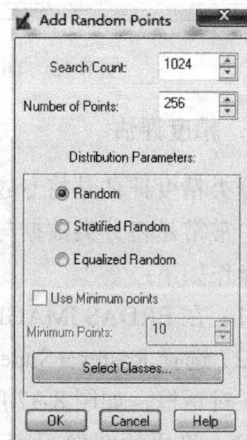

图 8-39　Add Random Points 对话框

将产主绝对随机的点位，而不使用任何强制性规则。其余两个选项：Equalized Random 是指每个类将具有同等数目的比较点；Stratified Random 是指点数与类别涉及的像元数成比例，但选择该复选框后可以确定一个最小点数。选择 Use Minimum points，可保证小类别也有足够的分析点。

单击 OK 按钮，按照参数设置产主随机点。返回 Accuracy Assessment 对话框。

（6）显示随机点及其类别。在 Accuracy Assessment 对话框中，选择 View→Show All 选项，所有随机点均以第（4）步设置的颜色显示在视窗中；选择 Edit→Show Class Values，各点的类别号出现在数据表的 Class 字段中。

（7）输入参考点的实际类别值。在 Accuracy Assessment 对话框中，在数据表的 Reference 字段输入各个随机点的实际类别值。只输入参考点的实际分类值。如果实际分类值与 Class 字段值不同，它在视窗中的色彩就变为第（4）步设置的 Point with reference 颜色。

（8）设置分类评价报告输出环境及输出分类评价报告。在 Accuracy Assessment 对话框中，选择 Report→Options 选项，单击确定分类评价报告的参数。选择 Report→Accuracy Report 选项，产生分类精度报告。选择 Report→Cell Report 选项，报告有关产生随机点的设置及窗口环境。有报告将显示在 ERDAS 文本编辑器窗口中，可以保存为本文件。选择 File→Save Table 保存分类精度评价数据表。选择 File→Close，关闭 Accuracy Assessment 对话框。

通过对分类结果的评价，如果达到分类精度，则保存结果。如果不满意，则可以进一步做相关修改，如修改分类模板等，或应用其他功能进行调整。

8.4　面向对象的分类

8.4.1　面向对象的遥感图像分类原理

传统的基于像素的遥感图像处理方法对于遥感图像光谱信息丰富、地物间光谱差异明显、中低空间分辨率的多光谱遥感图像有较好的分类效果。对于只含有较少波段的高分辨率遥感图像，该方法就会造成分类精度降低，空间数据的大量冗余，并且其分类结果常常是"椒盐"图像，不利于进行空间分析。对于图像分类来说，基于像元的信息提取是根据地表一个像元范围内辐射平均值对每一个像元进行分类的，但图像中地物类别特征不仅是由光谱信息来刻画的，很多情况下（高分辨率或纹理图像数据）通过纹理特征来表现。

面向对象技术强调在软件开发过程中面向客观世界或问题域中的事物，采用人类在认识客观世界的过程中普遍运用的思维方法，通过多层次的对对象多级认识，直观、自然地描述客观世界中的有关事物。面向对象技术的基本特征主要有抽象性、封装性、继承性和多态性。面向对象遥感分类原理如图 8-40 所示。

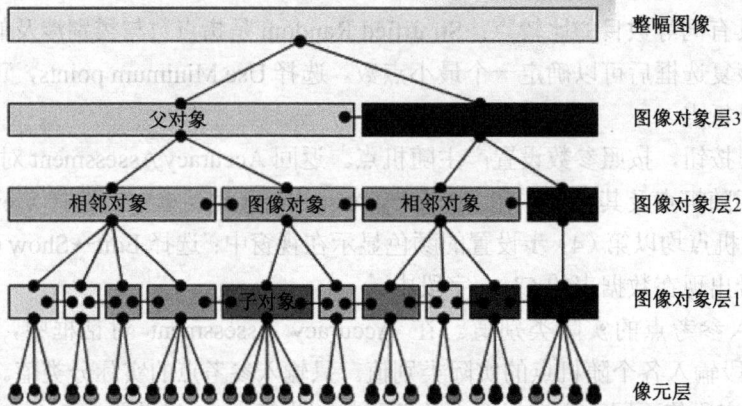

图 8-40　面向对象遥感分类原理

　　面向对象的图像分析技术可以综合利用图像中的光谱、纹理、空间关系等信息，较好地解决上述问题，其技术流程如图 8-41 所示。要建立与现实世界真正相匹配的地表模型，面向对象的方法是目前为止较为理想的方法，在遥感图像分析中具有巨大的潜力。面向对象的处理方法中最重要的一部分是图像分割。

　　本章以建筑物要素提取为例介绍 ERDAS 软件面向对象图像分类的方法步骤。本章实例是对于建筑物模型的识别提取，本例采用的数据是 residential.img。

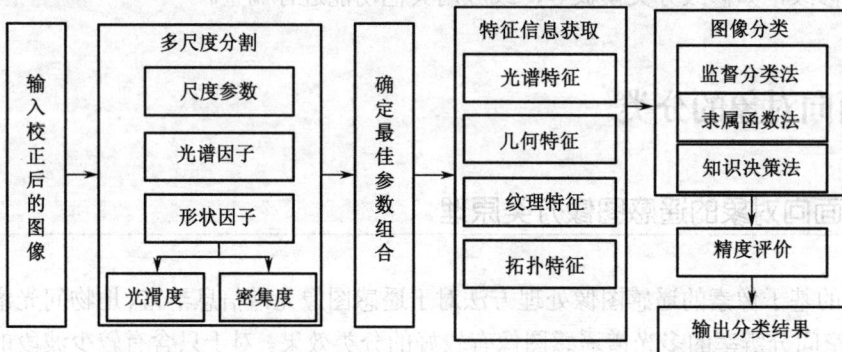

图 8-41　面向对象的技术流程

8.4.2　面向对象的分类实例

　　在运行这个过程之前，首先应该打开 Objective Workstation。

　　选择 Raster→Classification→Image Objective，打开 Objective Workstation。

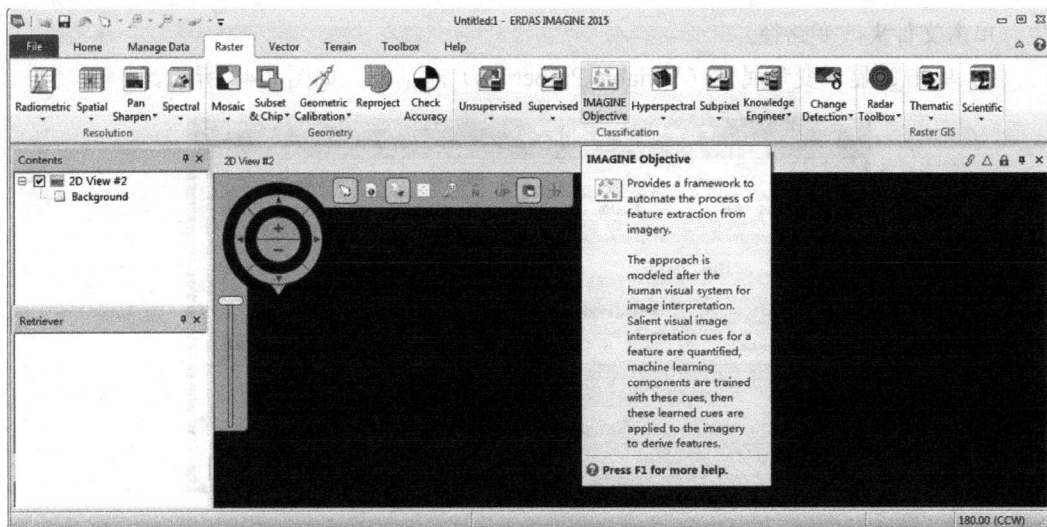

图 8-42　打开 Objective Workstation

1. 建立特征模型和设置训练样本

（1）特征模型和变量

① 从 Tree View 菜单上选择 Feature 标签。

② 用 Residential Rooftops 代替 Feature（或 Feature <number>）的名字，如图 8-43 所示。

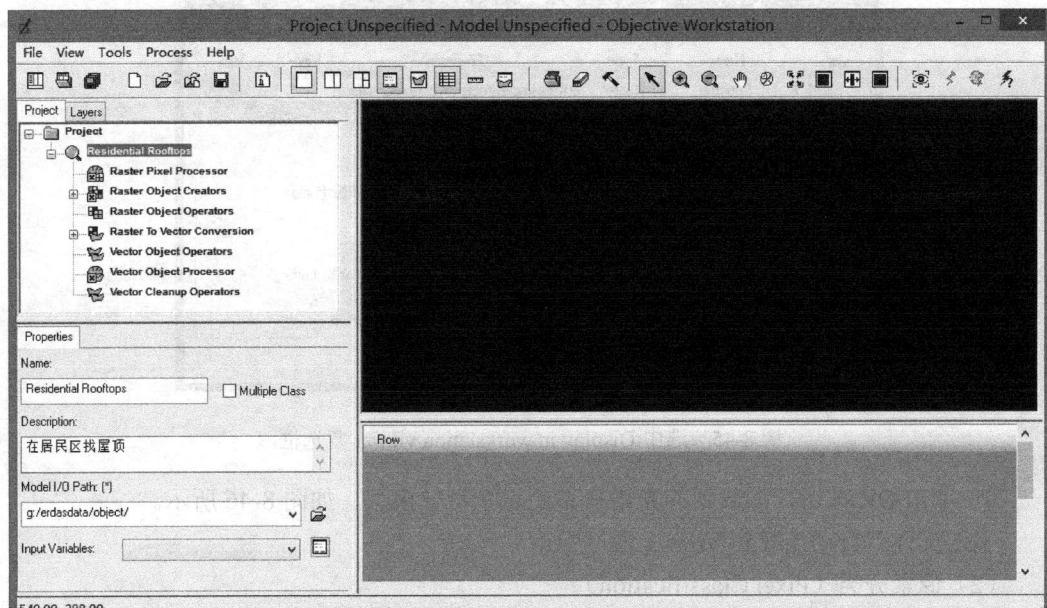

图 8-43　用 Residential Rooftops 代替 Feature

③ 在 Description 中，输入模型目的的文本描述，例如"在居民区找屋顶"。对于 Model I/O Path，输入输入和输出文件的默认路径。这个输出文件在这个路径下通过模型自动产

生。单击文件夹改变路径。

④ 单击⊞显示变量属性（Variable Properties）对话框，如图 8-44 所示。

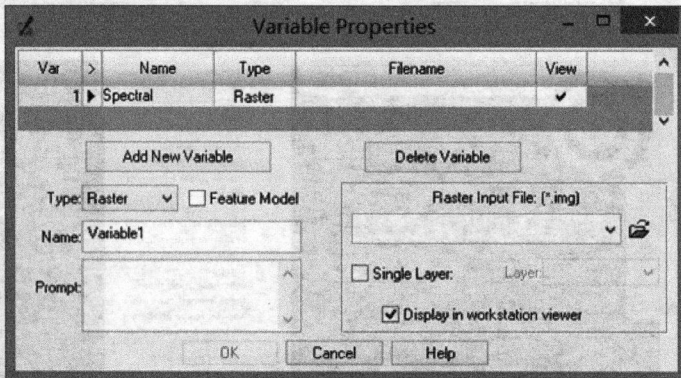

图 8-44　变量属性（Variable Properties）对话框

⑤ 单击 Add New Variable 按钮。新变量就加载到 Variables 列表中了。

⑥ 改变变量的 Name 为 Spectral。

⑦ 对于输入文件，从<featureextraction-examples 路径>下选择 residential.img。

⑧ Single Layer 复选框不被选中。

⑨ Display in workstation viewer 复选框应该被选中，如图 8-45 所示。

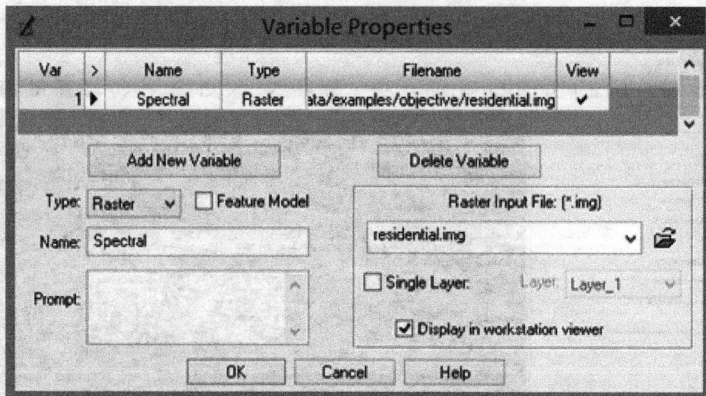

图 8-45　选中 Display in workstation viewer 复选框

⑩ 单击 OK 按钮，加载新的光谱变量到这个特征模型，如图 8-46 所示。

输入文件就自动加载到 Viewer 窗口中。

（2）像素分类（Pixel Classification）

在 Tree View 菜单中，如果过程的节点不可用，单击➕展开 Residential Rooftops，扩大这个路径。

① 从 Tree View 菜单中，选择 Raster Pixel Processor，RPP 属性（RPP Properties）在左下角显示，如图 8-47 所示。

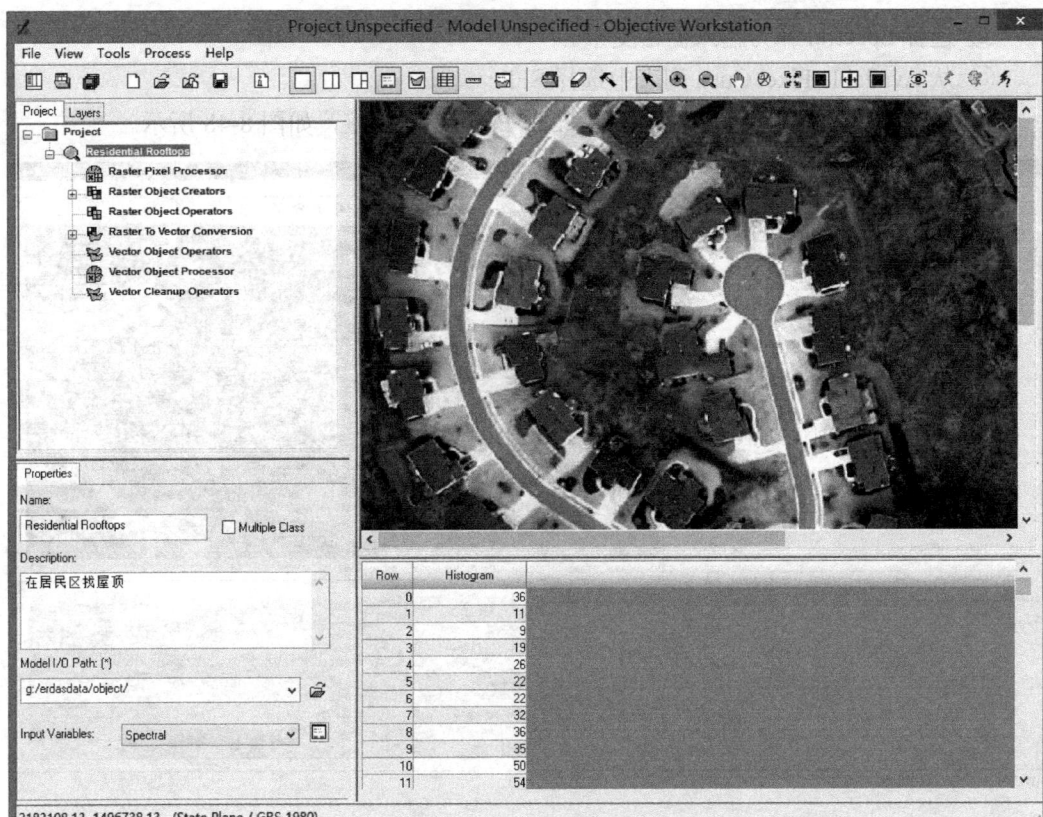

图 8-46 加载新的光谱变量到这个特征模型中

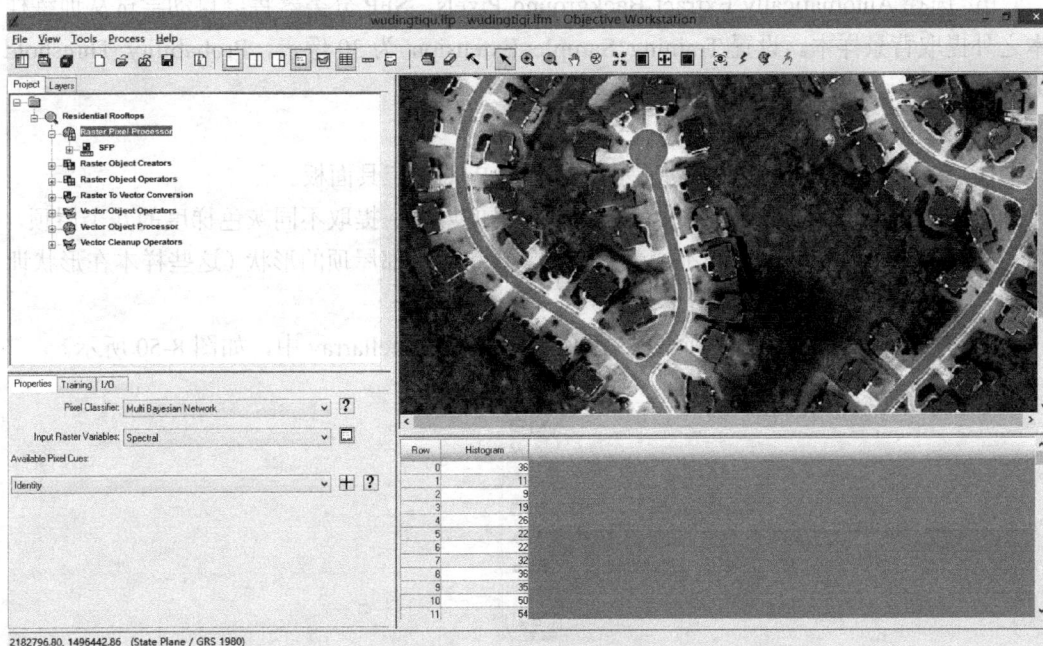

图 8-47 RPP 属性（RPP Properties）

② 选择 Spectral 作为输入栅格变量。

③ 从 Available Pixel Cues 列表中选择 SFP。

④ 单击╋加载 SFP 像素线索，显示 SFP Properties 标签，如图 8-48 所示。

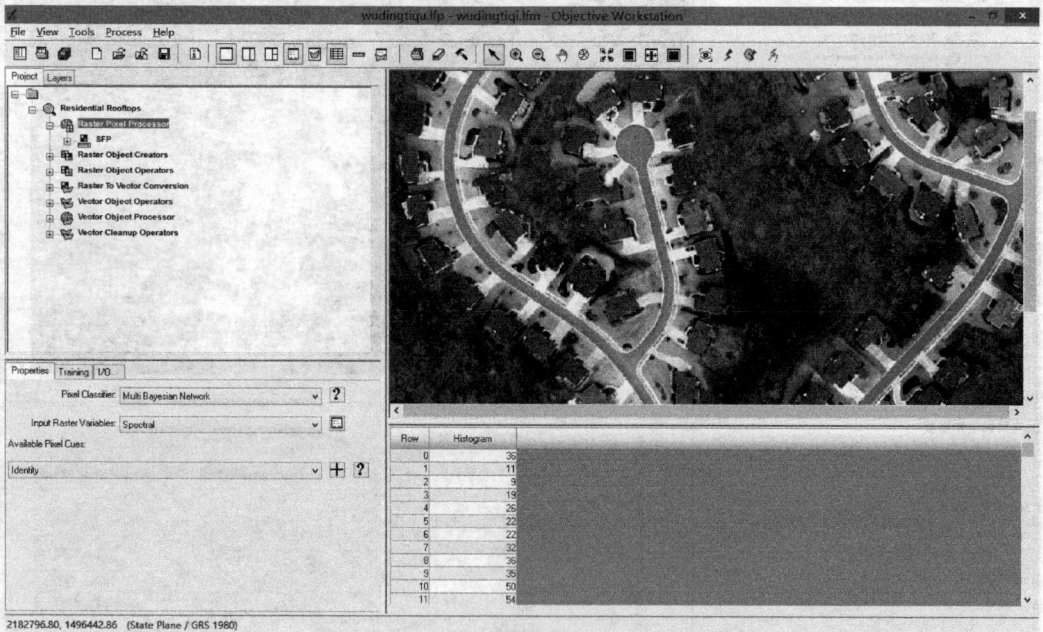

图 8-48　SFP Properties 标签

⑤ 选择 Automatically Extract Background Pixels，SFP 分类器将会自动尝试从训练样本之外提取背景样本。设置 Training Sample Extension 为 30 像素，Probability Threshold 为 0.300。

（3）设置训练样本

① 单击 Training 标签，自动显示 AOI Tool Palette 工具面板。

② 在图像上数字化几个 AOI 区域代表居民的屋顶。提取不同灰色梯度的几个屋顶，为了得到样本表述在屋顶中的不同颜色范围。数字化全部屋顶的形状（这些样本在形状训练中再次被用到）。

③ 单击 Add 按钮，加载训练样本到这个训练样本 cellarray 中，如图 8-50 所示。

图 8-49　AOI Tool Palette 工具面板

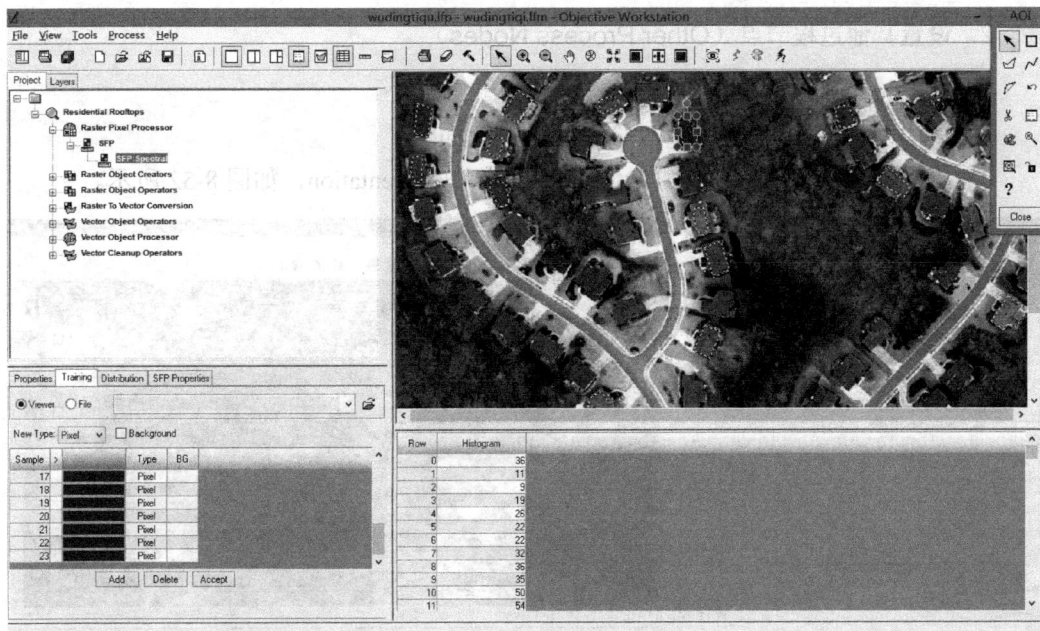

图 8-50　加载训练样本

④ 单击 Accept 按钮，加载训练样本到特征模型中。训练样本完成后，这个颜色框现在变成绿色，表明这个样本已经被接收了，如图 8-51 所示。

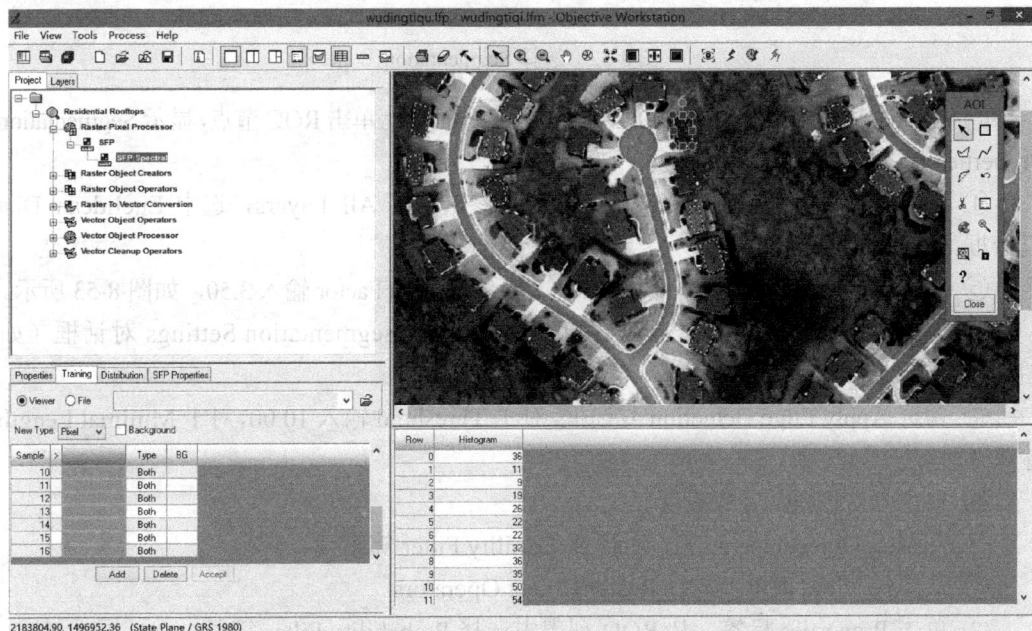

图 8-51　训练样本完成后

2. 设置其他过程节点（Other Process Nodes）

（1）Raster Object Creators

① 从 Tree View 菜单上选择 Raster Object Creators。

② 单击 Properties 标签，从 ROC 列表中选择 Segmentation，如图 8-52 所示。

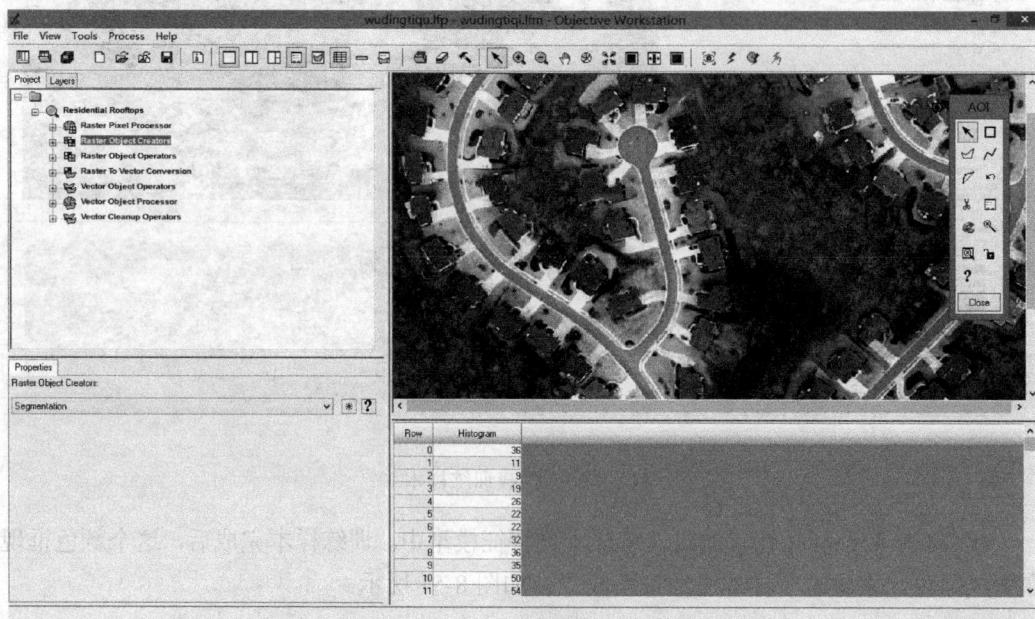

图 8-52　选择 Segmentation

③ 在 Tree View 菜单上扩展 ROC 节点。在 Tree View 上单击 ROC 节点，显示 Segmentation Properties 标签。

④ 对于输入变量选择 Spectral，对于 Use 参数选择 All Layers，选中 Euclidean Dist 复选框。

⑤ 设置 Min Value Difference 为 12.00，对于 Variation Factor 输入 3.50，如图 8-53 所示。

⑥ 单击 Advanced Settings 按钮，打开 Advanced Segmentation Settings 对话框（如图 8-54 所示）。

⑦ 勾选 Apply Edge Detection 复选框，对于 Threshold 输入 10.00，对于 Minimal Length 输入 3。

⑧ 单击 OK 按钮，完成设置。

（2）Raster Object Operations　加载 Probability Filter 算子

① 从 Tree View 菜单上选择 Raster Object Operators。

② 单击 Properties 标签，从 ROO 列表中选择 Probability Filter 算子。

③ 单击 ✛ 加载 Probability Filter 算子到特征模型中。

④ 单击 Probability Filtering Properties 标签，对于 Minimum Probability 输入 0.70，如图 8-55 所示。

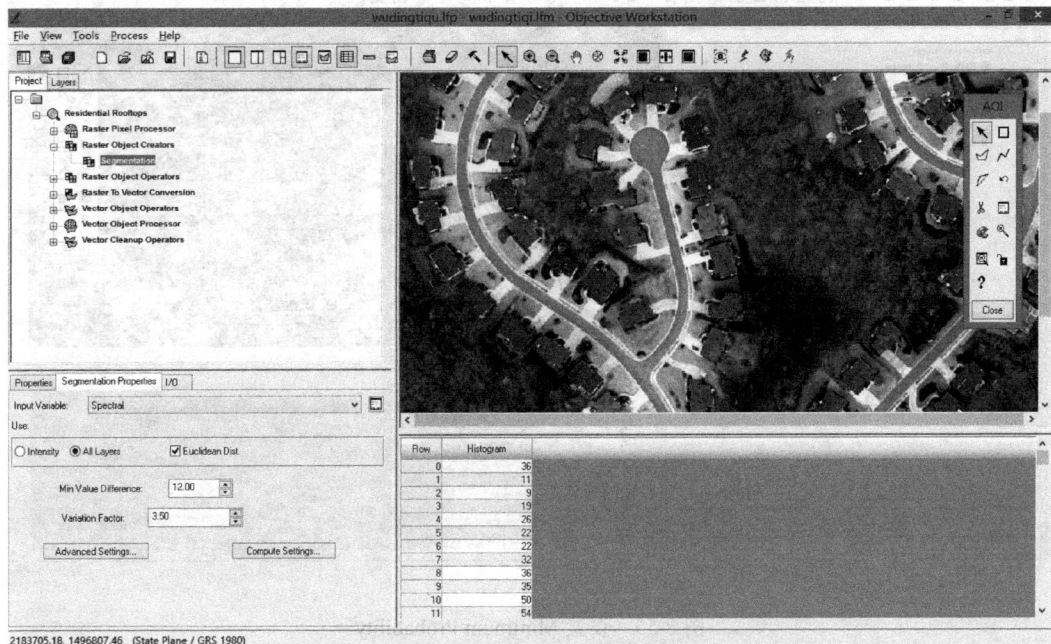

图 8-53 Segmentation 属性设置

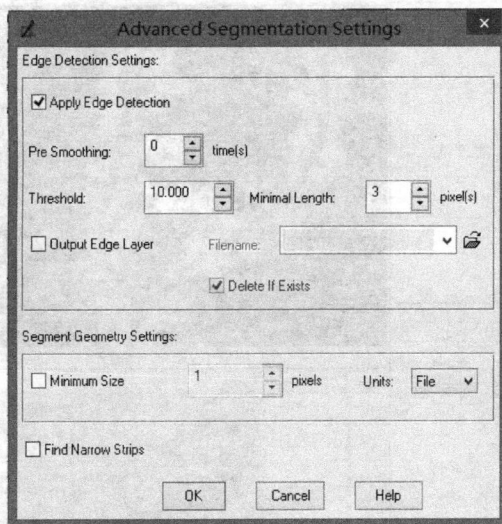

图 8-54 Advanced Segmentation Settings 对话框

⑤ 从 Tree View 菜单上选择 Raster Object Operators。

⑥ 单击 Properties 标签，从 ROO 列表中选择大小过滤器（Size Filter）。

⑦ 单击➕加载大小过滤器（Size Filter）这个算子到特征模型中。

⑧ 选中 Maximum Object Size 复选框，对于 Maximum Object Size 输入 2000；Units 为 File，如图 8-56 所示。

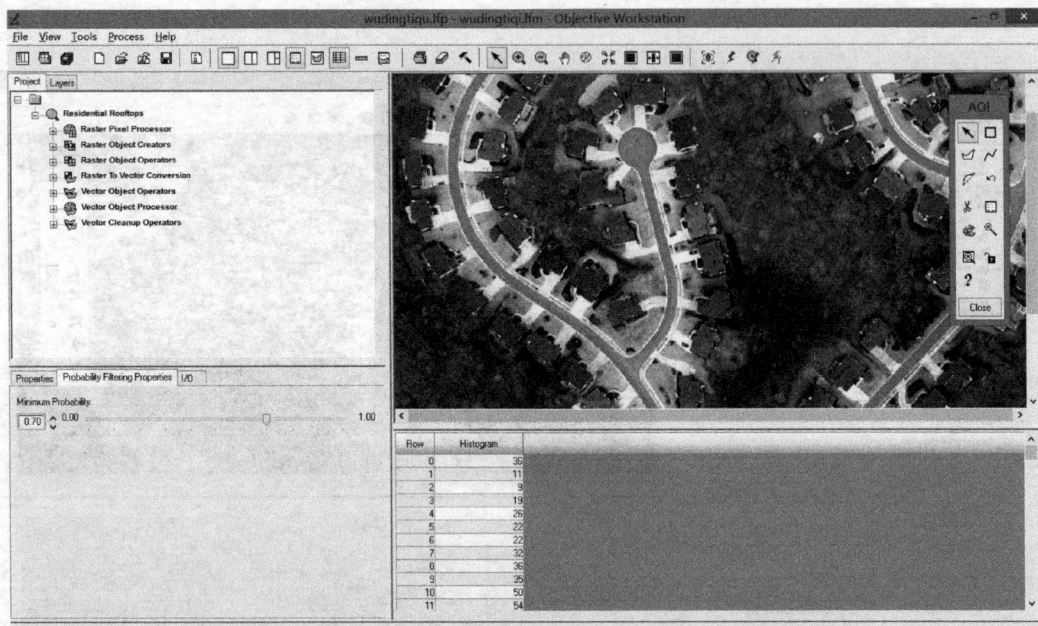

图 8-55　设置 Minimum Probability

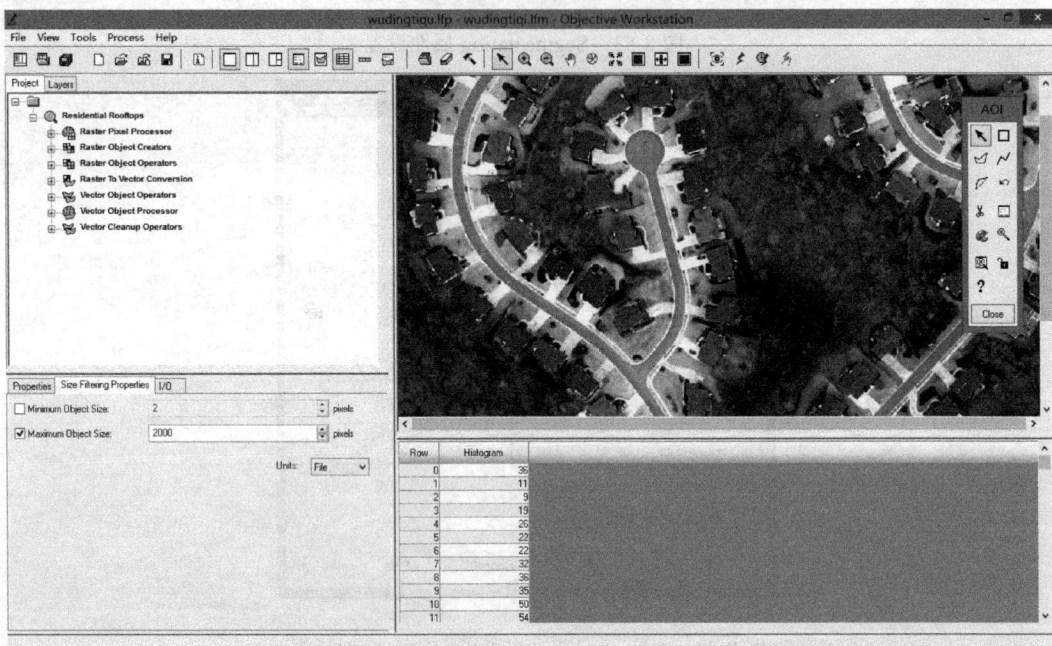

图 8-56　选中 Maximum Object Size 复选框

（3）Raster Object Operations　加载 ReClump 算子

① 从 Tree View 菜单上选择 Raster Object Operators。

② 从 ROO 列表中选择 ReClump 算子。

③ 单击 **+** 加载 ReClump 这个算子到特征模型中。

④ 单击 Properties 标签，选择 Dilate 算子并加载它到特征模型中。

⑤ 单击 Properties 标签，选择 Erode 算子并加载它到特征模型中。

⑥ 单击 Properties 标签，选择 Clump Size Filter 算子并加载它到特征模型中。

⑦ 单击 Clump Size Filter Properties 标签，对于 Minimum Object Size 输入 1000，Units 为 File，如图 8-57 所示。

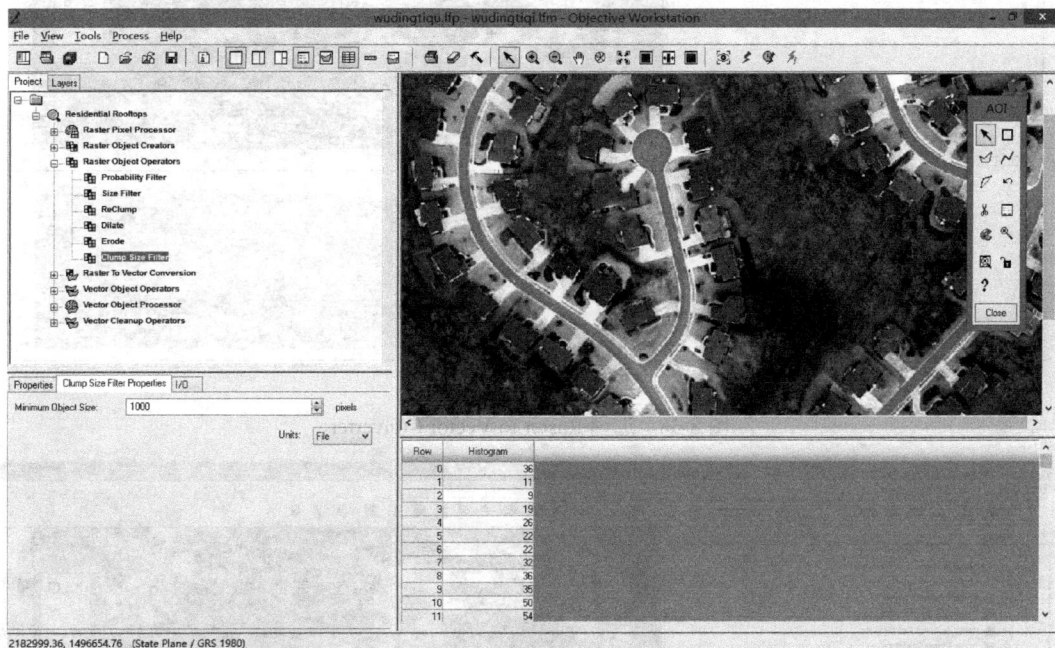

图 8-57　加载 ReClump 算子

（4）Raster To Vector Conversion

① 从 Tree View 菜单上选择 Raster To Vector Conversion。

② 选择 Polygon Trace 作为 Raster to Vector Converters，如图 8-58 所示。

（5）Vector Object Operations

① 从 Tree View 菜单上选择 Vector Object Operators。

② 单击 **+** Properties 标签，从 VOO 列表中选择 Generalize 算子。

③ 单击加载 Generalize 算子到特征模型中。

④ 单击 Generalize Properties 标签，对于 Tolerance 输入 1.50，如图 8-59 所示。

（6）Object Classification

① 从 Tree View 菜单上选择 Vector Object Processor。

② 从 Available Object Cues 列表中选择 Geometry:Area。

③ 单击 **+** 加载 Area object cue metric 到特征模型中。

④ 从 Available Object Cues 列表中选择 Geometry:Axis2/Axis1。

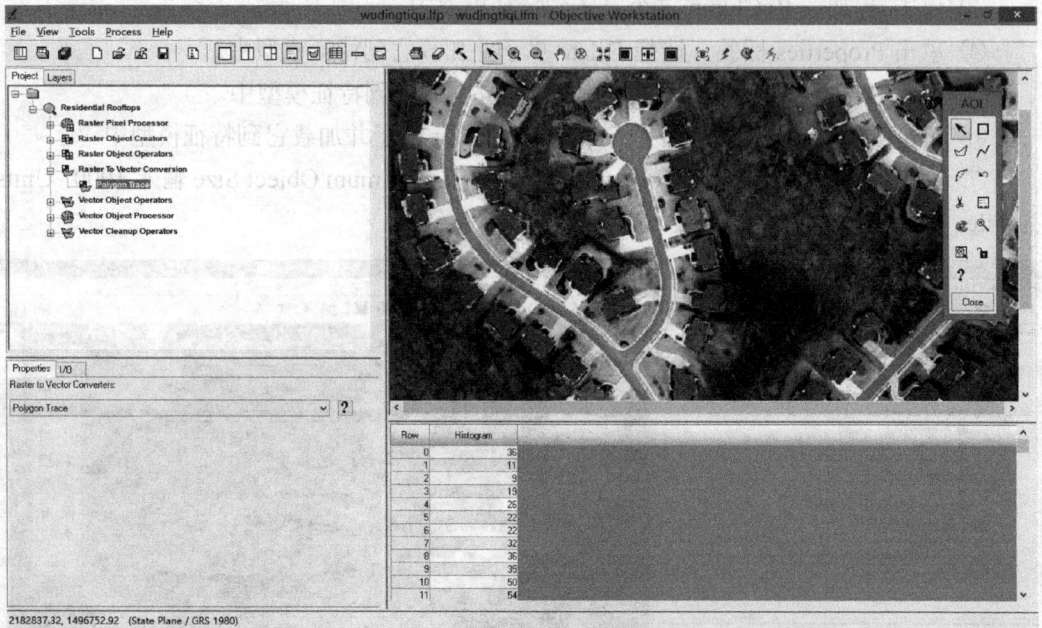

图 8-58　选择 Raster to Vector Converter

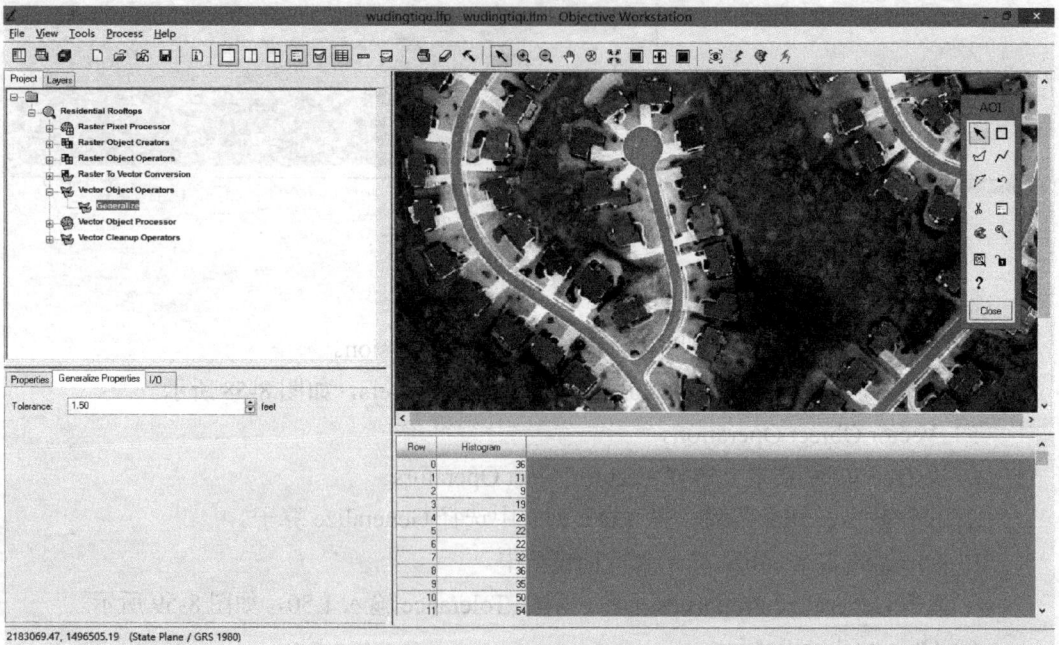

图 8-59　加载 Generalize 算子

⑤ 单击 **十** 加载 Axis2/Axis1 object cue metric 到特征模型中。

⑥ 选择 Geometry:Rectangularity 并加载 Rectangularity object cue metric 到特征模型中，如图 8-60 所示。

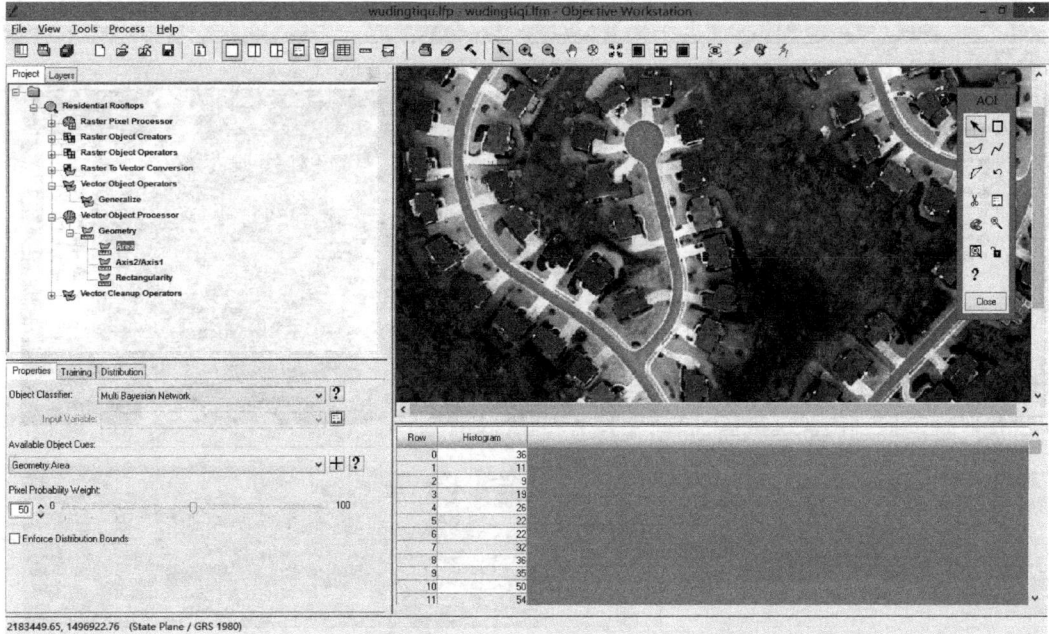

图 8-60 加载 Rectangularity object cue metric

3．训练样本 Rooftop Training Samples

屋顶训练样本将为对象分类器的 4 个 Cue Metrics 的选择分布提供一个基础资料。在这一步中重要的是取得描述屋顶大小和形状的样本。因为被用在 Pixel Classification 中的训练样本应该代表全部屋顶，所以这一步可以重新使用它们。

（1）如果早期的样本仅仅是屋顶的一部分，则需要采取新的样本。

① 单击 Training 标签。

② 在 Training Sample Cellarray 的 Sample 栏中，用鼠标并同时按住 Shift 键去选择所有描述全部屋顶的 AOI 区域。如果所有的训练样本描述整个屋顶，则在 Sample 栏上右键，选择 Select All，如图 8-61 所示。

③ 在 Type 栏目中，右键选择 Both（Pixels 和 Objects）去识别所有选择的训练样本作为样本。如果现在数字化任何新的样本，则要单击 Add 按钮去加载它们到训练样本里。

④ 在如图 8-62 所示的左下角三个选项中，单击 Accept 按钮设置基础资料。

⑤ 选择 Distribution 标签。

⑥ 从 Tree View 菜单上分别选择 3 个 Cue Metric Nodes 中的每一个。然后，观察每个 Metric 的训练 Distribution。

⑦ 从 Tree View 菜单上选择 Area。

⑧ 这个训练步骤组成了 Distribution Statistics 统计表，如图 8-63 所示。

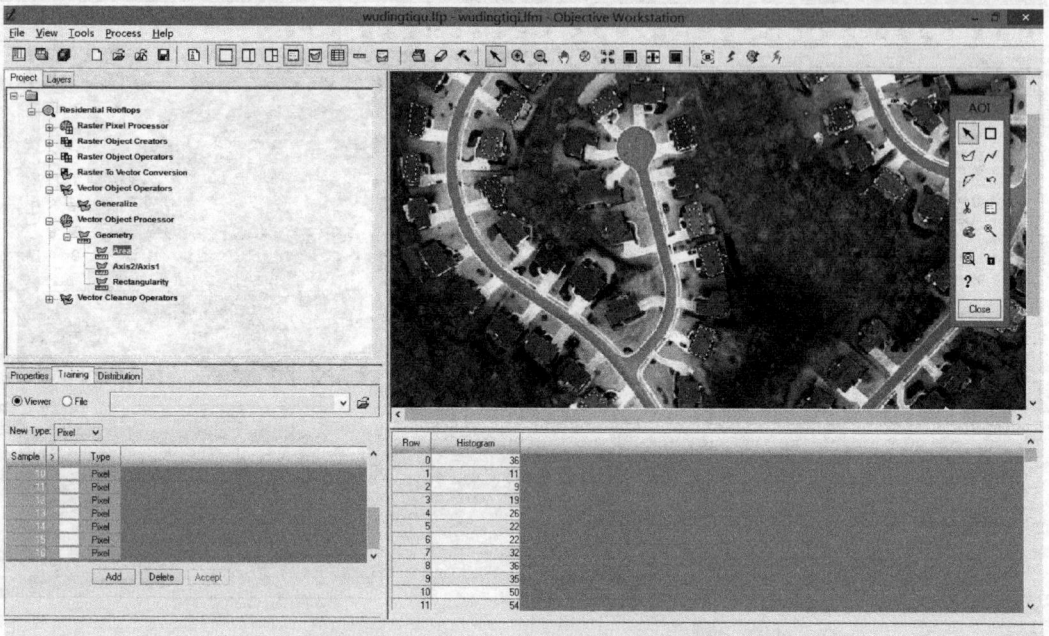

图 8-61　选中描述区

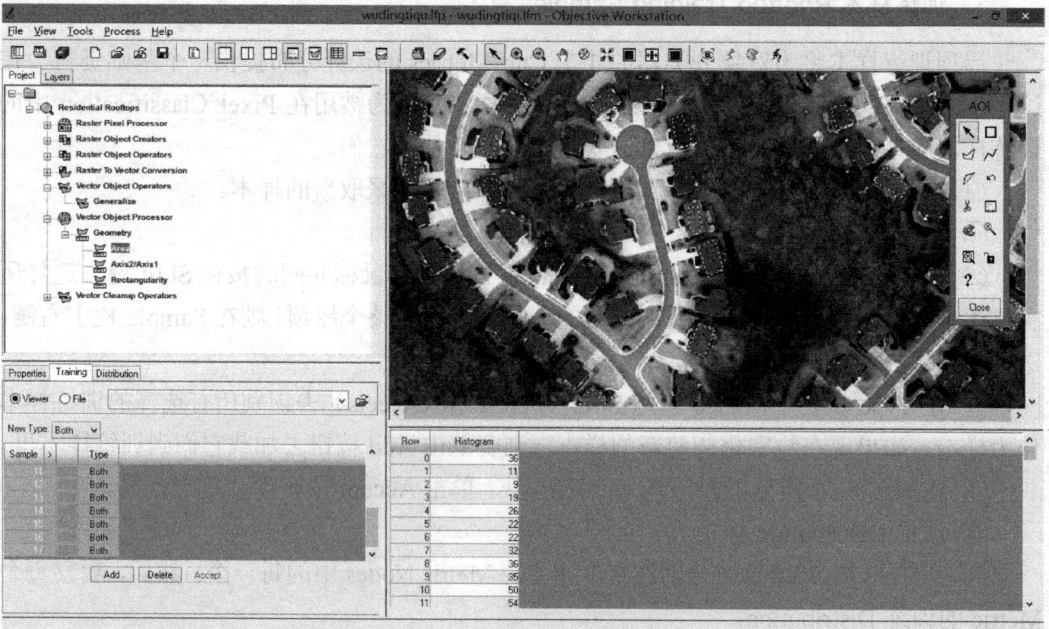

图 8-62　设置基础资料

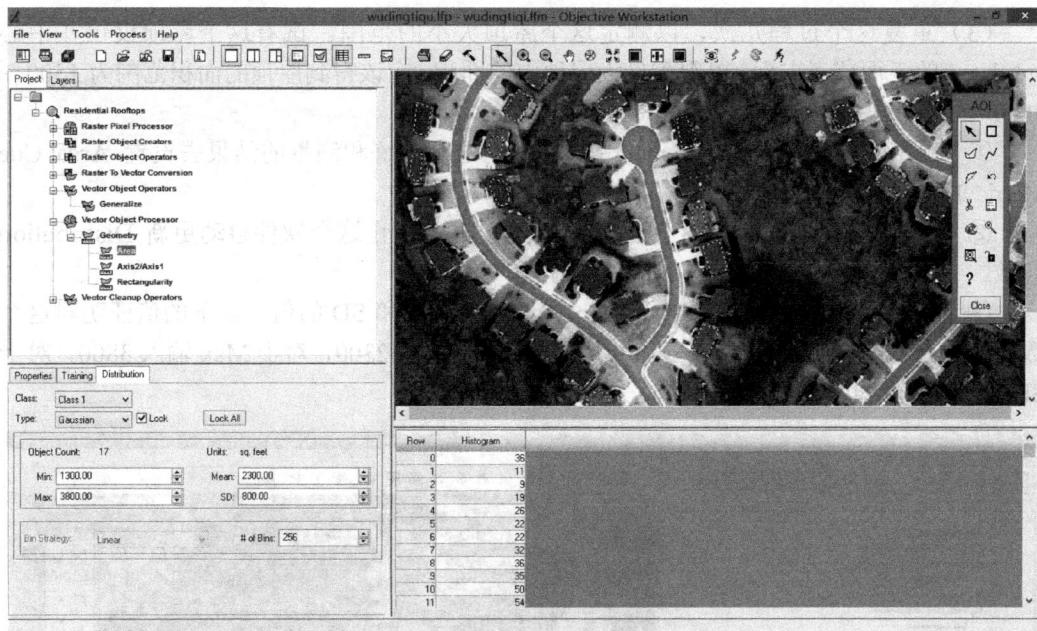

图 8-63　Distribution Statistics 统计表

（2）为了确保屋顶面积分布合适，用 Measurement Too 去发现图像上的一些最大和最小屋顶的面积。

① 单击测量按钮 🔲 打开 Choose Viewer 对话框（如图 8-64 所示）。

② 选择 Main View，单击 OK 按钮在大的主要窗口执行测量。

③ 在第二个弹出的列表中，从面积测量中选择 Sq Feet。

④ 单击测量周长和面积按钮 🔲。

⑤ 围绕屋顶数字化一个多边形，去测定这个面积，如图 8-65 所示。

图 8-64　Choose Viewer 对话框

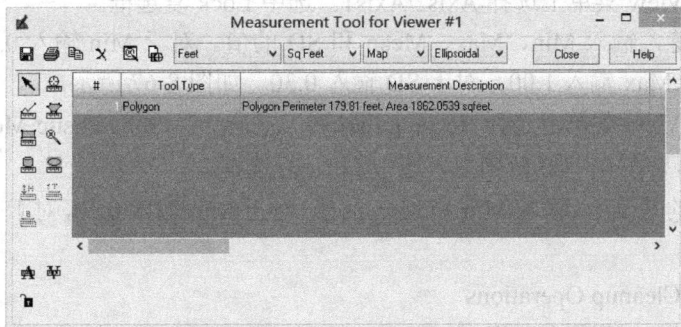

图 8-65　测定面积

（3）重复这个过程几次，以测定这个屋顶大小的范围。试着这个屋顶仅仅在中心 cul-desac 的下面或者左面，以得到最大屋顶中的面积。应该得到屋顶的面积范围为 1500～3600 平方英尺。

① 关闭测量工具（Measurement Tool）。用这个训练和测量的结果去设置 Area Cue Metric 的 Distribution。

② 单击 Distribution 标签，选中 Lock 复选框，阻止这个软件自动更新 Distribution 参数。

③ 基于训练和面积测量，输入 Min、Max、Mean 和 SD 的值。以下的值证明对这个数据集是有效的：对于 Min 输入 1300，对于 Mean 输入 2300，对于 Max 输入 3800，对于 SD 输入 800，如图 8-66 所示。

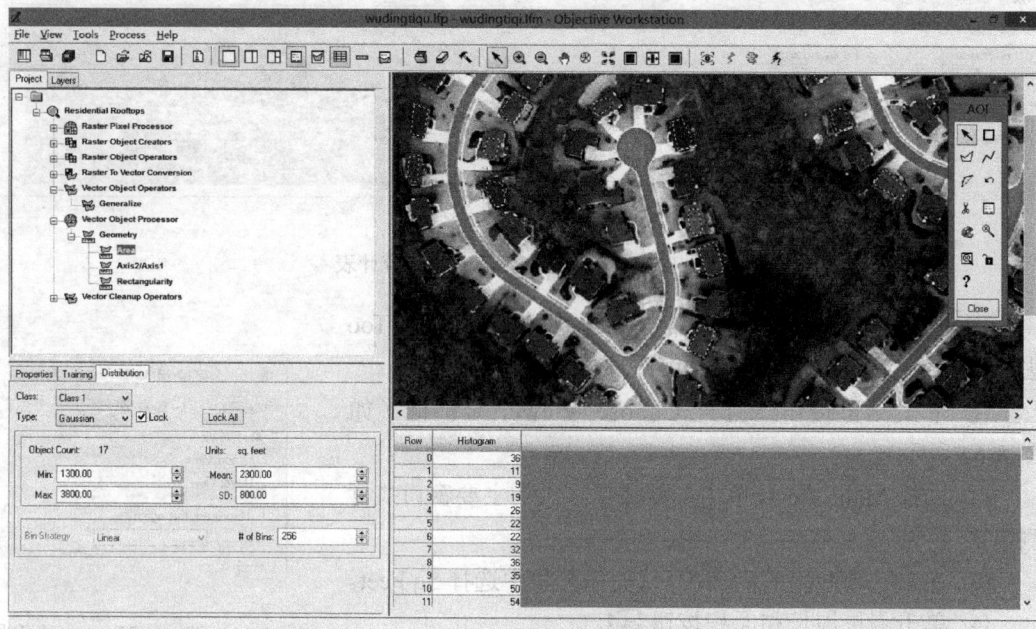

图 8-66　输入参数

④ 从 Tree View 菜单上选择 Axis2/Axis1。选中 Lock 复选框。

⑤ 基于训练，输入 Min、Max、Mean 和 SD 的值。对于 Min 输入 0.40，对于 Mean 输入 0.70，对于 Max 输入 1.00，对于 SD 输入 0.30，如图 8-67 所示。

⑥ 从 Tree View 菜单上选择 Rectangularity。这是一个 Probabilistic Metric。这意味着这个 Metric 的结果在 0～1.0 范围内，选中 Lock 复选框。

⑦ 在训练的基础上，输入 Min 和 Max 的值。对于 Min 输入 0.10，对于 Max 输入 1.00，如图 8-68 所示。

（4）Vector Cleanup Operations

① 从 Tree View 菜单上选择 Vector Cleanup Operators。

② 从 VCO 列表中选择 Probability Filter。

③ 单击➕加载 Probability Filter 算子。Probability Filter Properties 自动被选择。

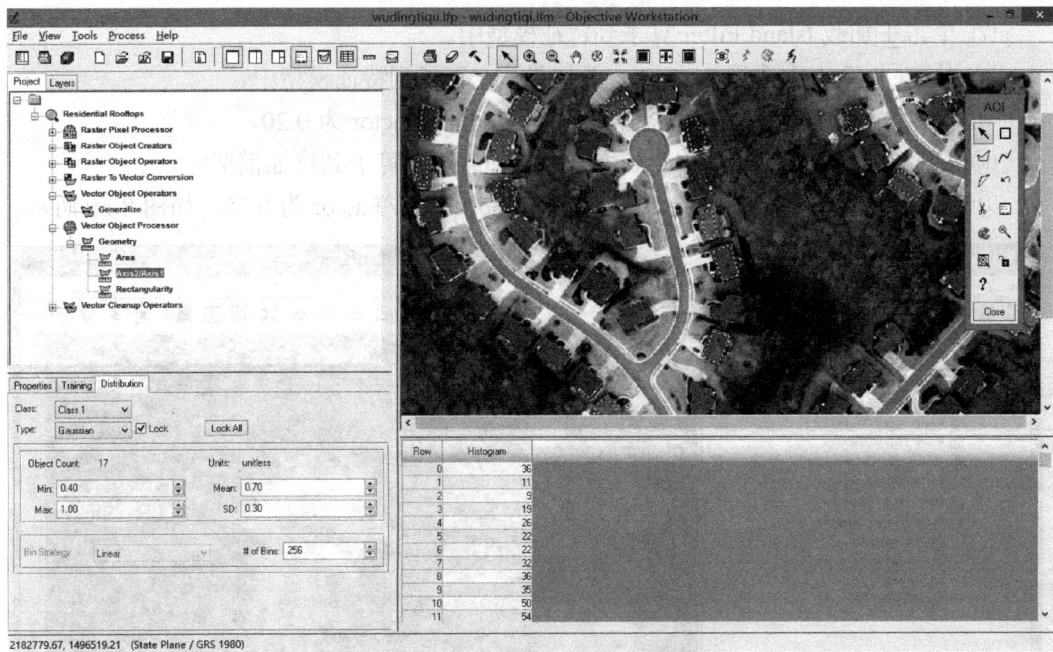

图 8-67　输入 Axis2/Axis1 参数

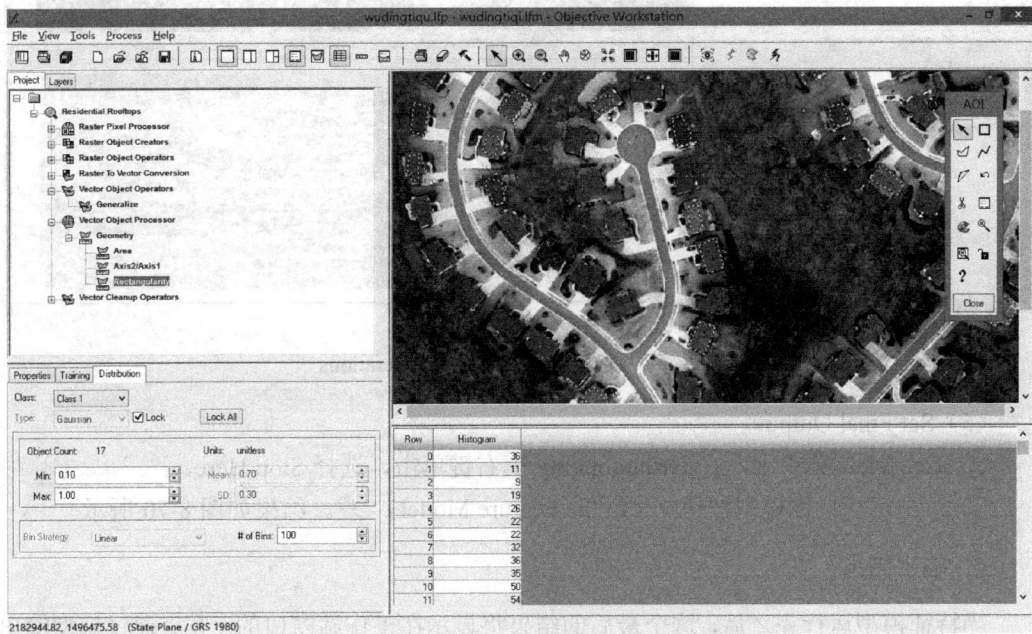

图 8-68　输入 Rectangularity 模型参数

④ 对于 Minimum Probability 输入 0.10 去除所有概率小于 10%的对象。

⑤ 从 Tree View 菜单上选择 Vector Cleanup Operators。

⑥ 从 VCO 列表中选择 Island Filter。

⑦ 单击✚加载 Island Filter 算子到特征模型中。

⑧ 从 VCO 列表中选择 Smooth，并加载这个算子到特征模型中。

⑨ 单击 Smooth Properties 标签，设置 Smoothing Factor 为 0.20。

⑩ 从 VCO 列表中选择 Orthogonality，并加载这个算子到特征模型中。

⑪ 单击 Orthogonality Properties，设置 Orthogonality Factor 为 0.35，如图 8-69 所示。

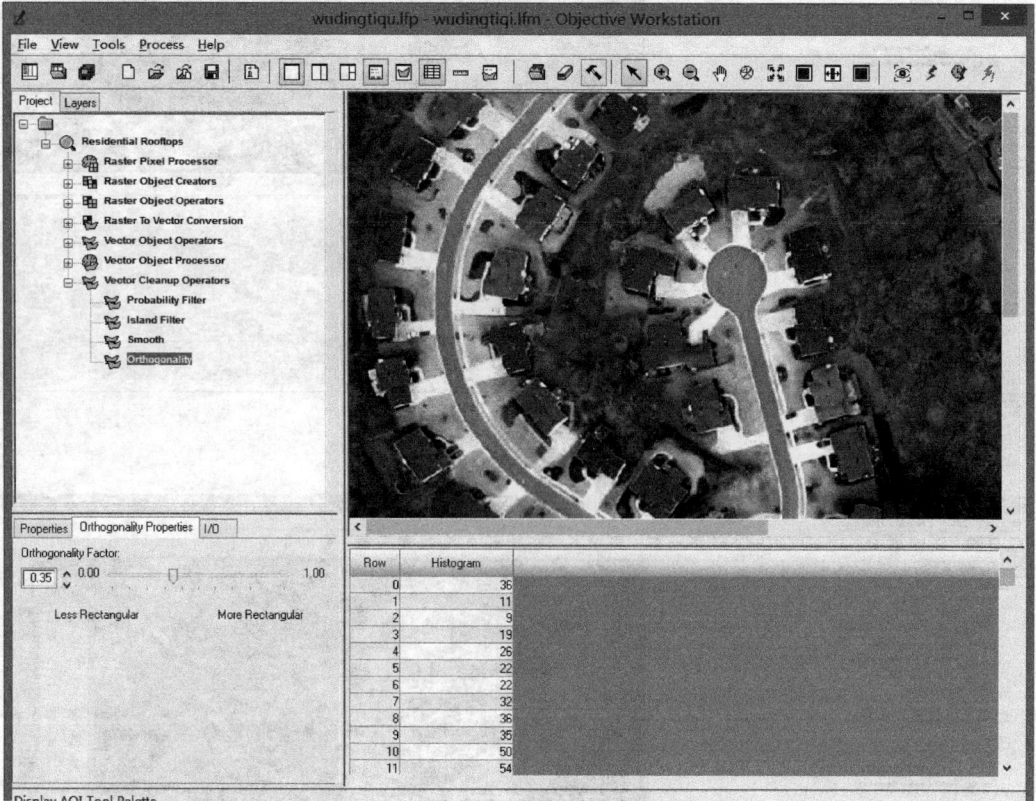

图 8-69　设置 Vector Cleanup Operations

（5）Set Final Output

① Tree View 菜单上，在 Orthogonality 上右键单击，选择 Stop Here。

② 单击运行特征模型按钮（Run the Feature Model）⚡。结果如图 8-70 所示。

4．输出结果

当特征模型运行完之后，这个最后的结果将显示在工作站窗口的上层。通过模型输出的所有中间的结果作为层被显示在输入图像和最后结果之间。在 Tree View 上单击节点，使每一个临时的结果到最上层。用层去打开和关闭不同的层，改变窗口中层的顺序，关系这个模型中不同操作的结果，然后看看模型的每个节点怎样进化最后的结果。这些层也可以作为最上面的 2 层用来建立 2 个层进行比较。然后右键单击，选择 Swipe 去比较这 2 个层。

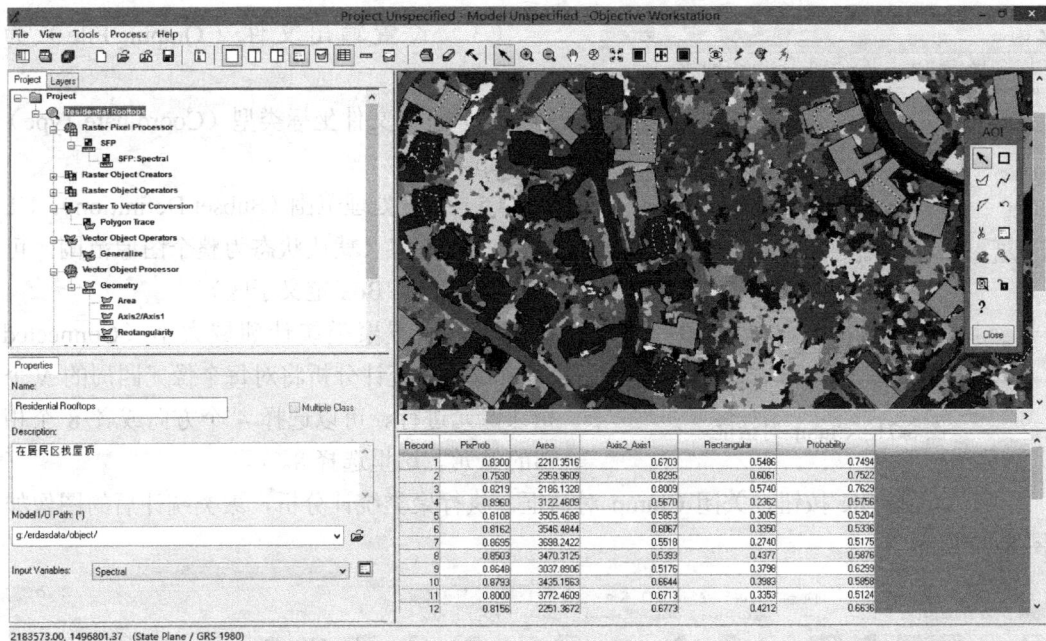

图 8-70 自动识别的结果

8.5 分类后处理

无论是监督分类还是非监督分类，都是按照图像光谱特征进行聚类分析的，因此都带有一定的盲目性。由于分类严格按照数学规则进行，分类后往往会产生一些只有几个像元甚至一两个像元的小图斑。这对分类图的分析、解译和制图都是不利的。所以，对获得的分类结果需要再进行一些处理，才能得到最终相对理想的分类结果，这些操作统称为分类后处理。ERDAS IMAGINE 中的分类后处理方法有：聚类统计、过滤分析、去除分析和分类重编码。

8.5.1 聚类统计

聚类统计（Clump）是通过计算分类专题图像每个分类图斑的面积、记录相邻区域中最大图斑面积的分类值等操作，产生一个 Clump 类组输出图像，其中每个图斑都包含 Clump 类组属性。该图像是一个中间文件，用于进行下一步处理。本节所用数据为 classify.img，在 ERDAS IMAGINE 2015 中进行聚类统计的操作步骤如下。

（1）在 ERDAS IMAGINE 菜单栏中选择 Raster→Thematic→Clump，打开 Clump 对话框，如图 8-71 所示，设置下列参数。

（2）设置处理图像文件（Input File）为 classify.img。

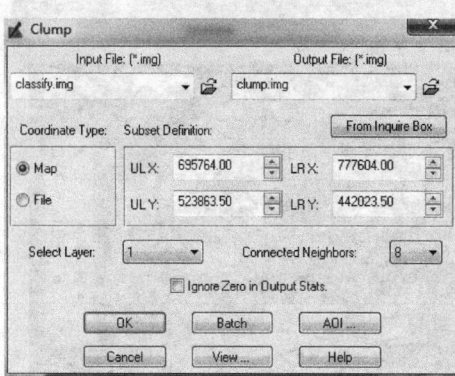

图 8-71　Clump 对话框

（3）设置输出文件（Output File）为 clump.img。

（4）设置文件坐标类型（Coordinate Type）为 Map。

（5）设置处理范围（Subset Definition）：UL X/Y，LR X/Y（默认状态为整个图像范围，可以应用 Inquire Box 定义子区）。

（6）设置聚类统计邻域大小（Connected Neighbors）：统计分析将对每个像元四周的 N 个相邻像元进行。可以选择 4 个方向或者 8 个相邻的像元。这里选择 8。

（7）单击 OK 按钮，关闭 Clump 对话框，执行聚类统计分析，聚类统计后的图像如图 8-72 所示。

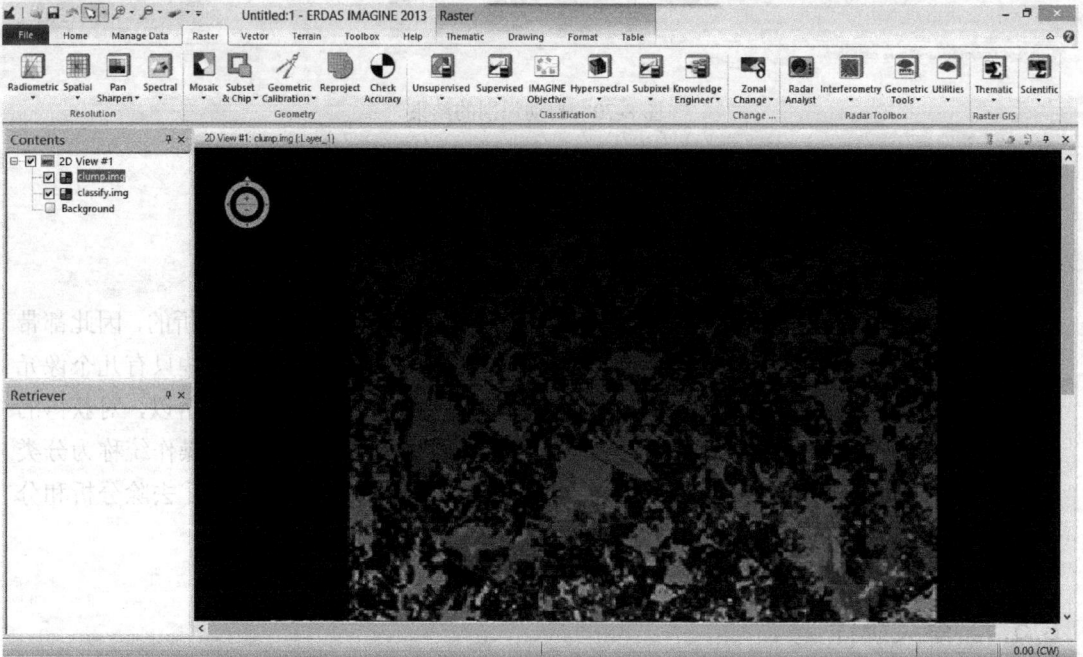

图 8-72　聚类统计后的图像图

8.5.2　过滤分析

过滤分析功能（Sieve）是对经 Clump 处理后的 Clump 类组图像进行处理，按照定义的数值大小，删除 Clump 图像中较小的类组图斑，并给所有小图斑赋予新的属性值 0。显然，这里引出了一个新的问题，就是小图斑的归属问题。可以与原分类图对比确定其新属性，也可以通过空间建模方法、调用 Delerows 或 Zonel 工具进行处理。Sieve 经常与 Clump

命令配合使用，对于不需要考虑小图斑归属的应用问题有很好的作用。本节所用数据为clump.img，在 ERDAS IMAGINE 2015 中进行聚类统计的操作步骤如下。

（1）选择 Raster→Thematic→Sieve，打开 Sieve 对话框，如图 8-73 所示，设置下列参数。

（2）设置输入文件（Input File）为 clump.img。

（3）设置输出文件（Output File）为 sieve.img。

（4）设置文件坐标类型（Coordinate Type）为 Map。

（5）设置处理范围（Subset Definition）：ULX/Y，LRX/Y（默认状态为整个图像范围，可以应用 Inquire Box 定义子区）。

（6）设置最小图斑大小（Minimum Size）为 2 pixels。

（7）单击 OK 按钮，关闭 Sieve 对话框，执行过滤分析，过滤分析之后的结果如图 8-74 所示。

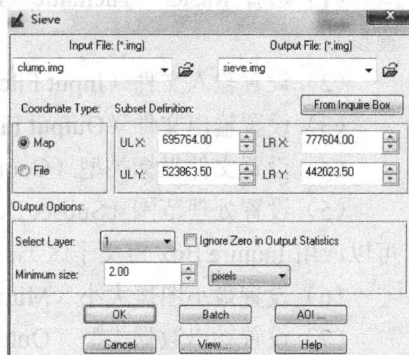

图 8-73　Sieve 对话框

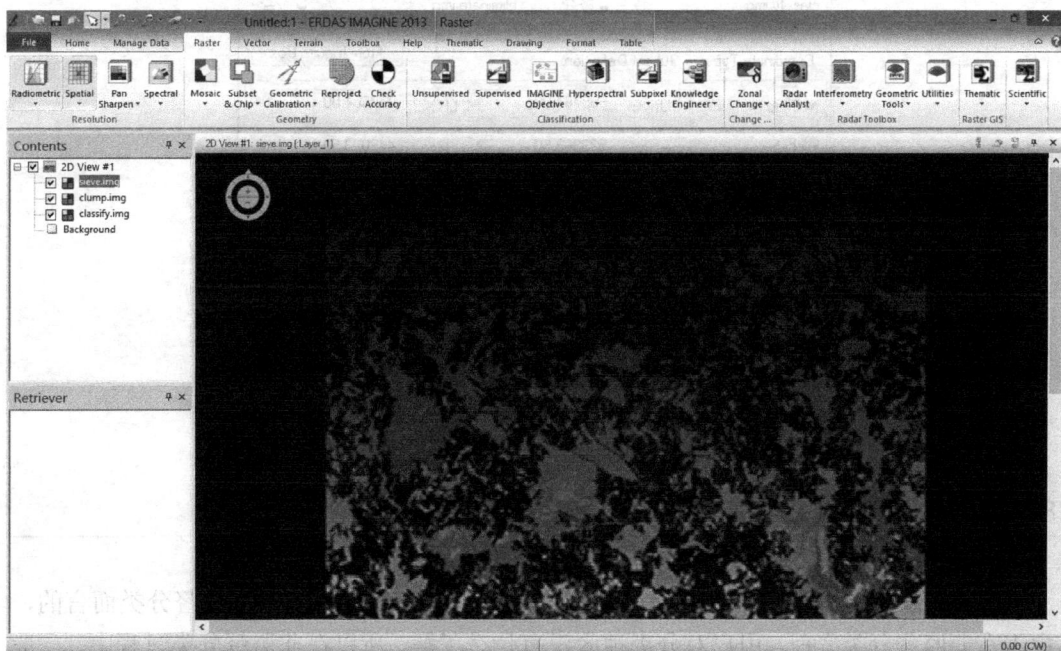

图 8-74　过滤分析后的结果

8.5.3　去除分析

去除分析用于删除原始分类图像中的小图斑或 Clump 聚类图像中的小 Clump 类组，与 Sieve 命令不同，将删除的小图斑合并到相邻的最大的分类当中，而且，如果输入图像是 Clump 聚类图像，经过 Eliminate 处理后，将小类图斑的属性值自动恢复为 Clump 处理前的原始分类编码。显然，Eliminate 处理后的输出图像是简化了的分类图像。本节所用数据为 classify.img，在 ERDAS IMAGINE 2015 中进行聚类统计的操作步骤如下。

（1）选择 Raster→Thematic→Eliminate，打开 Eliminate 对话框，如图 8-75 所示，设置参数。

（2）设置输入文件（Input File）为 classify.img。

（3）设置输出文件（Output File）为 eliminate.img。

（4）设置文件坐标类型（Coordinate Type）为 Map。

（5）设置处理范围（Subset Definition）：ULX/Y, LRX/Y（默认状态为整个图像范围，可以应用 Inquire Box 定义子区）。

（6）设置最小图斑大小（Minimum）为 2 pixels。

（7）设置输出数据类型（Output）为 Unsigned 8 bit。

（8）单击 OK 按钮，关闭 Eliminate 对话框，执行去除分析。

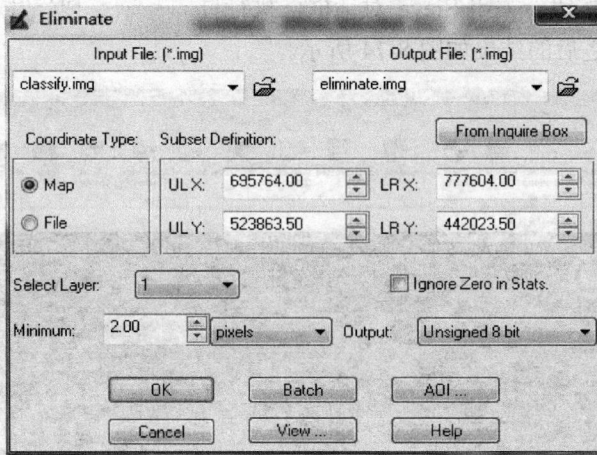

图 8-75　Eliminate 对话框

8.5.4　分类重编码

作为分类后处理命令之一的分类重编码（Recode），主要是针对非监督分类而言的，由于在非监督分类之前，用户对分类地区没有什么了解，所以在非监督分类过程中，一般要定义比最终需要多一定数量的分类数；在完全按照像元灰度值通过 ISODATA 聚类获得分类方案后，首先是将专题分类图像与原始图像对照，判断每个分类的专题属性，然后对相近或类似的分类通过图像重编码进行合并，并定义分类名称和颜色。当然，分类重编码还可以用在很多其他方面，作用有所不同。本节所用数据为 classify.img，在 ERDAS IMAGINE 2015 中进行聚类统计的操作步骤如下。

（1）选择 Raster→Thematic→Recode，打开 Recode 对话框，如图 8-76 所示，设置参数。

（2）设置输入文件（Input File）为 classify.img。

（3）设置输出文件（Output File）为 recode.img。

（4）设置新的分类编码（Setup Recode）：单击 Setup Recode 按钮，打开 Thematic Recode 表格，根据需要改变 New Value 字段的取值。

（5）单击 OK 按钮，关闭 Thematic Recode 表格，完成新编码输入。

（6）设置输出数据类型（Output）为 Unsigned 8 bit。

（7）单击 OK 按钮，关闭 Recode 对话框，执行图像重编码，输出图像将按照 New Value 变换专题分类图像属性，产生新的专题分类图像。

（8）可以在视窗中打开重编码后的专题分类图像，查看其分类属性表。

（9）选择 File→Open→Raster Layer→recode.img。单击 OK 按钮完成加载。然后，选择 Table→Show Attributes 选项，即可查看 Recode 的属性表。

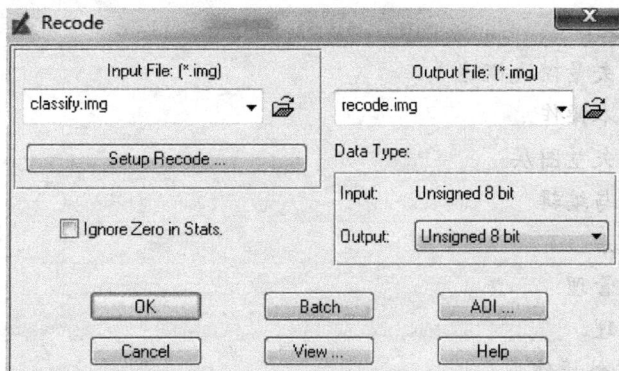

图 8-76　Recode 对话框

习题与练习

1. 简述遥感监督分类的基本原理和流程。

2. 在监督分类中，训练样本选择应注意哪些问题？

3. 比较分监督分类和非监督分类的优缺点。

4. 面向对象的遥感图像分类的关键是什么？

5. 如何分析评价遥感分类精度？

第 9 章

矢量数据编辑

● ● ● ● ● ● ● ●

本章的主要内容:

◆ 矢量数据与矢量模块概述

◆ 矢量图层基本操作

◆ 创建与编辑矢量图层

◆ 注记的创建与编辑

◆ 建立拓扑关系

◆ 矢量图层的管理

◆ 表格数据管理

◆ Shapefile 文件操作

矢量数据（Vector Data）是在直角坐标系中，用 X、Y 坐标表示地图图形或地理实体的位置的数据。矢量数据是计算机用来组织空间数据的一种数据模型，是计算机中以矢量结构存储的内部数据。矢量数据结构通过记录坐标的方式尽可能精确地表示点、线和多边形等地理实体，坐标空间设为连续，允许任意位置、长度和面积的精确定义。在矢量数据结构中，点数据可直接用坐标值描述；线数据可用均匀或不均匀间隔的顺序坐标链来描述；面状数据（或多边形数据）可用边界线来描述。矢量数据的组织形式较为复杂，以弧段为基本逻辑单元，而每一弧段受两个或两个以上相交节点所限制，并为两个相邻多边形属性所描述。矢量数据的优点是存储量小，数据项之间拓扑关系可从点坐标链中提取某些特征而获得；其主要缺点是数据编辑、更新和处理软件较复杂。

本章介绍矢量数据的基本概念，ERDAS 中矢量数据操作的功能模块，主要内容包括创建与编辑矢量图层、创建与编辑注记、建立拓扑关系、管理矢量图层、管理表格数据、操作 Shapefile 文件等。

9.1　矢量数据与矢量模块概述

9.1.1　矢量数据

1．矢量数据结构

矢量是具有一定大小和方向的量，在数学和物理学中称为向量。矢量数据（Vector Data）是用点、线、面的 X、Y 空间坐标来构建点、线、面等空间要素的数据模型，用于表示地图图形要素几何数据之间及其与属性数据之间的相互关系，通过记录坐标的方式尽可能精确地表现点、线、面等地理实体。其坐标空间假定为连续空间，能更精确地确定实体的空间位置。

点实体：由单独一对 (x, y) 坐标定位的一切地理或制图实体。

线实体：由 (x,y) 坐标串的结合组成的各种线性要素。

面实体：由 (x,y) 坐标串组成的封闭环，起点与终点重合；在记录面实体时，通常通过记录面状地物的边界来表现，因而有时也称为多边形数据。多边形（Polygon）数据是描述地理空间信息的最重要的一类数据。在区域实体中，具有名称属性和分类属性的，多用多边形表示，如行政区、土地类型、植被分布等；具有名称属性和分类属性的，多用多边形表示，如行政区、土地类型、植被分布；具有标量属性的，有时也用等值线描述（如地形、降雨量等）。

2．拓扑关系

在地图上仅用距离和方向参数描述图上要素之间的关系是不够的。因为图上两点间的距离或方向（在实地上是不变的）会随地图投影的不同而发生变化。因此，仅用距离和方向参数不可能确切地表示它们之间的空间关系。拓扑关系是指空间图形特征中节点、弧段、面域之间的空间关系，主要表现为拓扑邻接、拓扑关联、拓扑包含这三种关系。

空间数据拓扑关系对地理信息系统的数理和空间分析具有重要意义。反映拓扑关系的数据结构就是拓扑数据结构，记录拓扑关系的空间数据结构不仅记录要素的空间位置，而且记录不同要素在空间上的相互关系。根据拓扑关系，不需要利用坐标或距离就可以确定一种地理实体相对于另一种地理实体的位置关系。在实际应用中，某些几何特征具有现实意义，比如行政区是多边形，不能有相互重叠的区域；线状道路之间不能有重叠线段；公共汽车站点必须在公共交通线路上，等等。拓扑关系所反映的几何特征可以检验数据质量，拓扑数据也有利于空间要素的查询。例如，查询某铁路有哪些车站、汇入某条河流干流的支流有哪些，等等。

3．矢量数据特征

矢量数据结构的特点是：定位明显、属性隐含，定位是根据坐标直接存储的，而属性则一般存于文件头或数据结构中某些特定的位置上。这种特点使得其数据存储量小、结构紧凑、冗余度低，有利于空间量测、网络分析、拓扑分析、制图应用，图形显示质量好、精度高；但是数据结构复杂，数据获取慢，对于有些空间分析计算效率低，不容易实现。

9.1.2 矢量模块

ERDAS IMAGINE 的主要作用是处理栅格数据结构的遥感图像。考虑到矢量数据应用范围日益广泛以及矢量、栅格数据各有优缺点这两个因素，ERDAS IMAGINE 完善了矢量功能。通过将栅格数据与矢量数据集成在一个系统上，可以建立研究区域完整的数据库。在此数据库的基础上可以将矢量图层叠加到高精度现势性的遥感图像上，以对矢量数据进行几何形状和属性的更新，也可以用矢量图层在栅格图像上确定一个感兴趣的区域（AOI），以对该区域进行分类、增强等操作。另外，在几何校正、地图生产等许多方面都可以体会到由于可同时操作矢量、栅格数据而使 ERDAS IMAGINE 表现出了更出色的能力。

因为 ERDAS IMAGINE 的矢量工具是基于 ESRI 的数据模型开发的，所以 ArcGIS 的矢量图层（Coverage、Shapefile）和 ESRI SDE 矢量层（Vector Layer）可以不经转换而直接在 ERDAS IMAGINE 中使用，使用方式包括显示、查询、编辑（SDE 矢量层除外）。在本教程中，矢量图层是指 ArcGIS 的矢量图层（Coverage、Shapefile）和 ESRI SDE 矢量层（Vector Layer）。

ERDAS IMAGINE 矢量处理能力可以分为以下几个层次。

（1）内置矢量模块（Native Vector）：是 IMAGINE Essentials 级的功能，即内置于 ERDAS IMAGINE 中的矢量功能。这些功能包括基于多种选择工具的矢量数据及属性数据的查询与显示、矢量数据的生成与编辑。

（2）扩展矢量模块（Vector Module）：是 ERDAS IMAGINE 的附加功能，包括针对矢量图层的实用工具和各种格式矢量数据的输入/输出工具。通过矢量实用工具可以操作 INFO 文件、对矢量图层进行矢量-栅格转换、产生 Label 点及进行 Clean、Build、Transform 等操作。通过输入/输出工具可以输入/输出各种格式的矢量数据，包括 DFAD、DGN、DLG、DXF、ETAK、IGES、SDTS、TIGER、VDF 等。

矢量实用工具在 ERDAS IMAGINE 的主菜单面板的 Vector 栏下。另外，主菜单面板的 Drawing 栏的部分工具也可以在进行矢量编辑时使用。

9.1.3 矢量菜单

ERDAS IMAGINE 中的矢量菜单包含处理 Shapefile 和 Arc Coverage 的工具。这些工具允许使用者对栅格数据与矢量数据进行相互转换，对矢量图层进行 Build、Clean、复制、重命名、删除等操作。

矢量菜单包括管理（Manage）、Shapefile、栅格转矢量（Raster to Vector）、ArcInfo Coverage 等工具。

1. 矢量工具

矢量工具介绍如表 9-1 所示。

表 9-1　矢量工具介绍

图标	工具	功能
Manage		
	Copy Vector Layer	复制一个矢量要素文件并赋予它新的名字、路径和相关的属性等
	Rename Vector Layer	重命名一个已经存在的矢量要素文件
	Delete Vector Layer	删除一个矢量图层以及其属性信息
	Attributes to Annotations	矢量属性转换为注记图层
	Zonal Attributes	提取面状 Coverage 中背景图像的区域统计并把它们存储为面状属性
Shapefile		
	Reproject Shapefile	打开一个重投影对话框以改变一个 Shapefile 的投影。这个过程会产生一个拥有操作者需求的投影的 Shapefile
	Subset Shapefile	从一个已存在的 Shapefile 中裁剪要素来创建一个新的 Shapefile
	Recaculate Elevation	重新计算高程值
Raster to Vector		
	Raster to Arc Coverage	将栅格类型的数据格式转换为 Arc Coverage
	Raster to Shapefile	将栅格类型的数据格式转换为 Shapefile
ArcInfo Coverage		
	Clean	Clean 矢量图层
	Build	Build 矢量图层
	External	导出矢量图层
	Create Polygon Labels	自动产生多变形标识点
	Subset	裁剪矢量图层
	Mosaic	镶嵌矢量图层
	Transform	变换矢量图层
	Table Tools	查看或编辑 INFO 属性表
	ASCII to Point Vector Layer	将一组不规则的坐标点转换为点矢量规格
	Vector to Raster	将矢量格式的数据转换为栅格类型

2．定义要素编辑参数

在选择要素之前，首先需要进行要素编辑参数设置。在 ERDAS IMAGINE 主菜单的 Drawing-Modify 栏（如图 9-1 所示）中的右下角打开 Vector Options 对话框。

（1）选中 Node Snap 复选框，并设置距离（Dist）为 30.0226。

（2）选中 Arc Snap 复选框，并设置距离（Dist）为 30.0226。

（3）选中 Weed 复选框，并设置距离（Dist）为 30.0226。

（4）输入编辑误差（Grain tolerance）为 30.0226。

（5）选中 Contained In 单选按钮，如图 9-2 所示。

（6）单击 Apply 按钮，应用参数设置。

（7）单击 Close 按钮，关闭 Vector Options 对话框。

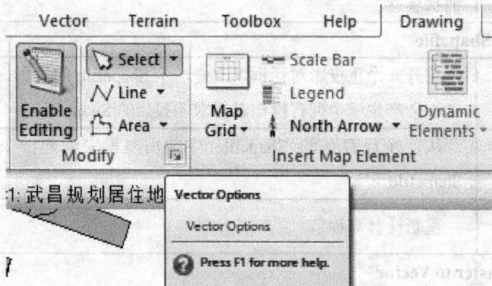

图 9-1　Drawing-Modify 栏　　　　　图 9-2　Vector Options 对话框

对这些设置项的简介如表 9-2 所示。

表 9-2　Vector Options 对话框设置项简介

设置项	功能简介
Node Snap	ERDAS 的数据模型要求弧段的结束必定是一个节点。当该复选框被选中后，如果一个新产生或者正在被编辑的弧段没有结束于一个已经存在的节点，该弧段的终点将在设置的 Node Snap 距离内搜索节点，并连接到此距离内离它最近的节点。Node Snap 过程相当于是为弧段的"由于位于其他弧段相交（如露头或者不到）而不成节点的终点"找其他终点进行并入的过程
Arc Snap	如果一个新产生或者正被编辑的弧段没有结束于一个已经存在的节点，该弧段的终点将在设置的 Arc Snap 距离内搜索弧段并与距离它最近的弧段相连，一个新的节点将因此产生。Arc Snap 相当于是一个弧段的"由于未与其他弧段相交（如露头或者不到）而不成节点的终点"找另一个弧段形成新节点的过程
Weed	是处理弧段中间点的，沿一个弧段的任何两个中间点的距离至少是 Weed 确定的距离。对已经生成的 Arc 进行 Weeding，该设置将使小于该距离的中间点基于 Douglas-Peucker 算法进行合并（一个综合的过程）。对正在生成的弧，与前一个中间点的距离小于 Weed 值的中间点将不被考虑
Grain tolerance	弧段中相邻中间点的距离。该值一般用于平滑弧段或者加密弧段。它影响新产生的弧段，但在对已有弧段加密时不影响该弧段的形状。注意，Grain tolerance 与 Weed 在含义上相近，但应用的操作范围不同
Intersect	用选取框选择要素时，所有与选取框相交以及包含在选取框内的要素都要被选中
Contained In	用选取框选择要素时，只有包含在选取框内的要素才被选中

3．要素选择工具

矢量要素的选择工具在 ERDAS IMAGINE 主菜单中的 Drawing-Select 栏（如图 9-3 所示）下。可以通过多种不同方式来进行选择。

其中，Select 选项一次只能选择一个要素，可以按住 Shift 键多次单选来选择多个要素；Select by Box 选项是框选要素，矩形框中的要素全被选中；Select by Line 选项是通过画定一条多段线选定线段路径上所接触到的所有要素；Select by Ellipse 选项是通过画椭圆来选定椭圆包含的所有要素；Select by Polygon 选项是通过画一个自定义的多边形来选定多边形包含的所有要素。需要说明的是，所有被选择的要素均以黄色显示，其属性在属性表中也以黄色显示。

4．改变矢量要素形状

在启动编辑模式之后，ERDAS IMAGINE 允许修改矢量要素的形状。具体操作为单击 ERDAS IMAGINE 菜单栏中的 Drawing→Enable Editing，开始对矢量图层进行编辑（如图 9-4 所示）。选择需要更改形状的要素，此时被选中的要素除了会黄色高亮显示之外，其边角变得可移动，可以根据需要进行拉伸。

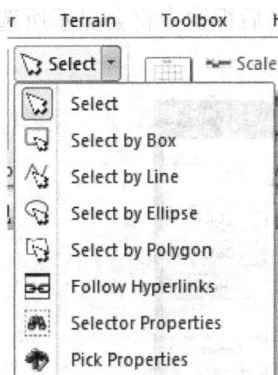

图 9-3　Select 栏

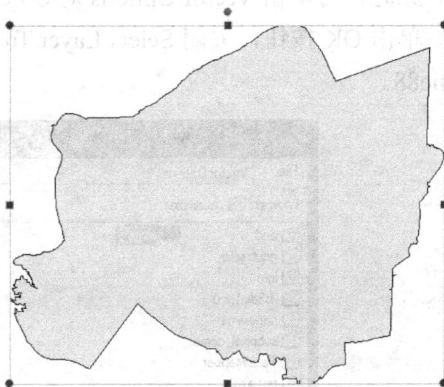

图 9-4　处于编辑状态下的矢量要素

5．改变矢量要素特征

一个矢量图层包括很多要素，如点（Label 点、Tic 点、节点等）、线、面、属性、外边框等，而矢量要素特征是指各种要素的显示特征。改变矢量要素特征（Change Vector Properties）就是要改变要素的显示方式（包括符号、颜色等）。

6．编辑矢量属性数据

单击 ERDAS IMAGINE 主菜单中的 Table→Show Attributes 可以打开图层的属性表。而在单击主菜单中的 Drawing→Enable Editing 之后除了可以对矢量图层的形状、特征进行改变之外，也可以改变其属性表数据。

9.2 矢量图层基本操作

矢量图层的基本操作包括显示矢量图层（Display Vector Layers）、改变矢量特性（Change Vector Properties）、改变矢量符号（Change Vector Symbology）等几个方面。

9.2.1 显示矢量图层

显示矢量图层（Display Vector Layers）的操作比较简单。在主菜单下选择 File 菜单的 Open→Vector Layer 命令，打开 Select Layer To Add（添加图层对话框），如图 9-5 所示。

在 Select Layer To Add 对话框中，进行如下设置。

（1）确定输入文件类型（Files of type）为：Arc Coverage。

（2）确定输入文件为：zone88。

（3）此时，可单击 Vector Options 对导入的矢量数据进行相关设置。

（4）单击 OK 按钮，关闭 Select Layer To Add 对话框，之后视窗中将会显示所选矢量图层 zone88。

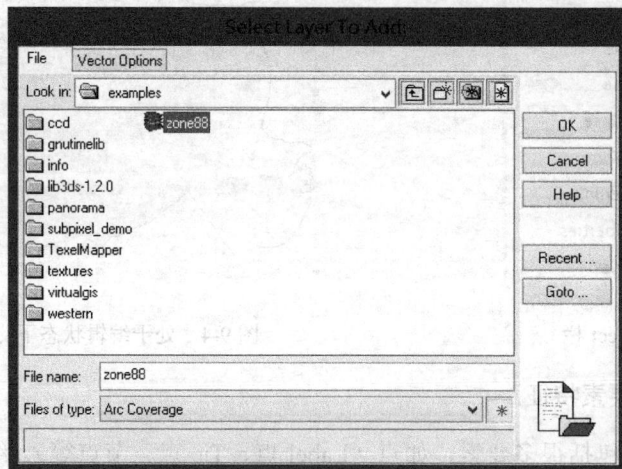

图 9-5　Select Layer To Add 对话框

9.2.2 改变矢量特性

矢量图层是由要素（Features）构成的。要素主要分为点要素、线要素与面要素。对每一种要素而言，都有其对应的显示特征。ERDAS 2015 中的改变矢量特性，其实就是改变图层中的要素的显示特征，如符号形态、显示大小、颜色等。本节将以 example 文件夹中的 zone88 文件作为示例。

（1）打开 zone88 矢量图层。

（2）选择菜单栏中的 Style→Viewing Properties 选项，打开 Properties 对话框，如图 9-6 所示。

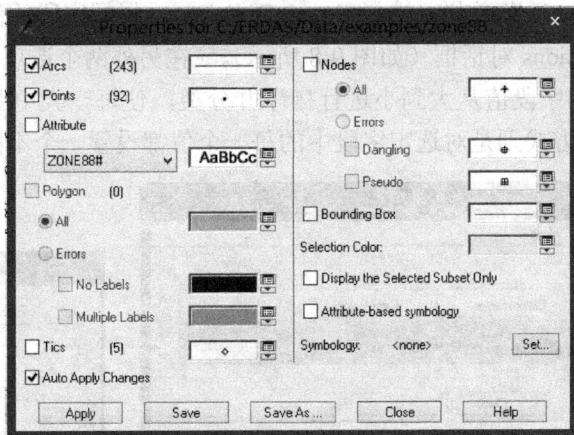

图 9-6 Properties 对话框

在 Properties 对话框中，用户可以设定点状要素、弧线要素、面状要素、文字要素的颜色、填充方式等符号特征。另外，此对话框中还会统计矢量图层中各种要素的数量。对于图层中不存在的要素类型，对话框中显示为灰色，表示无法更改其符号特征。另外，为了方便用户重复使用其自定义的符号特征，ERDAS 2015 可以将设置好的符号特征保存为 evs 文件。当需要对 evs 文件进行加载时，单击对话框右侧的 Set 按钮即可。

对于 Properties 对话框中的设定，还需要注意以下几点：

（1）对话框中 Bounding Box 后面的选项是指图层中矢量最小外接矩形边界的线形。

（2）关于 Errors 选项，如果勾选了则将显示错误的多边形或节点，正确的多边形将不会显示。

9.2.3 改变矢量符号

如果要根据矢量要素的属性值来显示不同的矢量特征，就需要使用矢量符号（Vector Symbology）功能来设置。在实际应用中，为了将某些特殊的要素突出显示，这种功能会经常用到。本节仍以 zone88 为例，为读者演示如何在 ERDAS 2015 中设置矢量符号。

操作步骤如下：

（1）选择菜单栏中的 Style→Viewing Properties→Set 选项，打开 Symbology for zone88 对话框（如图 9-7 所示）。

（2）在 Symbology for zone88 对话框中，在 File 菜单下可以将设置好的矢量符号进行保存或者导入。在 Edit 菜单下则可以快速选择特定的行列，将其复制、粘贴并应用设置。

在 View 菜单下可以选择不同种类的矢量符号显示，如点符号、面状符号、线状符号等。在 Automatic 菜单下可以对矢量要素的属性值自动分类。本例中，将使用 Automatic 菜单的自动分类功能来根据 ZONING 字段的值分类显示线状要素。

（3）在 View 菜单下选择 Point Symbology，对点状要素的符号化进行设置。

（4）单击 Automatic 菜单栏，选择 Equal Divisions，根据字段的值域范围进行等距划分，弹出 Equal Divisions 对话框（如图 9-8 所示）。（在另外两个选项中，Equal Counts 的分类方式是将选定的字段值从大到小进行排序并分类，使每一类中要素的个数相等；而 Unique Value 的分类方式则是对选定字段中的每一个值都设置一个不同的符号。）

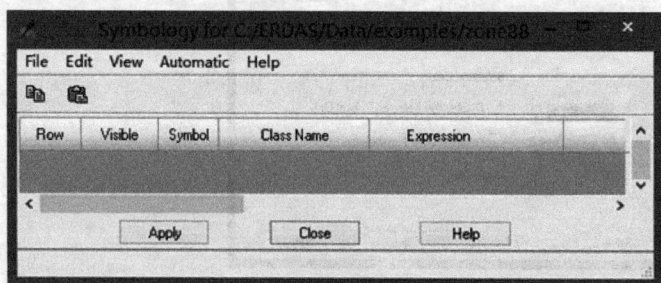

图 9-7　Symbology for zone88 对话框　　　　图 9-8　Equal Divisions 对话框

（5）在 Equal Divisions 对话框中，选择需要分类显示的字段名称为 ZONING，分类的个数设置为 10，单击 OK 按钮，弹出分类后的 Symbology for zone88 对话框，如图 9-9 所示。

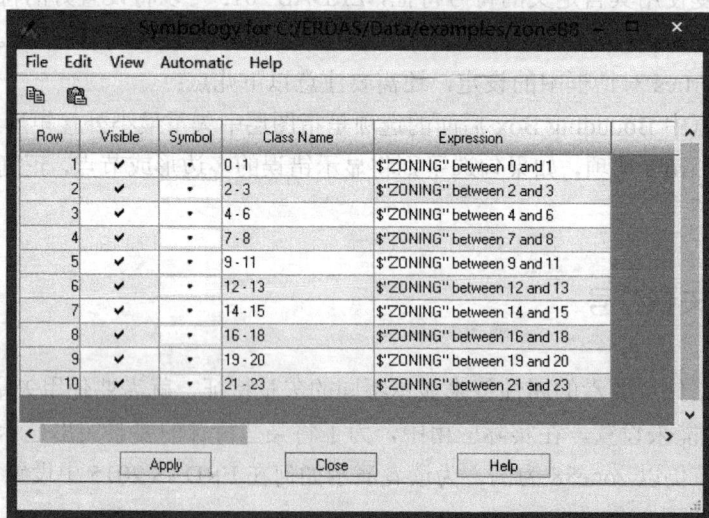

图 9-9　分类后的 Symbology for zone88 对话框

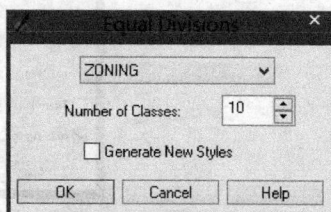

（6）在分类后的 Symbology for zone88 对话框中，Row 列显示行数，Visible 列表示对应类的可见性，Symbol 列为对应类的显示符号，Class Name 默认为值域范围，Expression 列则是对该类分类依据的解释。

（7）右键单击 Symbol 列中需要更改的矢量符号，选择弹出快捷菜单中的新符号，或者选择最下方的 Other 选项，弹出 Symbol Chooser 对话框，如图 9-10 所示。

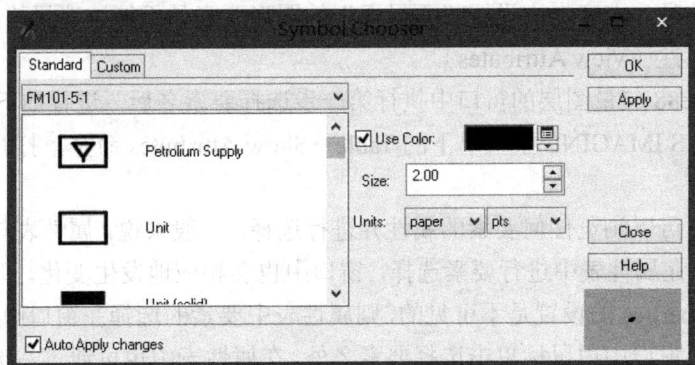

图 9-10　Symbol Chooser 对话框

（8）在 Symbol Chooser 对话框中，包含 19 个符号库中的符号，用户可以在左边下拉菜单中选取。另外，用户也可以在对话框的右侧选择颜色、大小等。另外，单击 按钮可以打开颜色选择对话框（如图 9-11 所示），以选取更多的颜色。

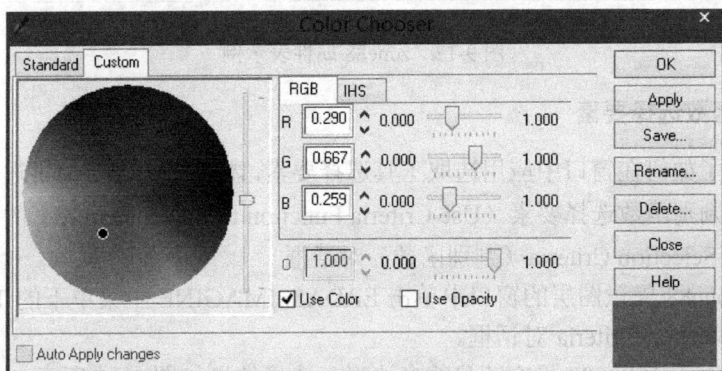

图 9-11　颜色选择对话框

（9）对其他类型的符号，如面状符号或线状符号也会有对应的线型选择对话框与填充对话框，以便进行各种设置。

9.2.4　查看要素属性

1. 查看要素属性（View Attributes of Selected Feature）的基本操作过程

（1）选择要素（Select Feature）

在打开 zone88 矢量图层的窗口中进行如下操作。

单击 ERDAS IMAGINE 主菜单下的 Home→ 📐 图标，在窗口中单击选择对矢量图层中感兴趣的要素。如果想在矢量图层中选择多个多边形、多个线段以及多个 Label 点和 Tic

点（Node 点是不可选的），只要在单击要素的同时按住 Shift 键即可。

如果想撤销对要素的选择，只需要在选择要素之外的区域（如外多边形）上单击即可。需要说明的是，在窗口中设置"不显示"的图形要素是不能被选择的。

（2）查看属性（View Attributes）

在打开 zone88 矢量图层的窗口中执行第一步选择要素之后，进行如下操作。

单击 ERDAS IMAGINE 主菜单下的 Table→Show Attributes 命令，打开矢量图层属性表窗口。

在属性表中可以浏览任何要素的属性并进行选择。一般来说，属性表与窗口中的图层是关联的。如果在属性表中进行要素选择，窗口中也会相应地发生变化。但如果某要素在窗口中由于 Properties 的设置是不可见的，则属性表中要素的选择在窗口中将得不到表现。

除了在图形窗口中用鼠标单击选择要素之外，在属性表中也可通过右键单击字段名在弹出快捷菜单的 Select 栏中进行选择，如图 9-12 所示。

zone88					
Record	AREA	PERIMETER	ZONE88# ▼	ZONE88-ID	ZONING
23	212287.672	1979.241	23.000	22.000	7.000
24	217209.422	1814.019	24.000	23.000	21.000
25	51639.961	946.633	25.000	24.000	21.000
26	1131196.750	6584.359	26.000	25.000	19.000

图 9-12　zone88 属性表示例

2. 判别函数选择要素

前面阐述了如何在窗口中应用选取工具选择要素，本节将结合实例讲述在矢量数据的属性窗口中用判别函数选择要素（Use Criteria Function to Select Feature）的方法与过程。

（1）打开 Selection Criteria（判别函数）对话框

在打开 zone88 矢量图层的窗口中单击 ERDAS IMAGINE 主菜单下的 Table→Criteria 命令，打开 Selection Criteria 对话框。

选择面积大于 5000000 平方英尺的多边形。选择结果如图 9-13 所示。

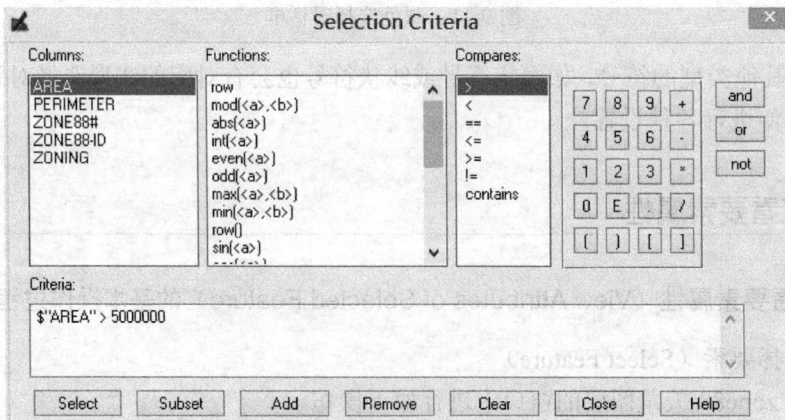

图 9-13　Selection Criteria 对话框

（2）构造判别函数表达式（Criteria Function）

在 Selection Criteria 对话框中进行如下操作。

① 双击 Columns 列表框内的 AREA 属性项。

② 双击 Compares 列表框内的 ">" 符号。

③ 通过对话框右侧的数字键盘输入 "5000000"（也可以通过键盘手工输入）。

④ 对话框中的 Criteria 文本区将出现一个判别式（$"AREA">5000000）。

需要注意的是，这个判别式十分简单。该对话框可以构造更为复杂的判别函数。复杂函数的构造主要从以下几个方面来实现。

① 通过对话框中的 and、or、not 对判别式进行交、并、否操作。

② 函数功能的使用：如 row 表示要素在属性表中的记录号，而 row>25 可以选出记录号大于 25 的所有要素。Convert(<a>,<from>,<to>) 是将第一个参数的单位由 from 变为 to，这样 convert($"AREA",meter,kilometer)>5000 可以选出所有面积大于 5000000 的多边形。Format(<a>) 是将参数 a 由数字型变成字符串型，而 format($"ZONING")contains"1" 可以找出所有 "ZONING" 中包含 1 的要素。even(<a>) 表示选择所有项 a 为偶数的要素，如 even($"ZONING") 将选择所有 ZONING 为偶数的要素。

③ 数字键盘功能的使用。从数字键盘不仅可以输入数字，而且可以输入+、−、*、/等几个运算符以及小数点、小括号、中括号和 10 次幂符号，如 5E5 表示 500000。

（3）执行要素选择（Select Features）

在 Selection Criteria 对话框中进行如下操作。

① 单击对话框下面的 Select 按钮。

② 属性表中面积大于 5000000 平方英尺的多边形将被选择出来，对应的记录用黄色显示。

③ 在图形窗口中，如果多边形要素被显示，则被选择多边形同样用黄色显示。

需要注意的是，上述单击 Select 按钮的操作是基于目前的判别函数进行选择的，另外还有多种不同的选择方法。单击 Subset 按钮是在目前的选择集中再进行选择。单击 Add 按钮是 "基于目前的判别函数" 在 "目前的选择集的补集" 中选择新的要素并与当前选择集合并成新的选择集。单击 Remove 按钮是 "基于目前的判别函数" 在 "目前选择集" 中选择新的要素并将其从当前选择集中清除出去。单击 Clear 按钮是将目前的选择函数清除，以输入新的选择函数。

9.2.5　显示图层信息

对应于栅格图像的 ImageInfo 工具和 ArcGIS 的 Describe 命令，ERDAS 用 VectorInfo 工具来显示矢量图层信息、改变图层投影、定义新的图层投影信息。

其操作步骤如下：

（1）选择 Home 选项卡下的 Metadata→View/Edit Vector Metadata 工具，即可打开矢量图层的 Vector Metadata 对话框，如图 9-14 所示。

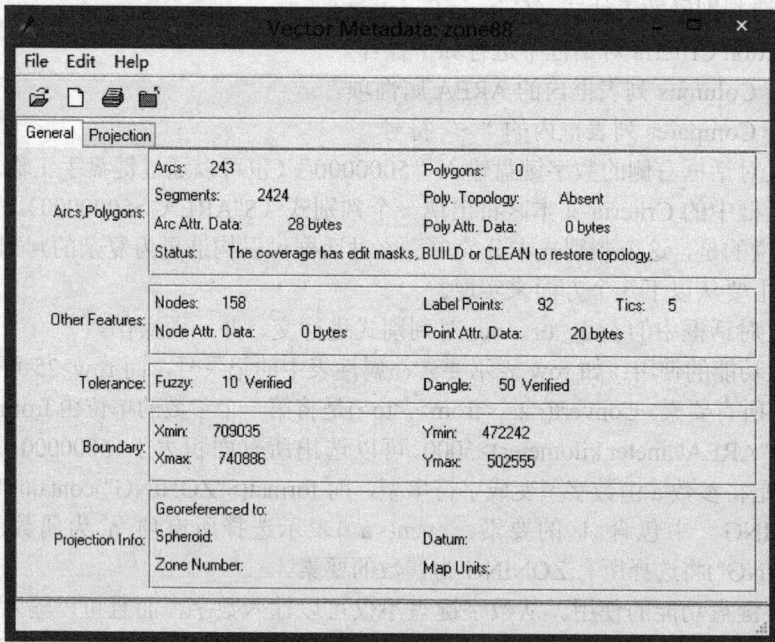

图 9-14　Vector Metadata 对话框

（2）在此对话框中，有两个选项卡：General 选项卡、Projection 选项卡。其中，General 选项卡中记录有当前图层的弧段数（Arcs）；多边形数（Polygons）；其他要素数（Other Features，包括节点数、Label 点数、Tics 点数等）；容差大小（Tolerance）；图层边界（Boundary）；投影信息（Projection Info，包括坐标系名称、参考椭球体名称、大地水准面名称、投影分带号、地图单位等）。Projection 选项卡中列举了比较详细的投影参数，依据投影类型的不同，其参数也不同。由于在匹配两种不同数据时其投影坐标系必须相同，所以这些投影信息十分重要。

9.3　创建与编辑矢量图层

本节主要说明矢量图层的创建（Create New Vector Layers）和矢量图层的编辑（Edit Vector Layers）。首先介绍创建矢量图层的基本方法（Basic Method for Creating Vector Layer）以及编辑矢量图层的方法（Basic Method for Editing Vector Layer），然后分别说明创建矢量图层子集（Subset Vector Layer）、镶嵌多边形矢量图（Mosaic Polygon Coverage）、变换矢量图层（Transform Vector Layer）、创建多边形标签（Create Polygon Labels）等常用操作。

9.3.1　创建、编辑矢量图层的方法

1. 创建矢量图层的方法

下面通过例子讲述如何创建一个新的矢量图层的基本方法。具体思路是从已有矢量图层中复制一些要素到新创建的图层。这个过程不仅包括空间位置数据的复制，也包括属性数据的复制。

（1）在窗口 1 中打开源图层，打开窗口 2 用于显示新图层

首先，在 ERDAS IMAGINE 主菜单中选择 Home→Add Views→Create New 2D View 工具，使两个主视窗平铺（如图 9-15 所示）。然后，在 2D View#1 中右键选择 Open Raster Layer，打开参考图像文件 germtm.img，并选择 Fit to Frame 选项；在 2D View#1 中右键选择 Open Vector Layer，打开矢量图层源文件为 zone88，取消选中 2D View#1 前的复选框；在 View#2 中打开参考图像文件为 germtm.img，并选择 Fit to Frame 选项。

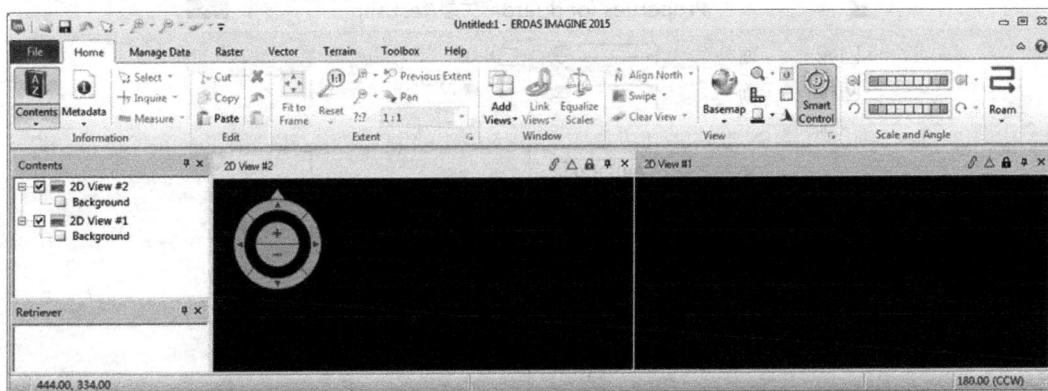

图 9-15　添加视图

（2）在窗口 2 中创建新图层，确定其目录、文件及精度

在仅显示参考图像的窗口 2 的视窗中进行如下操作。

① 选择 ERDAS IMAGINE 主菜单中的 File→New→2D View→Vector Layer 命令。

② 打开 Create a New Vector Layer 对话框，将 Files of Type 修改为 Arc Coverage 并确定新图层的存储路径及文件名，如图 9-16 所示。

③ 单击 OK 按钮，在弹出的 New Arc Coverage Layer Option 对话框（如图 9-17 所示）中选择 Single Precision 选项（设置为单精度）。

④ 单击 OK 按钮，即创建了一个空的新图层。下面将从源图层文件 zone88 向其复制一些要素。

（3）在源图层文件中选择要素

在显示参考图像与源图层文件 zone88 的窗口 1 中进行如下操作。

① 单击 ERDAS IMAGINE 主菜单中的 Style→Viewing Properties 选项，打开 Properties 对话框（如图 9-18 所示）。

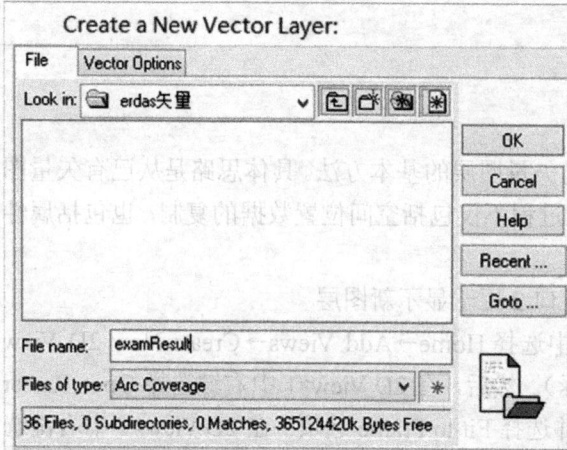

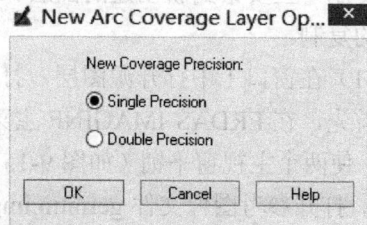

图 9-16　新建矢量图层　　　图 9-17　New Arc Coverage Layer Option 对话框

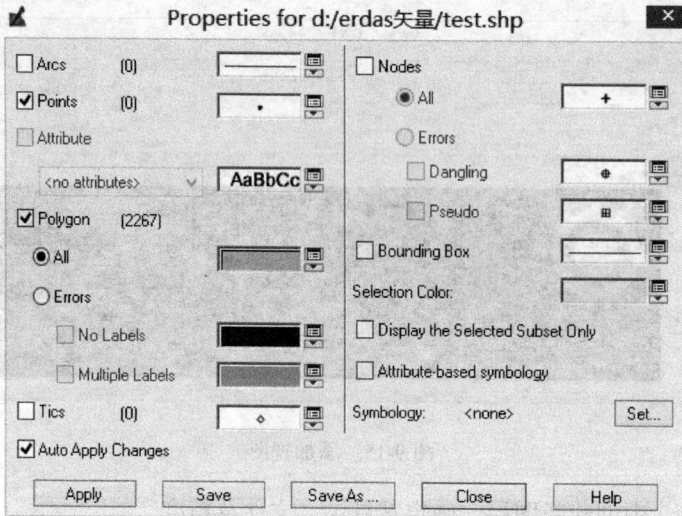

图 9-18　Properties 对话框

② 选中 Points 复选框，以便在窗口中显示 Label 点。

③ 单击 Apply 按钮应用设置并关闭对话框。

④ 按住 Shift 键，在窗口 1 中选择几个 Label 点，被选择的 Label 点在窗口中以黄色显示。

（4）将选中要素的属性输出到文件

在显示参考图像与源图层文件的窗口 1 中进行如下操作。

① 单击 ERDAS IMAGINE 主菜单中的 Table→Show Attributes 命令。右键单击属性表中的 ids 字段，选择 Export 选项，弹出 Export Column Data（输出列数据）对话框（如图 9-19 所示），设置好输出路径。

② 单击 Options 按钮，打开 Export Column Options 对话框（如图 9-20 所示）。

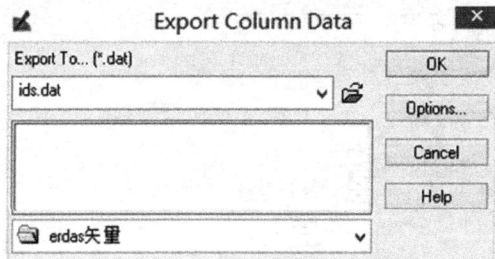

图 9-19 Export Column Data 对话框   图 9-20   Export Column Options 对话框

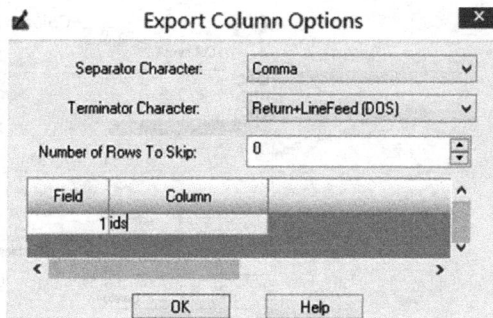

③ 设置输出文件分隔字符类型（Separator Character）为 Comma。

④ 设置输出文件结尾字符类型（Terminator Character）为 Return+LineFeed(DOS)。

⑤ 确定输出文件记录跳过行数（Number of Rows To Skip）为 0。

⑥ 单击 OK 按钮，输出选择 Label 点属性数据文件 ids.dat。

（5）将空间数据复制到创建的新图层

在显示源图层文件的窗口 1 和显示参考图像的窗口 2 中进行如下操作。

① 在窗口 1 中单击 ERDAS IMAGINE 主菜单中的 Home→Copy 图标，复制之前选中的要素。

② 在窗口 2 中单击 ERDAS IMAGINE 主菜单中的 Drawing→Enable Editing 选项，并单击 Home→Paste 图标，将窗口 1 中选择的要素粘贴到窗口 2 中。

③ 在窗口 2 中选择 ERDAS IMAGINE 主菜单中的 File→Save→Top Layer 选项，保存复制的要素。

第（5）步操作是将源图层中所选的 Label 点复制到新图层中并做保存。第（6）步操作将以临时文件 ids.dat 为中介，为新图层的 Label 点增加 ids 字段及内容。

（6）查看新图层属性并增加属性字段

在窗口 2 中进行如下操作。

① 单击 ERDAS IMAGINE 主菜单中的 Table→Column Properties 选项，打开 Column Attributes 对话框（如图 9-21 所示）。

② 单击对话框左下角的 New 按钮，增加一个新属性字段。

③ 定义新属性字段字段名（Title）为 ids，字段类型（Type）为 Integer，字段精度（Precision）为 Single，字段宽度（Display Width）为 12。

④ 单击 OK 按钮，增加新字段，关闭 Column Attributes 对话框。

（7）将文本文件内容输入为新图层的属性值

下面将把存放在源文件中的属性值读入到新建矢量图层的 ids 字段中。

在新建矢量图层属性表菜单栏中进行如下操作。

① 单击 ERDAS IMAGINE 主菜单中的 Table→Column Properties 选项，打开 Column Properties 对话框，如图 9-21 所示。

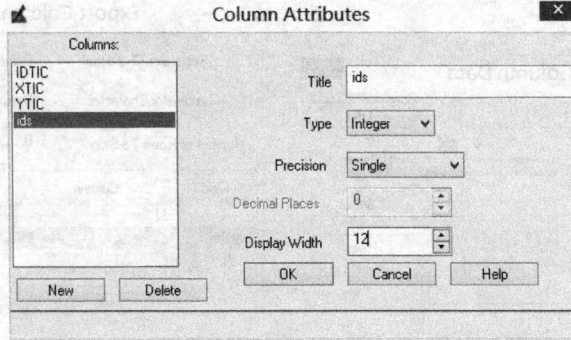

图 9-21　Column Attributes 对话框

② 单击 ids 字段列头，使其处于选定状态。

③ 右击该字段列，打开 Column Options 对话框。

④ 单击 Import 命令，将导出的 ids.dat 导入到字段列中，如图 9-22 所示。单击 Options 选项，设置输出文件分隔字符类型（Separator Character）为 Comma，输出行结尾字符类型（Row Terminator Character）为 Return NewLine(DOS)，输出文件记录跳过行数（Number of Rows To Skip）为 0，如图 9-23 所示。

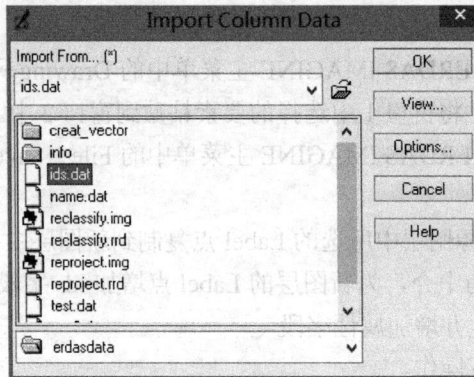

图 9-22　将 ids.dat 导入到字段列中

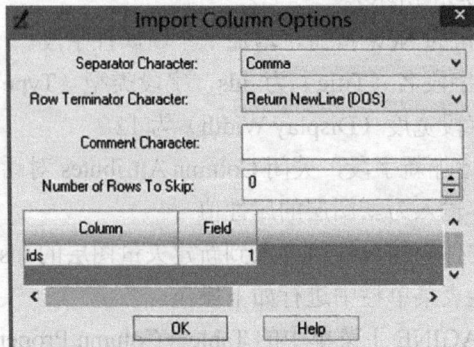

图 9-23　导入列选项设置

⑤ 单击 OK 按钮，即可执行数据导入，关闭 Impot Column Data 对话框。属性导入结果如图 9-24 所示。

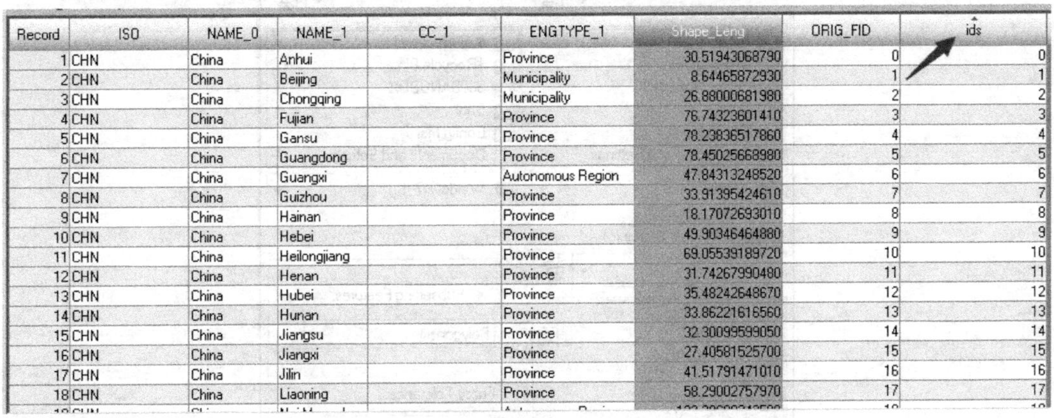

Record	ISO	NAME_0	NAME_1	CC_1	ENGTYPE_1	Shape_Leng	ORIG_FID	ids
1	CHN	China	Anhui		Province	30.51943068790	0	0
2	CHN	China	Beijing		Municipality	8.64465872930	1	1
3	CHN	China	Chongqing		Municipality	26.88000681980	2	2
4	CHN	China	Fujian		Province	76.74323601410	3	3
5	CHN	China	Gansu		Province	78.23836517860	4	4
6	CHN	China	Guangdong		Province	78.45025668980	5	5
7	CHN	China	Guangxi		Autonomous Region	47.84313248520	6	6
8	CHN	China	Guizhou		Province	33.91395424610	7	7
9	CHN	China	Hainan		Province	18.17072693010	8	8
10	CHN	China	Hebei		Province	49.90346464880	9	9
11	CHN	China	Heilongjiang		Province	69.05539189720	10	10
12	CHN	China	Henan		Province	31.74267990480	11	11
13	CHN	China	Hubei		Province	35.48242648670	12	12
14	CHN	China	Hunan		Province	33.86221616560	13	13
15	CHN	China	Jiangsu		Province	32.30099599050	14	14
16	CHN	China	Jiangxi		Province	27.40581525700	15	15
17	CHN	China	Jilin		Province	41.51791471010	16	16
18	CHN	China	Liaoning		Province	58.29002757970	17	17

图 9-24　属性导入结果

2．编辑矢量图层的方法

很多时候要在最新的高分辨率图像上叠加矢量图层，以对矢量图层的空间数据进行更新，本节将结合例子讲述编辑矢量图层的基本方法。

（1）在窗口中打开图像及矢量图层

打开系统示例图像文件 germtm.img，并右键选择 Fit to Frame 选项。

在同一个窗口打开系统实例库中的矢量图层文件 zone88。

（2）使感兴趣的区域充满窗口

可以看到矢量图层的范围只涉及图像范围的一部分。下面将把窗口范围缩小到矢量图层，以便更清楚地看到所关心的编辑区域。

在打开图像文件与图形文件的窗口中进行如下操作：右键单击左侧 Contents 目录矢量图层名，选择 Fit Layer To Window 选项，即可使感兴趣的区域充满窗口。

9.3.2　创建矢量图层子集

创建矢量图层子集（Subset Vector Layer）功能是，使用一个裁剪图层（已有矢量图层）从另一个已有矢量图层中裁剪出一个子集形成一个新的矢量图层。类似于 ArcGIS 的 Clip 命令，但没有 Clip 命令的参数多，也没有 Clip 命令的功能更强大。

在 ERDAS IMAGINE 主菜单中选择 Vector→Subset 选项，打开 Subset Vector Layer 对话框（如图 9-25 所示）。该对话框选项的含义如表 9-3 所示。

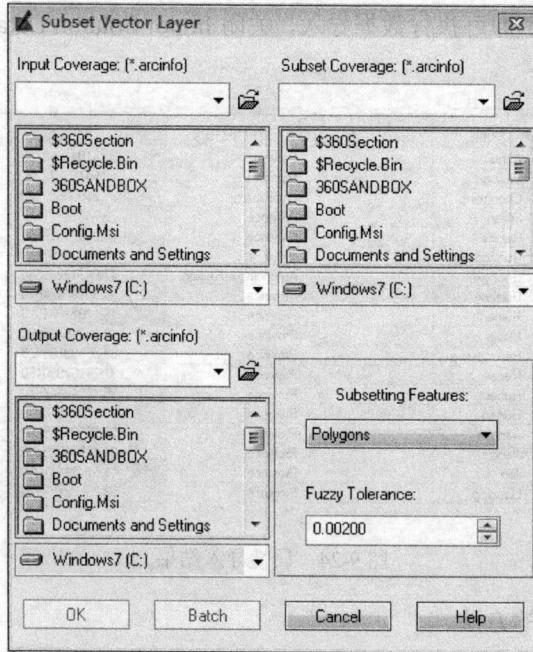

图 9-25　Subset Vector Layer 对话框

表 9-3　Subset Vector Layer 对话框选项的含义

设置选项	设置说明
Polygons	多边形的空间数据及其属性表将被保留。Clip 图层的外多边形要参与新图层多边形的形成。在新矢量图层的属性表上即可看到 Label 点、多边形和 Tic 点的属性。其中，Label 点比多边形要少一个（外多边形），其他的记录在两者之间是一一对应的
Lines	弧段的空间数据及其属性表将被保留。Clip 图层的外多边形不参与新图层的形成。在新矢量图层的属性表上即可看到弧段和 Tic 点的属性
Points	Label 点的空间数据及其属性表将被保留。Clip 图层的外多边形不参与新图层的形成。在新矢量图层的属性表上即可看到 Label 点、Tic 点和多边形的属性。其中，Label 点和多边形的记录间是一一对应的，每个多边形记录都由相应 Label 点记录的部分字段的值组成。多个多边形的面积与周长都为 0
Raw	弧段和 Label 点的空间数据将被保留，属性数据不保留。Clip 图层的外多边形不参与新图层形成。在新矢量图层的属性表上即可看到 Label 点、Tic 点的属性。其中，Label 点属性表中存储的仅是每个点的 X 与 Y 的坐标值

（1）确定要被裁剪的矢量图层（Input Coverage）为 zone88，用于裁剪的矢量图层（Subset Coverage）为 zone88clip。

用于裁剪的图层必须符合以下两个条件：一是多边形图层；二是拓扑关系必须已经被正确建立。该图层的外多边形将用于确定裁剪区域的大小与形状。

（2）定义结果图层（Output Coverage）的名字和路径，通过 Subset Features 下拉列表框选择输入图层中哪些要素将包括在输出图层中。

（3）在 Fuzzy Tolerance 微调框中输入模糊容限值为 0.00200。

（4）单击 OK 按钮，执行裁剪功能。

9.3.3　镶嵌多边形矢量图层

镶嵌多边形矢量图层（Mosaic Polygon Coverage）功能与 ArcGIS 的 MAPJOIN 命令的功能很相似，可以将多达 500 个相邻多边形图层镶嵌在一起且重建拓扑。用户可以实现选定一个 Clip 图层以决定最终镶嵌的图层的边界。需要注意的是，多个将镶嵌在一起的图层的属性表结构必须相同且必须是多边形图层。

（1）单击 ERDAS IMAGINE 主菜单中的 Vector→Mosaic 选项，打开 Mosaic Polygon Coverages 对话框，如图 9-26 所示。

（2）在 Select Input Covers 中确定将被镶嵌在一起的矢量图层文件。

（3）通过 Select Input Covers 文本框选定用于镶嵌的多边形矢量图层，这些图层文件将出现在右边的 Current Input Coverage List 列表框中。单击 Delete a Cover from the List 按钮将 Current Input Coverage List 列表框中被选中的图层去掉，以调整将用于镶嵌的图层文件。

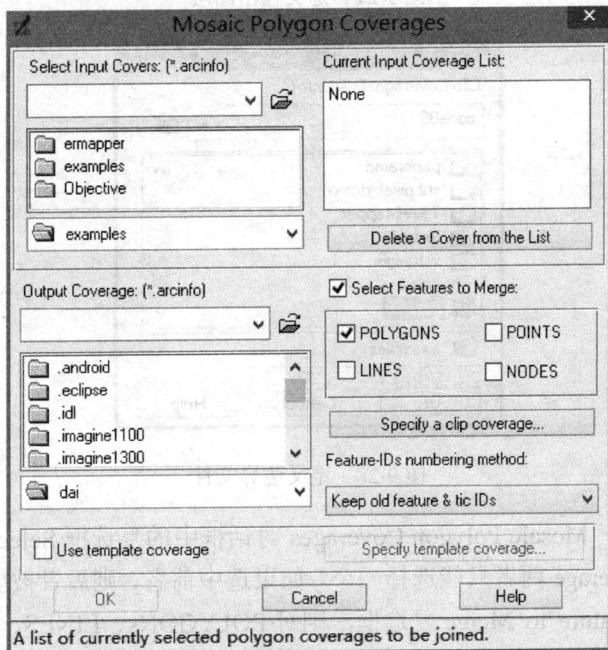

图 9-26　Mosaic Polygon Coverages 对话框

（4）定义输出图层（Output Coverage）的名字和路径，如图 9-27 所示。在如图 9-26 所示的对话框中，选中 Select Features to Merge 复选框，勾选输入图层中哪些要素将包括在输出图层中。

（5）单击 Specify a clip coverage 按钮以确定一个边缘裁剪图层，该图层的外多边形将确定镶嵌操作结果的边界，如图 9-28 所示。返回如图 9-26 所示的对话框。

（6）通过 Feature-IDs numbering method 下拉列表框确定如何处理创建图层中的要素 ID 号和 Tic 点的 ID 号。

（7）单击 OK 按钮执行图层镶嵌。最终设置结果如图 9-29 所示。

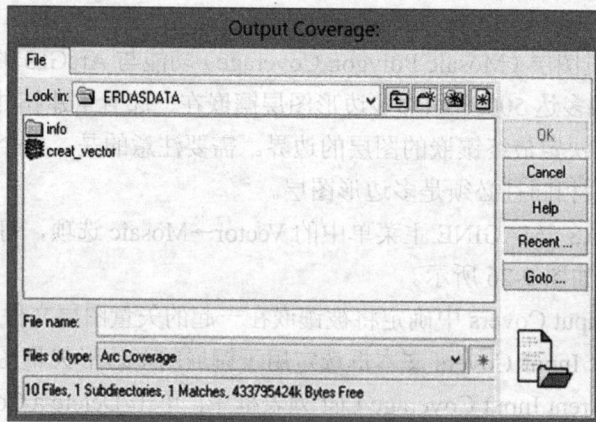

图 9-27　定义输出图层

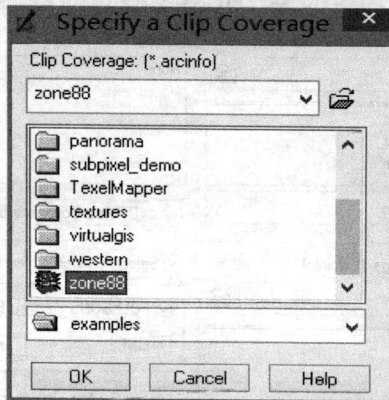

图 9-28　定义边界文件

需要注意的是，Mosaic Polygon Coverages 对话框中的复选框 Select Features to Merge 和 Use template coverage 两者只能选择一个。如果选中前者，则后者被屏蔽掉，反之亦然。如果选中 Select Feature to Merge 复选框，则对 POLYGONs、LINES、POINTS、NODES 这 4 个复选框进行选择以确定图层中的哪些要素将被镶嵌在一起。如果选中 Use Template Coverage 复选框，则单击 Specify a template coverage 按钮，打开 Specify a Template Coverage 对话框，然后选择一个合适的图层。这个图层中的要素将确定要被镶嵌的图层中哪些要素将被镶嵌在一起。Mosaic Polygon Coverages 对话框的 Feature-IDs numbering method 下拉列表中的选项说明如表 9-4 所示。

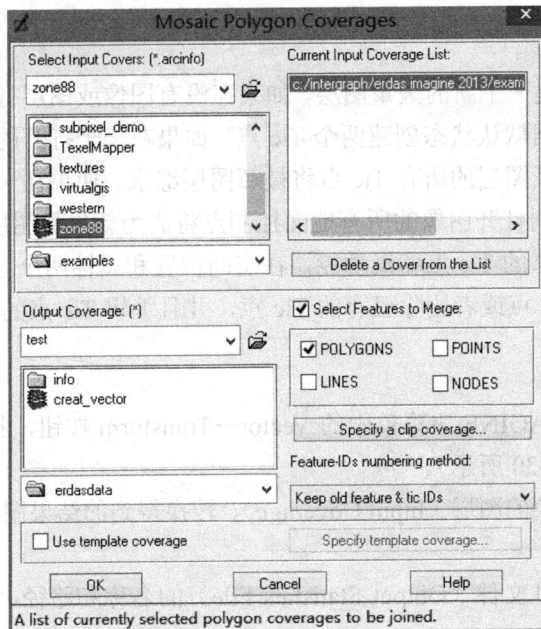

图 9-29 最终设置结果

表 9-4 Mosaic Polygon Coverages 对话框 Feature-IDs numbering method 下拉列表选项说明

选项	说明
Keep old feature & tic IDs	要素 ID 号和 Tic 点的 ID 号保持不变
Renumber feature IDs only	Tic 点的 ID 号保持不变，重新对要素 ID 号进行编号
Renumber tic IDs only	要素 ID 号保持不变，重新对 Tic 点的 ID 号进行编号。这样，第一个被镶嵌的图层不被重新编号，但后续的图层的相应 ID 号将加上一个偏移量，这个值为"上一个图层的最大 ID 号+1"
Renumber tic & feature IDs	对要素 ID 号和 Tic 点的 ID 号都进行重新编号

9.3.4 变换矢量图层

变换矢量图层（Transform Vector Layer）功能是以 Tic 点为基础对矢量图层进行仿射变换或投影变换，常用于将"数字化仪单位"图层转换为"时机地理坐标"图层。仿射变换要求最少有 3 个 Tic 点，而投影变换要求最少有 4 个 Tic 点。为了取得良好的变换效果，一般都是用比最少数量多的 Tic 点。变换后图层和变换前图层的 Tic 点 ID 号相同的点代表不同图层中的同一个点，只有这些 Tic 点才在执行变换时起作用。显然，变换后的图层在执行变换之前必须已经存在，其中必须具有与变换前图层相同的 Tic 点，其他要素可有可无。但是，除了 ID 号相同的 Tic 点以外，图层中原有的其他要素都将被"输入图层的经过变换的要素"所代替。

1．创建变换图层

（1）在视窗中创建一个新的矢量图层。如果在没有图像或图层打开的视窗中创建新的矢量图层，系统将根据默认状态创建两个 Tic 点。如果在一个打开的矢量图层上创建一个新的矢量图层，则打开图层的所有 Tic 点将被新图层继承。如果在一个打开的图像上创建一个新的矢量图层，则打开图像的所有地面控制点将成为新矢量图层的 Tic 点。

（2）应用系统提供的 Tic 点编辑功能，在空间位置和属性两个方面编辑 Tic 点。

（3）增加新的 Tic 点或者删除已有的 Tic 点，并且编辑 Tic 点的位置数据和 ID 号。

2．执行变换操作

单击 ERDAS IMAGINE 主菜单中的 Vector→Transform 按钮，打开 Transform Vector Layer 对话框（如图 9-30 所示）。

（1）确定将被转换的图层（Input Coverage）、转换得到的结果图层（Output Coverage）的名称和路径。

（2）定义输出统计文件（Output Statistics File）的名称和路径，其内容是有关转换过程的各种参数记录。

（3）选择图层转换类型（Transform Method）为 Projective（投影转换）。

（4）单击 OK 按钮，执行转换。

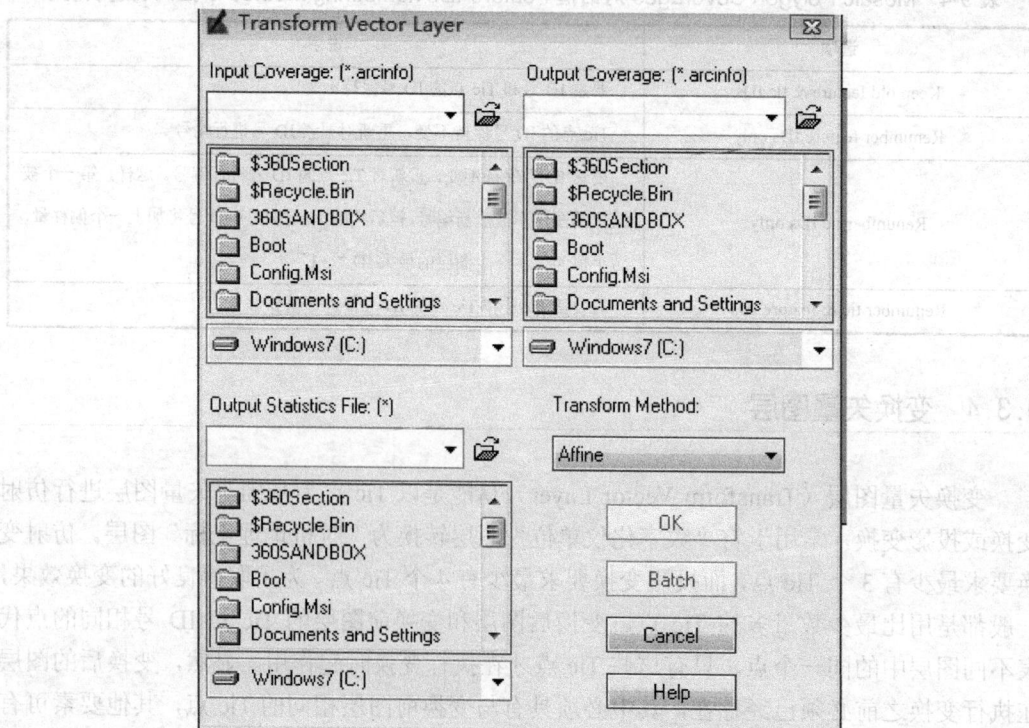

图 9-30　Transform Vector Layer 对话框

9.3.5 产生多边形的 Label 点

ESRI 数据模型要求每个多边形都有一个 Label 点，但由于各种原因会导致有些多边形没有 Label 点，比如手工添加 Label 点时的失误或者不小心删除了不该删除的 Label 点等。所以，自动对没有 Label 点的多边形生成 Label 点很有意义，并且在有的数字地图生产流程中完全依靠该功能来加入 Label 点。

单击 ERDAS IMAGINE 主菜单中的 Vector→Create Polygon Labels 按钮，打开 Create Polygon Labels 对话框（如图 9-31 所示）。

（1）确定要处理的多边形图层（Polygon Coverage）的名称和路径。

（2）在 ID Base 微调框中输入赋予第一个新 Label 点的 ID 号，其他新 Label 点的 ID 将以此加 1。如果 ID Base 设置为 0，则表示对所有新、旧 Label 点统一进行重新编号。

（3）单击 OK 按钮，产生 Label 点，完成操作。

需要注意的是，多边形图层文件在执行了 Create Polygon Labels 操作之后，要使用 Build Vector Topology 功能，重新拓扑关系，以更新 PAT 表中的用户 ID 号。

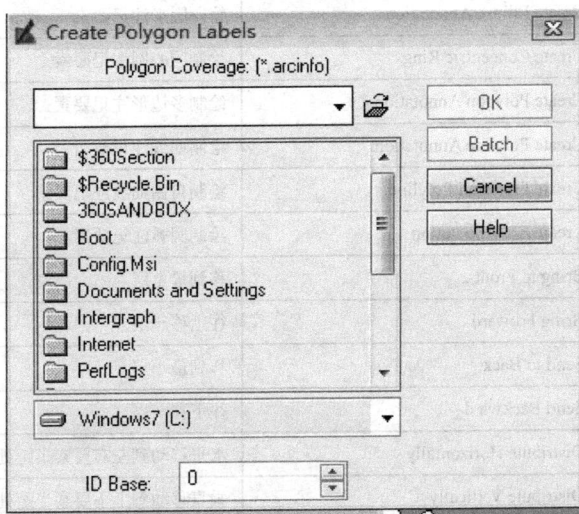

图 9-31　Create Polygon Labels 对话框

9.4　注记的创建与编辑

注记数据层（Annotation Layer）是 ERDAS IMAGINE 软件继栅格数据层（Raster Layer）、矢量数据层（Vector Layer）、AOI 数据层（AOI Layer）之后的第四种数据类型，往往作为栅格数据层和矢量数据层的附加数据层叠加在上面，用于标识和说明主要特征或重点区域。注记数据层是注记要素的集合，注记要素不仅包括说明文字，而且包括多种图形（矩形、椭圆、弧段、多边形、格网线、控制线）和地图符号，甚至还包括制图输出功能所支持的比例尺和图例；注记数据层可以显示在视窗中，也可以显示在制图输出窗口中。

打开栅格图，ERDAS IMAGINE 主菜单的 Drawing 和 Format 栏下都有部分基本的注记工具，具体如表 9-5 所示。打开矢量图，则在 ERDAS IMAGINE 主菜单的 Drawing 和 Style 栏下都有部分基本的注记工具。

表 9-5　Drawing 和 Format 栏下的注记工具

图标	命令	功能
	Cut	剪切注记要素
	Copy	复制注记要素
	Paste	粘贴注记要素
	Group	建立注记要素组合
	Ungroup	解除注记要素组合
	Reshape	改变注记要素形状
	Create Rectangle Annotation	绘制矩形注记要素
	Create Ellipse Annotation	绘制圆形注记要素
	Create Concentric Rings	绘制同心圆注记要素
	Create Polygon Annotation	绘制多边形注记要素
	Create Polyline Annotation	绘制曲线注记要素
	Create Freehand Polyline	绘制自由曲线注记要素
	Create Arc Annotation	绘制圆弧注记要素
	Bring to Front	移到最上层
	Bring Forward	往上移一层
	Send to Back	移到最下层
	Send Backward	往下移一层
	Distribute Horizontally	水平移动到左右要素半距处
	Distribute Vertically	垂直移动到上下要素半距处
	Align Vertically Top	垂直移动到顶端在同一水平线上排序
	Align Vertically Bottom	垂直移动到底端在同一水平线上排序
	Lock	锁住工具

需要注意的是，注记文件的创建与打开操作必须借助视窗菜单栏中的文件操作选项完成。注记数据层虽然可以独立于栅格数据层、矢量数据层而操作，但是如果不用具有地理参考的图像（栅格数据层）或图层（矢量数据层）作为背景，或者背景图像或图形没有地理参考的话，所创建的注记数据层是没有地理参考的，注记菜单中的部分编辑命令是无法使用的。所以，下面首先以具有地理参考的数据层为背景创建注记文件，然后设置注记要素类型，并对注记要素属性进行编辑。

9.4.1 创建注记文件

首先在视窗中打开一幅具有地理参考的图像（\examples\lanier.img）或图形，然后进行如下操作。

（1）单击 ERDAS IMAGINE 主菜单中的 File→New→2D View→Annotation Layer 命令，打开 Annotation Layer 对话框（如图 9-32 所示）。

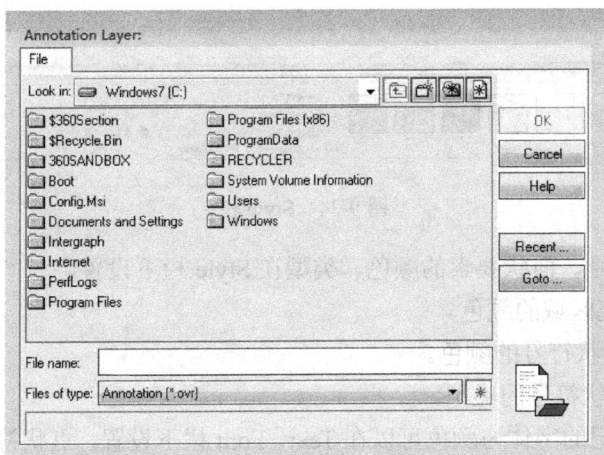

图 9-32 Annotation Layer 对话框

（2）在 Annotation Layer 对话框中确定路径与文件名（*.ovr）。

（3）单击 OK 按钮，创建一个新的注记文件并打开，进入编辑状态。

如果要打开一个已经存在的注记文件，则不需要首先打开图像或图形文件，可进行如下操作。

（4）单击 ERDAS IMAGINE 主菜单中的 File→Open→Annotation Layer 命令，打开 Select Layer to Add 对话框（如图 9-33 所示）。

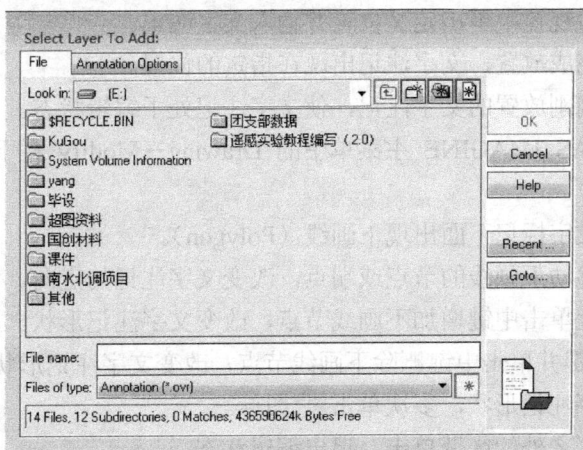

图 9-33 Select Layer To Add 对话框

（5）在 Select Layer To Add 对话框中选择路径与文件名（*.ovr）。

（6）单击 OK 按钮，打开一个注记文件，并进入编辑状态。

9.4.2　设置注记要素的类型

注记要素的类型可以在 ERDAS IMAGINE 主菜单的 Drawing 或者 Style 栏下设置，如图 9-34 所示。

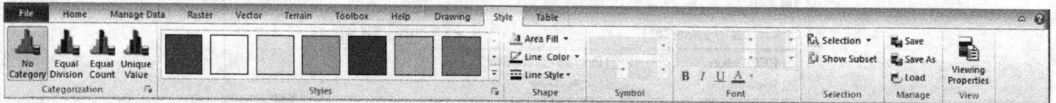

图 9-34　Style 栏

其中，线状符号、面状要素的颜色、类型在 Style 栏下设置。

Area Fill：填充区域的颜色。

Line Color：线状符号的颜色。

Line Style：线状符号的类型。

另外，文字注记的字体与颜色可以在 Text、Font 栏下设置，点状符号类型与颜色可以在 Symbol 栏下设置。

9.4.3　注记要素的放置

在各种注记要素中，点、线、面等图形要素的放置相对简单。下面以文字要素的放置为例，说明放置过程和变形编辑（Reshape）过程。

（1）单击 ERDAS IMAGINE 主菜单的 Drawing 或 Format 栏下的 **A** 图标（如图 9-35 所示）。

（2）在注记文件视窗中单击定义位置并输入文字注记。

（3）按回车键完成放置，文字注记出现在指定的位置。

（4）单击选择刚刚放置的文字注记，使文字注记处于编辑状态。

（5）单击 ERDAS IMAGINE 主菜单中的 Drawing→Modify 栏下的 Line 或 Area→Reshape 命令。

（6）视窗中的文字标记下面出现下画线（Polygon）。

（7）按住左键移动下画线的节点或端点，改变文字注记的走向。

（8）在下画线上单击中键增加下画线节点，改变文字注记形状。

（9）按住 Shift 键并单击中键删除下画线节点，改变文字注记形状。

如果要恢复文字注记形状，多次单击 图标。

在当前编辑文字之外的区域单击，退出编辑状态。

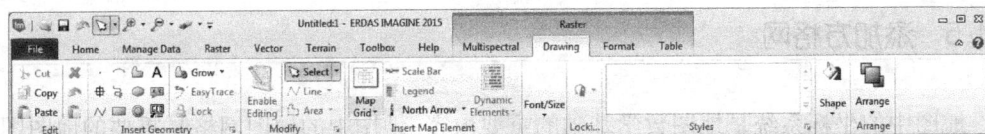

图 9-35　主菜单编辑工具

9.4.4　注记要素属性编辑

与矢量文件类似，每个注记文件都有一个相应的属性表，其中记录着每个注记要素的标识码（ID）、类型（Type）、名称（Name）、说明（Description）、坐标范围（ULX、ULY、LRX、LRY）等信息。用户可以随时查阅相关信息，并可以对部分信息进行编辑（Editing Annotation Attributes）。

单击 ERDAS IMAGINE 主菜单中的 Table→Show Attributes 命令，打开 Attributes 对话框（如图 9-36 所示）。

Row	ID	Type	Name	Description	ULX	ULY	LRX	LRY
1	16	Ellipse	Element_16	Filled circle	339.50	-129.50	444.50	-234.50
2	0	Ellipse	Element_0	Zero Percent	16.00	-283.00	76.00	-343.00
3	1	Ellipse	Element_1	Ten Percent	102.00	-280.00	162.00	-340.00
4	2	Ellipse	Element_2	Twenty Percent	215.00	-282.00	275.00	-342.00

图 9-36　Attributes 对话框

Attributes 对话框由菜单栏和属性表两部分组成，属性表中的名称（Name）和描述（Description）两个属性字段是允许用户编辑修改的，而其他属性字段是自动生成的，并与注记文字中的注记要素动态链接，随注记要素的编辑修改而变化。同时，系统还提供了条件选择、排序等属性操作功能。

此外，每个注记要素的特征属性表可以通过双击该要素而直接调出，不同的要素类型对应着不同的特征属性表，图 9-37 是一个点状符号的特征属性表，表中显示了该符号的名称（Name）、说明（Description）、中心点坐标（Center X、Center Y）及坐标类型（Type）与单位（Units），其中符号名称与描述是可以随时修改的，修改结果将同时保存在文件属性表中，如图 9-37 所示。

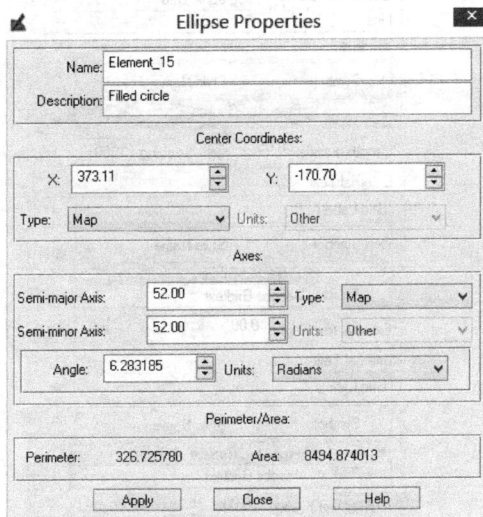

图 9-37　Ellipse Properties 对话框

9.4.5　添加方格网

地图中的坐标系统是地图数学基础的重要内容。地图中的地图网格是重要的地图图面要素，是地图坐标系统和投影信息的反映。地图的坐标系有地理坐标和投影坐标两种。简单地说，地理坐标是直接建立在球体上的地理坐标，用经度和纬度表达地理对象位置；投影坐标是建立在平面直角坐标系之上，用（x，y）表达地理对象位置。

在 ERDAS IMAGINE 中可以用注记工具方便地添加通用横轴墨卡托（Universal Transverse Mercator，UTM）投影（平面直角坐标系中的一种投影方式）格网和地理格网。

单击 ERDAS IMAGINE 主菜单中的 Drawing→Map Grid→Grid Preferences，打开 Grid Preferences（网格参数设置）对话框（如图 9-38 所示）。选择 UTM/MGRS Grid 选项卡，可以对 UTM 坐标网格进行设置。在 Line 选项组中可以对网格的线型进行设置；在 Length outside 中按照图面空间单位设置在地图图廓外标注网格的距离；在 Spacing 中设置 UTM 格网的间隔距离；在 External Text 和 External text height 中设置地图图廓外标注文字的格式和大小；在 Internal Text 和 Internal text height 中设置地图图廓内标注文字的格式和大小；在 Horizontal 和 Vertical 中设置内部水平和垂直的标注数值；在 Horiz.Gap 和 Vert.Gap 中设置水平和垂直标注间隔。单击 Geographic Grid 选项卡可以打开地理坐标格网设置选项卡，其中在 Spacing 中以度、分、秒的单位设置格网间隔。单击 User Save 按钮将对上述设置的参数进行保存，但不反映在当前视窗中，只有下一次应用格网工具时才有体现。

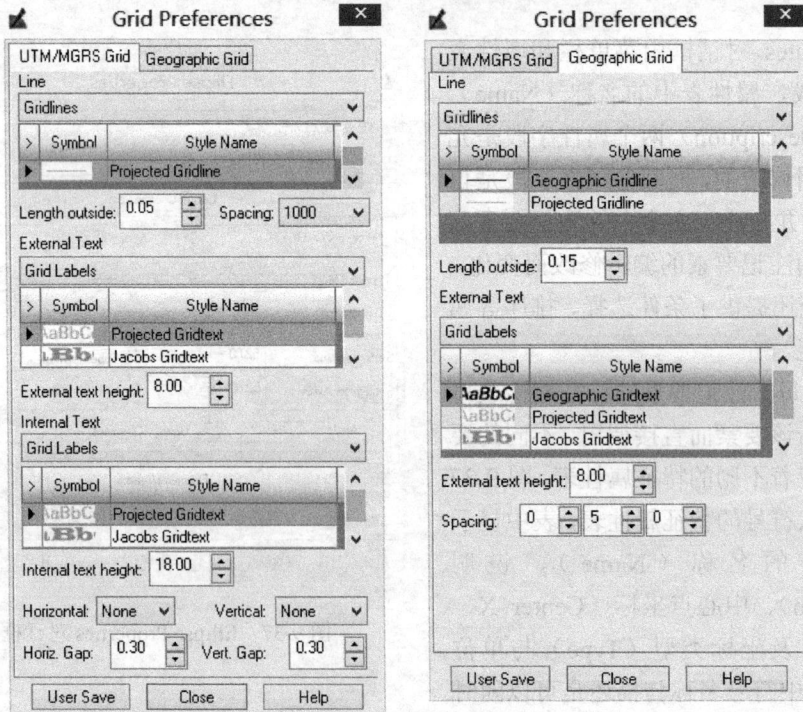

图 9-38　Grid Preferences 对话框

9.5　建立拓扑关系

类似于 ESRI 的地理系信息系统软件 ArcGIS，ERDAS 系统也提供了对矢量图层建立拓扑关系（Topology of Vector Layers）的功能，针对实际操作的需求，可以应用两种不同的操作：Build 矢量图层（Build Vector Layer）或 Clean 矢量图层（Clean Vector Layer）。

如果新建或者编辑了一个矢量图层，就需要对图层进行 Clean 或者 Build 处理，以保证空间数据的拓扑关系及空间数据与矢量数据的一致性。Build 操作可使没有属性表的矢量图层产生属性表，有属性表的图层更新属性表。尽管 Build 的作用可以被 Clean 代替，但 Build 的效率比 Clean 要高。一般来说，如果一个矢量图层的空间数据没有变化，只是属性数据有变化，则用 Build 操作。如果对图层的空间数据需要做处理（如两弧段交叉处没有节点或者想要删除悬挂弧），则用 Clean 操作。点状图层只用 Build 操作，不用 Clean 操作。

在实际应用操作过程中，需要注意以下两点。

（1）不要对一个打开了的矢量图层进行 Build 或者 Clean 操作，在对矢量图层进行 Build 或者 Clean 操作时也不要试图打开该图层。

（2）ERDAS IMAGINE 中可以显示，编辑 PC ArcInfo 的矢量图层，但是不能对这些图层进行 Build 或者 Clean 操作。表 9-1 所列的大多数矢量工具（除了重命名、删除、复制和 External 外）对 PC ArcInfo 版的矢量图层都不适用。

9.5.1　Build 矢量图层

单击 ERDAS IMAGINE 主菜单中的 Vector→Build 命令，打开 Build Vector Layer Topology 对话框（如图 9-39 所示）。

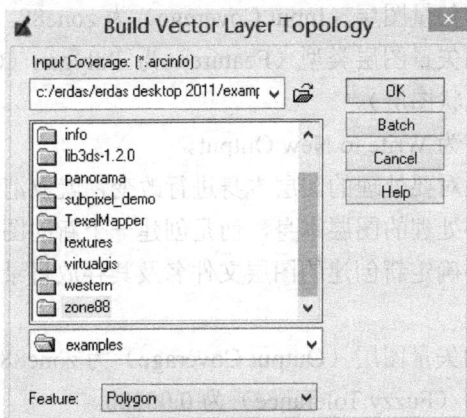

图 9-39　Build Vector Layer Topology 对话框

（1）确定需要处理的矢量图层（Input Coverage）为 zone88。

（2）确定需要处理的矢量图层类型（Feature）为 Polygon。

（3）单击 OK 按钮，执行 Build 操作。

9.5.2 Clean 矢量图层

与 Build 矢量图层操作相比，Clean 矢量图层操作需要设置很多的参数，这是因为 Clean 矢量图层操作需要首先对图层中的弧度进行交叉运算，而后再更新属性表。下面是具体的操作过程与参数设置。

（1）单击 ERDAS IMAGINE 主菜单中的 Vector→Clean 命令，打开 Clean Vector Layer 对话框（如图 9-40 所示）。

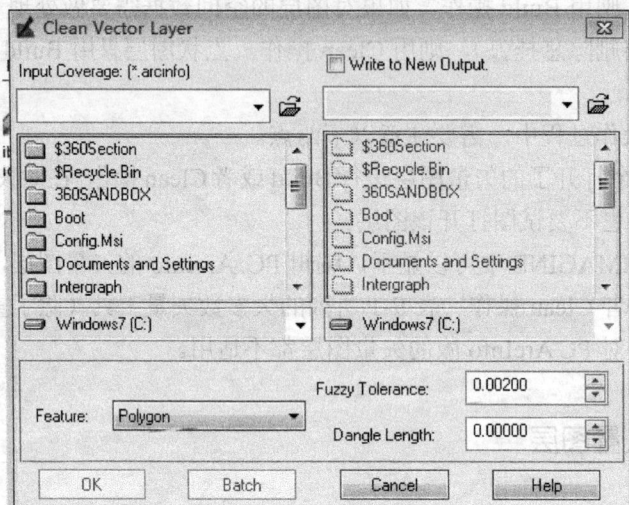

图 9-40　Clean Vector Layer 对话框

（2）确定需要处理的矢量图层（Input Coverage）为 zone88。

（3）确定需要处理的矢量图层类型（Feature）为 Polygon（Clean 可以处理弧段图层和多边形图层，不处理点状图层）。

（4）选择创建新文件为 Write to New Output。

需要说明的是，如果对要处理的图层本身进行改变，就取消选中 Write to New Output 复选框；如果不想改变要处理的图层本身，而是创建一个新的图层，就选中 Write to New Output 复选框，而且需要确定新创建的图层文件名及其存放目录。建议选择 Write to New Output 类型。

（5）确定处理创建的矢量图层（Output Coverage）为 zone88clean。

（6）确定模糊容限值（Fuzzy Tolerance）为 0.00200。

（7）输入悬挂弧长度（Dangle Length）为 0.00000。

需要说明的是，悬挂弧段是指左右多边形相同且至少有一个悬挂点的弧段，悬挂弧段长（Dangle Length）设置确定了最小的悬弧长度，小于该长度的将被删除。对一个弧度图层或者包含弧段的多边形图层，该值设为 0。对纯粹的多边形图层，经常用 0.05 英尺（0.127cm）或者图层基本长度单元作为悬弧长度。在 ERDAS IMAGINE 的 Clean 工具中，悬弧长度默认值为 0。实际应用中，经常用测量工具量取要保留的最短悬弧的长度来获取该值。

（8）单击 OK 按钮，执行 Clean 操作。

9.6　矢量图层的管理

矢量图层管理操作（Manage Vector Layers）涉及许多关于矢量图层的复制、删除、更名、输出等操作。下面主要介绍重命名矢量图层（Rename Vector Layer）、复制矢量图层（Copy Vector Layer）、删除矢量图层（Delete Vector Layer）、导出矢量图层（External Vector Layer）的操作过程与应用方法。

9.6.1　重命名矢量图层

由于矢量图层的特殊结构，必须使用 ArcGIS 命令或者重命名矢量图层（Rename Vector Layer）工具，才能正确地对矢量图层进行重命名。必须注意的是，ERDAS IMAGINE 重命名工具要求在被改名的矢量图层所在的目录下进行，如果使用了不同的目录，其操作结果其实还是在被重命名的矢量图层所在的目录之下。

单击 ERDAS IMAGINE 主菜单中的 Vector→Rename Vector Layer 命令，可以打开 Rename Vector Layer 对话框（如图 9-41 所示）。

（1）确定需要重命名的矢量图层（Vector Layer to Rename）为 zone88。

（2）确定重命名以后的矢量图层（Output Vector Layer）的路径及名字。

（3）单击 OK 按钮，执行重命名矢量图层操作。

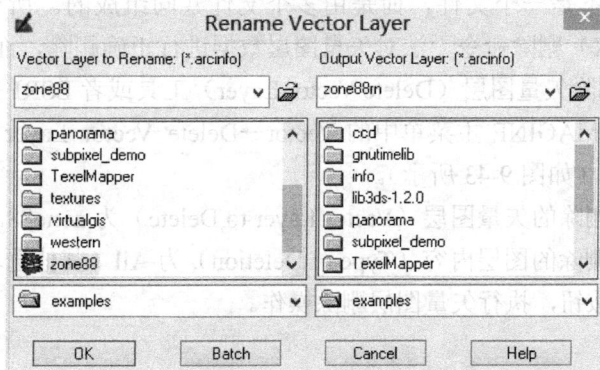

图 9-41　Rename Vector Layer 对话框

9.6.2 复制矢量图层

一个矢量图层不是一个文件，而是由多个文件共同组成的。所以，利用操作系统（Windows 或 UNIX）复制命令无法对矢量图层数据进行正确复制，而必须使用 ERDAS IMAGINE 提供的复制矢量图层（Copy Vector Layer）工具或者 ESRI 的相应软件工具。

单击 ERDAS IMAGINE 主菜单中的 Vector→Copy Vector Layer 命令，打开 Copy Vector Layer 对话框（如图 9-42 所示）。

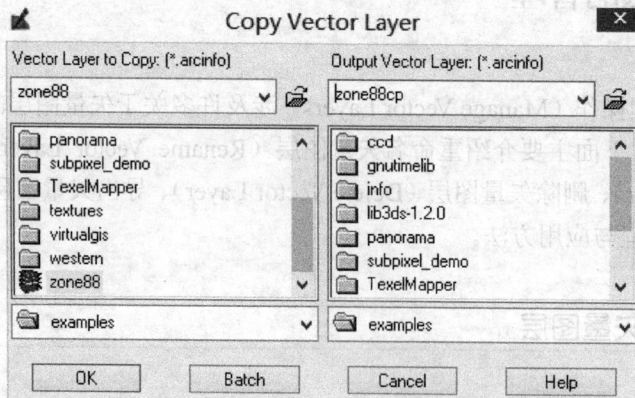

图 9-42　Copy Vector Layer 对话框

（1）确定将被复制的矢量图层（Vector Layer to Copy）为 zone88。

（2）确定复制创建的矢量图层（Output Vector Layer）的路径及名字。

（3）单击 OK 按钮，执行矢量数据复制操作。

9.6.3 删除矢量图层

一个矢量图层不是一个文件，而是由多个文件共同组成的。所以，利用操作系统（Windows 或 UNIX）删除命令无法对矢量图层数据进行正确删除，而必须使用 ERDAS IMAGINE 提供的删除矢量图层（Delete Vector Layer）工具或者 ESRI 的相应软件工具。

单击 ERDAS IMAGINE 主菜单中的 Vector→Delete Vector Layer 命令，打开 Delete Vector Layer 对话框（如图 9-43 所示）。

（1）确定需要删除的矢量图层（Vector Layer to Delete）为 zone88。

（2）确定需要删除的图层内容（Type of Deletion）为 All（其他选项含义见表 9-6）。

（3）单击 OK 按钮，执行矢量图层删除操作。

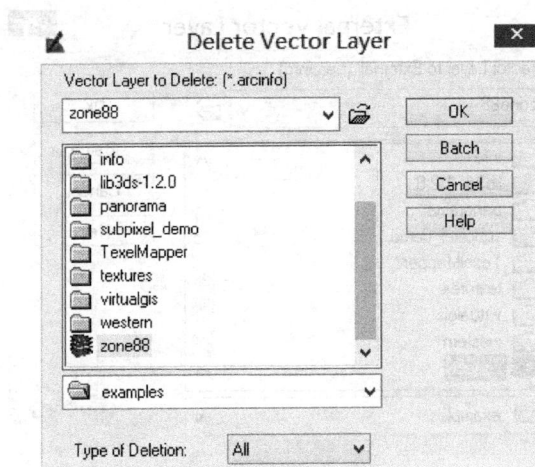

图 9-43　Delete Vector Layer 对话框

表 9-6　Type of Deletion 选项含义

选项	说明
All	删除矢量图层的空间数据、属性表和所有以图层名字为前缀的 INFO 文件
ARC	删除矢量图层的空间数据和属性表
INFO	删除矢量图层所处工作空间 INFO 目录下的所有以矢量图层名字为前缀的 INFO，矢量图层的空间数据将被保留

9.6.4　导出矢量图层

一个矢量图层由空间数据和矢量数据两部分组成。空间数据存在于以图层名为名字的目录下，而属性数据存在于与该目录并列的 INFO 目录下。空间数据与属性数据的联结是由于空间数据里存储了属性数据文件所在的相对路径和文件名。

如果在复制图层时只用操作系统的 Copy（或者 Remove）功能将包含空间数据的目录复制（移动），则复制的图层将找不到属性数据。此时，需要使用 External 功能将属性数据也复制过来并修改空间数据中存储的属性数据文件的相对路径与文件名。如果 Copy（或者 Remove）功能产生的图层所在目录下没有 INFO 目录，该操作将自动产生一个 INFO 目录。

单击 ERDAS IMAGINE 主菜单中的 External 命令，打开 External Vector Layer 对话框（如图 9-44 所示）。

（1）确定需要输出的矢量图层（Vector Layer to External）为 zone88（一个只包含了空间数据的目录也可以被 ERDAS 认为是一个矢量图层）。

（2）单击 OK 按钮，执行导出矢量图层操作。

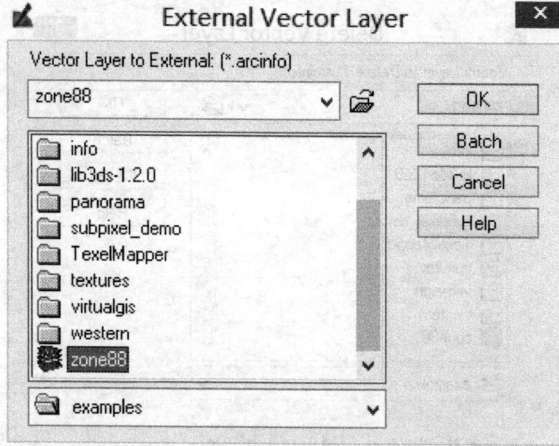

图 9-44 External Vector Layer 对话框

9.7 表格数据管理

如前所述，每个矢量图层都是由空间数据和属性数据两个部分组成的，其中属性数据通常称为 INFO 表格数据。本节专门就矢量图层的 INFO 表格数据管理问题进行说明，包括 INFO 表管理（Manipulate INFO Files）、区域属性统计（Zonal Attributes）和属性转换为注记（Attributes to Annotation）功能。

9.7.1 INFO 表管理

利用 INFO 表管理 Table Tool 功能（如图 9-45 所示）对 ArcGIS 矢量图层的 INFO 文件进行查看、编辑、关联、输入/输出、复制、重命名、删除、合并、生成等操作（即对属性信息的管理）是对矢量图层进行管理的主要内容之一。本节将通过例子讲述这方面的内容。

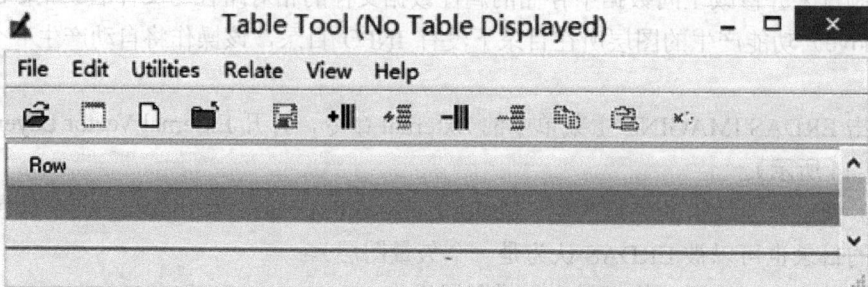

图 9-45 INFO 表管理 Table Tool 功能

1. 启动 INFO 表管理

单击 ERDAS IMAGINE 主菜单中 Vector 下的 Table Tool 命令，打开 INFO 表管理 Table Tool 窗口。INFO 表管理 Table Tool 窗口由菜单栏、工具栏、INFO 文件内容列表（Cell Array）、状态栏 4 个主要部分组成，其中主要的菜单命令与工具图标功能将在下列具体操作中进行说明。

2. 用 Table Tool 管理 INFO 文件

在 INFO 表管理 Table Tool 窗口中进行如下操作。

（1）单击 File→Open 命令，打开 Open Info Table 对话框（如图 9-46 所示）。

图 9-46　Open Info Table 对话框

（2）确定打开 INFO 文件目录（Enter the info directory path）为/example/info。

（3）确定打开 INFO 文件名称（Table List）为 ZONE88.PAT。

（4）可以按照表 9-7 所列的管理功能，对 INFO 文件进行操作。

表 9-7　Open Info Table 对话框一些按钮的功能

按钮	功能
Browse & Close	双击 Table List 中某个文件的效果与先单击该文件再单击 Browse 按钮相同，即可以在不打开该文件的情况下浏览其内容，有关其记录数、字段数、一个记录的字节长度将显示于 Open Info Table 对话框底部。此时，单击 Close 按钮可以关闭其浏览状态
Rename & Copy	Rename 及 Copy 按钮默认是对 Table List 中所选的文件进行重命名或复制操作，但也可以对任何 INFO 文件进行重命名或复制操作。这两个按钮将分别调出 Rename Info Table 对话框与 Copy Info Table 对话框
Delete	删除 Table List 中选中的文件
Merge	默认是调出 Merge Info Tables 对话框，对 Table List 中选中的文件进行关联合并操作。当然，也可以对其他 INFO 文件进行关联合并操作。关联操作的输出可以使不同于输入表及关联表的新表，也可以是输入表或者关联表，前者相当于先对输入表进行关联，然后又进行了合并

（5）单击 OK 按钮，执行参数设置，关闭 Open Info Table 对话框，返回 INFO 表管理 Table Tool 窗口。

（6）INFO 文件内容表（如图 9-47 所示）中将显示 ZONE88.PAT 的内容。

图 9-47　显示属性表 ZONE88.PAT 的 Table Tool 窗口

3. 创建新的 INFO 文件

（1）确定 INFO 表的目录、文件名及字段

在 INFO 表管理 Table Tool 窗口中单击 File→New 命令，打开一个新的 INFO 表管理对话框。在 Create New Table 对话框（如图 9-48 所示）中设置如下参数。

① 确定新 INFO 文件目录（Info Directory Path）为 d:/erdas 矢量/info。

② 确定新 INFO 文件名称（New Table to Create）为 zone88new.pat（如果 Table Tool 中原本有一个表打开，则新产生的表将以此模板套用已有的字段设置。本例中的 Table Tool 是新打开的，所以新产生的表中没有任何字段）。

③ 单击 Add 按钮，打开 New Column 对话框（如图 9-49 所示）。

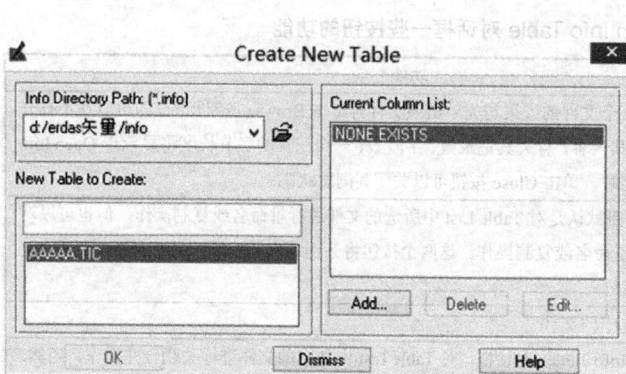

图 9-48　Create New Table 对话框

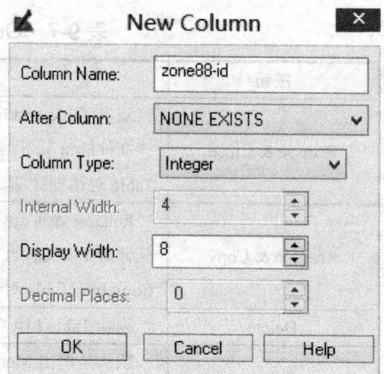

图 9-49　New Column 对话框

④ 输入新添加字段的名字（Column Name）为 zone88-id。

⑤ 选择新字段的类型（Column Type）为 Integer。

⑥ 设置新字段的宽度（Display Width）为 8。

⑦ 单击 OK 按钮，执行新字段的参数设置，关闭 New Column 对话框，返回 Create New Table 对话框。

⑧ 单击 OK 按钮，生成新的表文件字段，关闭 Create New Table 对话框，返回显示 zone88new.pat 的 Table Tool 对话框。

从显示 zone88.pat 的 Table Tool 对话框可以看到，zone88new.pat 这个 INFO 表中有一个名为 zone88-id 的字段，但是整个表没有任何属性值。下面将从 zone88.pat 中复制 zone88-id 属性值到 zone88new.pat 的 zone88-id 字段中。

（2）向 INFO 表的字段中加入属性值

在打开 zone88.pat 的 Table Tool 窗口中进行如下操作。

① 单击 zone88-id 字段名，使该列处于选择状态。

② 右击 zone88-id 字段名，打开 Column Options 快捷菜单。

③ 单击 Edit→Copy 命令，所有记录的 zone88-id 值被复制。

需要注意的是，由于 zone88.pat 表中没有选择集，因此 Copy 操作将复制所有记录的 zone88-id 值。如果在执行 Copy 操作前 zone88.pat 中有选择集，则复制的将是选择集中的 zone88-id 值。

在打开 zone88new.pat 的 Table Tool 窗口进行如下操作。

④ 单击 zone88-id 字段名，使该列处于选择状态。

⑤ 右击 zone88-id 字段名，打开 Column Options 快捷菜单。

⑥ 单击 Edit→Paste 命令，所有记录的 zone88-id 值被粘贴。

此时，zone88.pat 中的 zone88-id 字段的内容被复制到了 zone88.new.id 中的 zone88-id 字段中。下面在 zone88new.pat 中加入一个新的字段 new_zoning。

（3）向 INFO 表中加入新的字段

在打开 zone88new.pat 的 Table Tool 窗口中进行如下操作。

① 单击对话框菜单栏的 Edit→Add a Column 命令，打开 Add Column 对话框（如图 9-50 所示）。

图 9-50　Add Column 对话框

② 输入加入新字段的名字（Column Name）为 new_zoning。

③ 选择加入新字段的类型（Column Type）为 Integer。

④ 设置加入新字段的宽度（Display Width）为 8。

⑤ 单击 OK 按钮，关闭 Add Column 对话框，返回显示 zone88new.pat 的 Table Tool 窗口。

从 zone88new.pat 的 Table Tool 可以看到 zone88new.pat 这个 INFO 表中增加了一个名为 new_zoning 的字段，所有该字段的属性值默认为 0，如图 9-51 所示。

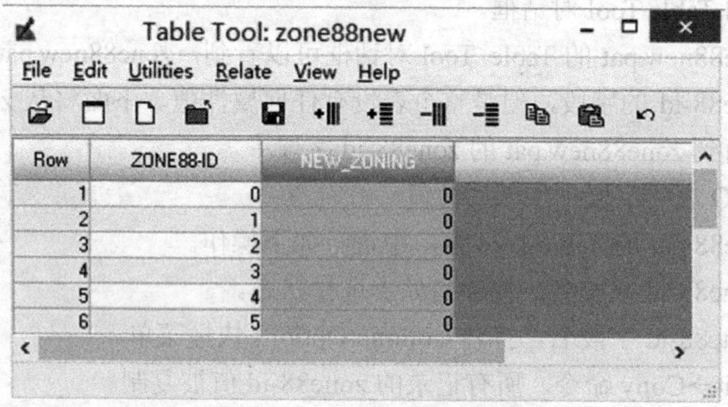

图 9-51　修改后的 zone88new.pat 的 INFO 表

（4）修改 INFO 表的属性值

在打开 zone88new.pat 的 Table Tool 窗口中进行如下操作。

① 单击需要修改的属性表表格，进行编辑状态。

② 从键盘输入新的属性值，并按 Enter 键确认。

③ 重复前两个步骤，直到修改完成。

如果用户有一个文本文件包含了需要输入的属性值，可以通过以下步骤导入。

④ 单击 new_zoning 字段名以选中该列。

⑤ 右击 new_zoning 字段名，打开 Column Options 快捷菜单。

⑥ 单击 Import 命令，打开 Import Column Data 对话框。

⑦ 确定导入属性值文件（Import From）。

⑧ 单击对话中的 Option 按钮，打开 Import Column Options 对话框。

⑨ 定义文件记录格式与字段间的对应关系。

⑩ 单击 OK 按钮，从确定的文件中导入属性数值。

（5）保存结果

在打开 zone88new.pat 的 Table Tool 窗口中进行如下操作。

① 单击窗口菜单栏中的 File→Save 命令。

② 单击窗口菜单栏中的 File→Close 命令，关闭 zone88new.pat 的 Table Tool 窗口。

4．INFO 表的关联与联结

（1）建立关联（Create Relate）

一个矢量图层属性信息的主要来源是其要素属性表。但是，将属性存储于其他外部表中也是可以的，用户可以通过关联的手段来访问这些数据。尤其当属性表中的字段与其他外部表中的字段值具有多对一关系时，可以大大节省存储空间。

关联（Relate）是基于两个 INFO 表中的公共字段而临时建立的联系。当两个文件公共字段具有一致的值时，则一个文件中的某个记录与另一个文件中的某个记录相匹配。如果两个 INFO 表没有公共字段，它们可以通过堆栈式关联建立联系，即使用一个中间表。关联建立的匹配方式一般为一对一、多对一，而一对多的方式只被少数环境支持（如 ArcGIS 的 Cursor 命令、INFO 的 NEXT 命令）。

在 zone88new.pat 中有 zone88.id 和 new_zoning 字段，而在 zone88.pat 中有 zoning 和 zone88-id 字段。两个表中的 zone88-id 都可以唯一标识各个记录，所以可以通过该字段将两个表关联起来，这样便可以在一个表中同时看到 zoning 和 new_zoning 字段，从而进行比较。下面对 zone88new.pat 建立一个关联，两个表将通过 zone88-id 与 zone88.pat 中的 new_zoning 字段联系起来。

在打开 zone88new.pat 的 Table Tool 窗口中进行如下操作。

① 单击菜单栏中的 Relate→Relate 命令，打开 Relate Manager 对话框（如图 9-52 所示）。

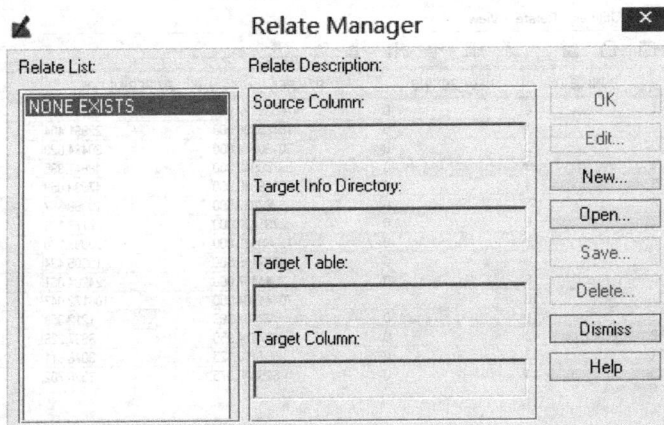

图 9-52 Relate Manager 对话框

② 单击 New 按钮，打开 Creating New Relate 对话框（如图 9-53 所示）。

③ 确定关联名称（Relate Name）为 comparison。

④ 确定关联源字段（Source Column）为 zone88-id。

⑤ 选择关联目标文件（Target Table）为 zone88.pat。

⑥ 选择关联目标表字段（Target Column）为 zone88-id。

⑦ 单击 OK 按钮，执行参数，关闭 Creating New Relate 对话框，返回 Relate Manager 对话框。

⑧ 单击 Save 按钮，保存新的关联，打开 Save Relates 对话框（如图 9-54 所示）。

zone88new.pat//zone88.pat 的 Table Tool 窗口如图 9-55 所示。

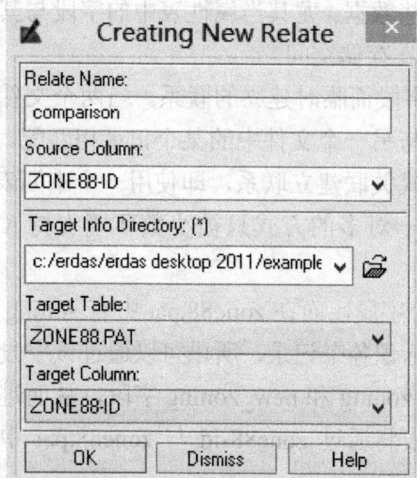

图 9-53　Creating New Relate 对话框

图 9-54　Save Relates 对话框

图 9-55　关联后的 Table Tool 窗口

　　在上述关联操作中，只是指出了源表用于关联的字段名字，而没有指定源表的名字，所以一个关联可以被多个恰当的源表使用。一个关联在关联管理器（Relate Manager）中也可以通过 Save 按钮调出 Save Relate 对话框存储成一个 INFO 文件。该文件是只有一个记录的 INFO 表，唯一的记录描述了用"哪个字段"与"哪个表"的"哪个字段"通过"什么方式"进行关联及其他相关信息。

　　上述操作使得 zone88new.pat 与 zone88.pat 通过各自的 zone88-id 字段被关联在一起。一个关联只是一个软联结，如果一个表通过使用一个关联与另一个表建立了联系（形成了一个联结后的表），这种联系也是临时的。比如，此时关联后的表名（从图中的 Table Tool 上部分可以看出）由 zone88new.pat 变为 zone88new//zone88.pat 这个临时表。如果想将该临时表恢复为关联前的 zone88new.pat 或者将该表保存为一个新表，可以通过以下两步操作来实现。

（2）取消关联（Drop Relate）

在显示 zone88new.pat//zone88.pat 的 Table Tool 窗口中进行如下操作。

单击主菜单中的 Relate→Drop 命令，取消 zone88new.pat 与 zone88.pat 的关联。

此时，从 Table Tool 窗口可以看到，文件名由 zone88new.pat//zone88.pat 变为 zone88new.pat。

（3）关联合并（Table Merge）

第一步中建立的 zone88new.pat//zone88.pat 关联，可以通过关联合并（Table Merge）存储为一个新表，关联合并（Table Merge）相当于以公共字段为基础，将两个 INFO 表永久地联结成一个表的联结操作。关联合并操作的具体过程如下。

在显示 zone88new.pat//zone88.pat 的 Table Tool 窗口中，单击主菜单中的 Utility→Table Merge 命令，打开 Merge Info Tables 对话框。

通过 Merge Info Tables 对话框参数设置，可以将两个 INFO 表按照一定的联结类型进行关联，并生成一个新的 INFO 表。在 Merge Info Tables 对话框中，需要设置如表 9-8 所示的若干参数。

表 9-8 Merge Info Tables 对话框参数含义

设置项	说明
Info directory for input table	用于关联的源表文件全路径
Input table	源表文件名
Relate item	用于关联的项（注意该字段在源表及关联表中都必须存在）
Place joined items after	关联进来的字段放在源表哪个字段之后
Info directory for join table	关联表文件全路径
Join table	关联表文件名
Output Info directory path	将产生的新表文件全路径
Output table name	将产生的新表文件名
Relate type	关联类型有 3 个选择：Linear 不要求源表及关联表用于关联的字段进行排序；Ordered 要求关联表必须按用于关联的字段进行排序；Link 用源表的关联项的值作为要关联的关联表记录的内部记录号，如 a 字段为关联字段，如果第 *n* 个记录的 a 字段值为 100，则本记录将与关联表的第 100 个记录关联

9.7.2 区域属性统计

区域属性统计（Zonal Attributes）功能可以将多边形图层的背景图像统计值保存为多边形图层的属性字段，下面是具体的操作过程。

单击 ERDAS IMAGINE 主菜单中的 Vector→Zonal Attributes 命令，打开 Save Zonal Statistics To Polygon Attributes 对话框（如图 9-56 所示）。

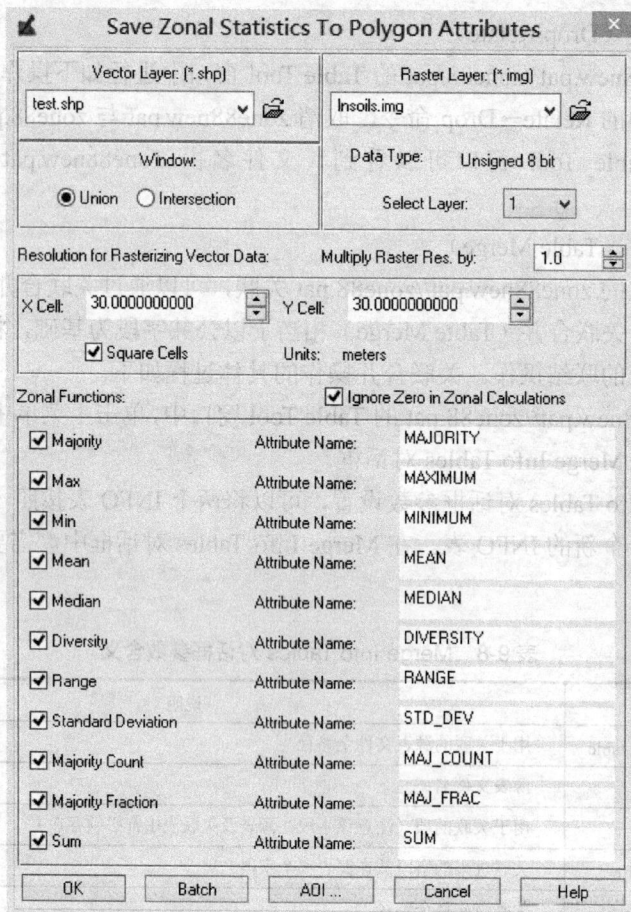

图 9-56　Save Zonal Statistics To Polygon Attributes 对话框

（1）确定多边形矢量图层（Vector Layer）。

（2）确定背景栅格图像文件（Raster Layer）。

（3）确定区域统计范围（Window）：Union 为矢量图层与栅格图层的并集区域；Intersection 为矢量图层与栅格图层的交集区域。

（4）在 Select Layer 下拉列表中确定对多层图像的哪一层进行统计。

（5）Ignore Zero in Zonal Calculations 复选框确定在对图像进行统计时是否忽略 0 值。

（6）在 Zonal Functions 选项组中确定要统计哪些项。

（7）选择并编辑一个字段（Attribute Name），将加入矢量图层属性表。

（8）单击 OK 按钮，执行区域统计分析。

Zonal Functions 选项组中复选框的含义如表 9-9 所示。

需要注意的是，表 9-9 中的*表示对专题图层及连续图层都有效的复选框，否则只对专题图层有效。

表 9-9　Zonal Functions 选项组中复选框的含义

复选框	含义	复选框	含义
Majority	最多值	Max*	最大值
Min*	最小值	Standard Deviation*	标准偏方差
Mean*	平均值	Majority Count	最多值的像元数
Median	中位数	Majority Fraction	最多值的小数部分
Diversity	类别的总数	Sum	值的总数
Range*	值的范围		

9.7.3　属性转换为标记

属性转换为注记（Attributes to Annotation）功能可以将矢量数据的每一项属性产生一个相应的注记文件（*.ovr）。通过矢量属性转换为注记功能，将所选属性转换为注记层叠加在三维表面上显示，如在虚拟地理信息系统（Virtual GIS）中，可直接将注记层数据叠加在三维表面上。具体操作如下：

（1）单击 ERDAS IMAGINE 主菜单中的 Vector→Attributes to Annotation 命令，打开 Vector Attribute To Annotation 对话框（如图 9-57 所示）。

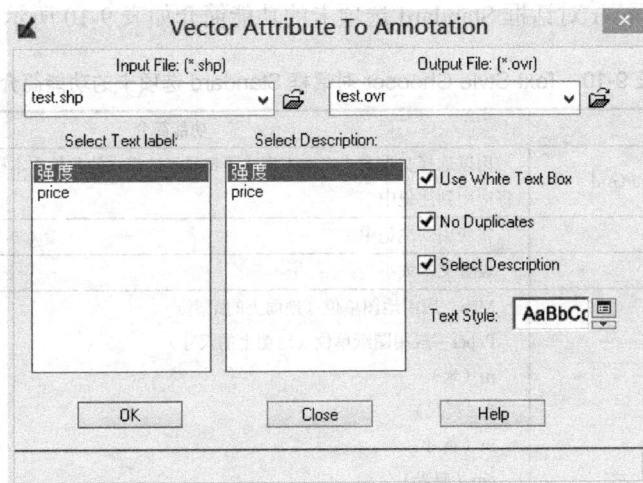

图 9-57　Vector Attribute To Annotation 对话框

（2）选中 Select Description 复选框，使 Select Description 列表可用。

（3）选中 Use White Text Box 复选框，文本放置在一个白色背景的框中；文本格式和位置的设置通过调整 Text Style Chooser 对话框中的设置来实现；如果大小（Size）用图纸单位（Paper Units）来表示，那么只有当 Alignment 设置为 Center Center 时，注记的放置才是正确的；如果需要 Corner 放置，那么字体大小必须用地图单位（Map Units）表示。

（4）选中 No Duplicates 复选框，确定只有一个属性字段转为注释文本。

（5）单击 Text Style 字段右侧的▦图标，打开 Text Style Chooser 对话框（如图 9-58 所示），可改变默认的文本样式。

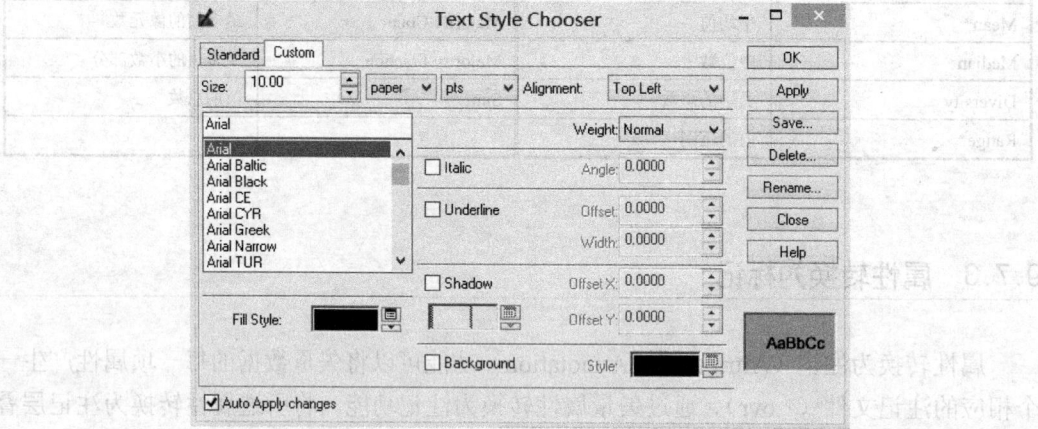

（6）单击 OK 按钮，执行转换。

图 9-58　Text Style Chooser 对话框

Text Style Chooser 对话框有两个选项卡：Standard 与 Custom。在 Standard 和 Custom 选项卡中可以分别进行各种设置。

Text Style Chooser 对话框 Standard 选项卡的功能简介如表 9-10 所示。

表 9-10　Text Style Chooser 对话框 Standard 选项卡的功能简介

设置项	功能简介
下拉选择框 Menu/Grid	用以选择文本模式、文本模式下将显示该模式的各种文本样式，单击一种样式将应用到注记中
Labels	将应用到注记中
Size	设置文本大小
Units	Map　应用地图单位（地面上的距离） Paper　应用图纸单位（地图上的尺寸） m（米） ft（英尺） in（英寸） cm（厘米） pts（points（相当于 72pts/英寸）） dev（设计单位（300dev/英寸，默认）） other（其他单位） dd（十进制——此选项对于地理（经度/纬度）图层有效）
Alignment	注记放置的位置，仅适用于矢量属性；下拉列表选项有： Top Left（左上）、Top Center（中上）、Top Right（右上）、Center Left（左中）、Center Center（中中）、Center Right（右中）、Bottom Left（左下）、Bottom Center（中下）、Bottom Right（右下）
Auto Apply Changes	将使本对话框的设置效果立即反映到窗口中

Text Style Chooser 对话框 Custom 选项卡的功能简介如表 9-11 所示。

表 9-11　Text Style Chooser 对话框 Custom 选项卡的功能简介

设置项	功能简介
Weight	Normal（常规）、Bold（粗体），由对话框左边所选的字体决定
Italic（斜体）	选中后文本有斜体效果 Angle：输入斜体文本的倾斜角度，角度值在-45°～45°之间。输入正值文本，顺时针倾斜；输入负值文本，逆时针倾斜
Underline（下画线）	Offset：输入下画线的偏移量 Width：输入下画线的宽度
Shadow（阴影）	Offset X：输入阴影的 *X*-偏移量，负值阴影左倾 Offset Y：输入阴影的 *Y*-偏移量，负值阴影下倾 单击 🔳 按钮，选择阴影的颜色
Auto Apply changes	将使本对话框的设置效果立即反映到窗口中

9.8　Shapefile 文件操作

ESRI 公司的 Shapefile 文件是描述空间数据的几何和属性特征的非拓扑实体矢量数据结构的一种格式，由美国环境系统研究所公司（ESRI）开发。目前，该文件格式已经成为地理信息软件界的一个开放标准。另外，Shapefile 也是一种重要的交换格式，它能在 ESRI 与其他公司（如 ERDAS）的产品之间进行数据互操作。因此，为了满足用户的需求，ERDAS 也可以对 Shapefile 文件进行处理。然而，ERDAS 的示例数据中并没有 Shapefile 文件。因此，本节主要对 ERDAS 的 Shapefile 工具中的"重新计算高程"与"投影变换"工具的操作步骤与界面进行简单讲解。

9.8.1　重新计算高程

重新计算高程（Recalculate Elevation Values）是利用各个坐标系统的高程信息参数的转换，重新计算 3D Shapefiles 数据的 Z 值。在 ERDAS 中，用户可先利用其 Stereo Analyst（立体分析）模块提取出 3D Shapefiles（不同于 ESRI 的 Shapefiles）数据，并利用 Virtual GIS（虚拟 GIS）模块来对 3D Shapefiles 进行显示。而重新计算高程工具则可以在需要转换投影时，对 3D Shapefiles 的高程信息进行转换。其操作过程如下。

（1）在 ERDAS IMAGINE 菜单栏中，选择 Vector 标签下的 Recalculate Elevation 工具，打开 Recalculate Elevation for 3D Shapefiles 对话框，如图 9-59 所示。

（2）选择要重新计算高程的 Shapefile 文件，而且必须是 3D Shapefiles 文件，否则无法执行操作。

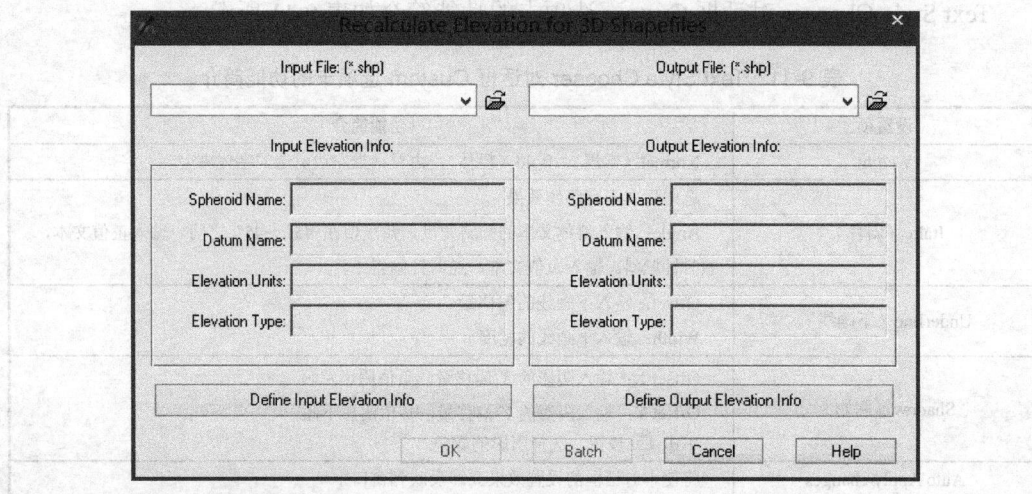

图 9-59　Recalculate Elevation for 3D Shapefiles 对话框

（3）由于 3D Shapefiles 文件中不会储存垂直基准面与椭球体信息，用户还需要输入高程信息。此时，单击 Define Input Elevation Info 按钮，打开 Elevation Info Chooser 对话框，如图 9-60 所示。

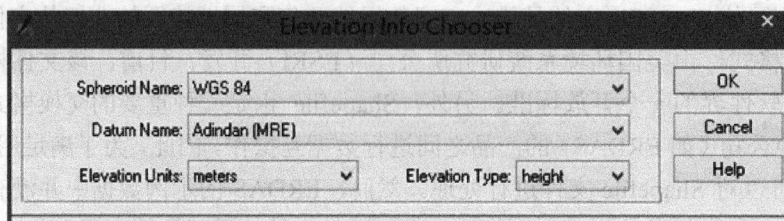

图 9-60　Elevation Info Chooser 对话框

（4）确定计算高程的椭球体名称（Spheroid Name）。

（5）确定高程基准面的名称（Datum Name）。

（6）确定高程值的单位（Elevation Units）。

（7）确定高程值的类型（Elevation Type）：其中 height 的正值表示在椭球面以上，负值表示在椭球面以下；而 depth 则相反，通常用于水下测量。

（8）设定输出高程文件时也需要设定高程信息，也如图 9-60 所示。

9.8.2　投影变换操作

Shapefile 投影变换（Reproject Shapefile）就是将 Shapefile 的重新投影到一个新的坐标系中。此功能被使用的频率非常高。将 Shapefile 与其他 Shapefile 或者栅格数据叠加时，如果投影系统不一致，两者便无法完全匹配。此时，便可使用投影变换的方式统一两者的投影系统。

在 ERDAS 中投影变换的操作方式如下。

（1）在 ERDAS IMAGINE 菜单栏中，选择 Vector 标签下的 Reproject Shapefile 工具，打开 Reproject Shapefile 对话框，如图 9-61 所示。

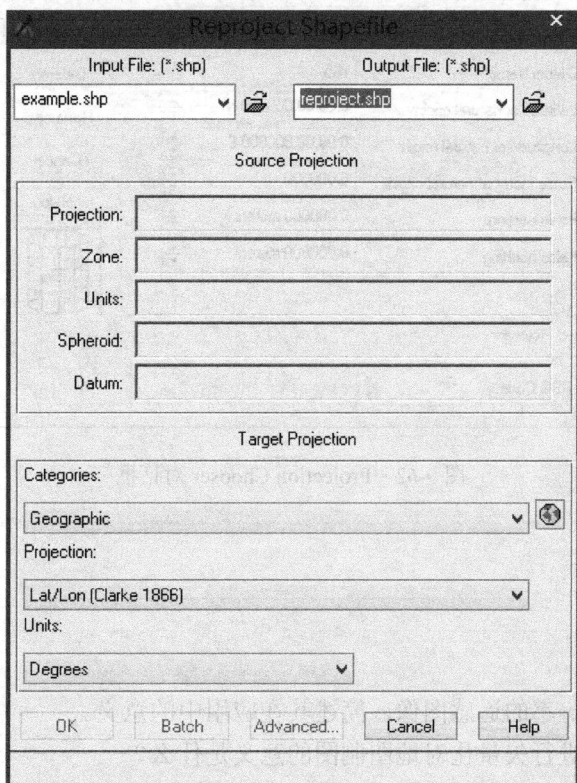

图 9-61　Reproject Shapefile 对话框

（2）确定需要变换投影坐标的输入文件（Imput File）。

（3）选定之后，Source Projection 区域会显示 Input File 的投影信息，包括投影类型（Projection）、投影带（Zone）、投影坐标（Units）、投影椭球体（Spheroid）、投影基准面（Datum）。

（4）确定输出文件的投影系统，包括投影种类（Categories）、投影类型（Projection）和投影单位（Units）等。

（5）另外，也可以单击 按钮，打开 Projection Chooser 对话框，如图 9-62 所示，可以定义新的投影，也可以在更多的投影系统中进行选择。根据选择投影系统不同，其所需要设置的参数也不同。

（6）选择输出图像的单位（Units）。

（7）单击 OK 按钮关闭 Reproject Shapefile 对话框，执行投影转换。

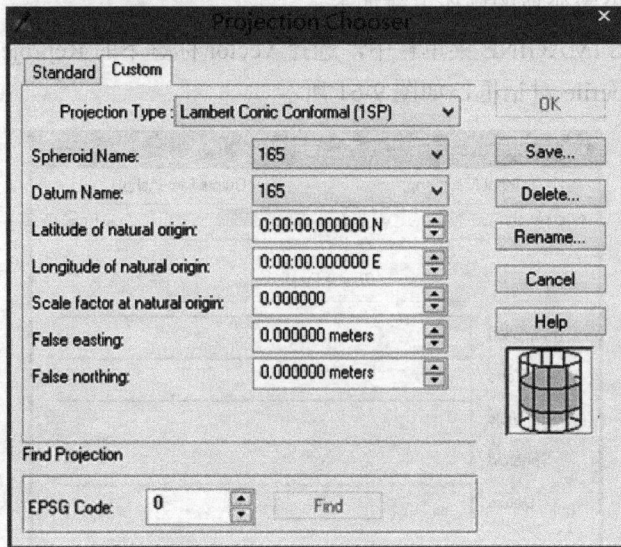

图 9-62　Projection Chooser 对话框

习题与练习

1. 比较不同分辨率的遥感图像，简述其在应用中的意义。
2. 对遥感图像进行矢量化对地图制图的意义是什么？
3. 应如何合理设计图层？
4. 如何镶嵌多边形矢量图？
5. 要素属性设置对矢量图的意义是什么？

第 10 章

遥感解译与制图

· · · · · · · ·

本章的主要内容：

◆ 遥感解译的方法与步骤

◆ 地图编制

遥感图像解译（Imagery Interpretation）是从遥感图像上获取目标地物信息的过程。遥感图像解译分为两种：第一种是目视解译，又称目视判读。它是指专业人员通过直接观察或借助辅助判读仪器在遥感图像上获取特定目标地物信息的过程。第二种是遥感图像计算机解译，又称遥感图像理解（Remote Sensing Imagery Understanding），它以计算机系统为支撑环境，利用模式识别技术与人工智能技术相结合，根据遥感图像中目标地物的各种图像特征（颜色、形状、纹理与空间位置），结合专家知识库中地物的解译经验和成像规律等知识进行分析和推理，实现对遥感图像的理解，完成对遥感图像的解译。

遥感解译与制图操作流程如图 10-1 所示。

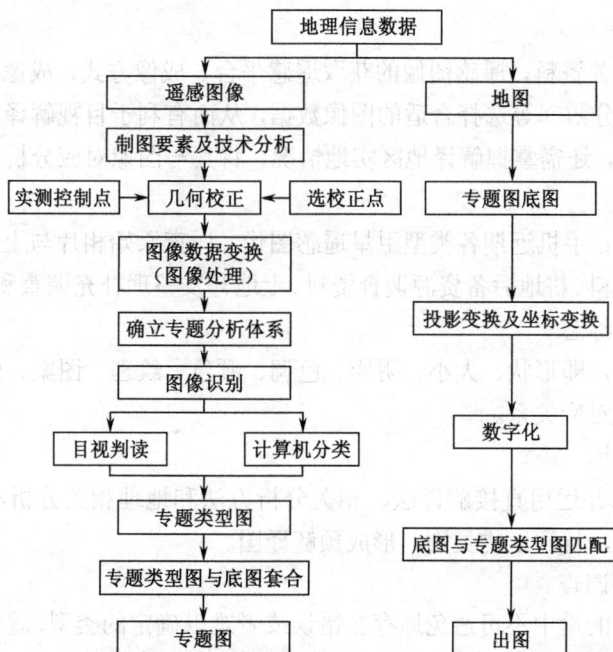

图 10-1　遥感解译与制图操作流程

10.1 遥感解译的方法与步骤

10.1.1 目视解译

由于遥感信息的模糊性、综合性和不确定性，遥感目视解译要采取由整体到局部、由易到难、由此及彼、由表及里、去伪存真的方法。要多对照地形图、实地或熟悉地物的观测，增强立体感和景深印象，以纠正视觉误差，积累经验。为了提高解译结果的正确性、可靠性，需要结合辅助数据、专业知识，进行遥感与地学的综合分析。遥感目视解译不仅要求解译者掌握、分析研究对象的波谱特征、空间特征、时间特征等，了解遥感图像的成像机理和影响特征，而且离不开对地学规律的认识以及对地表实况的了解。事实上，从遥感图像上所获得信息的类型和数量，除了与研究对象的性质、图像质量密切相关之外，还与解译者的专业知识、经验、使用方法及对干扰因素的了解程度等直接相关。

遥感目视解译所采取的方法主要有：

（1）直接判识。

（2）对比解译。

（3）与已知遥感图像比较。

（4）与相邻遥感图像比较。

（5）逻辑推理法。

（6）历史对比法。

遥感目视解译的一般步骤如下。

（1）准备工作

收集和分析相关资料，遥感图像的获取遥感平台、成像方式、成像日期、季节、遥感图像比例尺、空间分辨率等选择合适的图像数据，从而有利于目视解译，提高解译的可行性和成功率。此外，还需掌握解译地区实地情况，将其与图像对应分析，已确认二者之间的关系。

相关资料包括：手机近期各类型卫星遥感图像、详查原始相片与土地利用现状图、新增建设土地报批资料、耕地后备资源调查资料、土地开发整理补充调查和潜力调查资料等。

（2）建立解译标志

根据图像特征，即形状、大小、阴影、色调、颜色、纹理、图案、位置和布局建立起图像和地物之间的对应关系。

（3）室内预解译

根据解译标志并运用直接解译法、相关分析方法和地理相关分析法等对图像进行解译，勾绘类型界线，标注地物类别，形成预解译图。

（4）野外实地调查

在室内预解译的途中不可避免地存在错误或者难以确定的类型，就需要野外实地调查与检证。包括勘察地面路线，采集样品（例如岩石标本、植被样方、土壤剖面、水质分析等），着重解决未知区域的解译成果是否正确。

（5）内外业综合解译

根据野外实地调查结果，修正预解译图中的错误，确定未知类型，细化预解译图，形成正式的解译原图。

（6）解译成果的类型转绘与制图

将解译原图上的类型界线转绘到地理底图上，根据需要，可以对各种类型着色，进行图面整饰、形成正式的专题地图。

10.1.2　计算机解译

遥感图像计算机解译的依据是遥感图像像素的相似度。一般常使用距离和相关系数来衡量相似度。采用距离衡量相似度时，距离越小，相似度越大；采用相关系数来衡量相似度时，相关系数越大，相似度越大。计算机解译的分类方法主要分为监督分类和非监督分类。

监督分类是选择具有代表性的典型实验区或训练区，用训练区中已知地面各类地物样本的光谱特征来"训练"计算机，获得识别各类地物的判别函数或模式，并以此对未知地区的像元进行分类处理，分别归入到已知的类别中。非监督分类是在没有先验类别作为样本的条件下，即事先不知道类别特征，主要根据像元间相似度的大小进行归类合并的方法。这两种解译方法均在第 8 章做过详细的介绍。

遥感图像的计算机解译的基本过程如下。

（1）根据图像分类目的选取特定区域的遥感数字图像，需考虑图像空间分辨率、光谱分辨率、成像时间、图像质量等。

（2）根据研究区域，收集、分析地面参考信息与有关数据。

（3）根据分类要求和图像数据的特征，选择合适的图像分类方法和算法。

（4）制定分类系统，确定分类类别。

（5）找出代表这些类别的统计特征。

（6）为了测定总体特征，在监督分类中可选择具有代表性的训练场地进行采样，测定其特征。在非监督分类中，可用聚类等方法对特征相似的像素进行归类，测定其特征。

（7）对遥感图像中的各像素进行分类。

（8）分类精度检查。

（9）对判别分析的结果进行统计检验。

10.2　地图编制

10.2.1　地图编制概述

ERDAS IMAGINE 的地图编制模块可用于制作地图质量的影像图、专题地图或演示图，这种地图可以包括单个或多个栅格图像层、GIS 专题图层、矢量图形层和注记层。同时，地图编辑器允许用户自动生成图名、图例、比例尺、格网线、标尺点、图廓线、符号及其他制图要素,用户可以选择 1600 万种以上的颜色、多种线画类型和 60 种以上的字体。

ERDAS IMAGINE 的地图编制过程一般包括以下几个步骤:

(1)根据工作需要和制图区域的地理特点进行地图图面的整体设计,设计内容包括图幅大小尺寸、图面布置方式、地图比例尺、图名及图例说明等。

(2)需要准备地图编制输出的数据层,即在视窗中打开有关的图像或图形文件。

(3)启动地图编制模块,正式开始制作专题地图。

(4)在此基础之上确定地图的内图框,同时确定输出地图所包含的实际区域范围,生成基本的输出图面内容。

(5)在主要图面内容周围放置图廓线、格网线、坐标注记,以及图名、图例、比例尺、指北针等图廓外要素。

(6)设置打印机,打印输出地图。

10.2.2 地图编制过程

1. 创建制图模板

本节所用数据为 xizang.shp,在 ERDAS 2015 中创建制图模板的操作步骤如下。

(1)选择 File→Open→Vector Layer,加载 xizang.shp。选择 Home→Add Views→Create New Map View,创建一个空的地图模板,如图 10-2 所示。

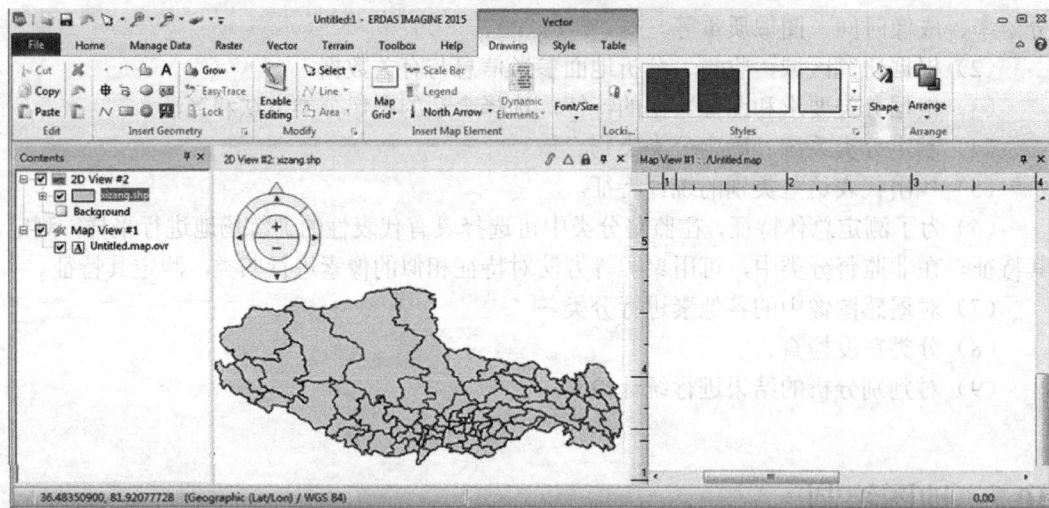

图 10-2 创建一个空的地图模板

(2)选择视窗右侧的空白地图模板,单击菜单栏中的 Layout→Map Frame,并选择视窗右侧的空白地图模板,出现 Map Frame Data Source 对话框,如图 10-3 所示,单击 Viewer 按钮进行插图。

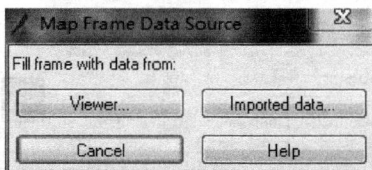

图 10-3　Map Frame Data Source 对话框

（3）在出现如图 10-4 对话框之后，选择视窗左侧的图像。在出现的 Map Frame 对话框中修改参数并在视窗左侧调整所选图像大小，如图 10-5 所示，单击 OK 按钮，图像就加载到右侧的模板中了。需要注意的是，加载的图像非常小，需要自行放大至整个视窗。

（4）单击视窗右侧的地图视窗中加载的图像，可调整图像大小，如图 10-6 所示。

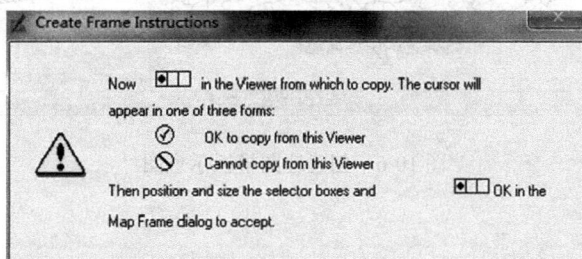

图 10-4　Create Frame Instructions 对话框

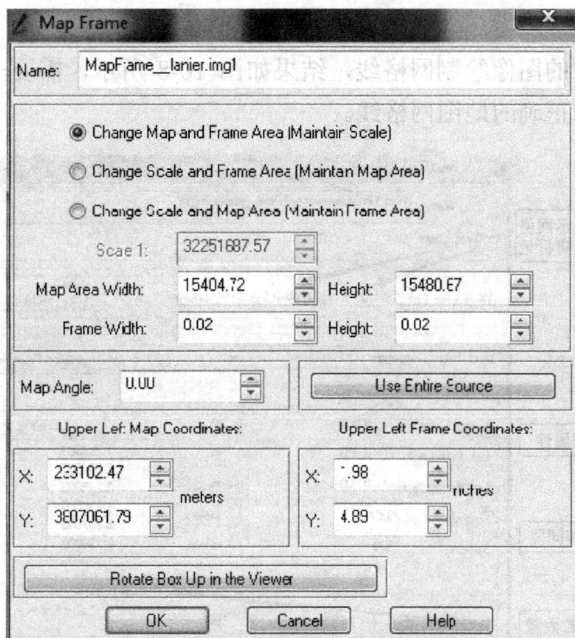

图 10-5　Map Frame 对话框

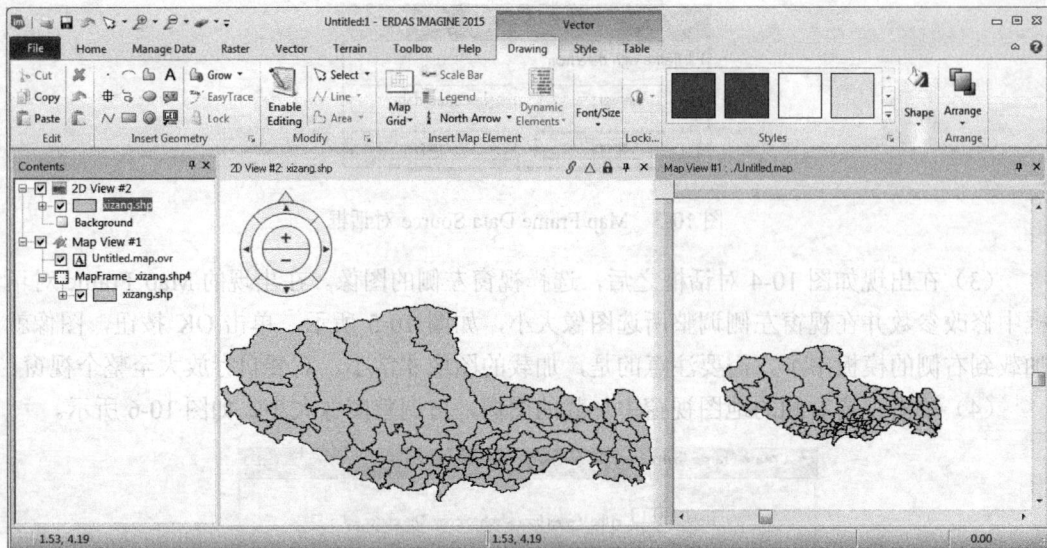

图 10-6　创建地图模板示意图

2．绘制网格线

在 ERDAS 2015 中绘制网格线的操作步骤如下。

（1）单击视窗右侧的模板，选择 Layout→Map Grid→Map Grid，设置网格参数，如图 10-7 所示。

（2）选中模板中的图像绘制网格线，结果如图 10-8 所示，需要注意的是，带有地理参考的图像才能绘制正确的地图网格线。

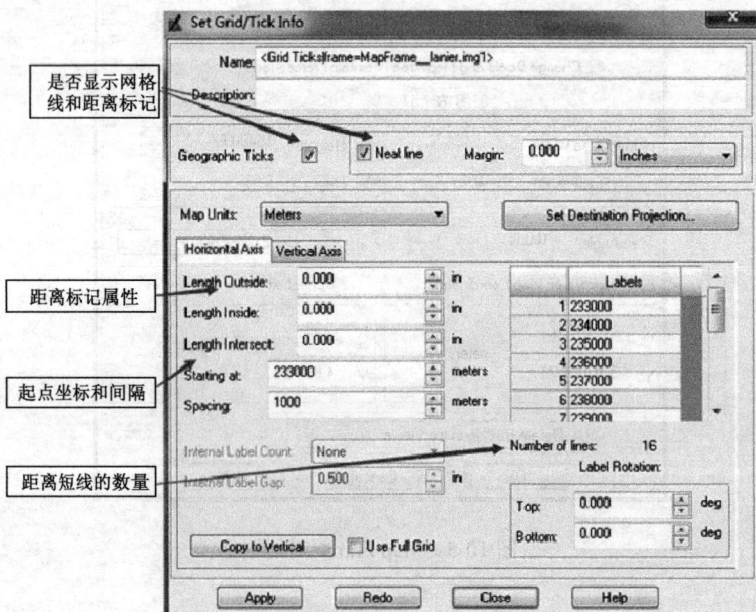

图 10-7　设置网格参数

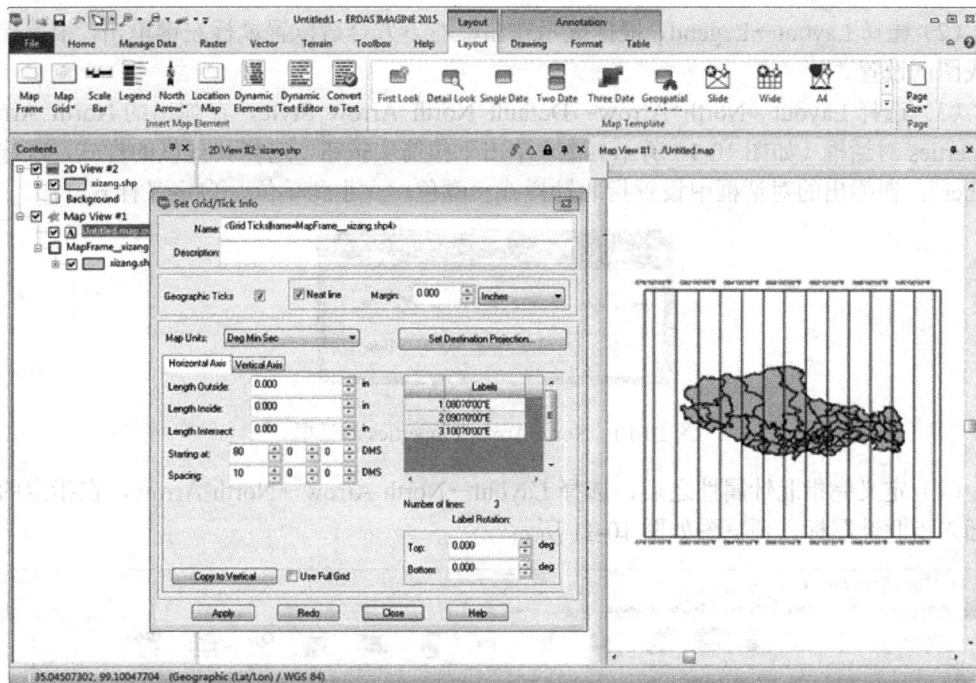

图 10-8　网格线绘制结果

3．绘制比例尺、图例和指北针等制图要素

在 ERDAS 2015 中绘制比例尺、图例和指北针的操作步骤如下。

（1）选择 Layout→Scale Bar，根据提示在图框左下方合适位置拖动鼠标绘制一个方框用来放置比例尺，预览图如图 10-9 所示。

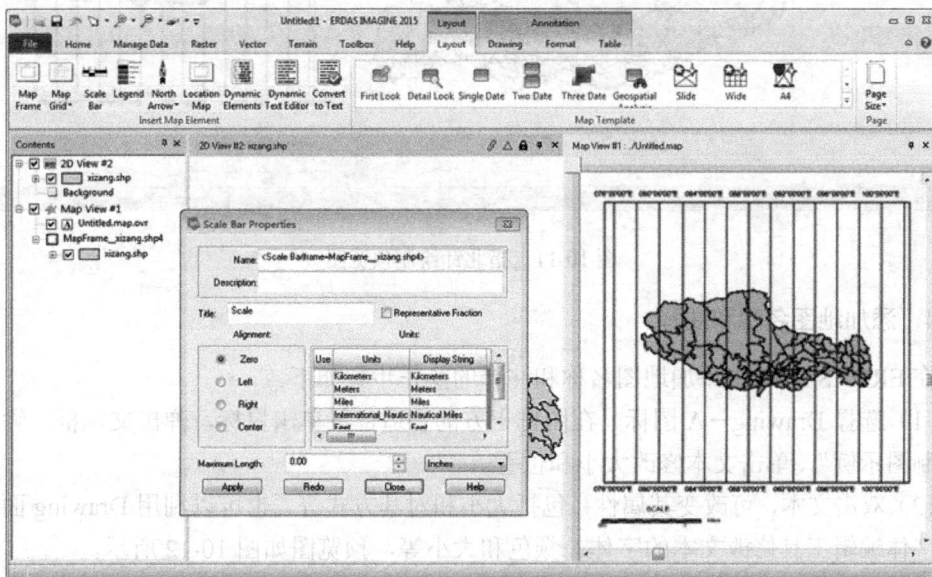

图 10-9　比例尺绘制预览图

（2）选择 Layout→Legend，根据提示在图框右下方合适位置鼠标左键单击，根据提示完成图例设置。

（3）选择 Layout→North Arrow→Default North Arrow Style，在弹出的 North Arrow Properties 对话框（如图 10-10 所示）中，单击下拉箭头按钮，选择其提供的样式，或选择"Other"，在弹出的对话框中设置指北针样式、颜色、大小和单位，自定义样式。

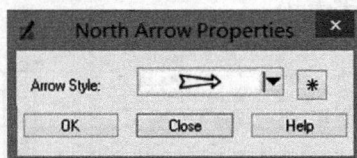

图 10-10　North Arrow Properties 对话框

（4）定义完指北针属性之后，选择 Layout→North Arrow→North Arrow，在指定的位置插入指北针图标，预览图如图 10-11 所示。

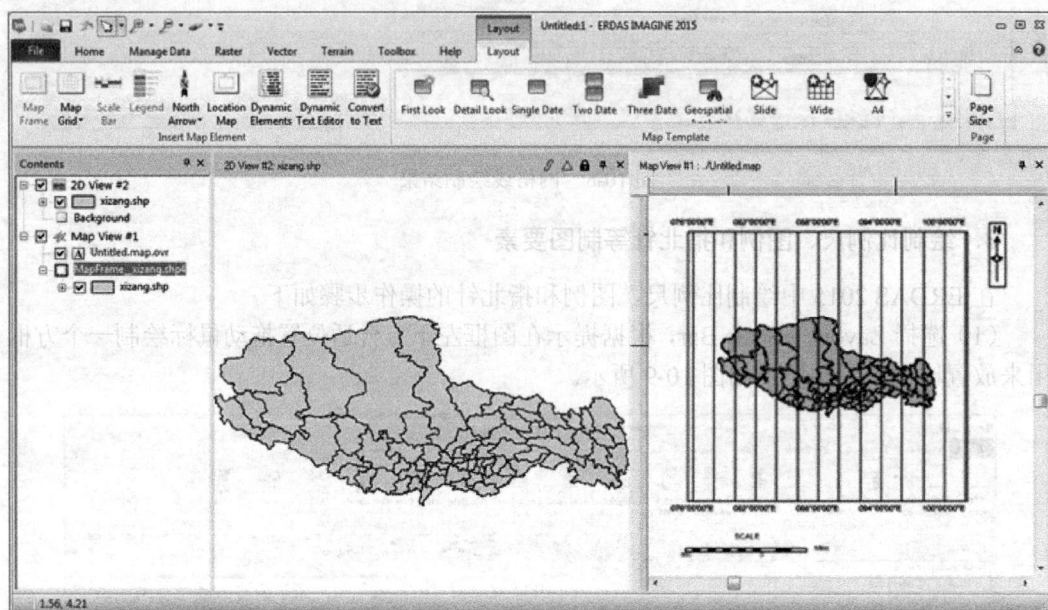

图 10-11　指北针绘制预览图

4．添加地图名称和注释

在 ERDAS 2015 中添加地图名称和注释的操作步骤如下。

（1）选择 Drawing→A 图标，在图框上方的合适位置单击鼠标，弹出文本框，输入标题"制图示例"，单击文本修改大小和位置。

（2）双击文本，可改变其属性，包括大小和对其方式等。也可以利用 Drawing 面板下面的字体编辑工具修改文本的字体、颜色和大小等，预览图如图 10-12 所示。

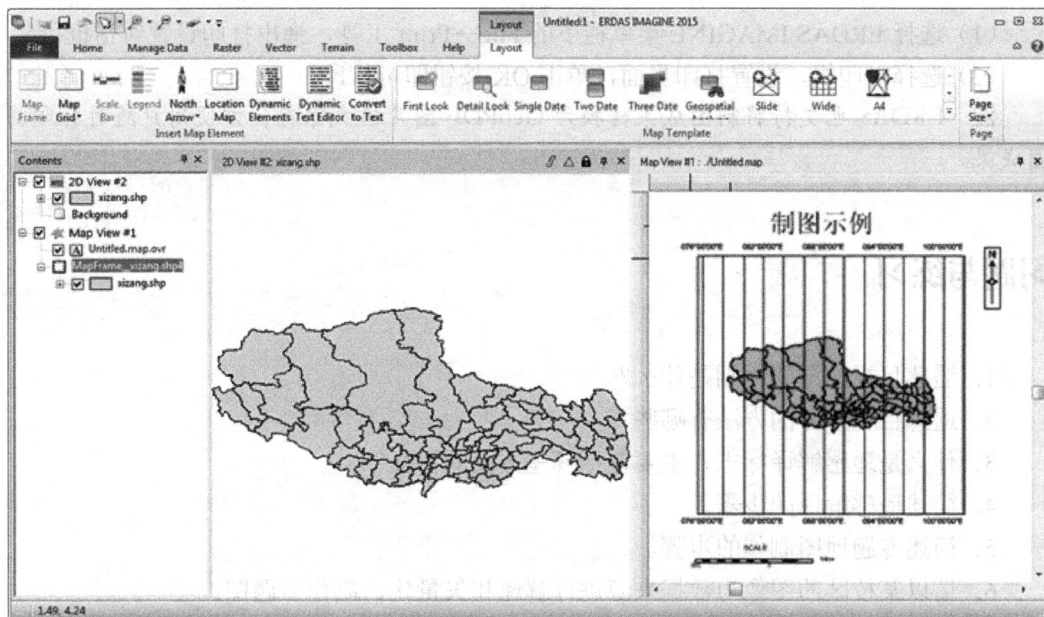

图 10-12　添加地图名称预览图

5. 保存专题制图文件

单击 ERDAS 左上角的🔲按钮，即可将地图保存为.Map 文件格式，如图 10-13 所示。

图 10-13　保存专题制图文件

6. 输出打印

ERDAS IMAGINE 支持多种打印输出装备，包括静电测图仪、彩色打印设备以及 PostScript 打印设备。具体操作如下：

（1）选择 ERDAS IMAGINE 菜单栏下的 File→Print 工具，弹出打印设置对话框。

（2）选择打印机，设置打印界面，单击 OK 按钮即可打印。

注：ERDAS 也支持将制图成果转换为 GeoPDF 图片格式保存，方便用户随时打印制图成果。

习题与练习

1. 遥感目视解译的原则是什么？
2. 遥感目视解译的方法有哪些？
3. 什么是遥感解译标志？主要包括哪些方面的特征？
4. 简述遥感解译的步骤。
5. 简述专题地图制作的步骤。
6. 请以某校区的图像为数据来源进行解译和矢量化，制作专题图。

参考文献

[1] 北京望神州科技有限公司，ERDAS IMAGINE 企业级遥感图像处理系统，[EB/OL] http://www.landview.cn/pro.asp?id=27.

[2] 北京望神州科技有限公司，IMAGINE Vector 矢量数据处理模块，[EB/OL] http://www.landview.cn/proxq.asp?id=309&leibie=27.

[3] 北京望神州科技有限公司，IMAGINE AutoSync 影像自动配准模块，[EB/OL] http://www.landview.cn/proxq.asp?id=308&leibie=27.

[4] 北京望神州科技有限公司，IMAGINE Objective 面向对象信息提取模块，[EB/OL] http://www.landview.cn/proxq.asp?id=304&leibie=27.

[5] 北京望神州科技有限公司，IMAGINE MosaicPro 高级影像镶嵌模块，[EB/OL] http://www.landview.cn/proxq.asp?id=298&leibie=27.

[6] 北京望神州科技有限公司，ERDAS LPS 数字摄影测量及遥感处理软件，[EB/OL] http://www.landview.cn/pro.asp?id=31.

[7] 北京望神州科技有限公司，ERDAS 2011 操作手册，[CD]，2012.

[8] 北京望神州科技有限公司，网络讲座，[CD]，2012.

[9] 蔡丽娜. 多光谱遥感影像近自然彩色模拟的研究[D]. 东北林业大学，2005.

[10] 党安，贾海峰，陈晓峰，张建宝等. ERDAS IMAGINE 遥感图像处理教程[M]. 北京：清华大学出版社，2010.

[11] 邓磊，孙晨. ERDAS 图像处理基础实验教程[M]. 北京：测绘出版社，2014.

[12] ERDAS Inc.，ERDAS IMAGINE Help. [EB/OL]https://hexagongeospatial.fluidtopics.net/book#!book;uri=5d68e1db557af5bab494d96c7f8e1a9d;breadcrumb=c297921dfc898eee477c1293b20d377d.

[13] 冯伍法. 遥感图像判绘[M]. 北京：科学出版社，2014.

[14] 高隽，谢昭. 图像理解理论与方法[M]. 北京：科学出版社，2009.

[15] 贺辉，彭望琭，刘琨. 基于自适应滤波和灰度变换的遥感影像薄云雾去除研究[C].2011.

International Conference on Ecological protection of Lacks-Wetlands-watershed and Application of 3S technology Proceeding, 2011, June,13-18.

[16] 赫晓慧，贺添，郭恒亮等. ERDAS 遥感影像处理基础实验教程[M]. 郑州：黄河水利出版社， 2014.

[17] 胡德勇，赵文吉，邓磊，李家存等. 遥感图像处理原理和方法实习教程[M]. 北京：首都师范大学出版社，2014.

[18] INTERGRAPH，ERDAS 2013 实习教程，ERDAS Field GuideTM. October 2013. [EB/OL]http://download.csdn.net/detail/ksschao/7306713

[19] 梁伟，杨勤科. 彩色空间变换在 DEM 与遥感影像复合中的应用研究[J]. 水土保持通报，2006，26（6）：59-62.

[20] 李小文，刘素红. 遥感原理与应用[M]. 北京：科学出版社，2008.

[21] 刘慧平，秦其明，彭望，梅安新. 遥感实习教程[M]. 北京：高等教育出版社，2001.

[22] 倪金生，李琦，曹学军. 遥感与地理信息系统基本理论和实践[M]. 北京：电子工业出版社，2004.

[23] SW Myint, P Gober, A Brazel, S Grossman-Clarke, Q Weng.Per-pixel vs. object-based classification of urban land cover extraction using high spatial resolution imagery[J].Remote Sensing of Environment, 2011, 115(5):1145-1161.

[24] 苏娟. 遥感图像获取与处理[M]. 北京：清华大学出版社，2014.

[25] 孙显，付琨，王宏琦. 高分辨率图像理解[M]. 北京：清华大学出版社，2011.

[26] 汤国安，张友顺，刘咏梅等. 遥感数字图像处理[M]. 北京：科学出版社，2004.

[27] 薛丽霞，王佐成，李永树. 基于多维云空间的多光谱遥感影像边缘检测研究[J]. 测绘科学，2008，33（1）：188-190，217.

[28] 王朋伟，牛瑞卿. 基于灰度形态学与小波相位滤波的高分辨率遥感影像边缘检测[J]. 计算机应用，2011，31（9）：2481-2484.

[29] 韦玉春. 遥感数字图像处理实验教程[M]. 北京：科学出版社，2011.

[30] 韦玉春，汤国安，杨昕等. 遥感数字图像处理教程[M]. 北京：科学出版社，2007.

[31] 闫利. 遥感图像处理实验教程[M]. 武汉：武汉大学出版，2010.

[32] 张良培，杜博，张乐飞. 高光谱遥感影像处理[M]. 北京：科学出版社，2014.

[33] 张永生. 遥感图像信息系统[M]. 北京：科学出版社，2000.

[34] 章毓晋. 图像工程[M]. 北京：清华大学出版社，2006.

[35] 周军其，叶勤，邵永社，朱书龙，关泽群. 遥感原理与应用[M]. 武汉：武汉大学出版社，2014.